信息安全理论与技术系列丛书

"十三五"国家重点图书出版规划项目　　丛书主编：冯登国

国家科学技术学术著作出版基金资助项目

大数据安全与隐私保护

冯登国 等 编著

清华大学出版社
北京

内 容 简 介

本书结合作者在大数据安全与隐私保护领域的科研实践,提出大数据安全与隐私保护理论基础和技术体系框架,并对大数据安全与隐私保护面临的主要问题进行系统性阐述。本书重点介绍安全检索技术、隐私保护技术、安全存储与访问控制技术,以及安全处理技术,从技术核心贡献、领域发展综述和最新研究进展等不同角度进行阐述,有助于感兴趣的读者较为全面地理解和把握这些技术。

本书可作为从事网络空间安全、信息安全和隐私保护研究的科研人员,网络空间安全、信息安全和密码学专业的研究生,以及相关专业的大学高年级本科生的教科书或参考资料。

图书在版编目(CIP)数据

大数据安全与隐私保护/冯登国等编著. —北京:清华大学出版社,2018(2024.8 重印)
(信息安全理论与技术系列丛书)
ISBN 978-7-302-51045-1

Ⅰ.①大… Ⅱ.①冯… Ⅲ.①数据处理—安全技术 Ⅳ.①TP274

中国版本图书馆 CIP 数据核字(2018)第 192076 号

责任编辑:张 民 战晓雷
封面设计:傅瑞学
责任校对:梁 毅
责任印制:宋 林

出版发行:清华大学出版社
      网 址:https://www.tup.com.cn,https://www.wqxuetang.com
      地 址:北京清华大学学研大厦 A 座   **邮 编:**100084
      社 总 机:010-83470000   **邮 购:**010-62786544
      投稿与读者服务:010-62776969,c-service@tup.tsinghua.edu.cn
      质量反馈:010-62772015,zhiliang@tup.tsinghua.edu.cn
      课件下载:https://www.tup.com.cn,010-83470236
印 装 者:大厂回族自治县彩虹印刷有限公司
经 销:全国新华书店
开 本:185mm×260mm   **印 张:**16   **字 数:**391 千字
版 次:2018 年 12 月第 1 版   **印 次:**2024 年 8 月第10次印刷
定 价:45.00 元

产品编号:077488-01

丛书序

　　信息安全已成为国家安全的重要组成部分,也是保障信息社会和信息技术可持续发展的核心基础。信息技术的迅猛发展和深度应用必将带来更多难以解决的信息安全问题,只有掌握了信息安全的科学发展规律,才有可能解决人类社会遇到的各种信息安全问题。但科学规律的掌握非一朝一夕之功,治水、训火、利用核能曾经都经历了漫长的岁月。

　　无数事实证明,人类是有能力发现规律和认识真理的。今天对信息安全的认识,就经历了一个从保密到保护,又发展到保障的趋于真理的发展过程。信息安全是动态发展的,只有相对安全没有绝对安全,任何人都不能宣称自己对信息安全的认识达到终极。国内外学者已出版了大量的信息安全著作,我和我所领导的团队近 10 年来也出版了一批信息安全著作,目的是不断提升对信息安全的认识水平。我相信有了这些基础和积累,一定能够推出更高质量和更高认识水平的信息安全著作,也必将为推动我国信息安全理论与技术的创新研究做出实质性贡献。

　　本丛书的目标是推出系列具有特色和创新的信息安全理论与技术著作,我们的原则是成熟一本出版一本,不求数量,只求质量。希望每一本书都能提升读者对相关领域的认识水平,也希望每一本书都能成为经典范本。

　　我非常感谢清华大学出版社给我们提供了这样一个大舞台,使我们能够实施我们的计划和理想,我也特别感谢清华大学出版社张民老师的支持和帮助。

　　限于作者的水平,本丛书难免存在不足之处,敬请读者批评指正。

冯登国

2009 年夏于北京

　　冯登国,中国科学院软件所研究员,博士生导师,教育部高等学校信息安全类专业教学指导委员会副主任委员,国家信息化专家咨询委员会专家,国家 863 计划信息安全技术主题专家组组长,信息安全国家重点实验室主任,国家计算机网络入侵防范中心主任。

F o r 前 言 o r d

随着信息技术的发展和应用,人类社会所产生的数字信息不断加速并呈现爆炸式增长。作为信息载体的大数据的重要性不断凸显,已成为网络空间中重要的战略性资源。各类数据驱动的应用在金融、交通、能源、电信等国民经济重要行业、重大基础设施运行中发挥了重要作用,标志着人类社会正步入智能化时代。正因为大数据的价值举足轻重,所以在加快推动数据资源开放共享和应用开发的同时,必须构筑大数据安全保障体系,保护公民的隐私权和国家的大数据安全。如何应对大数据时代的数据安全与隐私保护问题,已成为当前的研究热点。

本书系统地介绍了大数据安全与隐私保护的相关概念、定义和技术,阐述了二者之间的联系和区别。本书具有以下特点:

(1)系统性强。本书构建了大数据安全与隐私保护技术框架,针对大数据环境系统梳理了散见于各种文献中的有关理论与方法,将其归纳为安全存储与访问控制技术、安全检索技术、安全处理(也称安全计算)技术和隐私保护技术四大类,有助于读者建立对大数据安全与隐私保护的宏观认识,适合专业人员快速学习和系统掌握相关基础知识。

(2)内容全面。本书内容不仅涵盖了大数据安全保护的各项关键技术,如安全存储与访问控制技术、安全检索技术以及同态加密、可验证计算等安全处理技术,还涵盖了用户数据隐私保护技术,如与社交网络大数据、位置轨迹大数据、差分隐私等相关的新型攻击与保护技术。

(3)易于理解。对于重点介绍的安全存储与访问控制技术、安全检索技术、安全处理技术和隐私保护技术,本书从技术核心贡献、领域发展综述和最新研究进展等不同角度进行阐述,深入浅出,便于读者深入理解。

本书共5章。第1章介绍大数据的基本概念和随之带来的新型安全挑战,以及新的安全技术框架。第2章介绍大数据安全存储与访问控制技术,包括传统的访问控制技术及其发展,以及大数据时代访问控制技术面临的授权管理难度大、访问控制策略难以适用的新问题和解决方案。第3章和第4章针对大数据环境分别介绍数据的安全检索和安全处理技术,包括密文检索、同态加密、可验证计算、安全多方计算、函数加密和外包计算等技术。第5章介绍大数据场景下的隐私保护技术,包括攻击者针对用户身份隐私、社交关系隐私、属性隐私、轨迹隐私等进行的各类攻击和典型保护方法,以及目前引发高度关注的本地差分隐私保护技术。

本书由冯登国研究员规划和统稿。第1章由冯登国研究员执笔,第2章由李昊副研究员执笔,第3章由洪澄副研究员、迟佳琳博士和张敏研究员执笔,第4章由冯登国研究员执笔,第 5 章由付艳艳博士和张敏研究员执笔。

随着理论和技术的不断发展,社会和研究人员对数据安全和隐私保护的认识也在不断变化。在这种背景下,相关的研究和应用的边界也在飞速扩展,想要在一本书中覆盖大数据安全与隐私保护的整个研究领域的疆界也越来越困难。因此,本书难免存在不足之处,敬请读者多提宝贵意见。

本书得到了国家自然科学基金项目(U1636216)的支持,得到了大数据安全与隐私保护讨论班的老师和同学们的帮助,也得到了清华大学出版社的大力支持,作者在此一并表示衷心的感谢。

冯登国
2018 年春节于北京

目录

第 1 章　绪　　论

内容提要：随着云计算、物联网及移动互联网等技术的迅速发展，人们已经迈入大数据时代。大数据技术正在加速推动数据资源的汇集，成为当代社会由 IT 时代向 DT 时代跃迁的三大产业支柱之一。但与此同时，大量数据的融合、分析与应用对用户带来前所未有的隐私泄露威胁，引发学术界、产业界和广大互联网用户的广泛关注。目前，安全与隐私保护问题已成为大数据技术中的重要研究内容之一。本章介绍了大数据的基本概念与大数据时代面临的安全挑战，阐述了大数据生命周期各主要阶段所面临的安全风险，提出了大数据安全与隐私保护技术框架，并介绍了一些密码学基本概念。

关键词：大数据；大数据安全；隐私保护；安全挑战；安全风险；数据生命周期；安全目标；技术框架；对称密码；公钥密码；分组密码；序列密码；数字签名；Hash 函数；MAC 算法；密钥交换。

1.1　大数据概述

当今随着云计算、物联网及移动互联网等技术的迅速发展，每年新增数据量呈现爆炸式增长态势。据统计，平均每秒都有 200 万用户在使用谷歌搜索，Facebook 用户每天共享的信息超过 40 亿条，Twitter 每天处理的推特数量超过 3.4 亿条，等等。除此之外，在科学计算、医疗卫生、金融、零售业等各个行业，每天都有大量数据源源不断地产生，越来越多的人们开始意识到我们已经进入大数据时代。

大数据并不仅仅是"大量的数据"。在学术界，它代表了一种新的科学研究方法，图灵奖获得者 Jim Gray 提出了科学研究的第四范式——数据探索(data exploration)，即以大数据为基础的数据密集型科学研究。而在 IT 产业界，大数据技术已发展成为涵盖分布式存储与管理、分布式与并行计算框架以及机器学习与人工智能处理等技术的一个庞大技术体系。其应用遍及电子商务、交通、医疗、金融等领域，已成为继云计算之后信息技术领域的另一个产业增长点。正如云计算推动了计算资源与存储资源的汇集一样，大数据技术正在加速推动数据资源的汇集。通过对海量数据的聚合分析，人们可以提取、凝聚其中蕴含的信息与知识，从而创造巨大价值。目前大数据与云计算、人工智能一起被公认为是从 IT(信息技术)时代向 DT(数据技术)时代跃迁的三大产业支柱。

1.1.1　大数据来源

根据维基百科的定义，大数据是指规模大且复杂，以至于很难用现有数据库管理工具或数据处理应用来处理的数据集。它涵盖了数据采集、存储、分析、使用等各个方面，包括预测分析、用户行为分析及其他先进的数据分析方法在内的，从大量数据中提取有价值信息的处理方法。根据来源对象的不同，可以将其分为源自人、机、物等几类的大数据[1]。若根据应用领域划分，则以下几个是典型的大数据来源：

(1) 互联网大数据。随着社交网络的成熟、传统互联网到移动互联网的转变以及移动宽带带宽的大幅提升,越来越多的网民将个人日常生活产生的数据接入网络,由此产生的数据量比以往任何时候都多。例如目前 Google 每月处理的数据超过 400PB,YouTube 每天上传 7 万小时视频,淘宝单日交易数据量超过 50TB,Facebook 每天上传 3 亿张照片并生成 300TB 日志,新浪每分钟发出数万条微博,等等。人们在使用互联网以及移动互联网过程中产生了大量数据,包括文字、图片、视频等信息。来自互联网的数据流量随着网民数量的增加以及移动设备的普及而急剧上升。

(2) 物联网大数据。由于当前物联网技术的快速发展以及在智能工业、智能农业、智能交通、智能电网、安全监控等行业的广泛应用,各种类型的传感器被广泛部署。不同的传感器可以实现对温度、湿度、压强、加速度、光强、距离等不同物理信号的采集,时时刻刻都在产生大量数据。而交通、安防等领域所部署的摄像设备产生的数字信号被源源不断地采集、记录,也是大数据的重要来源之一。

(3) 生物医学大数据。人体本身就是无穷无尽的生物医学大数据的重要来源。随着人们认知的深入,现代医学可以从更高的精度观察、记录人体各器官的运行。生物医学大数据涉及临床医疗、公共卫生、医药研发等多个领域,类型非常广泛,包括电子病历、医学影像、临床实验数据、个人健康监测数据、基因组序列等。

此外,电信大数据、金融大数据、智慧城市大数据、交通大数据、科学研究大数据等也都是大数据的重要来源。

需要指出的是,虽然大数据来源越来越多样化,但其中有相当大的比例与人直接相关。有些是人们主动发布的,例如微博、照片等;有些是无意中被采集的,例如监控影像等;有些是网络活动痕迹;有些是原生数字信号;有些是由模拟化数据转化而成的数字信号;等等。不管怎样,这些原始的"微数据"(microdata)都是人们在现实世界活动的真实记录,一旦被关联组织起来就可以释放巨大潜力,真正实现"明察秋毫"。

1.1.2 大数据应用

大数据被比喻为待开采的"金矿",其用途是多样化的。目前大数据技术已经被广泛应用于电子商务、金融、智能医疗、智能交通等领域,各种新型应用模式层出不穷。例如:

- 在互联网大数据分析方面。电子商务平台通过对用户网络购物数据的分析来构建用户画像,可以更准确地掌握用户购物倾向,向其推荐可能感兴趣的产品,实现精准营销;而社交网络信息,如 Twitter 等,被广泛用于股票预测、比赛结果预测、餐馆热度分析甚至总统选举预测等,也被研究者用于识别社团,发现用户的政治倾向、消费习惯以及喜好的球队[2,3]。

- 在交通大数据分析方面。交通管理部门可以对数据按时间切片分析,构建实时热点分布图,进行景区热力预警分析;还可以基于历史数据分析,对交通拥堵状况进行建模预测,合理规划共享出行资源分布;而商业机构还可以进一步通过对用户习惯的不断学习,为用户提供个性化的导航及绕行建议服务等。

- 在医疗健康大数据分析方面。通过对大量电子病历的学习,医学研究机构可以更清晰地发现疾病演变规律,并作出更科学、准确的诊断;而卫生管理部门可以通过疾病分布情况分析,更合理地分配医疗资源,通过将影像学、基因组学等不同模式的数据加以集成,可以获得对病变单元更为立体全面的认知;此外,通过对病人健康数据的持续观察,还可以为其提供更为个性化的医疗服务。

1.1.3　大数据技术框架

大数据技术涉及数据的采集与预处理、数据分析与解释等。图 1-1 给出了其相关技术架构示意图。

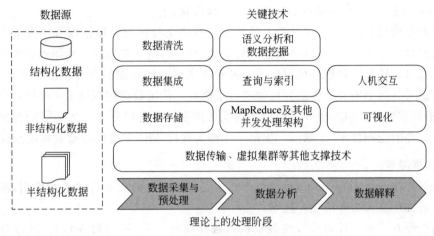

图 1-1　大数据技术架构示意图

1. 数据采集与预处理

数据采集与预处理(data acquisition & preparation)是大数据应用的基础。首先需要从数据源采集数据并进行预处理操作。大数据的数据源种类繁多,数据类型多样,包括数据库、文本、图片、视频、网页等各类结构化、非结构化及半结构化数据。数据采集(数据)与预处理操作为后继流程提供统一的高质量的数据集。

通常还需进行数据清洗处理。由于大数据的来源不一,可能存在多种描述模式,不同描述之间甚至存在矛盾。因此,在数据集成过程中对数据进行清洗,以消除相似、重复或不一致数据是非常必要的。文献[4-6]针对大数据的特点,提出了非结构化或半结构化数据的清洗以及超大规模数据的集成技术。

数据存储与大数据应用密切相关。某些实时性要求较高的应用,如状态监控,更适合采用流处理模式,直接在清洗和集成后的数据源上进行分析。而大多数其他应用则需要存储数据,以支持后继更深入的数据分析流程。为了提高数据吞吐量,降低存储成本,通常采用分布式架构来存储大数据。这方面有代表性的研究包括文件系统 GFS[7]、HDFS[8]、Haystack[9] 等以及 NoSQL 数据库 MongoDB、CouchDB、HBase、Redis、Neo4j 等。

2. 数据分析

数据分析(data analytics)是大数据应用的核心流程。根据不同的分析层次大致可分为计算架构、查询与索引以及数据分析与处理 3 类。

在计算架构方面,MapReduce[10] 是当前广泛采用的大数据集计算模型和框架。为了适应一些对任务完成时间要求较高的分析需求,文献[11]对其性能进行了优化;文献[12]提出了一种基于 MapReduce 架构的数据流分析解决方案 MARISSA,使其能够支持实时分析任务;文献[13]提出了基于时间的大数据分析方案 Mastiff;文献[14]针对广告推送等实时性要求较高的应用,提出了基于 MapReduce 的 TiMR 框架来进行实时流处理。

在查询与索引方面,由于大数据中包含了大量的非结构化或半结构化数据,传统关系型数据库的查询和索引技术受到限制,而 NoSQL 类数据库技术得到更多关注。例如,文献[15]提出了一个混合的数据访问架构 HyDB 以及一种并发数据查询及优化方法,文献[16]对 key-value(键-值)类型数据库的查询进行了性能优化。

在数据分析与处理方面,主要涉及的技术包括语义分析与数据挖掘等。由于大数据环境下数据呈现多样化特点,所以对数据进行语义分析时,由于难以统一术语而影响对信息的挖掘。文献[17]针对大数据环境提出了一种解决术语变异问题的高效术语标准化方法,文献[18]对语义分析中语义本体的异质性进行了研究。传统数据挖掘技术主要针对结构化数据,因此迫切需要对非结构化或半结构化的数据挖掘技术进行研究。文献[19]提出了一种针对图片文件的挖掘技术,文献[20]提出了一种大规模 TEXT 文件的检索和挖掘技术。

3. 数据解释

数据解释(data interpretation)旨在更好地支持用户对数据分析结果的使用,涉及的主要技术有可视化技术和人机交互技术。

目前已经有了一些针对大规模数据的可视化研究[21,22],通过数据投影、维度降解或显示墙等方法来解决大规模数据的显示问题。由于人类的视觉敏感度限制了更大屏幕显示的有效性,以人为中心的人机交互设计也将是解决大数据分析结果展示的一种重要技术。

4. 数据传输、虚拟集群等其他支撑技术

虽然大数据应用强调以数据为中心,将计算推送到数据上执行,但是在整个处理过程中,数据传输(data transmission)仍然是必不可少的,例如一些科学观测数据从观测点向数据中心的传输等。文献[23,24]针对大数据特征研究了高效传输架构和协议。

此外,由于虚拟集群(virtual cluster)具有成本低、搭建灵活、便于管理等优点,在大数据分析时可以选择更加方便的虚拟集群来完成各项处理任务,因此,需要针对大数据应用展开虚拟机集群优化研究[25]。

1.2　大数据安全与隐私保护需求

科学技术是一把双刃剑。大数据在带来巨大价值的同时,也引入了大量的安全风险与技术挑战。要合理利用大数据,首先应满足其安全需求与隐私保护需求,这两者既相互关联又有所不同,下面予以分别讨论。

1.2.1　大数据安全

大数据普遍存在巨大的数据安全需求。大数据由于价值密度高,往往成为众多黑客觊觎的目标,吸引了大量攻击者铤而走险。例如,全球互联网巨头雅虎曾被黑客攻破了用户账户保护算法,导致数以亿级的用户账户信息泄露。雅虎证实其在 2013 年与 2014 年分别被未经授权的第三方盗取了超过 10 亿和 5 亿用户的账户信息,内容涉及用户姓名、电子邮箱、

电话号码、出生日期和部分登录密码。我国也爆发过"2000 万条酒店开房数据泄露"等若干安全事件,引起全社会广泛关注。不仅如此,因内部人员盗窃数据而导致损失的风险也不容小觑。盗取和贩卖用户数据的案例屡见不鲜。例如在 2017 年,我国某著名互联网公司内部员工盗取并贩卖涉及交通、物流、医疗、社交、银行等个人信息 50 亿条,通过各种方式在网络黑市贩卖。管理咨询公司埃森哲等研究机构 2016 年发布的一项调查研究结果显示,其调查的 208 家企业中,69％的企业曾在过去一年内"遭公司内部人员窃取数据或试图盗取"。

经典的数据安全需求包括数据机密性、完整性和可用性等,其目的是防止数据在数据传输、存储等环节中被泄露或破坏。通常实现信息系统安全需要结合攻击路径分析、系统脆弱性分析以及资产价值分析等,全面评估系统面临的安全威胁的严重程度,并制定对应的保护、响应策略,使系统达到物理安全、网络安全、主机安全、应用安全和数据安全等各项安全要求。而在大数据场景下,不仅要满足经典的信息安全需求,还必须应对大数据特性所带来的各项新技术挑战。

挑战之一是如何在满足可用性的前提下保护大数据机密性。安全与效率之间的平衡一直是信息安全领域关注的重要问题,但在大数据场景下,数据的高速流动特性以及操作多样性使得安全与效率之间的矛盾更加突出。以数据加密为例,它是实现敏感数据机密性保护的重要措施之一。但大数据应用不仅对加密算法性能提出了更高的要求,而且要求密文具备适应大数据处理的能力,例如数据检索与并发计算等。目前在产业界中,为了尽量不影响运行效率,绝大多数大数据应用的数据都处于不加密的"裸奔"状态,安全形势极其严峻。

挑战之二是如何实现大数据的安全共享。访问控制是实现数据受控共享的经典手段之一。但在大数据访问控制中,用户难以信赖服务商能够正确实施访问控制策略,且在大数据应用中实现用户角色与权限划分更为困难。以医疗领域应用为例,一方面医生为了完成其工作可能需要访问大量信息,专业性很强,安全管理员难以一一设置;但另一方面又需要对医生行为进行监测与控制,限制医生对病患数据的过度访问。因此,实现大数据访问控制不仅需要智能化的安全策略管理,而且需要可信的访问控制策略实施机制。

挑战之三是如何实现大数据真实性验证与可信溯源。当一定数量的虚假信息混杂在真实信息中时,往往容易导致人们误判。例如,一些点评网站上的虚假评论可能误导用户去选择某些劣质商品或服务。导致大数据失真的原因是多种多样的,包括伪造或刻意制造的数据干扰、人工干预的数据采集过程中引入的误差、在传播中的逐步失真、数据源更新与失效等,这些因素都可能最终影响数据分析结果的准确性。需要基于数据的来源真实性、传播途径、加工处理过程等,了解各项数据可信度,防止分析得出无意义甚至错误的结果。

1.2.2　大数据隐私保护

由于有相当一部分大数据是源自人的,所以除安全需求外,大数据普遍还存在隐私保护需求。大量事实表明,未能妥善处理隐私保护问题会对用户造成极大的侵害。

以往企业认为,数据经过匿名处理后,不包含用户的标识符,就可以公开发布了。但事实上,仅通过这种简单匿名保护并不能达到隐私保护目标。例如,美国 AOL 公司曾公布了匿名处理后的 3 个月内的一部分搜索历史供人们分析使用。虽然个人相关的标识信息被精心处理过了,但利用其中的某些记录项还是可以准确地定位到具体的个人。《纽约时报》随即公布了其识别出的编号为 4417749 的用户是一位 62 岁的寡居妇人,家里养了 3 条狗,并患有某种疾病,等等。另一个相似的例子是,著名的 DVD 租赁商 Netflix 曾公布了约 50 万个用户的租赁信息,悬赏 100 万美元征集算法,以期提高电影推荐系统的准确度。但是当上述信息与其他数据源交叉对比时,部分用户还是被识别出来了。研究者发现,Netflix 中的用户有很大概率对非 top100、top500、top1000 的影片进行过评分,而根据对非 top 影片的评分结果进行去匿名化(de-anonymizing)攻击的效果更好[26]。而 Netflix 公司也因公开的数据暴露了用户的性取向和政治倾向而遭到大量用户的起诉,造成了轰动一时的"断背山效应"(brokeback mountain factor)。大量研究表明,仅数据发布时做简单的去标识处理已经无法保证用户隐私安全,通过链接不同数据源的信息,攻击者可能发起身份重识别攻击(re-identification attack),逆向分析出匿名用户的真实身份,导致用户的身份隐私泄露。

由于去匿名化技术的发展,实现身份匿名越来越困难。攻击者可从更多的渠道获取数据,通过多数据源的交叉比对、协同分析等手段可对个人隐私信息进行更精准的推测,使原有基于模糊、扰动技术的匿名方案失效。不仅同质数据源可以去匿名化,不同类型数据之间也可以关联。通过搜集用户的旅游签到、电影点评、购物记录等足够多的信息碎片,将跨应用的不同账号联系起来,将用户不同侧面的信息联系起来,也可以识别出用户的真实身份。例如新浪微博明星小号曝光导致明星形象危机的事件层出不穷。此外,用户轨迹、行为分析也可能导致用户个人身份泄露。例如在 150 万用户 15 个月的手机通信位置记录中,即使将用户的位置模糊扩大到基站范围,仍有 95% 的用户可通过 4 个位置点唯一地被区别出来[27]。此外,通过匹配用户的地点转移规律[28]、统计用户对不同地点的喜好程度[29]、识别出个性化的家庭地址-单位地址对[30,31]、将地理位置作为准标识符[32]等方法均可以识别用户身份。一旦用户身份通过其个性化的轨迹信息被识别出来,将导致用户其他隐私信息泄露。

此外,人们面临的威胁并不仅限于个人隐私泄露,还有基于大数据对人们状态和行为的预测。随着深度学习等人工智能技术的快速发展,通过对用户行为建模与分析,个人行为规律可以被更为准确地预测与识别,刻意隐藏的敏感属性可以被推测出来。以社交网络为例,由于社交网络中的拓扑结构增加了用户间的联系,可通过用户的朋友具有的属性、用户加入的群组等属性推测用户可能具有的属性,用户所隐藏的敏感属性很可能被挖掘并公布出来。例如通过分析用户的 Twitter 信息,可以发现用户的政治倾向、消费习惯以及喜好的球队等[2,3]。此外,随着互联网用户数据的积累,用户行为所表现出来的共性和规律性成为人们挖掘的重点。例如,研究者基于用户历史轨迹建立隐马尔可夫模型,利用此模型可成功地对用户出行的目的地进行预测[33],甚至预测用户即将出现的地点[34]。通过用户的社交关系和访问地理位置分布,可向用户推荐其可能感兴趣的新地点[35]。

总体而言,目前用户数据的收集、存储、管理与使用等均缺乏规范,更缺乏监管,主要依靠企业的自律。用户无法确定自己的隐私信息的用途。而在商业化场景中,用户应有权决定自己的信息如何被利用,实现用户可控的隐私保护。例如用户可以决定自己的信息何时以何种形式披露,何时被销毁,主要包括数据采集时的隐私保护、数据共享和发布时的隐私保护、数据分析时的隐私保护、数据生命周期的隐私保护以及隐私数据可信销毁等。

1.2.3 大数据安全与大数据隐私保护的区别与联系

在讨论隐私保护需求时,一般仅聚焦于匿名性。而大数据安全需求更为广泛,关注的目标不仅包括数据机密性,还包括数据完整性、真实性、不可否认性以及平台安全、数据权属判定等。另外,虽然隐私保护中的数据匿名需求与安全需求之一的机密性需求看上去比较类似,但后者显然严格得多。匿名性仅防止攻击者将已经公布的信息与现实中的用户联系起来,数据本身并不具有敏感性,完全可以在充分匿名后用于数据共享分析;而机密性则要求数据对于非授权用户是完全不可访问的。

我们在分析大数据安全问题时,一般来说数据对象是有明确定义的,可以是某个具体数据,也可以是一个信息系统中的全体信息,例如某个大数据中心所存储的数据内容等。而在涉及隐私保护需求时所指的用户"隐私"则较为笼统,可能存在多种数据形态。例如用户敏感属性隐私既可能显式存储于某项数据条目,也可能隐式存在于其他公开属性中,可由公开属性推理而知。广为人知的由用户的历史购物信息推理出顾客是否为孕妇的案例就属于这种情况。而且,关于"隐私"范围的界定目前存在大量争议,不完全属于技术范畴。

1.3 大数据生命周期安全风险分析

大数据的生命周期包括数据产生、采集、传输、存储、分析与使用、分享、销毁等诸多环节,每个环节都面临不同的安全威胁。其中,安全问题较为突出的是数据采集、数据传输、数据存储、数据分析与使用 4 个阶段,其关系如图 1-2 所示。本节讨论这些阶段所面临的安全风险,这些安全风险是大数据安全与隐私保护技术选型的主要依据。

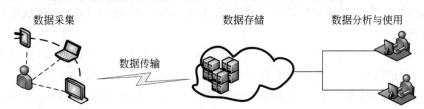

图 1-2 大数据生命周期中的采集、传输、存储、分析与使用 4 个阶段的关系

1.3.1 数据采集阶段

数据采集是指采集方对于用户终端、智能设备、传感器等产生的数据进行记录与预处理的过程。在大多数应用中,数据不需要预处理即可直接上传;而在某些特殊场景下,例如传输带宽存在限制或采集数据精度存在约束时,数据采集方需要先进行数据压缩、变换甚至加噪处理等步骤,以降低数据量或精度。一旦真实数据被采集,则用户隐私保护完全脱离用户自身控制,因此,数据采集是数据安全与隐私保护的第一道屏障,可根据场景需求选择安全多方计算等密码学方法,或选择本地差分隐私等隐私保护技术。

1.3.2 数据传输阶段

数据传输是指将采集到的大数据由用户端、智能设备、传感器等终端传送到大型集中式数据中心的过程。数据传输阶段中的主要安全目标是数据安全性。为了保证数据内容在传输过程中不被恶意攻击者收集或破坏,有必要采取安全措施保证数据的机密性和完整性。现有的密码技术已经能够提供成熟的解决方案,例如目前普遍使用的 SSL 通信加密协议或专用加密机、VPN 技术等。

1.3.3　数据存储阶段

大数据被采集后常汇集并存储于大型数据中心,而大量集中存储的有价值数据无疑容易成为某些个人或团体的攻击目标。因此,大数据存储面临的安全风险是多方面的,不仅包括来自外部黑客的攻击、来自内部人员的信息窃取,还包括不同利益方对数据的超权限使用等。因此,该阶段集中体现了数据安全、平台安全、用户隐私保护等多种安全需求,是本书讨论的重点。

1.3.4　数据分析与使用阶段

大数据采集、传输、存储的主要目的是为了分析与使用,通过数据挖掘、机器学习等算法处理,从而提取出所需的知识。本阶段的焦点在于如何实现数据挖掘中的隐私保护,降低多源异构数据集成中的隐私泄露,防止数据使用者通过数据挖掘得出用户刻意隐藏的知识,防止分析者在进行统计分析时得到具体用户的隐私信息。

1.4　大数据安全与隐私保护技术框架

从 1.3 节可以看出,大数据生命周期各个阶段的安全目标各有侧重:在数据传输阶段,安全需求是重点;在数据采集与数据分析阶段,隐私保护需求更为突出;而在数据存储阶段则是两者并重。

不同的安全需求与隐私保护需求一般需要相应的技术手段支撑。例如,针对数据采集阶段的隐私保护需求,可以采用隐私保护技术,对用户数据做本地化的泛化或随机化处理。针对数据传输阶段的安全需求,可以采用密码技术实现。而对于包含用户隐私信息的大数据,则既需要采用数据加密、密文检索等安全技术实现其安全存储,又需要在对外发布前采用匿名化技术进行处理。但这种技术划分也并不是绝对的,相同的需求可以用不同技术手段实现。以位置隐私保护为例,虽然传统上多采用泛化、失真等隐私保护技术实现,但也有学者提出应用密文二维区间检索技术进一步提高安全性;又如,访问控制技术曾经构建于安全定理的形式化分析与证明之上,而现在却依赖于机器学习算法分析结果。近年来各类技术之间的交叉融合日益明显。

总之,大数据安全技术与隐私保护技术互为补充,统一构成完整的大数据安全与隐私保护技术框架,见图 1-3。下面对其主要组成部分予以简要介绍。

1.4.1　大数据安全技术

如前所述,大数据安全技术旨在解决数据在传输、存储与使用各个环节面临的安全威胁。其面临的核心挑战在于满足数据机密性、完整性、真实性等安全目标的同时,支持高效的数据查询、计算与共享。本书重点介绍以下几类关键技术。

1. 大数据访问控制

大数据访问控制包括采用和不采用密码技术两种技术路线。前者的代表是密文访问控制,无须依赖可信引用监控器,安全性强,但加密带来的计算负担影响性能。后者的主要代

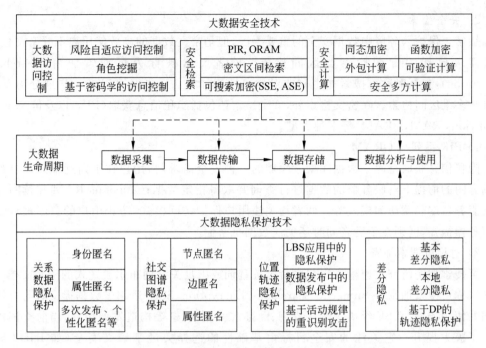

图 1-3　大数据安全技术与隐私保护技术框架

表是角色挖掘、风险自适应访问控制，其特点是效率高、灵活度高，但依赖可信引用监控器实施数据的安全策略，面临可信引用监控器构建困难的问题。

1) 基于密码学的访问控制

为了保障云环境中数据的安全共享，数据属主需要确保解密密钥只授权给合法用户，这通常使用基于密码学的访问控制技术来解决。根据使用的加密算法类型可大致分为两类：一类基于传统的公钥密码学，另一类基于函数加密（也称功能加密）的公钥密码学。前者基于传统的公钥密码学（如公钥基础设施（PKI）等）保护数据的加密密钥，或将其存储在专门的"锁盒"里。后者是一种新的公钥加密技术，支持细粒度访问控制和丰富的策略表达方式。属性加密（ABE，也称基于属性的加密或属性基加密）是一种典型的函数加密，当前 ABE 密文访问控制技术的研究主要集中在权限撤销、多权威机构等方面。

2) 角色挖掘

角色挖掘起源于基于角色的访问控制，能够辅助管理员发现系统中的潜在角色，从而简化管理员的权限管理工作。由于大数据应用中数据规模巨大且复杂，自动化地对角色进行挖掘并完成授权是 RBAC 类系统发展的必然趋势。其中，基于机器学习的角色挖掘技术可用性更强，角色可合理解释，而且策略反映权限实际使用情况。生成角色模型用途广泛，既可用于策略中错误的发现和标识，也可用于权限使用过程中的异常检测。

3) 风险自适应访问控制

针对大数据场景中安全管理员缺乏足够的专业知识，无法准确地为用户分配数据访问权限的问题，人们提出了风险自适应访问控制技术，将风险量化并为使用者分配访问配额。评估并积累用户访问资源的安全风险，当用户访问的资源的风险数值高于某个预定的门限时，限制用户继续访问。通过合理定义与量化风险，提供动态、自适应的访问控制服务。

2. 安全检索

加密是保护云环境中数据安全的重要手段,但是密文数据的高效使用离不开密文检索,典型需求包括关键词检索与区间检索。前者又常被称为可搜索加密(searchable encryption),包括对称可搜索加密和非对称可搜索加密。后者又可以进一步划分为单维、二维和多维区间检索。除密文检索外,安全检索还包括隐秘信息获取(PIR)以及健忘RAM(Oblivious RAM,ORAM)等多种类型。

1) PIR系列与ORAM

隐秘信息获取是源于数据库检索领域的一种安全需求,指用户在不向远端服务器暴露查询意图的前提下对服务器的数据进行查询并取得指定数据;Oblivious RAM在读写过程中向服务器端隐藏访问模式等。两者均关注用户保护访问模式,防止用户的意图被攻击者或服务器探知,区别在于后者同时还关注数据机密性。

2) 对称可搜索加密

可搜索加密研究快速检索出包含特定关键词或满足关键词布尔表达式的密文文档的方法。对称可搜索加密(Symmetric Searchable Encryption,SSE)适用于数据提交者与查询者相同的使用场景。SSE经历了顺序查询、倒排索引、索引树等构造发展历程,当前查询性能已有了极大提升。它关注的安全目标由基础性的选择关键字语义安全(如IND-CKA、IND2-CKA等)扩展至查询模式安全性、查询的前向安全性等多种安全性质。相关研究包括多关键字查询、模糊查询、Top-k查询和多用户SSE等。

3) 非对称可搜索加密

与SSE不同,非对称可搜索加密(Asymmetric Searchable Encryption,ASE)的主要应用场景是第三方检索。由于数据所有者与检索者不是同一个人,所以一般采用公钥技术实现关键词陷门生成与检索。

4) 密文区间检索

密文区间检索是实际应用中另一大类重要需求,旨在利用数据之间存在的顺序关系,不必按顺序扫描,而以更快速的方法查找指定区间的数据。典型方案包括近邻数据分桶、保序加密、密文索引树等。各类方案提供不同程度的安全性,例如方案是否暴露所有数据间的顺序关系、查询条件上下界的大小关系、区间之间的包含关系等。各类方案的效率也存在显著差异,一个优秀的密文区间检索方法能很好地实现检索效率与安全性之间的平衡。

3. 安全计算

安全计算(也称安全处理)的目的是在复杂、恶劣的环境下以安全的方式计算出正确结果,包括同态加密、可验证计算、安全多方计算、函数加密、外包计算等。

1) 同态加密

同态加密技术既可处理加密数据又可维持数据的机密性。支持单一运算的同态加密算法的设计是一件比较容易的事情,但同时支持加法和乘法运算的同态加密算法(即全同态加密算法)从提出到解决经历了30多年的历程,最终是由Gentry博士于2009年解决的,他基于“理想格”构造了全同态加密方案。

2) 可验证计算

可验证计算是实现外包计算的完整性即正确性的最可靠的技术,它通过使用密码学工具,确保外包计算的完整性,而无须对服务器失败率或失败的相关性做任何假设。构造大多数可验证计算的基础是概率检测证明。目前最有代表性、最有效的可验证计算主要有 3 类,分别是基于承诺、同态加密和交互构造的方法。

3) 安全多方计算

安全多方计算的目的是使得多个参与方能够以一种安全的方式正确执行分布式计算任务,每个参与方除了自己的输入和输出以及由其可以推出的信息外得不到任何额外信息。相关工作包括安全计算布尔电路的安全多方协议和安全计算算术电路的安全多方计算两大类。大多数安全地计算布尔电路的安全多方计算协议是基于 Yao 的混淆电路技术,将计算函数表示为布尔电路,并在半诚实模型下提供计算安全性。这种技术使用了健忘传输(Oblivious Transfer,OT)协议。在此基础上,人们在扩展安全模型、减少密文尺寸以及降低计算代价等方面不断改进。而许多安全地计算算术电路的安全多方计算协议是基于秘密共享技术的。

4) 函数加密

函数加密是属性加密的一般化。近年提出的很多加密概念,如基于身份的加密、属性加密、隐藏向量加密以及它们的一些组合,都可归结为函数加密,它是这些加密概念的一般化。函数加密是一类公钥加密方案,除了使用正规的秘密密钥解密数据以外,还有函数秘密密钥,用于访问对应的函数在数据上计算的结果。函数加密的安全性定义及其构造是一个极具挑战性的问题。

5) 外包计算

外包计算允许计算资源受限的用户端将计算复杂性较高的计算外包给远端的半可信或恶意服务器完成。相关研究主要集中在用户数据的安全性和隐私性、如何验证服务器返回结果的正确性(也称完整性)以及实现高效性方面,外包计算包括基于同态加密技术的外包计算、结合安全多方计算技术的外包计算、结合基于属性加密的外包计算和基于伪装技术的外包计算等。

1.4.2 大数据隐私保护技术

大数据隐私保护技术为大数据提供离线(如数据安全发布)与在线(如数据安全查询)等应用场景下的隐私保护,防止攻击者将属性、记录、位置和特定的用户个体联系起来。典型的隐私保护需求包括用户身份隐私保护、属性隐私保护、社交关系隐私保护与轨迹隐私保护等。其中,用户身份隐私保护的目标是降低攻击者从数据集中识别出某特定用户的可能性。属性隐私保护要求对用户的属性数据进行匿名,杜绝攻击者对用户的属性隐私进行窥探。社交关系隐私保护要求节点对应的社交关系保持匿名,攻击者无法确认特定用户拥有哪些社交关系。轨迹隐私保护要求对用户的真实位置进行隐藏,不将用户的敏感位置和活动规律泄露给恶意攻击者,从而保护用户安全。

当前的大数据隐私保护技术可大致分为两类:基于 k-匿名的隐私保护技术和基于差分隐私的隐私保护技术。前者根据隐私数据类型与应用场景的差别,又可以进一步划分为关系型数据隐私保护、社交图谱数据隐私保护、位置与轨迹数据隐私保护。

1. 关系型数据隐私保护

在结构化数据表中,标识符信息具有唯一性。常见的保护方案就是通过数据扰动、泛化、分割发布等来模糊用户的其他特征,使得具有相同的敏感属性、记录和位置的相似用户至少有 k 个。通过这种方式,攻击者无法确定个体用户的真实属性和位置,从某种程度上可以保护用户隐私安全。

1) 身份匿名

简单地去标识符匿名化仅仅去除了表中的身份 ID 等标志性信息,攻击者仍可凭借背景知识,如地域、性别等准标识符信息,迅速确定攻击目标对应的记录。k-匿名模型可防止攻击者唯一地识别出数据集中的某个特定用户,使其无法进一步获得该用户的准确信息,能够提供一定程度的用户身份隐私保护。

2) 属性匿名

在经过 k-匿名处理后的数据集中,攻击目标至少对应于 k 个可能的记录。但如果记录的敏感数据接近一致或集中于某个属性,攻击者也可以唯一地或以极大概率确定数据持有者的属性。为避免这种不完全保护,人们提出了 l-多样化、t-贴近模型等,根据敏感属性的分布情况进行有针对性的扰动与泛化处理。

3) 多次发布模型与个性化匿名

在数据连续、多次发布的场景中,还需要考虑到多次发布的统一性问题。有很多方案可能在单独的发布场景中都能够满足 k-匿名、l-多样化或者 t-贴近性的要求,但是对多次发布的数据联合进行分析,就会暴露数据匿名的漏洞。此外,用户具有高度个性化的隐私保护需求,需要根据用户个人需求制定不同级别的隐私保护策略,避免数据的过分匿名或者保护策略不足的情况。

2. 社交图谱数据隐私保护

在社交网络场景中,用户信息不仅包含单纯的属性数据,还包含社交关系数据。在图连接信息丰富的社交网络中,攻击者可以通过对目标用户的邻居社交关系所形成的独特结构(如节点度数、节点子图形状、邻近的节点连通程度等)重识别出用户。因此在图数据匿名方案中,采用属性-社交网络模型描述用户属性数据和社交关系数据,通过在匿名过程中添加一定程度的抑制、置换或扰动,使得匿名前后的社交结构发生变化,降低攻击者精确识别目标的成功率。这类方案中普遍采用图的 k-匿名作为可量化的匿名标准,即如果一个图满足 k-匿名,则表明图中任一个节点至少与其他 $k-1$ 个节点具有相同的度,利用节点度作为背景知识的攻击者能够识别目标个体的概率不超过 $1/k$。更一般地,通过匿名化算法处理,使得匿名化的图具备自同构性。

1) 节点匿名

攻击者可通过对目标用户的邻居社交关系所形成的独特结构重识别出用户。节点匿名的目标是通过添加一定程度的抑制、置换或扰动,降低精确匹配的成功率。

2) 边匿名

数据发布者需要有能力保证这些私密社交关系的匿名性,但直接将对应的边删除并不能降低通过推测得出此边的连接的概率。为了实现边匿名,可以通过节点匿名达到保护用户间社交关系的目的;在节点身份已知时,可以通过对图中其他边数据的扰动,降低该边被推测出来的可能性。

3) 属性匿名

在社交图谱中,用户的部分属性与其社交结构具有较高的相关性。具有相同属性的用户更容易成为朋友,形成关系紧密的社区。攻击者可通过用户可见的属性、社交关系、所属群组等信息来推测用户的隐私信息。为实现属性匿名,需要从节点、边、属性 3 方面联合匿名。

3. 位置轨迹数据隐私保护

用户的地理位置空间属性在抽象后也可以成为用户的准标识符信息。攻击者可通过其掌握的用户某时刻位置这类背景知识和用户历史位置精确匹配,从而唯一地识别出目标用户。因此,人们将 k-匿名的概念引入到位置轨迹数据匿名场景中,确保查询区域中至少有 k 个用户同时具有相同的位置数据或相同的轨迹。基本的保护方法包括位置轨迹泛化、随机化加噪处理等。

1) 面向 LBS 应用的隐私保护

为了得到良好的基于位置的服务(LBS),用户往往会把精确位置信息发送到服务器端,由此会给用户带来位置隐私威胁。需要对用户所提交的实时位置信息进行匿名化处理。典型的 LBS 隐私保护方案包括 Mix-zone 在路网中的应用和 PIR 在近邻查询中的应用。

2) 面向数据发布的隐私保护

位置与隐私保护的另一个典型应用场景是位置与轨迹数据发布。由于包含用户大量的历史轨迹信息,且位置与轨迹数据同时具有准标识符和隐私数据双重性质,实现 k-匿名保护难度更大。目前的保护方法主要包括针对敏感位置、用户轨迹、轨迹属性等几类数据的隐私保护。

3) 基于用户活动规律的攻击分析

由于用户的地理位置空间属性在抽象后也可成为用户的准标识符信息,攻击者可将目标用户的活动规律以具体模型量化描述,进而重新识别出匿名用户,并推测用户隐藏的敏感位置,预测用户轨迹。典型方法有基于马尔可夫模型、隐马尔可夫模型、混合高斯模型等攻击方法。

4. 差分隐私

匿名化技术是与攻击方法紧密相连的一种启发式保护方法,无法论证其对未知攻击的安全性。实际上,正是由于不断提出新的攻击方法,所以由最初的 k-匿名逐渐发展到 t-贴近、l-多样化等一系列匿名方案。形成"攻击—防护—新攻击—新防护"的链条,防护方法缺乏普适性以及严格证明其安全性的隐私保护框架。而差分隐私技术弥补了这个空白。Dwork 提出了一种替代的安全目标,即确保在数据集中插入或删除一条记录不会对输出结果造成显著影响。差分隐私将攻击者的知识能力提高到最强的水平,攻击者拥有何种背景知识对攻击结果无法造成影响。即使攻击者已经掌握除了攻击目标之外的其他所有记录信息,仍旧无法获得该攻击目标的确切信息。根据差分隐私的形式化定义,由用户指定的隐私参数 ε 控制添加噪声大小,从而决定隐私保护程度与数据失真损失程度。由于加入了噪声,在相邻数据集上分别进行相同的查询,也可能得到相同的结果。

1) 基本差分隐私

目前差分隐私技术应用在数据发布(直方图发布、流数据发布、社交网络图数据发布等)、数据挖掘与学习(频繁模式挖掘、分类)、查询处理(范围查询)等方面。其中,为了避免隐私保护技术对数据可用性造成的损失,影响数据挖掘结果,人们提出了差分隐私的数据挖据技术,通过差分隐私技术约束用户隐私泄露程度,同时尽量保证数据挖掘结果的可用性。

2) 本地差分隐私

本地差分隐私(Local Differential Privacy,LDP)是指用户在本地将要上传的数据提前进行随机化处理,使其满足本地差分隐私条件后,再上传给数据采集者。LDP 的典型代表有 Rappor 协议、SH 协议等。已有学者指出,实现本地差分隐私的本地算法和已有的统计查询算法等价,数据采集者能够通过统计得到一些有用的信息。本地差分隐私可很好地解决数据采集中的隐私保护。

3) 基于差分隐私的轨迹保护

经过差分隐私保护技术处理后的用户轨迹数据可在有效保护用户隐私的前提下安全发布。目前,已有集中式差分隐私轨迹保护方法,在保持轨迹数据集总体统计特征稳定的基础上,产生新的轨迹来替代原始轨迹,且新数据集满足差分隐私安全要求。也可采用本地差分隐私技术对个人轨迹数据进行处理,用户自己掌握自己真实的轨迹,将加噪变换后的轨迹发送给服务器,但仍可让服务器对其进行有意义的轨迹分析。

1.5　大数据服务于信息安全

大数据分析技术在为信息安全带来全新挑战的同时,也为信息安全技术带来了发展的契机。大数据分析技术可应用于安全威胁发现、认证,也可应用于大数据的数据真实性分析等。

1.5.1　基于大数据的威胁发现技术

由于大数据分析技术的出现,企业可以超越以往的"保护—检测—响应—恢复"(PDRR)模式,更主动地发现潜在的安全威胁。相比于传统技术方案,基于大数据的威胁发现技术具有如下优点。

(1) 分析内容的范围更大。传统的威胁分析主要针对的内容为各类安全事件。而一个企业的信息资产则包括数据资产、软件资产、实物资产、人员资产、服务资产和其他为业务提供支持的无形资产。由于传统威胁检测技术的局限性,其并不能覆盖这 6 类信息资产,因此,能发现的威胁也是有限的。而通过在威胁检测方面引入大数据分析技术,可更全面地发现针对这些信息资产的攻击。例如,IBM 推出了名为 IBM 大数据安全智能的新型安全工具,可利用大数据来检测企业内外部的安全威胁,包括扫描电子邮件和社交网络,标示出明显心存不满的员工,提醒企业注意预防其泄露企业秘密。

(2) 分析内容的时间跨度更长。现有的许多威胁分析技术都是内存关联性的,也就是说实时收集数据,采用分析技术发现攻击。分析窗口通常受限于内存大小,无法应对持续性和潜伏性攻击。而引入大数据分析技术后,威胁分析窗口可以横跨若干年的数据,因此,威胁发现能力更强,可有效应对 APT 类攻击。

(3) 能够预测攻击威胁。传统的安全防护技术或工具大多是在攻击发生后对攻击行为进行分析和归类,并做出响应。而基于大数据的威胁分析可进行超前的预判。它能够寻找潜在的安全威胁,对未发生的攻击行为进行预防。

(4) 能够检测未知威胁。传统的威胁分析通常是由经验丰富的专业人员根据企业需求和实际情况展开,然而这种威胁分析的结果很大程度上依赖于个人经验。同时,分析所发现的威胁也是已知的。而大数据分析的特点是侧重于普通的关联分析,而不侧重于因果分析,因此,通过采用恰当的分析模型,可发现未知威胁。

虽然基于大数据的威胁发现技术具有上述优点,但是该技术目前也存在一些问题和挑战,主要集中在分析结果的准确程度上。一方面,大数据的收集很难做到全面,而数据又是分析的基础,它的片面性往往会导致分析结果的偏差。另一方面,大数据分析能力的不足也会影响威胁分析的准确性。例如,纽约投资银行每秒有 5000 次网络事件,每天会从中捕捉25TB 数据。如果没有足够的分析能力,要从如此庞大的数据中准确地发现极少数预示潜在攻击的事件,进而分析出威胁,几乎是不可能完成的任务。

1.5.2　基于大数据的认证技术

身份认证是信息系统或网络中确认操作者身份的过程。传统的认证技术主要通过用户所知的秘密(例如口令)或者持有的凭证(例如数字证书)来鉴别用户。这些技术面临着如下两个问题:

(1) 攻击者总是能够找到方法来骗取用户所知的秘密,或窃取用户持有的凭证,从而通过认证机制的认证。例如攻击者利用钓鱼网站窃取用户口令,或者通过社会工程学方式接近用户,直接骗取用户所知的秘密或持有的凭证。

(2) 传统认证技术中,认证方式越安全,往往意味着用户负担越重。例如,为了加强认证安全采用多因素认证,用户往往需要记忆复杂的口令,还要随身携带硬件——USB Key。一旦忘记口令或者忘记携带 USB Key,就无法完成身份认证。为了减轻用户负担,出现了一些生物认证方式,利用用户具有的生物特征(例如指纹等)来确认其身份。然而,这些认证技术要求设备必须具有生物特征识别功能,例如指纹识别,因此,在很大程度上限制了这些认证技术的广泛应用。

在认证技术中引入大数据分析能够有效地解决这两个问题。基于大数据的认证技术指的是收集用户行为和设备行为数据,并对这些数据进行分析,获得用户行为和设备行为的特征,进而通过鉴别操作者行为及其设备行为来确定其身份。这与传统认证技术利用用户所知的秘密、所持有的凭证或具有的生物特征来确认其身份有很大不同。具体地,这种新的认证技术具有如下优点。

(1) 攻击者很难模拟用户行为特征来通过认证,因此,这种技术更加安全。利用大数据技术能收集的用户行为和设备行为数据是多样的,可包括用户使用系统的时间、经常采用的设备、设备所处的物理位置,甚至是用户的操作习惯数据。通过这些数据的分析能够为用户勾画一个行为特征的轮廓。而攻击者很难在方方面面都模仿用户行为,因此,其与真正用户的行为特征轮廓必然存在较大偏差,无法通过认证。

(2) 减轻了用户负担。用户行为和设备行为特征数据的采集、存储和分析都由认证系统完成,相比于传统认证技术,极大地减轻了用户负担。

(3) 可更好地支持各系统认证机制的统一。基于大数据的认证技术可以让用户在整个网络空间采用相同的行为特征进行身份认证,而避免由于不同系统采用不同认证方式且用户所知的秘密或所持有的凭证也各不相同而带来的种种不便。

虽然基于大数据的认证技术具有上述优点,但同时也存在一些问题和挑战亟待解决,例如：

(1) 初始阶段的认证问题。基于大数据的认证技术建立在大量用户行为和设备行为数据分析的基础上，而初始阶段不具备大量数据，因此，无法分析出用户行为特征，或者分析的结果不够准确。

(2) 用户隐私问题。基于大数据的认证技术为了能够获得用户的行为习惯，必然要长期持续地收集大量的用户数据。那么如何在收集和分析这些数据的同时确保用户隐私也是亟待解决的问题。它是影响这种新的认证技术是否能够推广的主要因素。

1.5.3　基于大数据的数据真实性分析

目前，基于大数据的数据真实性分析被广泛认为是最为有效的方法。许多企业已经开始了这方面的研究工作，例如 Yahoo 和 Thinkmail 等利用大数据分析技术来过滤垃圾邮件，Yelp 等社交点评网站用大数据分析来识别虚假评论，新浪微博等社交媒体利用大数据分析来鉴别各类垃圾信息等。

基于大数据的数据真实性分析技术能够提高垃圾信息的鉴别能力。一方面，引入大数据分析可获得更高的识别准确率。例如，对于点评网站的虚假评论，可通过收集评论者的位置信息、评论内容、评论时间等进行分析，鉴别其评论的可靠性。如果某评论者对某品牌多个同类产品都发表了恶意评论，则其评论的真实性就值得怀疑。另一方面，在进行大数据分析时，通过机器学习技术，可发现更多具有新特征的垃圾信息。然而该技术仍然面临一些困难，主要是虚假信息的定义、分析模型的构建等。

1.5.4　大数据与"安全即服务"

前面列举了一些当前基于大数据的信息安全技术，未来必将涌现出更多、更丰富的安全应用和安全服务，大数据也必将充分展现"安全即服务"(Security as a Service)的理念。由于此类技术以大数据分析为基础，因此，如何收集、存储和管理大数据就是相关企业或组织所面临的核心问题。除了极少数企业有能力做到之外，对于绝大多数信息安全企业来说，更为现实的方式是通过某种方式获得大数据服务，结合自己的技术特色领域，对外提供安全服务。一种未来的发展前景是，以底层大数据服务为基础，各个企业之间组成相互依赖、互相支撑的信息安全服务体系，总体上形成信息安全产业界的良好生态环境。

1.6　基本密码学工具

密码学可有效地保障信息的机密性、完整性、认证性和不可否认性，是大数据安全和隐私保护的基础工具。本节重点介绍密码学的一些基本概念。

1.6.1　加密技术

传统加密技术的主要目标是保护数据的机密性。一个加密算法被定义为一对数据变换。其中一个变换应用于数据起源项，称为明文，所产生的相应数据项称为密文。而另一个变换应用于密文，恢复出明文。这两个变换分别称为加密变换和解密变换。习惯上，也使用加密和解密这两个术语。加密和解密的操作通常都是在一组密钥控制下进行的，分别称为加密密钥和解密密钥。主要有两大类加密技术：一类是对称加密，另一类是公钥加密。对称加密的特征是加密密钥和解密密钥一样或相互容易推出；公钥加密（也称非对称加密）的特征是加密密钥和解密密钥不同，从一个难以推出另一个。

1. 对称加密技术

对称加密分为两种：一种是将明文消息按字符逐位地加密，称为序列密码（也称流密码）；另一种是将明文消息分组（每组含有多个字符），逐组地进行加密，称为分组密码，例如分组密码 AES 和 SM4 以及序列密码 ZUC。AES 是美国国家标准技术研究所（NIST）公布的一个分组密码[36]，其分组长度为 128b，密钥可为 128b、192b 或 256b。SM4 是中国公布的一个商用分组密码标准[37]，其分组长度和密钥长度均为 128b。ZUC（祖冲之序列密码算法）是一个序列密码，已成为国际 3GPP 标准，也是中国的国家标准[38]。ZUC 算法逻辑上分为上中下 3 层，上层是 16 级线性反馈移位寄存器（LFSR），中层是比特重组（BR），下层是非线性函数 F。

2. 公钥加密技术

公钥密码是由 Diffie 和 Hellman 于 1976 年首次提出的。与对称密码不同，公钥密码采用两个不同的密钥将加密功能和解密功能分开。一个密钥称作私钥，像在对称密码中一样，该密钥被秘密保存。另一个密钥称作公钥，不需要保密。公钥密码必须具有如下重要特性：给定公钥，要确定出私钥是计算上不可行的。

公钥密码的设计比对称密码的设计具有更大的挑战性，因为公钥为攻击算法提供了一定的信息。目前使用的公钥密码的安全性基础主要是数学中的困难问题。最流行的有两大类：一类是基于大整数因子分解问题的，如 RSA 公钥加密；另一类是基于离散对数问题的，如椭圆曲线公钥加密、SM2 公钥加密等。1977 年由 Rivest、Shamir 和 Adleman 提出了第一个比较完善的公钥密码，这就是著名的 RSA 算法[39]。RSA 也是迄今应用最广泛的公钥密码，其安全性基于大整数因子分解困难问题：已知大整数 N，求素因子 p 和 q（$N = pq$）是计算困难的。1985 年，Koblitz 和 Miller 分别独立地提出了椭圆曲线密码[40,41]（Elliptic Curve Cryptography，ECC）。椭圆曲线密码的安全性基于椭圆曲线群上计算离散对数困难问题。椭圆曲线密码能用更短的密钥来获得更高的安全性，而且加密速度比 RSA 快，因此，在许多资源受限的环境中得到了广泛的应用。SM2 椭圆曲线公钥密码算法是中国的一个公钥密码标准[42]，包括公钥加密算法、数字签名算法、密钥交换协议。

1.6.2 数字签名技术

数字签名是一种以电子形式存储的消息签名。数字签名算法由一个签名者对数据产生数字签名，并由一个验证者验证签名的可靠性。每个签名者有一个公钥和一个私钥，其中私钥用于产生数字签名，验证者用签名者的公钥验证签名。一个数字签名方案应具备如下基本特点：

(1) 不可伪造性。在不知道签名者私钥的情况下，任何其他人都不能伪造签名。

(2) 不可否认性。签名者无法否认自己对消息的签名。

(3) 保证消息的完整性。任何对消息的更改都将导致签名无法通过验证。

公钥密码可提供功能强大的数字签名方案，而无须接收者秘密保存验证密钥。目前诸多数字签名方案主要基于公钥密码。除了 RSA 数字签名方案外,目前还有很多不同功能、不同类型的数字签名方案。ISO 数字签名标准 ECDSA 和中国的商用密码标准 SM2 椭圆曲线数字签名就是两个重要的数字签名标准。ECDSA 数字签名[43]是使用椭圆曲线对数字签名算法 DSA 的模拟。ECDSA 于 1998 年成为 ISO 标准,于 1999 年成为 ANSI 标准,于 2000 年成为 IEEE 和 FIPS 标准。ECDSA 是 ElGamal 公钥密码的一种变形,其安全性依赖于椭圆曲线群上计算离散对数困难问题。SM2 数字签名[42]与 ECDSA 数字签名一样,其安全性也依赖于椭圆曲线群上计算离散对数困难问题。

1.6.3 Hash 和 MAC 技术

Hash 函数(也称杂凑函数或哈希函数)可将任意长的消息压缩为固定长度的 Hash 值。Hash 函数需具有如下性质:

(1) 单向性。对一个给定的 Hash 函数值,构造一个输入消息将其映射为该函数值是计算上不可行的。

(2) 抗碰撞性。构造两个不同的消息将它们映射为同一个 Hash 函数值是计算上不可行的。

Hash 函数可用于构造分组密码、序列密码和消息认证码,也是数字签名的重要组件,可破坏输入的代数结构,进行消息源认证;也可用于构造伪随机数生成器,进行密钥派生等。典型的 Hash 函数有 SHA-256 算法[44],SM3 算法[45]和 SHA-3 算法[46]。

与 Hash 函数技术相关的是消息认证码(Message Authentication Code,MAC)技术。MAC 算法也是基于一个大尺寸数据生成一个小尺寸数据,在性能上也需要避免碰撞,但 MAC 算法有密钥参与,计算结果类似于一个加密的 Hash 函数值,攻击者难以在篡改内容后伪造它。因此,MAC 值可单独使用,而 Hash 函数值一般配合数字签名使用。MAC 算法主要基于分组密码或普通 Hash 算法改造,HMAC 是最常用的 MAC 算法,它通过 Hash 函数来实现消息认证。HMAC 可以和任何迭代 Hash 函数(如 MD5、SHA-1)结合使用而无须更改这些 Hash 函数。

1.6.4 密钥交换技术

通信双方在公开的网络环境中传送数据,一般要确保数据的机密性和可认证性。要达到此目的,必须对传送的数据进行加密和认证,这就需要使用会话密钥。密钥交换协议就是两个或多个参与方在公开的网络环境中建立秘密的会话密钥的过程,会话密钥是协议参与方产生的输入的函数。例如 MQV 密钥交换协议和 SM2 密钥交换协议就是两个典型的两方密钥交换协议。MQV 协议由 Menezes 等人于 1995 年最先提出[47]。这一协议被世界上许多权威标准机构(例如 ANSI、IEEE、NIST 等)采纳为密码标准。美国国家安全局(NSA)也将 MQV 协议纳入"下一代密码技术"标准体系中,用以保护密级达到国家级机密的重要、敏感数据。SM2 密钥交换协议[42]是中国公布的一个商用密码标准,可满足通信双方经过两次或可选三次信息传递过程,通过计算获取一个由双方共同决定的会话密钥。

1.7 本书的架构

本书共分为 5 章。第 1 章是绪论,全面地介绍大数据安全与隐私保护的内涵和技术框架。第 2~5 章是专题部分,分别介绍大数据安全与隐私保护中的若干关键技术内容。粗略地讲,第 2~4 章属于安全技术范畴,包括安全存储与访问控制技术(第 2 章)、安全检索技术(第 3 章)以及安全处理技术(第 4 章)。第 5 章重点介绍隐私保护技术。本书力求反映国内外在这些领域的重要研究成果、前沿工作以及有待进一步研究的问题。在此基础上,读者可以根据各章"注记与文献"中的内容进行深入研读。

1.8 注记与文献

本章重点介绍了大数据的基本概念与大数据时代面临的安全挑战,阐述了大数据生命周期各主要阶段所面临的安全风险,有针对性地提出了大数据安全与隐私保护技术框架。其中既包括密码学、访问控制等传统信息安全技术手段,也包括数据失真、扰动等数据分析方法。两者之间的有机融合已成为未来技术发展的必然趋势。本章仅概要介绍了主要技术框架,具体技术内容将在后续章节陆续予以介绍。本章在写作过程中也参阅了文献[48-50]。

关于密码学,本章重点介绍了基本的密码学工具。传统密码学主要解决信息的机密性、完整性和不可否认性等问题,但随着信息技术的快速发展和应用,密码学的应用越来越广泛,功能也越来越强大,在本书的后面各章中都充分体现了这一点。本章主要介绍了加密技术、数字签名技术、Hash 技术、MAC 技术和密钥交换技术等密码学基本概念。希望进一步学习和掌握密码学基础知识的读者可参阅文献[51,52],希望了解密码学最新进展和发展动态的读者可参阅国际密码学三大年会的论文集以及中国密码学会组编的密码学发展年度报告和每 5 年发布一次的密码学学科发展报告[53]。

参 考 文 献

[1] 李国杰,程学旗. 大数据研究:未来科技及经济社会发展的重大战略领域[J]. 中国科学院院刊,2012,27(6):647-657.

[2] Ye M,Yin P F,Lee W-C,et al. Exploiting Geographical Influence for Collaborative Point-of-Interest Recommendation[C]//Proceedings of the 34th International ACM SIGIR Conference on Research and Development in Information Retrieval(SIGIR'11),Beijing,China,2011:325-334.

[3] Goel S,Hofman JM,Lahaie S,Pennock DM,et al. Predicting Consumer Behavior with Web Search[J]. National Academy of Sciences,2010,7 (41):17486-17490.

[4] Arasu A,Chaudhuri S,Chen Z,et al. Experiences with Using Data Cleaning Technology for Bing Services[J]. IEEE Data Engineering Bulletin,2012,35(2):14-23.

[5] Liu X,Dong X L,Ooi B C,et al. Online Data Fusion[C]//Proceedings of the 37th International Conference on Very Large Data Bases (VLDB'2011). Seattle,USA,2011:932-943.

[6] Sarma A D,Dong X L,Halevy A. Data Integration with Dependent Sources[C]//Proceedings of the 14th International Conference on Extending Database Technology. Uppsala,Sweden,2011:401-412.

[7] Ghemawat S, Gobioff H, LeungS-T. The Google File System[C]//Proceedings of the 19th ACM Symposium on Operating Systems Principles. New York, USA, 2003: 29-43.

[8] HDFS Architecture Guide [EB/OL]. (2013-5-12). http://hadoop. apache. org/docs/stable/hdfs_design. html.

[9] Finding a Needle in Haystack: Facebook's Photo Storage[EB/OL]. (2013-6-10). https: //www. usenix. org /legacy/event/osdi10/tech/full_papers/Beaver. pdf.

[10] Dean J, Ghemawat S. MapReduce: Simplified Data Processing on Large Clusters[C]//Proceedings of the 6th Conference on Symposium on Opearting Systems Design & Implementation. San Francisco, USA, 2004: 107-113.

[11] Verma A, Cherkasova L, Kumar V, et al. Deadline-based Workload Management for MapReduce Environments: Pieces of the Performance Puzzle[C]//Proceedings of the Network Operations and Management Symposium (NOMS'2012). HAWAII, USA, 2012: 900-905.

[12] Dede E, Fadika Z, Hartog J, et al. MARISSA: MApReduce Implementation for Streaming Science Applications[C]//Proceedings of the IEEE 8th International Conference on E-Science. Chicago, USA, 2012: 1-8.

[13] Guo S J, Xiong J, Wang W P, et al. Mastiff: A MapReduce-based System for Time-Based Big Data Analytics[C]//Proceedings of the 2012 IEEE International Conference on Cluster Computing (CLUSTER), Beijing, China, 2012: 72-80.

[14] Chandramouli B, Goldstein J, Duan S. Temporal Analytics on Big Data for Web Advertising[C]// Proceedings of the 28th IEEE International Conference on Data Engineering(ICDE), Washington D. C. , USA, 2012: 90-101.

[15] Zhu Q, Qin Z Y. HyDB: Access Optimization for Data-Intensive Service[C]//Proceedings of the 14th International Conference on High Performance Computing and Communications(HPCC), Liverpool, UK, 2012: 580-587.

[16] Wang Y G, Lu W M, Wei B G. Transactional Multi-row Access Guarantee in the Key-value Store [C]//Proceedings of the 2012 IEEE International Conference on Cluster Computing (CLUSTER), Beijing, China, 2012: 572-575.

[17] Hwang M, Jeong D H, Kim J, et al. A Term Normalization Method for Better Performance of Terminology Construction [C]//Proceedings of the 11th International Conference on Artificial Intelligence and Soft Computing, Zakopane, Poland, 2012: 682-690.

[18] Ketata I, Mokadem R, Morvan F. Biomedical Resource Discovery Considering Semantic Heterogeneity in Data Grid Environments [C]//Proceedings of the International Conference on Innovative Computing Technology, Sao Carlos, Brazil, 2011: 12-24.

[19] Kang U, Chau DH, Faloutsos C. Pegasus: Mining Billion-Scale Graphs in the Cloud[C]//Proceedings of the 2012 IEEE International Conference on Acoustics, Speech and Signal Processing (ICASSP), Kyoto, Japan, 2012: 5341-5344.

[20] Gubanov M, Pyayt A. MEDREADFAST: A Structural Information Retrieval Engine for Big Clinical Text[C]//Proceedings of the 13th International Conference on Information Reuse and Integration (IRI), Las Vegas, USA, 2012: 371-376.

[21] Ahrens J, Brislawn K, Martin K, et al. Large-Scale Data Visualization Using Parallel Data Streaming. IEEE Computer Graphics and Applications, 2001, 21(4): 34-41.

[22] Scheidegger L, Vo H T, Krüger J, et al. Parallel Large Data Visualization with Display Walls[C]// Proceedings of the 2012 Conference on Visualization and Data Analysis(VDA), Burlingame, USA,

2012：1-8.

[23] Narayanan S, Madden TJ, Sandy AR, et al. GridFTP based Real-Time Data Movement Architecture for X-Ray Photon Correlation Spectroscopy at the Advanced Photon Source[C]//Proceedings of the IEEE 8th International Conference on E-Science. Chicago, USA, 2012：1-8.

[24] Tierney B, Kissel E, Swany M, et al. Efficient Data Transfer Protocols for Big Data[C]//Proceedings of the IEEE 8th International Conference on E-Science. Chicago, USA, 2012：1-9.

[25] Yan C R, Zhu M, Yang X, et al. Affinity-aware Virtual Cluster Optimization for MapReduce Applications[C]//Proceedings of the 2012 IEEE International Conference on Cluster Computing (CLUSTER), Beijing, China, 2012：63-71.

[26] Narayanan A, Shmatikov V. How to Break Anonymity of the Netflix Prize Dataset. ArXiv Computer Science e-prints, 2006, arXiv：cs/0610105：1-10.

[27] Montjoye Y A D, Hidalgo C A, Verleysen M, et al. Unique in the Crowd：The Privacy Bounds of Human Mobility[J]. Open Access Publications from Université Catholique De Louvain, 2013, 3(6)：776-776.

[28] Gambs S, Killijian M O, del Prado Cortez M N. De-Anonymization Attack on GeolocatedData[J]. Journal of Computer and System Sciences, 2014, 80(8)：1597-1614.

[29] Unnikrishnan J, Naini F M. De-Anonymizing Private Data by Matching Statistics[C]//Communication, Control, and Computing (Allerton), 2013 51st Annual Allerton Conference on. IEEE, 2013：1616-1623.

[30] Golle P, Partridge K. On the Anonymity of Home/Work Location Pairs[M]//Pervasive computing. Springer Berlin Heidelberg, 2009：390-397.

[31] Zang H, Bolot J. Anonymization of Location Data Does not Work：A large-Scale Measurement Study [C]//Proceedings of the 17th Annual International Conference on Mobile Computing and Networking. ACM, 2011：145-156.

[32] Abul O, Bonchi F, Nanni M. Never Walk Alone：Uncertainty for Anonymity in Moving Objects Databases[C]//Proceedings of the 2008 IEEE 24th International Conference on Data Engineering. IEEE Computer Society, 2008：376-385.

[33] Alvarez-Garcia J A, Ortega J A, Gonzalez-Abril L, et al. Trip Destination Prediction based on past GPS Log Using a Hidden Markov Model[J]. Expert Systems with Applications, 2010, 37(12)：8166-8171.

[34] Qin G, Patsakis C, Bouroche M. Playing Hide and Seek with Mobile Dating Applications[J]. Ifip Advances in Information & Communication Technology, 2014, 428：185-196.

[35] Ye M, Liu X, Lee W C. Exploring social Influence for Recommendation：AGenerative Model Approach[C]//Proceedings of the 35th International ACM SIGIR Conference on Research and Development in Information Retrieval. ACM, 2012：671-680.

[36] Department of Commerce/NIST, FIPSPUB 197：Advanced Encryption Standard [S/OL]. Gaithersburg, MD：NIST. [2001-11-26]. http://www3.cisco.com/c/dam/en/us/products/collateral/security/anyconnect-secure-mobility-client/fips.pdf.

[37] 国家标准化技术委员会. 信息安全技术 SM4 分组密码算：GB/T 32907—2016[S]. 北京：中国质检出版社, 2016.

[38] 国家标准化技术委员会. 信息安全技术　祖冲之序列密码算法　第 1 部分　算法描述：GB/T 33133—2016[S]. 北京：中国质检出版社, 2016.

[39] Rivest R, Shamir A, Adleman L M. A Method for Obtaining Digital Signatures and Public-Key

Cryptosystems[J]. Communications of the ACM,1978,26(2)：96-99.

[40] N. Koblitz,Elliptic Curve Cryptosystems[J]. Mathematics of Computation,1987,48(177)：203-209.

[41] Miller V S. Use of Elliptic Curves in Cryptography[J]. Lecture Notes in Computer Science,1985,218 (1)：417-426.

[42] 国家密码管理局. SM2 椭圆曲线公钥密码算法：GM/T 0003—2012[S]. 北京：中国标准出版社, 2012.

[43] American Bankers Association Standards Department，American National Standard X9. 62-2005, Public Key Cryptography for the Financial Services Industry：The Elliptic Curve Digital Signature Algorithm (ECDSA)[S],Washington DC：American National Standards Institute ,2005.

[44] Department of Commerce/NIST，FIPSPUB 180-2：Announcing the Secure Hash Standard, Gaithersburg,MD：NIST. 2002.

[45] 国家密码管理局. SM3 密码杂凑算法：GM/T 0004—2012[S]. 北京：中国标准出版社,2012.

[46] http://keccak. noekeon. org.

[47] Menezes A J, Qu M, Vanstone S A. Some Key Agreement Protocols Providing Implicit Authentication[C]//Proc of The Workshop on Selected Areas in Cryptography：SAC. 1995：22-32.

[48] Hamlin A,Schear N,Shen E,et al. Cryptography for Big Data Security[M]//Big Data：Storage, Sharing,and Security (3S),Boca Raton：CRC Press,2016：241-288.

[49] Bosch C,Hartel P,Jonker W,et al. A Survey of Provably Secure Searchable Encryption[J]. ACM Comput. Surv. ,47(2)：1-51,2014.

[50] 冯登国,张敏,李昊. 大数据安全与隐私保护[J]. 计算机学报,2014,37(1)：246-258.

[51] 冯登国,裴定一. 密码学导引[M]. 北京：科学出版社,1999.

[52] Stinson D R. 密码学原理与实践[M]. 冯登国,译. 2 版. 北京：电子工业出版社,2003.

[53] 中国密码学会. 密码学学科发展报告(2014—2015)[M]. 北京：中国科学技术出版社,2016.

[54] Mayer-Schonberger V,Cukier K. Big Data：A Revolution that will Transform How We Live,Work and Think[M]. Boston：Houghton Mifflin Harcourt,2013.

[55] Gentry C. A Fully Homomorphic Encryption Scheme[D]. Stanford University,2009.

[56] Yao B,Li F,Xiao X. Secure Nearest Neighbor Revisited[C]//Data Engineering (ICDE),2013 IEEE 29th International Conference on. IEEE,2013：733-744.

[57] greenery. 测试 TDE 对于表 DML 的性能影响. (2013-10-10). http://www. xuebuyuan. com/ 1181055. html.

第2章　安全存储与访问控制技术

　　内容提要：在大数据时代，数据开始作为一种经济资产被人们广泛采集和存储，并有偿或无偿地与他人分享。在数据资产的存储和分享过程中，人们希望确保数据只能被经过授权的用户访问和使用。这就是信息安全领域中典型的访问控制问题。然而在大数据场景下，由于数据集和应用系统呈现的一些新特点，许多传统访问控制技术开始无法满足现实需求。本章将围绕该问题对数据安全存储和访问控制相关技术进行介绍。大数据的存储方式主要分为两大类：私有存储和外包存储。私有存储是指企业或组织自己构建数据中心，并将采集到的大数据集存储在数据中心。这种存储方式需要的前期投资较大，所以主要被大型企业或组织采用。外包存储则是指企业或组织购买或租用第三方提供的存储资源来存储数据。相比于私有存储，外包存储的方式更加灵活和经济，是中小企业或组织的首选大数据存储方式。由于这两种存储方式中承担存储服务的参与方不同，所以其采用的安全技术也会有较大差异。本章首先对早期访问控制技术进行简单介绍，并指出其在大数据场景下的局限性，然后针对上述两种存储方式分别从基于可信引用监控机的访问控制和基于密码学的访问控制两个方面对大数据的安全存储和访问控制技术进行阐述。早期的自主访问控制、强制访问控制、基于角色的访问控制、基于属性的访问控制，以及结合了数据分析的风险访问控制和角色挖掘等技术，都属于基于可信引用监控机的访问控制技术。它们的安全性建立在系统具有忠实执行访问控制策略的可信引用监控机的基础上。而外包存储方式的存储服务是第三方提供的，较难构建可信引用监控机，所以往往采用密码技术来实施访问控制，例如基于密钥管理的访问控制技术和基于属性加密的访问控制技术。

　　关键词：自主访问控制；强制访问控制；基于角色的访问控制；基于属性的访问控制；角色挖掘；风险访问控制；广播加密；基于公钥广播加密的访问控制；属性加密；基于属性加密的访问控制。

2.1　早期访问控制技术

　　早期的访问控制技术都是建立在可信引用监控机基础上的。引用监控机是在1972年由Anderson首次提出的抽象概念[1]，它能够对系统中的主体和客体之间的授权访问关系进行监控。当数据存储系统中存在一个所有用户都信任的引用监控机时，就可以由它来执行各种访问控制策略，以实现客体资源的受控共享。

　　访问控制策略是对系统中用户访问资源行为的安全约束需求的具体描述。为了便于表达和实施，这些策略在计算机中会被对应地归纳和实现为各种访问控制模型。因此，访问控制模型可以看作是对访问控制策略的进一步抽象、简化和规范。而随着安全约束需求的变化和人们认识水平的提高，访问控制模型也在不断地演化和发展。

　　在20世纪70年代，大型资源共享系统普遍出现在政府、企业和组织中。为了应对系统中的资源安全共享需求，访问控制矩阵[2]等自主访问控制模型和BLP[3,4]、Biba[5]等强制访问控制模型被提出,并得到了广泛应用。

自主访问控制的基本思想是客体的属主决定主体对客体的访问权限。也就是数据所有者能够决定其数据可以被谁访问,同时能够决定这种授权是否可以被进一步传播,并能够在任意时刻将之前的授权撤销。这种经典的自主访问控制模型存在如下一个明显的缺点:由于授权完全由用户自主进行,所以当恶意代码被用户启动后,系统就无法分辨授权行为是来自合法用户还是来自恶意代码。针对这一问题,Harrison 等人进一步提出了改进的 HRU 模型[3],引入了对权限扩散的控制,也就是在权限管理方面采用了数据属主自主管理和安全管理员限制相结合的方式。

强制访问控制模型最早是由美国政府和军方提出的,用于对系统的机密性进行保护。它与自主访问控制模型最大的区别在于其访问控制策略由安全管理员统一管理,而不是由数据属主来授权和管理数据的访问权限。最具代表性的强制访问控制模型是 BLP 和 Biba。它们的基本思想是为系统中每个主客体分配安全标记,然后依据主客体安全标记之间的支配关系来进行访问控制。由于安全标记之间的支配关系是满足偏序性质的,可以形成格结构,因此,强制访问控制模型又可称为基于格的访问控制模型。

在 20 世纪 80 年代末到 90 年代初,人们逐渐发现在商业系统中按照工作或职位进行访问权限的管理会更加方便,因此,基于角色的访问控制(Role-Based Access Control,RBAC)模型被提出,并发展成为迄今在企业或组织中应用最广泛的访问控制模型之一。基于角色的访问控制模型最早由 Ferraiolo 和 Kuhn 在 1992 年提出[6],随后由 Sandhu 等人进一步完善,形成了 RBAC96 模型[7]。RBAC96 是一个较为完整的 RBAC 模型框架,对模型要素、访问控制方式、权限管理等方面都进行了详细论述。2004 年,美国国家标准技术研究所(NIST)综合了 Ferraiolo 和 Sandhu 等人的 RBAC 模型和框架,为 RBAC 制定了统一的标准,并被采纳为美国国家标准 ANSI INCITS 359—2004。

在 21 世纪初,互联网技术的高速发展使得用户对资源的访问往往不再处于一个相对封闭的环境下。开放环境为访问控制带来了两个新特点:一是无法预先获得主客体身份的全集;二是通常具有隐含的身份隐藏需求。而自主访问控制、强制访问控制和基于角色的访问控制技术都需要先获取用户的身份信息,然后再根据其身份或该身份所绑定的安全标记、角色等信息进行访问控制判定。因此,这些技术难以适应开放环境。针对这些问题,基于属性的访问控制(Attribute-Based Access Control,ABAC)[8,9]被提出,它通过安全属性来定义授权,而不需要预先知道访问者的身份。安全属性可看作一些安全相关的特征,可由不同的属性权威分别定义和维护,因此,该技术具备较高的动态性和分散性,能够较好地适应开放式环境。

本节主要对自主访问控制、强制访问控制、基于角色的访问控制、基于属性的访问控制等模型的基本概念和原理进行简要介绍,并对这些技术在大数据场景下的局限性进行归纳总结,主要取材于文献[2-5,7,8]。

2.1.1　几个基本概念

在自主访问控制、强制访问控制、基于角色的访问控制、基于属性的访问控制等模型中都涉及如下概念:

(1)主体:能够发起对资源的访问请求的主动实体,通常为系统的用户或进程。

（2）客体：能够被操作的被动实体，通常是各类系统和数据资源。

（3）操作：主体对客体的读、写等动作或行为。

（4）访问权限：客体以及对客体的操作形成的二元组<操作,客体>。

（5）访问控制策略：对系统中主体访问客体的约束需求的描述。

（6）访问（引用）授权：访问控制系统按照访问控制策略进行访问权限的赋予。

（7）引用监控机（Reference Monitor,RM）：系统中监控主体和客体之间授权访问关系的部件。它的模型如图 2-1 所示。

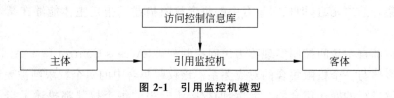

图 2-1　引用监控机模型

其中，访问控制信息库记录了访问控制系统对引用监控机进行授权的信息，而引用监控机则基于这些授权信息来约束主体对客体资源的访问行为。

（8）引用验证机制（Reference Validation Mechanism,RVM）：RM 的软硬件实现。引用验证机制是真实系统中访问控制能够被可信实施的基础。它必须满足如下 3 个属性：

① 具有自我保护能力。

② 总是处于活跃状态。

③ 必须设计得足够小，以便于分析和测试。

其中，属性①确保了 RVM 的安全性，即能够抵抗攻击；属性②确保了所有访问行为都受到监控，即访问受控资源时，RVM 机制不能被绕过；属性③则确保了 RVM 实现的正确性是易于验证的。由上述属性可知，在数据所有者自己负责数据存储的系统中，是能够建立 RVM 并验证其满足这 3 个属性的。而在由第三方提供存储服务的系统中，则难以构建 RVM，而且难以对 RVM 的这 3 条属性进行验证。

2.1.2　访问控制模型

1. 自主访问控制模型

自主访问控制模型可以被表述为 (S,O,A) 三元组。其中，S 表示主体集合，O 表示客体集合，且 $S \subset O$。A 表示访问矩阵，如图 2-2 所示。

$$
\begin{array}{c}
\begin{array}{cccccc}
o_1 & \cdots & o_n & s_1 & \cdots & s_m
\end{array} \\
\begin{array}{c}
s_1 \\ \vdots \\ s_i \\ \vdots \\ s_m
\end{array}
\begin{bmatrix}
A(s_1,o_1) & \cdots & A(s_1,o_n) & A(s_1,s_1) & \cdots & A(s_1,s_m) \\
\vdots & \vdots & \vdots & \vdots & & \vdots \\
A(s_i,o_1) & \cdots & A(s_i,o_n) & A(s_i,s_1) & \cdots & A(s_i,s_m) \\
\vdots & \vdots & \vdots & \vdots & & \vdots \\
A(s_m,o_1) & \cdots & A(s_m,o_n) & A(s_m,s_1) & \cdots & A(s_m,s_m)
\end{bmatrix}
\end{array}
$$

图 2-2　访问矩阵

在访问矩阵中，s_i 对应的一行表示主体 s_i 对系统中所有客体的访问权限信息，o_j 或 s_j 对应的一列则表示系统中所有主体对客体 o_j 或 s_j 的操作权限信息，$A(s_i,o_j)$ 则表示主体 s_i

对客体 o_j 的操作权限。因此,自主访问控制模型的实施由 RM 根据访问矩阵 A 进行判定,而数据属主对权限的管理通过修改访问矩阵 A 来完成。

由于实际信息系统的主体和客体往往较多,所以自主访问控制信息不适合直接采用图 2-2 的形式进行记录。在实际系统中主要有两种实现方式:基于主体的自主访问控制实现和基于客体的自主访问控制实现。

基于主体的自主访问控制实现称为能力表(Capabilities List,CL)。该表记录了每一个主体与一个权限集合的对应关系。该权限集合中的每个权限则被表示为一个客体以及其上允许的操作集合的二元组,即权限集合中的每个权限描述了指定主体能够在某客体上执行的操作。

基于客体的自主访问控制实现称为访问控制列表(Access Control List,ACL)。该表记录了每一个客体与一个权限集合的对应关系。该权限集合中的每个权限则被表示为一个主体以及其能够进行的操作集合的二元组,即权限集合中的每个权限都描述了指定客体能够被某主体执行的操作。

在大数据环境下,无论上述哪种实现方式,自主访问控制模型都将面临权限管理复杂度爆炸式增长的问题。一方面,大数据的开放式应用场景中主体数量将不可预估;另一方面,作为客体的大数据集具有规模大、增长速度快的特点。因此,直接采用自主访问控制模型是非常困难的。

2. 强制访问控制模型

最具代表性的强制访问控制模型是 BLP 模型和 Biba 模型,下面将分别进行介绍。

1) BLP 模型

BLP 模型用于保护系统的机密性,防止信息的未授权泄露。

BLP 模型涉及以下几个概念:

(1) 安全级别(Level)。由于 BLP 模型被用于确保机密性,所以其安全级别的取值对应了军事类型的安全密级分类:公开(UC)、秘密(S)、机密(C)、绝密(TS)。它们之间的关系为 $UC \leqslant S \leqslant C \leqslant TS$。

(2) 范畴(Category)。在军事系统中,秘密信息不仅依靠安全级别进行保护,还应满足"仅被需要知悉的人所知悉"的原则。在 BLP 模型中通过范畴的定义来实现该原则。范畴被定义为一个类别信息构成的集合,例如{中国,军事,科技}。具有该范畴的主体能够访问那些以该范畴子集为范畴的客体。即,如果用户被标识为{中国,军事,科技},那么在安全级别允许的情况下,他应该能读取标识为∅(空集)、{中国}、{军事}、{科技}、{中国,军事}、{中国,科技}、{军事,科技}、{中国,军事,科技}的任意一个范畴的客体。

(3) 安全标记(Label)。由安全级别和范畴构成的二元组<Level,Category>,例如<C,{中国,科技}>。

(4) 支配关系(dom)。设有安全标记 A 和 B,则 A dom B,当且仅当 $Level_A \geqslant Level_B$,$Category_A \supseteq Category_B$。由该定义可知,安全标记之间的支配关系可以形成如图 2-3 所示的格结构。

在为系统中每个保护范围内的主客体都分配了安全标记后,主体对客体的访问行为应满足如下两条安全属性:

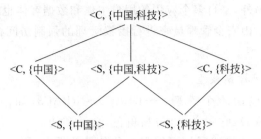

图 2-3　安全标记之间的支配关系示意图

（1）简单安全属性。主体 S 可以读客体 O，当且仅当 $Label_S$ dom $Label_O$，且 S 对 O 有自主型读权限。

（2）＊安全属性。主体 S 可以写客体 O，当且仅当 $Label_O$ dom $Label_S$，且 S 对 O 具有自主型写权限。

从信息流角度看，上述读、写操作所应遵循的安全属性阻止了信息从高安全级别的主客体流入低安全级别的主客体，且使得信息"仅被需要知悉的人所知悉"，因此，能够有效地确保数据的机密性。

2）Biba 模型

Biba 模型是第一个关注完整性的访问控制模型，用于防止用户或应用程序等主体未经授权即修改重要的数据或程序等客体。该模型可以看作 BLP 模型的对偶。

Biba 模型涉及以下几个概念：

（1）完整性级别（Level）。Biba 模型不关注机密性，所以，没有使用 BLP 模型定义的安全级别，而是定义了完整性级别，该级别代表了主客体的可信度。例如，完整性级别高的主体比完整性级别低的主体在行为上具有更高的可靠性，完整性级别高的客体比完整性级别低的客体所承载的信息更加精确和可靠。

（2）范畴（Category）。与 BLP 模型中的范畴类似，是基于类别信息对访问行为的进一步约束。即，若范畴$Category_A \supseteq Category_B$，则 A 能写入 B；否则，A 不能写入 B。

（3）完整性标记（Label）。由完整性级别和范畴构成的二元组$<Level, Category>$。

（4）支配关系（dom）。设有完整性标记 A 和 B，则 A dom B，当且仅当$Level_A \geqslant Level_B$，$Category_A \supseteq Category_B$。由该定义可知，完整性标记之间的支配关系也满足偏序关系，并能形成格结构。

Biba 模型的安全策略包括 3 种：低水印（low-water-mark）策略、环策略和严格完整性策略。其中，严格完整性策略在不特别指明的情况下即 Biba 模型。具体地，主体对客体的访问行为应满足如下安全属性：

（1）完整性属性。主体 S 能够写客体 O，当且仅当 $Label_S$ dom $Label_O$。

（2）调用属性。主体 S_1 能够调用主体 S_2，当且仅当 $Label_{S1}$ dom $Label_{S2}$。

（3）简单完整性属性。主体 S 能够读客体 O，当且仅当 $Label_O$ dom $Label_S$。

基于上述 3 条安全属性，信息只能从高完整性级别的主客体流向低完整性级别的主客体，从而有效避免了低完整性级别主客体对高完整性级别主客体的完整性的"污染"。

从上述 BLP 和 Biba 模型可以看出，强制访问控制是基于主客体标记之间的支配关系来实施的。在大数据场景下，随着主客体规模的急剧增长，安全标记和完整性标记的定义和管理将变得非常烦琐,另外,来自多个应用的用户主体和数据客体也将使得安全标记和完整性标记难以统一。因此,由安全管理员来进行授权管理的强制访问控制在大数据场景下的应用也是具有挑战性的。

3. 基于角色的访问控制模型

标准 RBAC 模型包括 4 个模型——RBAC0～RBAC3,如图 2-4 所示。其核心为RBAC0 模型(Core RBAC),它定义了用户、角色、会话和访问权限等要素,并形式化地描述了访问权限与角色的关系,用户通过角色间接获得权限的访问控制方式。RBAC1(Hierarchal RBAC)在 RBAC0 的基础上引入了角色继承的概念,进一步简化了权限管理的复杂度。RBAC2(Constraint RBAC)则增加了角色之间的约束条件,例如互斥角色、最小权限等。RBAC3(Combines RBAC)则是RBAC1 和 RBAC2 的综合,探讨了角色继承和约束之间的关系。

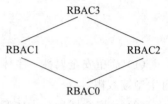

图 2-4　标准 RBAC 模型框架

1) Core RBAC

Core RBAC 定义了基于角色访问控制的 5 个基本元素——用户、角色、对象、操作、权限,以及一个动态的概念——会话,如图 2-5 所示。

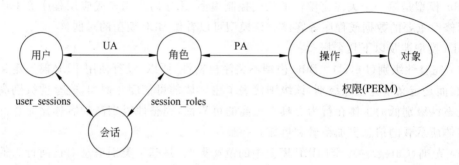

图 2-5　Core RBAC

用户是访问控制的主体,在系统中可以进行访问操作。

对象是访问控制的客体,是系统中受访问控制机制保护的资源。

操作是对象上能够被执行的一组访问操作。

权限是对象及其上指定的一组操作,是可以进行权限管理的最小单元。

角色是 RBAC 的核心概念,是权限分配的载体,即权限不能直接分配给用户,只能分配给角色,用户通过取得角色来获取权限。因此,角色可以看作一组有意义的权限集合。

会话是用于维护用户和角色之间的动态映射关系的概念,是 Constraint RBAC 中动态职责分离机制的实现基础。即用户可以发起多个会话,这些会话相互独立,并可通过在会话中激活角色来获取当前会话中被许可的权限。

上述元素之间的关系如下:

UA(用户分配):用户和角色之间的多对多映射关系,记录了管理员为用户分配的所有角色。

PA(特权分配):角色与权限之间的多对多映射关系,记录了管理员为角色分配的所有权限。

user_sessions：用户与会话之间的一对多映射关系。即一个用户可以通过登录操作开启一个或多个会话，而每个会话只对应一个用户。同一个用户开启的多个会话间相互独立。

session_roles：会话与角色之间的多对多映射关系。即用户可以在一个会话中激活多个角色，而一个角色也可以在多个会话中被激活。在 Core RBAC 中，用户能够在会话中激活角色的条件是用户拥有该角色，且该角色未在此会话中被激活。在 Constraint RBAC 中对于用户激活角色的操作会有更进一步的约束。

2）Hierarchal RBAC

在 Core RBAC 基础上，Hierarchal RBAC 增加了角色继承操作（Role Hierarchies，RH）来进一步简化权限管理操作，如图 2-6 所示。即一个角色 r_1 继承了另一个角色 r_2，那么 r_1 就拥有 r_2 的所有权限。角色继承分为两类：多重继承和受限继承。多重继承是指一个角色可以同时继承多个角色，且角色继承应满足偏序关系。受限继承除了要求角色继承满足偏序关系外，还要求只能继承一个角色，因此形成的继承关系为树形结构。

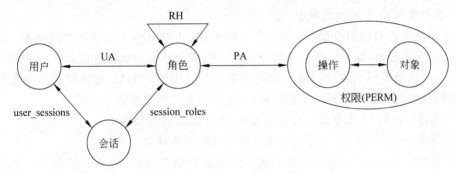

图 2-6 Hierarchal RBAC

3）Constraint RBAC

Constraint RBAC 在 Core RBAC 的基础上引入了职责分离的概念，用以调节角色之间的权限冲突，如图 2-7 所示。若角色 r_1 和角色 r_2 所拥有的某些权限是冲突的，那么就需要增加职责分离约束，使两个角色不能并存。根据约束生效的时期不同，这些约束可以分为两类：静态职责分离（Static Separation of Duty，SSD）和动态职责分离（Dynamic Separation of Duty，DSD）。

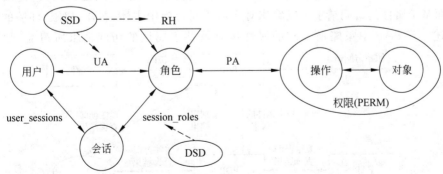

图 2-7 Constraint RBAC

其中 SSD 主要作用于管理员为用户分配角色和定义角色继承关系阶段。若角色 r_1 和角色 r_2 由于存在权限上的某种冲突被设定了 SSD 约束，那么 r_1 和 r_2 不能同时被分配给同一个用户，并且管理员在设置角色继承关系时，r_1 和 r_2 之间不能存在继承关系。

DSD 主要作用于用户激活角色的阶段。若角色 r_1 和角色 r_2 由于存在权限上的某种冲突被设定了 DSD 约束，那么 r_1 和 r_2 不能在一个会话中被用户同时激活。

4) Combines RBAC

Combines RBAC 是在 Core RBAC 基础上对 Hierarchal RBAC 的角色继承和 Constraint RBAC 的约束的综合。

现阶段，RBAC 已经较为成熟，并在商业领域得到了广泛应用。然而，它与强制访问控制一样都由安全管理员进行权限的管理，所以在大数据场景下主客体规模急剧增长时，安全管理员对于角色的精确定义和授权管理将变得困难。更进一步，相对于传统的企业或组织内部的应用场景，大数据的开放式数据共享特点要求安全管理员具备多领域的专业知识来预先定义所有角色。这些都是在大数据场景下应用 RBAC 模型所亟待解决的问题。

4. 基于属性的访问控制模型

基于属性的访问控制模型（ABAC）是一种适用于开放环境下的访问控制技术。它通过安全属性来定义授权，而不需要预先知道访问者的身份。安全属性可以看作一些与安全相关的特征，可以由不同的属性权威分别定义和维护。因此，ABAC 具备较高的动态性和分散性，能够较好地适应开放环境。具体地，它包括如下几个重要概念：

（1）实体（entity）：指系统中存在的主体、客体以及权限和环境。

（2）环境（environment）：指访问控制发生时的系统环境。

（3）属性（attribute）：用于描述上述实体的安全相关信息，是 ABAC 的核心概念。它通常由属性名和属性值构成。例如，主体属性可以是姓名、性别、年龄等；客体属性可以是创建时间、大小等；权限属性可以是描述业务操作读写性质的创建、读、写等；环境属性通常与主客体无关，可以是时间、日期、系统状态等。

ABAC 的框架如图 2-8 所示。AA 为属性权威，负责实体属性的创建和管理，并提供属性的查询。PAP 为策略管理点，负责访问控制策略的创建和管理，并提供策略的查询。PEP 为策略执行点，负责处理原始访问请求，查询 AA 中的属性信息，生成基于属性的访问请求，并将其发送给 PDP 进行判定，然后根据 PDP 的判定结果实施访问控制。PDP 为策略判定点，负责根据 PAP 中的策略集对基于属性的访问请求进行判定，并将判定结果返回 PEP。而基于属性的访问请求可以看作对当前访问行为中主体、客体、权限、环境的属性的整体描述。若 PAP 中策略所要求的属性没有被基于属性的访问请求所覆盖，则需要由

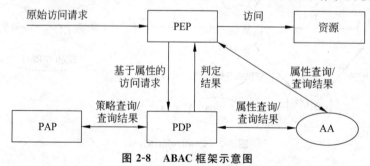

图 2-8 ABAC 框架示意图

PDP 从 AA 中再次对这些未覆盖的属性进行查询,从而完成对基于属性的访问请求的判定。

可以看出,ABAC 较适合应用于大数据的开放式数据共享环境中。然而与基于角色的访问控制所面临的问题类似,在 ABAC 中,属性的管理和标记对于安全管理员来说仍然是一个劳动密集型工作,而且需要一定的专业领域知识。在大数据场景下,数据规模和应用复杂度使得这一问题更加严重。

2.1.3 局限性分析

基于对上述早期访问控制技术的回顾,本节对它们在大数据应用场景下存在的问题进行总结,主要包括以下 3 个方面:

(1) 安全管理员的授权管理难度更大。在访问控制系统中,哪些资源能够被哪些用户访问通常是由安全管理员定义的。在大数据应用中,安全管理员的授权管理难度会急剧增加,主要原因有两个。一方面,大数据的规模和增长速度使得安全管理员进行权限管理的工作量极大地增加了。另一方面,开放式的大数据应用环境,使得安全管理员必须具备更多的领域知识来实施权限管理。例如,在医疗大数据场景中,数据集可能包含医生个人信息、病人个人信息、电子病例、社保信息等,而用户则可能包括医院的医生、护士、后勤人员以及各种社保工作人员,甚至包括一些医学研究机构的人员等。相比于之前单独的医疗系统、社保系统或科研支撑系统,安全管理员需要了解更多的领域知识来完成安全标记定义、角色定义或属性定义等权限管理操作。因此,在大数据场景中,管理员往往难以准确地进行授权,过度授权和授权不足的现象将越来越多。针对这个问题,在大数据场景下,安全管理员由于人力和领域知识两方面的限制,迫切需要一些自动化或半自动化的技术来简化其授权管理工作。

(2) 严格的访问控制策略难以适用。大数据的一个显著特点是先有数据、后有应用。人们在采集和存储数据时,往往无法预先知道所有的数据应用场景,因此,经常会出现一些新的数据访问需求。若预先定义的访问控制策略过于严格,那么新的访问需求很可能由于不能完全符合允许访问的条件而被拒绝,从而影响大数据系统的可用性。若预先定义的访问控制策略过于宽松,那么虽然系统的可用性得到了保障,但是系统的安全性却大幅降低。因此,在无法预知所有数据访问需求的情况下,严格执行预先定义的访问控制策略是难以实现的,因此,需要一种能够在访问控制过程中自适应地调整权限的技术来解决该问题。

(3) 外包存储环境下无法使用。大数据的一种重要存储方式是外包存储,即数据所有者与数据存储服务提供者是不同的。这就产生了数据存储需求与安全需求之间的矛盾:一方面,数据所有者有利用数据存储服务进行数据存储和分享的需求;另一方面,又不具备在数据存储服务中建立自己信任的引用监控机的能力,也就无法采用上述早期访问控制技术来确保数据安全。因此,除了采用法律、信誉等手段让数据所有者信任数据存储服务提供者能按照访问控制策略对数据进行保护外,还需要一些技术手段来确保无可信引用监控机场景下的数据安全。密码技术为解决该问题提供了另一条途径,它能够将数据的安全性建立在密钥的安全性基础上,因此,这种基于密码学的访问控制技术将是大数据安全存储研究中的重要方向。

2.2　基于数据分析的访问控制技术

近年来,随着大数据相关技术的发展和成熟,以数据处理为中心的大型复杂系统纷纷涌现。在这些系统中,数据集的规模和增长速度以及系统面临的用户的复杂性都为访问控制策略的制定和授权管理工作带来了巨大挑战。为了应对这些问题,一些旨在提高访问控制系统自动化水平和增强自适应性的技术引起了人们的关注。

访问控制技术中都存在一些核心概念,例如 MAC 中的安全标记、RBAC 中的角色、ABAC 中的属性等。它们必须在实施访问控制前被定义。以 RBAC 为例,安全管理员必须解决两个问题:创建哪些角色?角色与用户、角色与权限如何关联?与这两个问题有关的工作也被称为角色工程[10],其目标是定义一个完整、正确和高效的角色集合。通常有两种解决方式[11]:自顶向下和自底向上。前者是基于领域知识对业务流程或场景进行分析,归纳安全需求,并在此基础上进行角色的定义。其特点在于对人工、领域知识要求较高,同时对业务的熟悉程度也有较强的依赖。因此,自顶向下方式在大型复杂系统中较难实施。

为了解决该问题,自底向上定义角色的方法被提出,即采用数据挖掘技术从系统的访问控制信息(Access Control Information,ACI)等数据中获得角色的定义,也被称为角色挖掘(role mining)[12]。类似地,其他访问控制技术中的核心概念也可以采用自底向上的方式进行定义。例如,RBAC 可以看作 ABAC 的单属性特例,所以在 ABAC 中也可以借鉴该方法来进行属性的定义和权限管理工作[13]。具体地,早期的角色挖掘[14,15]主要采用层次聚类算法从系统已有的用户-权限分配关系中自动地获得角色,并建立用户-角色、角色-权限的映射。近年来,为了进一步提高角色定义的质量,人们开始对用户的权限使用记录等更丰富的数据集进行分析,即考虑了权限使用的频繁程度和用户属性等因素,从而使得角色挖掘的结果更加符合系统中的实际权限使用情况[16]。

自适应的访问控制技术的主要代表是风险访问控制。它对访问行为进行风险的评估,在访问过程中动态地实施风险与收益的权衡,并在此基础上进行访问控制,因此,具有较强的自适应性。文献[17]是较早将风险引入访问控制领域的工作,它定义了风险量化和访问配额等概念,并给出了基于风险的信息系统应该满足的一些指导性原则和建议。在风险度量方面,文献[18,19]提出了对目标客体敏感程度、客体的数量、客体之间的互斥关系、访问主体的安全级别等要素进行静态风险度量的方法。而文献[20,21]则是通过协同过滤的方式来动态度量访问风险,即对某主体的访问行为与其他主体的访问行为的差异性进行量化来得到风险值。在访问控制判定时,需要先将风险值映射为{0,1},再实施"允许/拒绝"的二值判定,主要包括风险阈值[17]和风险配额[20,21]两种方式。更进一步,文献[19]提出了"风险带"的概念,在"允许"和"拒绝"之间增加了"部分允许",即实现了"符合部分访问控制条件的请求获得部分访问权限"的访问控制。这些技术极大地提高了访问控制的灵活性,能够为大数据场景下访问控制的实施提供一定借鉴。

本节有针对性地选取了两种具有自动化、自适应特点的角色挖掘和风险访问控制技术进行详细介绍,主要取材于文献[14-16,18-22]。

2.2.1　角色挖掘技术

本节分别对基于层次聚类的角色挖掘方法和生成式角色挖掘方法进行介绍。

1. 基于层次聚类的角色挖掘

在业务流程中,人们为了完成工作就需要拥有一些数据访问权限的组合。即,系统在初始情况下往往已经有了简单的访问权限分配,规定了哪些用户能够访问哪些数据。例如,某系统已有的授权信息如表 2-1 所示。而这些权限组合往往暗示着为了完成工作而应该设置的角色。因此,可以对已有的权限分配关系进行数据挖掘来寻找潜在的角色概念,并将角色与用户、角色与权限分别关联。

表 2-1　系统的授权信息示例

用户	权限 1	权限 2	权限 3	权限 4	权限 5
用户 A	√	√		√	
用户 B	√	√			
用户 C	√		√		√
用户 D	√	√	√	√	

我们将角色看作大量用户共享的一些权限组合,并假设真实的角色定义已经正确且完整地隐含在当前的授权数据中。也就说,所有人持有的权限都是有意义的,同时已有的权限分配都是正确的。在该假设下,可以采用聚类的方法来发现角色。聚类是一种非监督场景下的发现数据潜在模式的经典方法。系统的用户基数越大,权限越多,这种权限分配的潜在模式就越明显,采用聚类进行角色挖掘的效果就越好。

同时,由于标准 RBAC 模型中角色可以继承并形成层次结构,所以在聚类时通常选择层次聚类算法以支持角色继承。基于层次聚类的角色挖掘根据层次聚类方式的不同又可分为凝聚式角色挖掘[14]和分裂式角色挖掘[15]。

1) 凝聚式角色挖掘

凝聚式层次聚类是将每个对象作为一簇,然后不断合并成为更大的簇,直到所有的对象合并为一个类簇或满足某个终止条件。下面给出一种基于该算法的角色挖掘方法。

基本思想

凝聚式角色挖掘方法将权限看作待聚类的对象,初始时将每个权限作为一个类簇,通过不断合并距离近的类簇完成对权限的层次聚类,其聚类结果对应候选的角色及它们的继承关系。两个权限类簇之间的距离是由它们之间的共同用户数量以及它们所包含的权限数量决定的。两个类簇的共同用户数量越多,且包含的权限数量越多,则两个类簇的距离越近。

基本定义

类簇(Cluster):一个由权限和持有这些权限的用户组成的二元组 $c = <$rights, members$>$,其中 rights(c) 表示 c 的一个权限集合,members(c) 表示拥有 rights(c) 的所有权限的用户集合。

可以看出,类簇是由权限集合来确定的,权限集合通过类簇与用户联系起来,使得该权限集合能够描述更大量的用户。

用户集合 Persons:所有用户组成的集合。

类簇集合 Clusters:包含所有类簇的聚类结果集。

偏序关系集合<:类簇之间的偏序关系构成的集合。

无偏序关系类簇集合 $T_<$：类簇集合中的类簇，两两间不存在偏序关系。即

$$T_< = \{c \in \text{Clusters} : \nexists d \in \text{Clusters} : c < d\}$$

且对于任意的类簇对 $<c,d> \in T_<$ 有如下定义：

$$\text{members}(<c,d>) = \text{members}(c) \bigcap \text{members}(d)$$

$$\text{rights}(<c,d>) = \text{rights}(c) \bigcup \text{rights}(d)$$

算法 2-1　凝聚式角色挖掘算法。

输入：所有权限及持有权限的用户。

输出：一个类簇构成的树结构，即 Clusters 和 $<$。

(1) 初始化变量。

Clusters $:= \varnothing$

$< := \varnothing$

$T_< := \varnothing$

(2) 为所有单个权限 r 创建一个类簇 c_r，并将其放入类簇集合 Clusters 和无偏序关系类簇集合 $T_<$ 中。

$\text{rights}(c_r) = \{r\}$

$\text{members}(c_r) = \{p \in \text{Persons} : p \text{ has permission } r\}$

Clusters $:=$ Clusters $\bigcup \{c_r\}$

$T_< := T_< \bigcup \{c_r\}$

(3) 按照自底向上的层次聚类算法，合并距离相近的类簇对产生新类簇。具体地，距离最近的类簇对的寻找方式为：寻找出拥有共同用户最多的类簇对集合 S，再从 S 中选出包含权限最多的类簇对集合 E。即

$$m = \max\{|\text{members}(<c,d>)| : c,d \in T_<\}$$

$$S = \{<c,d> : |\text{members}(<c,d>)| = m \wedge c,d \in T_<\}$$

$$r = \max\{|\text{rights}(<c,d>)| : <c,d> \in S\}$$

$$E = \{<c,d> : |\text{rights}(<c,d>)| = r \wedge <c,d> \in S\}$$

也就是说，两个类簇的距离通过共有的用户数量和包含的权限数量来表示。共有用户数量越多，且包含权限数量越多，则两个类簇被认为越接近。

然后从 E 中选择任意一个类簇对 $<c,d>$ 合并产生新的类簇 e，其中：

$\text{rights}(e) = \text{rights}(c) \bigcup \text{rights}(d)$

$\text{members}(e) = \text{members}(c) \bigcap \text{members}(d)$

(4) 更新 Clusters、$<$、$T_<$ 变量：

Clusters $:=$ Clusters $\bigcup \{e\}$

$< := < \bigcup \{<c,e>, <d,e>\}$

$T_< := T_< \backslash \{c,d\}$

$T_< := T_< \bigcup \{e\}$

(5) 重复第(3)步和第(4)步，直到 $T_<$ 为空。

2) 分裂式角色挖掘

分裂式层次聚类是将所有对象作为一簇，然后按照一定条件不断细分，直到每个对象作为一个类簇，或者满足某个终止条件。下面给出一种基于该算法的分裂式角色挖掘方法。

基本思想

分裂式角色挖掘方法是将初始较大的权限集合不断地细分为更小的权限集合,从而形成由权限类簇构成的树。然而与一般分裂式层次聚类略微不同的是,它的初始类簇不是所有权限构成的一个集合,而是采用了更有实际意义的多个"有用户持有的权限组合"。权限类簇分裂的方法是:对类簇所包含的权限集合求交集,若新产生的权限类簇没有用户持有,则不作为候选角色,否则将作为候选角色。根据求类簇交集的计算范围的不同,又可以分为完全角色挖掘和快速角色挖掘。完全角色挖掘是针对所有的初始类簇和新产生的类簇求交集,而快速角色挖掘则只对初始类簇求交集,所以后者的效率非常高,但是只能发现部分候选角色。

基本定义

U 表示系统中的所有用户构成的集合。

$P(u)$ 表示用户 u 所持有的权限集合。

$R(x)$ 表示由权限集合 x 构成的角色。

$Count(r)$ 表示与角色 r 相关联的用户的数量。

$intersection(i,j)$ 表示角色 i 和角色 j 所共有的权限构成的集合。

算法 2-2 分裂式角色挖掘算法。

输入:所有权限及持有权限的用户。

输出:一个候选角色集合 GenRoles 和其中每个角色 r 的用户数 $Count(r)$。

(1) 识别初始角色集合 InitRoles。将每个用户 $u_i \in U$ 持有的权限集合 $P(u_i)$ 都作为一个初始的角色 $R(P(u_i))$,并加入 InitRoles,同时计算 InitRoles 中每个初始角色相关联的用户的个数 $Count(R(P(u_i)))$。

(2) 利用交集运算产生 GenRoles。对初始角色集合 InitRoles 中的所有角色两两一对(分别用 i 和 j 表示)进行权限的交集运算,并将产生的新的权限集合 $intersection(i,j)$ 作为新的角色 $R(intersection(i,j))$。若新角色 $R(intersection(i,j))$ 没有任何用户与之关联,则不加入 GenRoles,否则将其加入 GenRoles。此外,若采用完全角色挖掘方式,新角色 $R(intersection(i,j))$ 还将进一步参与交集运算(注意,由于计算所有可能的交集运算的时间复杂度是非常高的,因此,通常只计算两个角色的权限交集,而忽略 3 个或更多的角色的权限交集)。

(3) 用户数量统计。为每个 GenRoles 中的角色 r 统计其关联的用户数 $Count(r)$,以支持进一步对这些候选角色进行排序。

3) 层次聚类结果分析

以上两个算法都得到了一个关于权限集合(候选角色)的层次结构,但该结构并不能直接转化为具有继承关系的角色集合,必须依赖专家知识进一步验证和转化。主要原因如下:

(1) 权限积累会为聚类分析引入较多噪声。权限积累是指系统的用户从一个工作岗位换到另一个工作岗位,管理员往往为其增加新岗位所需要的权限,却没有彻底撤销该用户的原有权限。这种由于工作岗位更换带来的权限积累会影响挖掘结果,使得聚类层次中出现一些不具有角色语义的类簇。

(2) 聚类层次和角色层次在结构上不是一一对应的。凝聚式角色挖掘通常会产生包含大量权限的超级类簇,而角色的继承通常不会产生这种超级角色。类似地,分裂式角色挖掘往往在分裂过程中会产生许多很小的权限集合,而这些小权限集合不一定适合作为有意义的角色。

(3) 凝聚式角色挖掘方法不符合权限使用规律。从凝聚式角色挖掘过程可以看到,一个权限在被纳入类簇时是排他的,即该权限被纳入一个类簇后,只能被合并该类簇的父类簇包含。这就造成该权限只能被一个候选角色及继承它的角色所包含。而现实系统中的权限使用往往不是排他的,一个权限可能会被分配给多个相互之间没有继承关系的角色。

为了解决这些问题,往往需要引入专家知识对聚类过程进行指导,或对聚类产生的结果进行语义上的验证。即便存在上述差异或缺点,这种自底向上的基于层次聚类的角色挖掘方法仍然能为大数据场景下的角色管理工作提供支持,减小安全管理员的工作量。

2. 生成式角色挖掘

从上面两个早期的基于层次聚类的角色挖掘方法可以看出,它们能够自动化地从复杂的权限分配关系中挖掘出潜在或候选的角色集合,供安全管理员进一步验证和选择。然而,由于它们是对已有的权限分配数据进行角色挖掘,因此,挖掘结果的质量往往过多地依赖于已有权限分配的质量。而对于大数据应用这种复杂场景来说,已有权限分配的质量往往很难保证。针对该问题,一些研究者开始基于更丰富的数据集进行角色挖掘,以期获得更好的挖掘效果。下面介绍一种基于权限使用日志的角色挖掘方法,它的角色挖掘结果能够更加准确地反映权限的真实使用情况,而不局限于已有权限分配的准确性[16]。

其基本思路是:将角色挖掘问题映射为文本分析问题,采用两类主题模型——LDA(Latent Dirichlet Allocation,潜在狄利克雷分布)和 ATM(Author-Topic Model,作者-主题模型)进行生成式角色挖掘,从权限使用情况的历史数据来获得用户的权限使用模式,进而产生角色,并为它赋予合适的权限,同时根据用户属性数据为用户分配恰当的角色。

1) 生成式角色挖掘问题的定义

U 是系统中用户的集合。

P 是系统中权限的集合。

UP 是用户与权限的映射,$UP \subseteq U \times P$。

USAGE:$U \times P \rightarrow Z$ 是一个函数,输入为 $(u, p) \in U \times P$,输出为用户 u 使用权限 p 的次数。

GUPA:$U \times P \rightarrow \{0, 1\}$ 是一个以 USAGE 为基础定义的函数,该函数的输入为 $(u, p) \in U \times P$,输出为 0 或 1。若 USAGE$(i, j) > 0$,则 GUPA$(i, j) = 1$,否则 GUPA$(i, j) = 0$。

生成式角色挖掘的结果为两个集合:

PA 是角色与权限的映射关系,$PA \subseteq R \times P$。

UA 是用户与角色的映射关系,$UA \subseteq U \times R$。

为了度量角色挖掘结果的质量,给出 λ 距离定义:

$$\lambda\text{-DISTANCE} = ||(GUPA - UA \times PA) \bullet USAGE||_1 + \lambda \times ||UA \times PA - GUPA||_1$$

其中,$||\mathbf{A}||_1$ 表示矩阵 $\mathbf{A}$ 的 L1 范数,即每一列元素取绝对值的加和的最大值。

UA×PA 为一个二进制矩阵,表示能用角色进行关联的用户和权限的关系,若存在该关系,则为 1,否则为 0。

基于 λ 距离,可以给出一个生成式角色挖掘问题的定义:给定一个用户集合 U、权限集合 P、函数 USAGE、λ 参数和 k,发现一个有 k 个角色的集合,并使得对应的 UA 和 PA 能够

让 λ 距离最小。

2）基于 LDA 和 ATM 的角色挖掘

基本的主题模型认为语料库中的一篇文档是由一组词构成的集合,词与词之间无顺序关系。一篇文档包括多个主题,文档中的每个词都是由其中一个主题产生的。也就是存在两个多项式概率分布 θ 和 ϕ,θ 是一个文档中的主题分布,ϕ 是一个主题对应的单词出现的概率分布。因此,一个文档可以按照如下步骤产生:

(1) 从文档 i 的主题分布 θ_i 中抽样生成第 j 个词的主题 $z_{i,j}$。

(2) 从主题 $z_{i,j}$ 的单词分布 $\phi_{z_{i,j}}$ 中抽样产生单词 $w_{i,j}$。

按照上述步骤就能够逐个产生单词以形成一篇文档。

更进一步,LDA 模型认为 θ 和 ϕ 也应该满足一定的概率分布,而不是固定值,因此引入了 α 和 β 两个狄利克雷分布参数来完善文档的生成过程。因此,一篇文档的产生步骤就变成了如下过程:

(1) 从 α 中抽样产生文档 i 的主题分布 θ_i。

(2) 从文档 i 的主题分布 θ_i 中抽样生成文档 i 的第 j 个词的主题 $z_{i,j}$。

(3) 从 β 中抽样产生主题 $z_{i,j}$ 的单词分布 $\phi_{z_{i,j}}$。

(4) 从主题 $z_{i,j}$ 的单词分布 $\phi_{z_{i,j}}$ 中抽样产生单词 $w_{i,j}$。

采用这种方法,多项式分布 θ 和 ϕ 分别由狄利克雷分布 α 和 β 产生,如图 2-9(a)所示。

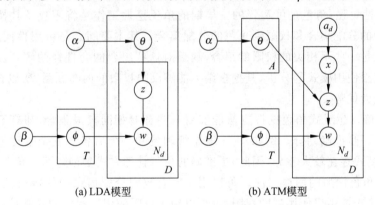

(a) LDA模型　　　　　　　　　(b) ATM模型

图 2-9　LDA 与 ATM 模型

ATM 模型是 LDA 模型的一种扩展,它认为不同的作者在选择主题时有不同的偏好,其模型如图 2-9(b)所示。θ 是一个作者相关的主题分布,即反映了他在创作文档时选择主题的偏好。a_d 是一组要参与文档 d 撰写工作的作者集合,x 是从 a_d 中随机选出一个作者。具体地,一个文档的产生步骤如下:

(1) 针对文档 d 的第 j 个单词,从参与文档 d 撰写工作的作者集合 a_d 中随机选出一个作者 x。

(2) 从 α 中抽样产生作者 x 的主题分布 θ_x。

(3) 从作者 x 的主题分布 θ_x 中抽样生成文档 d 的第 j 个词的主题 $z_{d,j}$。

(4) 从 β 中抽样产生主题 $z_{d,j}$ 的单词分布 $\phi_{z_{d,j}}$。

(5) 从主题 $z_{i,j}$ 的单词分布 $\phi_{z_{d,j}}$ 中抽样产生单词 $w_{d,j}$。

按照上述步骤,就能够基于 LDA 或 ATM 模型生成一篇文档。这两个模型在角色挖掘问题中的应用是较为直接的。可以将访问控制日志看作包括了多个文档的语料库,而日志中用户 u 的权限使用记录就是语料库中的文档 u;将访问控制日志中的权限 p 看作单词 p,则用户 u 对权限 p 的使用次数 n 就可以看作文档 u 中单词 p 的词频 n;将角色 r 看作主题 r,则角色挖掘就转化为主题挖掘。更进一步,ATM 将文档的作者扩展到 LDA 模型中,考虑不同作者对于文档的主题选择具有不同的概率分布,将访问控制系统中用户的属性看作文档的作者后,可以利用 ATM 模型在角色挖掘中更为精确地根据用户属性来分配角色。

3) 概率分布离散化方法

LDA 模型的输出为 n 个角色(主题)、用户(文档)到角色(主题)的映射 θ 以及角色(主题)到权限(单词)的映射 ϕ。即,用户 u 属于角色的概率分布为 θ_u,角色 r 包含单个权限的概率分布为 ϕ_r。而对于角色挖掘来说,需要离散化这些概率分布,以获得角色到用户、权限到角色的二进制赋值。

通常可以采用 top-k 的方式对概率分布进行离散化。先将 θ_u 中的概率值按照降序排列,可以观察到一些急剧下降的点,然后将前 k 个概率值对应的角色赋予用户 u,剩下的角色将被忽略。类似地,可以选择 ϕ_r 中的前 m 个概率值对应的权限赋予角色 r。k 和 m 的选择也可以采用前述 λ 距离的定义,即选取恰当的 k 和 m,使得 λ 距离最小。

4) 生成式角色挖掘的优点

与早期的角色挖掘技术相比,生成式角色挖掘技术更关注权限使用模式,其优点如下:

(1) 可用性更强,角色是可解释的。早期的角色挖掘工作是将用户及其授权集合分解为角色到用户的分配集合和权限到角色的分配集合。其主要问题是可用性问题,也就是得到的角色仅仅是一些不相关的权限的组合,缺乏对这些组合的合理性的解释。而生成式角色挖掘是对权限使用模式的分析,其挖掘结果能够反映权限的内在联系,所以在可用性和解释性上具有较大优势。

(2) 更准确。生成式角色挖掘方法能够对一些拥有相同权限集合,却有不同使用模式的用户群体进一步准确划分。例如,一个安全管理员和一个后备的安全管理员虽然权限相同,但是使用模式存在较大差异,因此,更准确的角色管理方式是创建两个角色。

(3) 生成角色模型的用途广泛。可以用于已有权限分配信息中的错误发现和标识,例如,发现那些从未被用户使用过的权限;也可以用于权限使用过程中的异常检测,例如,发现不符合权限使用模式的用户访问行为。

2.2.2　风险自适应的访问控制技术

从风险管理的角度看,访问控制其实就是一种平衡风险和收益的机制。传统访问控制技术是严格按照预先定义的静态策略执行的,将满足策略约束条件的访问行为所带来的风险视为系统可接受的风险。它将这种风险与收益的平衡静态地定义在访问控制策略中,因此,较适合访问风险十分明确的场景。而大数据的一个显著特点是先有数据、后有应用。人们在采集和存储数据时,往往无法预先知道所有的数据应用场景,因此,安全管理员也往往无法获知访问行为带来的风险和收益的关系,进而难以预先定义恰当的访问控制策略。为了解决这种严格执行静态策略的访问控制技术存在的问题,将访问控制中隐含的风险概念明确化,提出了风险自适应的访问控制技术,也就是根据访问行为带来的风险,动态地赋予访问权限。它与传统访问控制技术最大的区别在于,其风险和收益的权衡是在访问过程中动态实施的,而不是预先由管理员分析获得并隐含在静态访问控制策略中的。下面从风险量化和访问控制实施方案两个方面介绍风险自适应的访问控制技术。

1. 风险量化

风险量化是通过计算以数值的形式评估访问行为对系统造成的风险,它是基于风险来实施访问控制的前提。下面从风险要素选择和风险计算方法两个方面进行论述。

1) 风险要素选择

风险量化的第一步是确定影响风险值的要素集合。比较常见的风险要素包括主客体的安全级别、范畴、被访问客体的数量、客体之间的互斥关系[18,19]以及访问目的与被访问客体的相关性[20,21]。

客体敏感程度是企业或组织对客体重要性的评估结果。敏感程度越高的客体,其重要性越高,所以访问它们所带来的风险就越大。通常情况下,企业或组织在实施信息安全建设时都会对客体的重要性进行评估。例如,在实施了强制访问控制模型的系统中,客体会被赋予敏感标记,这种敏感标记实际上就是客体重要性的体现。

被访问客体的数量是指主体在一次访问请求中或一段时间内所访问的客体的规模。由于对客体的访问行为所带来的风险会被累加,所以被访问客体的数量越大,累加的风险也越大。

客体之间的互斥关系是指两个客体存在如下关系:对其中一个客体访问后将不能访问另一客体,或者在访问另一客体时风险会急剧增加。互斥关系描述了多次访问行为的风险累加是非线性的。

访问主体的安全级别是实施了强制访问控制的系统中对主体访问敏感客体时所能达到的安全性的评估。高安全级别的主体在访问低安全级别或同安全级别的客体时,通常认为是没有风险的,或风险是可以接受的;而低安全级别的主体访问高安全级别的客体时,通常认为这种风险不可接受。这也符合 BLP 模型所定义的策略。

访问目的与被访问客体的相关性体现了在业务流程中主体对客体的需求程度。两者的相关性越高,则主体访问客体的风险越小,同时能够获取的收益也越高。因此,它也是重要的风险要素之一。

2) 风险计算方法

在确定了风险要素后,需要进一步根据这些要素来为访问行为计算出量化的风险值。目前主流的计算方法分为基于概率论或模糊理论的静态方式[18,19]以及基于协同过滤的动态方式[20,21]两类。

(1) 静态方式。在一些信息系统中,部分风险要素是已经被衡量评估过的。例如,在强制访问控制系统中,客体敏感程度和主体安全等级已经体现为主客体的安全标记了。因此,一种较为常见的风险量化方法是对这些风险要素的评估结果进行量化处理和计算以得到量化的风险值。由于计算中所采用的风险要素的评估结果相对固定,所以可以被看作静态的计算方式。

其核心思想是,风险量化值由危害发生的可能性和危害程度决定[19],即

$$风险量化值 = 危害发生的可能性 \times 危害的值$$

其中,危害发生的可能性是指引发该危害的事件发生的可能性。在访问控制系统中,这些事件主要指用户通过访问行为获取信息资源后对信息资源的误用、滥用甚至泄露。而危害的

值是一个对危害程度的量化度量,往往取决于信息资源的价值。信息资源价值的评估通常比较复杂,只能由企业或组织根据业务背景自行实施。因此,风险量化方法的主要任务是对危害发生的可能性进行量化计算。

对事件发生可能性的量化计算最常见的方式是采用概率论。下面给出一个基于概率论的风险量化方法示例。

在传统的强制访问控制模型 BLP 中,其简单安全属性为"主体 S 可以读客体 O,当且仅当 $Label_S$ dom $Label_O$,且 S 对 O 有自主型读访问权限"。从风险的角度看,对于简单安全属性来说,当 $Label_S$ dom $Label_O$ 时,危害发生的可能性就是 0,其他情况下危害发生的可能性为 1。很显然,这种简单的量化方式难以准确描述风险。采用概率论对危害发生可能性的量化计算方法如下:危害发生的可能性 P 被分为主动可能性 P_1 和被动可能性 P_2 两部分,根据风险要素的评估值分别计算 P_1 和 P_2,再设置权重,对两者进行合并计算得到 P。

首先计算 P_1。P_1 是一个主体由于受到诱惑而主动地泄露信息的可能性。主体受到的诱惑越大,则主动泄露信息的可能性就越大。由于 P_1 来源于主体受到的诱惑,所以采用函数 TI 对这种诱惑进行描述。TI 是关于主体安全级别 L_S 和客体敏感级别 L_O 的函数:

$$TI(L_S, L_O) = a^{-(L_S - L_O)} / (m - L_O)$$

其中,a 是比 1 大的实数,m 是比 L_O 的最大值大的实数。TI 函数也可以是其他形式,但是必须具备如下性质:①随着客体敏感级别 L_O 的提高或主体安全级别 L_S 的降低,诱惑 TI 会增大;②诱惑 TI 是大于 0 的;③诱惑 TI 倾向于更敏感的客体;④客体敏感级别 L_O 越高,TI 随着主体安全级别 L_S 的降低而增加的速率越快;⑤主客体安全级别之差 $L_S - L_O$ 恒定时,TI 应随着 L_O 的增加而增加。

进一步,P_1 的取值为 $[0,1]$,且随着诱惑 TI 的增加而增加,因此采用 sigmoid 函数进行计算:

$$P_1 = 1 / (1 + \exp((-k) \times (TI - mid)))$$

其中,mid 是 P_1 为 0.5 时的 TI 值,k 为 P_1 函数曲线的斜率。

其次计算 P_2。P_2 是主体由于疏忽而被动地泄露信息的可能性。在强制访问控制模型中,采用风险要素安全标记中的范畴对其进行描述。主体的范畴表达了主体对于范畴中客体的需求,而客体的范畴表达了客体与范畴的相关性。通常情况下,主体对客体的需求越强烈,则系统对该主体泄露该客体信息的可能性的容忍程度越高,也就是认为该访问行为所带来的风险越小。因此,类似于 TI 函数,可以构建一个关于主客体范畴 c 的容忍度函数 EI:

$$EI_c(S_m, O_m) = b^{-(O_m - S_m)} / (m_{max} - S_m)$$

由于主客体范畴是集合形式,所以上式利用了模糊集合论进行了计算。针对范畴 c,为每个主体赋予一个隶属关系,即该主体对范畴 c 中客体的需求程度;再为每个客体赋予一个隶属关系,即该客体与范畴 c 的相关性。式中 S_m 和 O_m 则分别为主体 S 和客体 O 的隶属关系,m_{max} 为最大的范畴隶属关系,且参数 b 大于 1。类似地,由于容忍度的取值范围为 $[0,1]$,因此需要采用 sigmoid 函数进行处理:

$$E_c = 1 / (1 + \exp((-k') \times (EI_c - mid')))$$

其中,E_c 为系统对范畴 c 下主体对客体访问行为可能引起的不经意的信息泄露的容忍度,k' 为 sigmoid 函数的斜率,mid' 为 E_c 取 0.5 时的 EI_c 值。那么在范畴 c 下,主体对客体访问后不经意泄露信息的可能性 $P_c = 1 - E_c$,而概率 P_2 则为 P_c 的最大值,即

$$P_2 = \text{Maximum}\{P_c \mid c \in \text{Category}\}$$

最后计算 P。对 P_1 和 P_2 可以采用下式进行组合计算得到 P：

$$P = P_1 + P_2 - P_1 P_2$$

在对风险进行量化时，许多风险因素都对其有贡献。P_1 的计算利用了风险要素"主客体的安全级别"，P_2 的计算利用了风险要素"主客体的范畴"。在计算 P 时，也可以根据这些风险要素对风险的贡献大小来调整其权重。

在进行上述风险计算时，简单地采用了模糊集合论来处理风险要素"主客体的范畴"。其实，模糊集合论也可以用于风险要素"主客体的安全级别"的量化处理，以使风险的计算更加平滑[18]。下面给出一些基本定义。

论域 X 上的模糊集合 A 定义为 $A = \{(x, A(x)) \mid x \in X\}$。其中 $A(x)$ 被称为隶属函数，它满足 $A: X \rightarrow M, M$ 为隶属空间。

隶属函数 $A(x)$ 用于刻画元素 x 对模糊集合 A 的隶属程度——隶属度。A 中的每个元素由 x 和它的隶属度组成，即 $A(x, A(x))$。$A(x)$ 的值越大，x 对模糊集合 A 的隶属度越高。

具体地，若在某个强制访问控制系统中，安全标记非密、秘密、机密、绝密的分数分别为 $500\sim600$、$601\sim750$、$751\sim900$、$901\sim1000$，那么两个客体 A 和 B 的敏感度分别为 600 和 601，在分数上只相差 1，但是安全级却相差一级。在直接进行风险量化时，就可能造成 A 和 B 的访问风险值相差很大，这是不符合系统中它们的实际安全评估分值的。而引入隶属度数，可以使得 A 对非密集合的隶属度较低，B 对秘密集合的隶属度也较低，从而使 A 和 B 的风险计算具有连贯性，而不是跨越两个安全级别进行计算。

总之，这种静态风险量化方法能够充分利用系统已有的安全性评估、价值评估等评估结果，实施也较为简单。但是它也存在主观性较强、不够灵活等缺点。主观性强表现在两个方面：一方面，风险要素的初始评估值往往来自主观评；另一方面，风险的计算公式也是根据经验设定的。不够灵活则是指风险量化方法所采用的风险要素的评估值是静态的，例如主客体安全级别的变更必须由安全管理员实施，因此风险量化结果也难以实时地随系统环境的改变而变化。此外，对于访问目的与被访问客体的相关性等风险要素来说，较难由安全管理员预先进行主观评估，所以也不适合使用这种静态的风险量化方法。

（2）动态方式。为了解决静态计算方式存在的问题，可以采用基于协同过滤的动态风险量化方法[20,21]。这类量化方法的基本思想是：利用系统中用户的历史访问行为来构建正常用户的访问行为画像，并以此为风险量化的基准，然后计算每次用户访问行为与该基准的偏离程度作为风险量化值。即访问行为偏离基准越大，则该访问产生的风险越大。

下面以一个医疗信息系统中医生访问病人数据的风险量化为例，对这种基于协同过滤的动态风险量化方法进行介绍。

首先将医疗信息系统的医生分为诚实医生和好奇医生两类。诚实医生只访问正常治疗过程所必需的病人数据；好奇医生除了访问必需的病人数据外，还会由于好奇访问一些额外的病人隐私数据。

不论是诚实医生还是好奇医生，访问病人数据时都需要先确定访问目的，并在该目的下对病人数据进行访问。例如，医生选择"眼病"作为访问目的，然后基于该目的查看病人的数据。

下面采用信息论中熵的概念来描述医生在目的 t 下的访问行为,并进行风险的量化计算,具体分为两步:

① 风险基准的计算。令所有病人数据集合为 D,所有医生在目的 t 下访问病人数据 x 的次数为 $f_{all}(x,t)$,那么所有医生在目的 t 下访问数据 x 的概率为

$$P_{all}(x \mid t) = f_{all}(x,t) \Big/ \sum_{b \in D} f_{all}(b,t)$$

所有医生在目的 t 下访问 x 的不确定性可以用熵 $H_{all}(t,x)$ 来表示,它就是进行风险量化计算的基准值:

$$H_{all}(t,x) = -\sum_{x \in D} P_{all}(x \mid t) \ln P_{all}(x \mid t)$$

② 风险的计算。类似于基准值的计算,医生 u 在目的 t 下访问数据 x 的概率 $P_u(x \mid t)$ 以及熵 $H_u(t,x)$ 可以用下面的公式计算:

$$P_u(x \mid t) = f_u(x,t) \Big/ \sum_{b \in D} f_u(b,t)$$

$$H_u(t,x) = -\sum_{x \in D} P_u(x \mid t) \ln P_u(x \mid t)$$

在此基础上,采用单个医生访问行为的熵与所有医生访问行为的熵的差值作为目标 t 下的访问行为的风险量化计算结果,即

$$R(u,t) = \max\{H_u(t,x) - H_{all}(t,x), 0\}$$

在上述方法中,所有医生的访问行为反映了真实的访问目的与被访问客体的相关性,而好奇医生会额外地访问一些无关的客体,所以其访问行为的熵会大于风险基准值,从而使风险大于 0。并且好奇医生额外访问的无关客体越多,计算得出的风险值也越大。因此,该方法能够有效地根据访问目的与被访问客体的相关性实现风险值的动态计算。

这类动态风险量化方法的特点是通过行为异常的概率来衡量风险值,所以其风险量化结果可以随着系统中整体用户的行为变化而动态变化,比静态计算方法更灵活,但是这种计算往往需要大量的系统历史数据以确保风险量化的准确性。

2. 访问控制实施方案

在对访问行为的风险进行量化后,还需要进一步利用这些风险值设计灵活的访问控制实施方案。下面从判定方法、风险与收益的平衡、实施框架 3 个方面进行论述。

1) 判定方法

风险量化的结果通常为一个数值,为了能够实施访问控制,就必须将风险量化结果映射为"允许/拒绝"的二值判定。即,需要设计一个判定方法来完成 $Z \to \{0,1\}$ 的转化。通常可以采用设定风险阈值的方式来实施二值判定,即判定方法为"超过风险阈值的访问行为将被拒绝,反之则被允许[17]"。此外,也可以通过设置风险配额的方式实现二值判定[20,21]。类似于金融领域的信用卡机制,可以为系统中的每个用户分配一定的"信用额度"——风险配额,用户每次访问都会从风险配额中扣减该次访问的风险量化值,相当于用风险配额来支付该次访问的风险。当用户的风险配额被消耗完时,就无法再支付新的访问行为所带来的风险了。因此,其判定方法就是"若风险配额足够支付本次访问的风险,则允许访问,否则拒绝访问"。

更进一步,除了可以利用风险量化结果实施"允许/拒绝"二值判定外,还可以在"允许"

和"拒绝"之间引入"部分允许"的概念,即实现"符合部分访问控制条件的请求将获得部分访问权限"的访问控制。如图 2-10 所示,在"允许"和"拒绝"之间划分出多个风险带(risk band)。访问行为的风险量化值处于哪个风险带,就按照该风险带的位置给访问授予相应的"部分允许"的权限。下面给出风险带判定方法的具体设计。

(1)弹性拒绝访问边界。一个用于分隔"允许"和"部分允许"区域的风险量化值。访问行为的风险小于该值,则允许访问,并具有全部访问权限。

(2)严格拒绝访问边界。一个用于分隔"拒绝"和"部分允许"区域的风险量化值。访问行为的风险大于该值,则拒绝访问。

(3)风险带。将大于弹性拒绝访问边界且小于严格拒绝访问边界的风险值的取值区间划分成若干子区间,各子区间邻接,且没有重叠,每个子区间为一个风险带。每个风险带被赋予部分访问权限。若访问行为的风险处于该风险带中,则会被授权对应的访问权限。不同风险带根据取值区间的不同,被赋予的部分权限也不同。风险取值区间越接近严格拒绝访问边界,则被赋予的部分访问权限越小;反之,则被赋予的部分访问权限越大,但不能超过允许访问的全部访问权限。采用风险带的访问控制如图 2-10 所示。

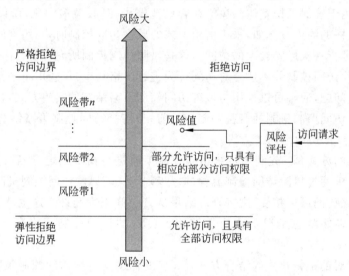

图 2-10 采用风险带的访问控制

相比于"允许/拒绝"的二值判定方法,由于风险带提供了"部分允许"的访问控制,因此能够让更多的访问请求在风险可接受的情况下也能够受限地访问数据,从而更好地平衡了系统的风险与收益,提高了业务系统的可用性。

2)风险与收益的平衡

在风险被量化后,有很多种方法可以利用该量化值来影响用户对资源访问行为,从而实现整个系统风险与收益平衡。其中,较为常见的有两种:信用卡式和市场交易式。

(1)信用卡式。它为每个用户分配风险配额,并让用户在访问资源时用配额支付访问带来的风险。当配额不足以支付新的访问风险时,系统将阻止用户的访问行为。而分配给用户的风险配额的多少可以定期通过投资回报率(Return on Investment,ROI)来计算。也就是将风险看作一种投资行为,系统会给收益较高的用户分配更多的风险配额,以优化整个系统的风险和收益比值。

（2）市场交易式。它将风险配额视为市场上的商品，而整个系统总的风险配额被视为可以交易的商品总量。当用户发现有些资源访问行为能够带来较大收益时，他们会从市场上买入风险配额，以支付他们的资源访问行为，进而赚取较大的收益；而当用户没有发现收益较好的资源访问机会时，可以将他们持有的风险配额在市场中出售，获得收益。在这种市场建立起来后，作为商品的风险配额流通越充分，则越能够实现整体系统的风险与收益的最优化配置。

3）实施框架

风险访问控制是可以独立实施的，即不需要依赖于其他访问控制系统而独立、完整地存在。其特点在于它对访问行为的约束完全取决于风险与收益的平衡。这种方式能够使访问控制更加灵活，使整个系统的风险与收益得到优化配置。

然而，这种独立实施方式在应用场景上存在一些局限性。从风险访问控制实施的各个阶段来看，风险要素的选择以及风险的量化评估方法都可能基于一些主观经验而使风险量化结果存在一定的准确性问题，进而影响对访问行为约束的正确性。从风险访问控制的目的来看，它主要用于确保系统整体的风险在容忍范围内，且收益最大化，所以往往未对单次访问行为做出严格的约束。例如，采用信用卡式的风险访问控制时，当用户的风险配额剩余较多时，就可能进行一次风险较大的访问。这是风险访问控制所允许的。因此，从实施阶段和目的来看，风险访问控制并不适合对访问行为进行严格约束，仅能用于平衡风险和收益。

为了解决该问题，通常可以采用与传统访问控制策略结合的实施方式，将风险访问控制作为整个系统中访问控制机制的有益补充。目前，与传统访问控制策略结合的风险访问控制框架有两种：修正式和精化式。

修正式采取的方式是：先利用传统访问控制策略进行初步判定，然后将初始判定流程所禁止的访问请求通过风险访问控制流程进一步判定。若风险访问控制机制在衡量了风险和收益后，认为该访问可以接受，则将判定结果从禁止修正为允许。这也就是所谓的 break glass 方式，用于确保紧急情况下用户能够违反传统的访问控制策略来访问那些必需的资源[23,24]。

与修正式相对的是精化式的结合方式[23]，它没有违反传统访问控制策略，而是在传统访问控制策略基础上进一步细化求精。即先进行粗粒度的传统访问控制判定流程，在该流程中阻止一些严格禁止的访问请求，随后通过进一步的细粒度的风险访问控制流程将前一阶段判定流程所允许的部分访问请求修改为禁止，从而实现访问控制的逐步精化。具体实施方法分为两个阶段。

访问控制阶段 1（粗粒度、严格）：进行传统的基于静态规则的访问控制。这一阶段适合描述和实施粗粒度的或需要严格遵守的访问控制规则。在该阶段被严格禁止的访问不会进入下一阶段。

访问控制阶段 2（细粒度、宽松）：实施风险访问控制来平衡风险与收益。这一阶段适合描述和实施更细粒度的访问控制规则。能够量化上一阶段允许的访问请求所带来的风险，并做出进一步判定，其判定结果可以是"允许/拒绝"二值的，也可以是包括"部分允许"的模糊式的。

这两个阶段的结合方式如图 2-11 所示，访问请求先由基于静态规则的访问控制模块进行判定,然后再由基于风险的访问控制模块在更细粒度上进一步判定。只有当两个模块的判定结果都为"允许"时,才能让该访问请求通过。

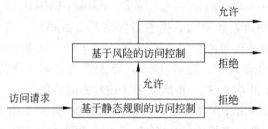

图 2-11　精化式访问控制实施框架

可以看出,由于大数据场景下应用系统、用户的复杂性以及数据规模的急剧增长,使得安全管理员进行细粒度的策略设计和授权是非常困难的,同时系统仍需要一些严格遵循的访问策略的约束,以确保系统基本的安全性,因此传统访问控制与风险访问控制的结合实施将成为大数据访问控制的一种趋势。

2.3　基于密码学的访问控制技术

基于密码学的访问控制技术的安全性依赖于密钥的安全性,而无须可信引用监控机的存在,因此能够有效解决大数据分析架构自身缺乏安全性考虑的问题。一方面,由于大数据分布式处理架构的复杂性,很难建立可信引用监控机;另一方面,部分大数据场景下,数据处于所有者控制范围外。因此,不依赖于可信引用监控机的基于密码学的访问控制研究对于大数据的一些特定场景具有重要意义。根据采用的密码技术的不同,访问控制技术可分为两类:基于密钥管理的访问控制和基于属性加密的访问控制。

基于密钥管理的访问控制技术是通过确保数据的解密密钥只能被授权用户持有来实现对数据的访问控制。通常情况下,这可以采用可信的密钥管理服务器实现,即通过它来完成密钥的生成,并分发给授权用户。然而,与可信引用监控机一样,在大数据环境下可信的密钥管理服务器也很难实现。广播加密(broadcast encryption)技术提供了一种不依赖于可信密钥管理服务器的访问控制解决方案。

广播加密技术最早由 Fiat 等人[25]提出,其目的是在一组目标参与方间安全地建立密钥,以使得授权的参与方才能获得密钥来解密数据,未授权的参与方无法获得关于密钥的信息,甚至多个未授权参与方合谋也无法获得密钥来解密数据。与数据所有者持有每个接收者的密钥,并分别用接收者的密钥来加密数据的技术相比,广播加密技术的一个重要特点是减少了加密的数据总量以及每个参与方持有的密钥信息的总量。随后,Naor 等人[26]于2001 年对该方案进行了改进,能够更好地支持未授权参与方数量较大的情况。该广播加密方案的密钥和密文大小不受未授权参与方数量的影响,是参与方数量的对数级别。由于这类广播加密技术采用了对称加密体制,同时也减小了加密时的密钥和密文的数据总量,所以具有较高的执行效率。然而这些技术也存在一个缺点:广播发送者必须持有所有数据接收者的对称加密密钥,所以只有很少一部分可信的参与方能够成为数据发送者。因此,这种技术也被称为单发送者广播加密。

为了能够支持系统中任意数量的用户作为数据发送者针对任意接收者集合加密和共享数据,Dodis 和 Fazio 提出了公钥广播加密技术[27],它将单发送者广播加密技术中的 Complete Subtree、Subset Difference[26]、Layered Subset Difference 方法扩展到公钥体制中,并使广播加密方案的密钥和密文数据总量等指标接近单发送者广播加密方案。Boneh 等人[28]则提出了基于双线性对的公钥广播加密方案,它使得密钥和密文的存储开销降低到常量级,同时能够抵抗合谋攻击。随后,Boneh 等人[29,30]又基于伪随机函数和多线性映射提出了新的公钥广播加密方案,进一步降低了广播加密的负载。

由于单发送者广播加密技术在发送者数量上的限制,目前多用户间数据的安全共享研究主要采用的是公钥广播加密技术。由 Goh 等人[31]提出的 SiRiUS 是基于该技术的一个完整的安全文件存储系统,它能够在现有的文件系统上实现端对端的安全机制。SiRiUS 系统中的每个文件用一个对称密钥加密,再用广播加密算法加密该对称密钥,确保只有授权用户才能解密并使用该对称密钥,以确保数据共享安全。

然而不论是采用单发送者广播加密还是公钥广播加密技术,数据所有者都需要持有所有授权用户的对称加密密钥或公钥才能够实现数据的安全分享。随着大数据场景下系统规模的扩大和参与用户的增多,数据所有者较难预先知道所有潜在的授权用户,并获得他们的对称加密密钥或公钥。在这种情况下,另一种密码技术——ABE(Attribute-Based Encryption,基于属性加密或属性基加密)提供了实现访问控制的新途径。它能够实施基于属性的访问控制 ABAC 的规则,却不需要依赖可信引用监控机来实施 ABAC 策略,而是用密码学方式限制能够解密数据的用户范围。

ABE 是在 2005 年由 Sahai 和 Waters 首次提出的,它将属性集合作为公钥进行数据加密,要求只有满足该属性集合的用户才能解密数据[32],即将解密数据的策略用属性的方式进行描述。其策略描述方式为门限策略,也就是用户能够满足解密需求属性的属性个数决定了是否能够解密数据。随后,Goyal 等人[33]和 Bethencourt 等人[34]对策略的描述能力进行了扩展,使其支持属性的布尔表达式形式。并且 Goyal 等人将 ABE 分为基于密钥策略的属性加密(Key Policy Attribute-Based Encryption,KP-ABE,也称密钥策略 ABE)和基于密文策略的属性加密(Ciphertext Policy Attribute-Based Encryption,CP-ABE,也称密文策略 ABE)。其区别在于,KP-ABE 将密钥与访问控制策略关联,而 CP-ABE 将密文与访问控制策略关联。近年来,ABE 的研究工作主要是对访问控制策略描述灵活性的进一步增强,提高方案的计算效率以及增加方案的安全性[35-37]。

在 ABE 的基础上,Yu 等人[38]和 Hur 等人[39]分别基于 KP-ABE 和 CP-ABE 给出了完整的访问控制方法。他们假定存储服务器是"诚实而好奇"的,即服务器会忠实执行用户发起的操作,但是却可能泄露数据的内容,因此,他们的方案在数据所有者持有核心机密的前提下,将一部分机密程度较低的权限管理工作(如权限撤销等)委托给服务器执行,以提高整个访问控制方案的效率。随后,Yang 等人[40]提出了支持多属性权威机构的基于 CP-ABE 的访问控制方案,以解决单属性权威在分布式环境下的性能瓶颈问题。针对采用多属性权威时可能出现的属性权威之间的合谋攻击,Jung 等人[41]又进一步提出了一种能够容忍至多 $N-2$(N 为权威总数)个属性权威合谋的访问控制方案,提高了多属性权威的 ABE 访问控制系统的安全性。与此同时,为了进一步提高效率,Green 等人[42]提出了可外包解密的 ABE 访问控制方案,它能够在不降低安全性的前提下,将用户的大部分解密操作转移给外包服务器。类似地,Zhou 等人[43]提出了一种可同时外包加密和解密的 ABE 访问控制方案。该方案将加密和解密过程都分为两部分,一部分由数据属主和解密用户在计算资源受限的终端执行,另一部分由"诚实而好奇"的外包服务器执行,从而减轻了终端的加解密计算负担。

下面对基于密钥管理和基于属性加密的访问控制技术的基本原理和实现方法进行介绍,主要取材于文献[25,27,31,39,40,43]。

2.3.1　基于密钥管理的访问控制技术

基于密钥管理的访问控制技术是通过严格的密钥管理来确保授权用户才能有解密数据所需要的密钥来实现访问控制。根据访问控制系统所支持的能够发送数据的用户数量,可以分为基于单发送者广播加密的访问控制和基于公钥广播加密的访问控制。前者仅支持少量的可信的数据所有者向其他用户分享自己的数据,而后者则支持系统内所有用户间的数据分享。

1. 基于单发送者广播加密的访问控制

1）参与方

参与方包括数据所有者和普通用户。

（1）数据所有者。拥有数据和完整的用户密钥树,负责根据数据分享的目标对象,有选择地从用户密钥树中选取加密密钥对数据进行加密,并将加密结果通过广播发送给所有用户。

（2）普通用户。拥有用户密钥树中与自己相关的部分密钥,负责接收数据密文并利用自己持有的密钥解密数据。

2）用户密钥树

用户密钥树中的所有密钥均为对称密钥。系统中的每个用户有一个自己的密钥,该密钥将作为用户密钥树的叶子节点。用户被划分为多个分层的用户子集,每个子集代表一种接收文件的用户组合。每个子集都对应一个密钥。图 2-12 是一棵用户密钥树。数据所有者应该持有整个用户密钥树,而普通用户应该持有自己的密钥和包含自己在内的用户子集所对应的密钥。

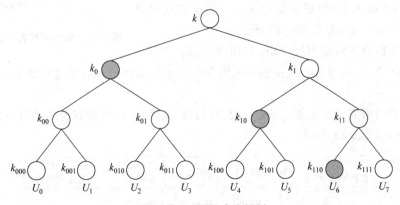

图 2-12　一棵用户密钥树

3) 加密与访问控制

基于单发送者广播加密的访问控制是在对数据加密的同时完成授权的,并通过能否解密实现访问控制。也就是说,数据所有者根据授权的目标用户情况选择恰当的密钥集对数据进行加密,使得授权的普通用户至少持有密钥集中的一个密钥来解密数据,而未授权的普通用户不能持有密钥集中的任何一个密钥。在图 2-12 中,如果选择深色节点处的密钥集 $\{k_0, k_{10}, k_{110}\}$ 进行数据加密,则未授权的普通用户就是 U_7,他将无法解密数据。此次广播加密的加密密钥为 3 个,加密所产生的密文为 3 份。可以看到,利用广播加密技术进行访问控制授权时,能够使密钥和密文的数据量大为减小,从而提高访问控制的授权效率。

2. 基于公钥广播加密的访问控制

1) 参与方

参与方包括公钥服务器、数据所有者、数据服务者和用户。

(1) 公钥服务器。负责维护一个采用 Complete Subtree、Subset Difference 或 Layered Subset Difference 方法产生的密钥集合。即将系统中的所有用户按照上述 3 种方法之一划分为子集,每个子集代表了可能的数据接收者集合。为每个子集产生公私钥对,并将私钥安全分发给其包含的用户。

(2) 数据所有者。负责将数据加密,并采用基于公钥广播加密技术对加密密钥进行分发,以实现对授权接收者的限定。

(3) 数据服务者。负责加密数据的存储,并向用户提供对数据的操作。

(4) 用户。即数据的访问者。只有被数据所有者授权的用户才能获得数据的加密密钥,并进一步解密出数据。

2) 数据文件的产生和加密存储

访问控制系统中的数据文件将按照下述步骤加密存储:

(1) 数据所有者为新产生的数据文件 m 产生非对称密钥 FSK(File Signing Key,文件签名密钥)用于对文件 m 签名,对称密钥 FEK(File Encryption Key,文件加密密钥)用于对文件 m 加密;

(2) 数据所有者用自己的主加密密钥(非对称)MEK 加密 FSK 私钥和 FEK,产生密钥块(Encrypted Key Block),并将自己的 ID 标识在密钥块上。该密钥块是针对数据所有者的,其内容如图 2-13 所示。

数据所有者ID
MEK加密
文件m的FEK
文件m的FSK私钥

图 2-13　数据所有者的密钥块内容

(3) 数据所有者对密钥块、FSK 公钥、时间戳、文件名进行 Hash 运算,并利用自己的主签名密钥 MSK(非对称)对 Hash 值进行签名,产生数据所有者签名块。

(4) 数据所有者将密钥块、FSK 公钥、时间戳、文件名、数据所有者的签名块合并形成元数据 md-file,如图 2-14 所示。

密钥块 (数据所有者)	FSK公钥	时间戳	文件名	签名块 (数据所有者)

图 2-14　元数据 md-file

（5）数据所有者用 FEK 加密文件 m，并用 FSK 私钥对文件 m 进行签名，产生加密后的数据文件结构 d-file，如图 2-15 所示。

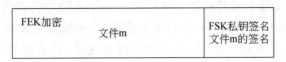

图 2-15　加密数据文件 d-file

（6）数据所有者将 md-file 和 d-file 一起发送给数据服务者进行存储。

3）授权

假设数据所有者要将加密后的文件 m 分享给用户群组 X，则可以通过基于公钥的广播加密技术进行访问控制授权，具体步骤如下：

（1）数据所有者从数据服务者处根据文件名取回文件 m 对应的 md-file，并用自己的 MSK 验证 md-file 的数据所有者签名块。

（2）数据所有者从公钥服务器获取用户群组 X 对应的公钥集合，即用户群组 X 中的每个用户至少拥有该公钥集合中的一个公钥所对应的私钥。数据所有者用公钥集合中的每个公钥对数据文件的 FEK 进行加密，分别产生一个密钥块，并将公钥的 ID 标识在密钥块上，如图 2-16(a)所示。若对用户群组 X 的授权还包括写权限，则将 FSK 私钥和 FEK 一起加密产生密钥块，如图 2-16(b)所示。在这种情况下，读、写权限分别用 FEK 和 FSK 私钥表示，这样就实现了读、写权限的分离，即拥有 FEK 的用户能够读该数据，而拥有 FSK 私钥的用户能够写该数据。数据所有者将新产生的这些密钥块都添加到 md-file 中。

(a) 授权用户拥有对文件m的读权限　　　　(b) 授权用户拥有对文件m的读写权限

图 2-16　授权用户的密钥块内容

（3）数据所有者更新 md-file 中的时间戳，并用自己的 MSK 重新产生数据所有者签名块，然后将新的 md-file 发送给数据服务者进行存储。新的 md-file 如图 2-17 所示。

密钥块 (数据所有者)	密钥块 (公钥A)	密钥块 (公钥B)	…	FSK公钥	新时间戳	文件名	新签名块 (数据所有者)

图 2-17　授权后的 md-file

4）数据文件访问

授权用户 A 可以按照如下步骤访问数据所有者分享的数据文件 m：

（1）用户 A 从数据服务者处获得文件 m 的 md-file，并从公钥服务器获得数据所有者的 MSK 来验证 md-file 的签名以及时间戳。

（2）用户 A 根据自己持有的公钥 ID 来查找密钥块,并用该公钥对应的私钥进行解密,以获得该数据对应的 FEK(以及 FSK 的私钥)。

（3）用户 A 从数据服务者处获得文件 m 的 d-file,用 FSK 公钥验证签名。

（4）用户 A 用 FEK 解密 d-file 中的加密数据,完成数据的读访问。若密钥块中包含 FSK 私钥,则用户 A 能够进一步写 d-file 中的数据内容,再重新用 FEK 加密数据,并用 FSK 私钥产生新的签名。最后,用户 A 将更新后的 d-file 提交给数据服务者进行存储。

2.3.2　基于属性加密的访问控制技术

在基于密钥管理的访问控制技术中,系统通过控制用户持有的密钥集合来区分用户,进而实施授权和访问控制。因此,数据所有者需要预先知道系统中所有潜在的授权用户,并获得他们的对称加密密钥或公钥。这对于规模较大且用户较多的大数据应用来说是非常不便的。与之相比,基于属性加密的访问控制技术通过更加灵活的属性管理来实现访问控制,即将属性集合作为公钥进行数据加密,要求只有满足该属性集合的用户才能解密数据。因此,数据所有者可以不必预先知道潜在授权用户的身份和相关的密钥集,甚至在某些场景下还能够保持授权用户身份的匿名。下面对这种访问控制技术进行介绍。

1. 基本定义

定义 2-1（访问结构,**Access Structure**）　令 $\{P_1,P_2,\cdots,P_n\}$ 是一个参与方集合。令 $A\subseteq 2^{\{P_1,P_2,\cdots,P_n\}}$,若 $\forall B,C$,有 $B\in A$,且 $B\subseteq C$,那么 $C\in A$,则称 A 是单调的。若 A 是单调的,且是非空的,即 $A\subseteq 2^{\{P_1,P_2,\cdots,P_n\}}\setminus\{\varnothing\}$,则称 A 为一个访问结构。A 中的元素被称为授权集,非 A 中的元素被称为未授权集。

访问结构[34]主要分为门限结构、属性值与操作结构、访问树结构、LSSS 矩阵结构等。目前,在访问控制中应用较多的是访问树结构,它可以看作对单层 (t,n) 门限结构的扩展,支持与(AND)、或(OR)和 (t,n) 门限 3 种操作。其中 (t,n) 门限是指秘密信息被分为 n 份,要重构秘密信息就必须获得其中至少 t 份。而 AND 操作可以看作 (n,n) 门限,OR 操作可以看作 $(1,n)$ 门限。

定义 2-2（访问树结构,**Access Tree**）　T 为一个访问树,树中的每个节点被记为 x,该节点的子节点数目记为 n_x,其对应的门限值记为 k_x。每个叶子节点代表一个属性,且门限值 $k_x=1,n_x=0$。而非叶子节点的门限值和子节点数目的关系则可用来表示叶子节点所代表的属性上的与(AND)、或(OR)、(t,n) 门限关系,即 $k_x=n_x$ 表示 AND 操作,$k_x=1$ 表示 OR 操作,$0<k_x<n_x$ 表示 (t,n) 门限。

按照上述定义,一个 CP-ABE 访问结构的示意图如图 2-18 所示。它表示了一条策略"Place 属性为 Office,或 ID 为 Alice 且 Place 为 Home 的用户能够解密数据"。

2. 基于 CP-ABE 的访问控制

1）CP-ABE 算法概述

通常情况,CP-ABE 算法包括如下 4 个组成部分:

（1）Setup:生成主密钥 MK 和公开参数 PK。MK 由算法构建者掌握,不允许被泄露,而 PK 被发送给系统中所有参与者。

（2）$CT_T=Encrypt(PK,T,M)$:使用 PK、访问结构 T 将数据明文 M 加密为密文 CT_T。

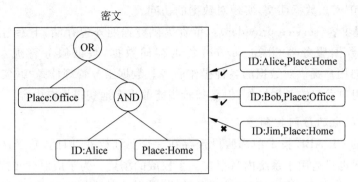

图 2-18　CP-ABE 访问控制结构示意图

（3）$SK_S = KeyGen(MK, S)$：使用 MK、用户属性值 S 生成用户的私钥 SK_S。

（4）$M = Decrypt(CT_T, SK_S)$：使用私钥 SK_S 解密密文 CT_T 得到明文 M。只有在 S 满足 T 的条件下，Decrypt() 操作才能成功。

2）访问控制方案

在上述算法的基础上，图 2-19 展示了一个基于 CP-ABE 的基本访问控制方案。

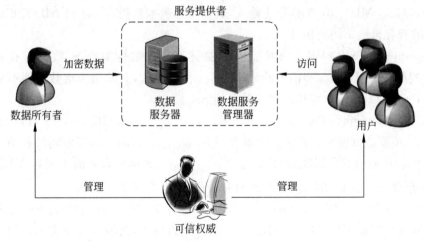

图 2-19　基于 CP-ABE 的访问控制

参与方包括如下 4 个：

（1）可信权威（trusted authority）。维护了每个用户的属性与密钥的对应关系，即负责执行上述 CP-ABE 算法的第（1）步，产生系统的公开和秘密参数 PK 和 MK，并且执行 CP-ABE 算法的第（3）步为用户发布属性密钥。它是整个访问控制系统中唯一需要被其他参与方完全信任的参与方。

（2）数据所有者（data owner）。具有数据的所有权，并希望将数据通过服务提供者的数据服务向其他用户分享。数据所有者负责访问策略（访问结构 T）的定义，并执行 CP-ABE 算法的第（2）步产生与策略绑定的密文数据，然后发送给服务提供者。

（3）用户（user）。即数据的访问者。若该用户具有满足密文数据所绑定策略中要求的属性，即持有可信权威针对相应属性为其发布的属性密钥，那么就可以成功地执行 CP-ABE

算法的第(4)步解密出数据明文,实现对数据的访问。

(4) 服务提供者(service provider)。负责提供数据的外包存储,不参与 CP-ABE 的算法执行。其中数据服务器(data server)负责存储数据,数据服务管理器(data service manager)负责向用户提供对数据的各种操作服务。数据服务管理器是"诚实而好奇"的,即会诚实地执行用户发起的各种操作,但是却希望能够更多地获得加密内容。

3. 多属性权威的访问控制方案

在大多数的 CP-ABE 技术中都假设仅存在一个属性权威,因此,基于这些技术所构造的访问控制方案也只适用于系统内只存在一个权威的场景。为了应对分布式场景中多个权威共存的情况,首先要对 CP-ABE 算法进行改进,使其支持多属性权威,即每个属性权威都能够独立地颁发属性,然后再基于多权威 CP-ABE 算法来设计访问控制方案。

1) 多权威 CP-ABE 算法概述

多权威 CP-ABE 算法包括如下 6 个组成部分:

(1) Setup:为每个属性权威 AA 生成 AID,并为每个用户生成全局的 UID 和公钥 PK_{UID}。

(2) OwnerGen:生成主密钥 MK_o 和私钥 SK_o。

(3) AAGen(AID):将 AID 作为输入,其输出为版本密钥 VK_{AID} 和 AID 标识的属性权威所颁发的所有属性 x 的公钥 $\{PK_{x,AID}\}$。

(4) KeyGen(S, SK_o, VK_{AID}, PK_{UID}):将描述私钥的属性集合 S、数据所有者的私钥 SK_o、当前的版本密钥 VK_{AID} 和用户的公钥 PK_{UID} 作为输入,其输出为给数据所有者加密数据的密钥 $PK_{o,AID}$ 以及 UID 标识的用户的私钥 $SK_{UID,AID}$。

(5) $CT_A = Encrypt(\{PK_{o,AID_k}\}_{k\in I_A}, \{PK_{x,AID_k}\}_{x\in S_{AID_k},k\in I_A}, MK_o, m, A)$:将涉及的属性权威集合 I_A 颁发给数据所有者的公钥集合 $\{PK_{o,AID_k}\}_{k\in I_A}$、$AID_k$ 标识的属性权威所颁发的属性集合 S_{AID_k} 所对应的公钥集合 $\{PK_{x,AID_k}\}_{x\in S_{AID_k},k\in I_A}$、数据所有者的主密钥 MK_o、数据明文 m、属性集合 S_{AID_k} 上的访问结构 A 作为输入,其输出为密文 CT_A。

(6) Decrypt(CT_A, PK_{UID}, $\{SK_{UID,AID_k}\}_{k\in I_A}$):将密文 CT_A、用户的公钥 PK_{UID}、用户的一组来自不同属性权威的私钥集合 $\{SK_{UID,AID_k}\}_{k\in I_A}$ 作为输入,其输出为明文 m。只有在属性集合 S 满足访问结构 A 的条件下,Decrypt()操作才能成功。

2) 访问控制方案

为了支持多权威的分布式应用场景,对上文基于 CP-ABE 的访问控制方案进行了扩展,将可信权威分为属性权威和 CA 两类,如图 2-20 所示。

该方案的参与方如下:

(1) CA(certificate authority)。是负责为整个系统中所有用户和属性权威颁发和维护身份的可信实体。CA 执行算法的第(1)步 Setup,为每个属性权威分配一个 AID,为每个用户分配一个 UID,同时为该用户产生公钥 PK_{UID}。

(2) 属性权威(attribute authority)。是负责颁发、撤销和更新用户属性的可信实体。属性权威有一定的管理域,只负责域内用户属性的管理。每个属性权威都将各自执行算法的第(3)步 AAGen(AID),产生一个版本密钥 VK_{AID}。并为自己所维护的所有属性 x 产生公钥 $PK_{x,AID}$。每个属性权威还将执行算法的第(4)步 KeyGen(S, SK_o, VK_{AID}, PK_{UID}),为数

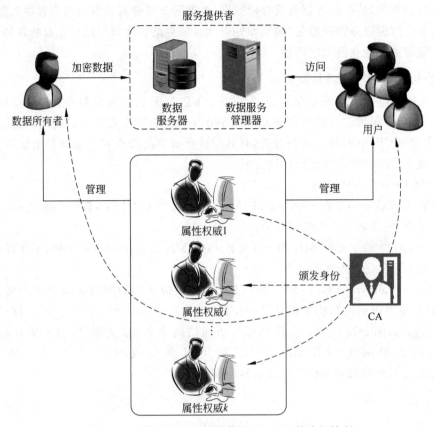

图 2-20 支持多属性权威的基于 CP-ABE 的访问控制

据所有者产生公钥 $PK_{o, AID}$，同时为持有自己所维护的属性的那些用户产生私钥 $SK_{UID, AID}$。

（3）数据所有者（data owner）。具有数据的所有权，并希望将数据通过服务提供者的数据服务向其他用户分享。数据所有者将执行算法的第（2）步 OwnerGen，产生一个主密钥 MK_o，以及自己的私钥 SK_o，并将 SK_o 通过安全信道发送给系统内的每个属性权威。数据所有者在加密数据时将采用对称加密算法。为了实现数据的受限访问，数据所有者将进一步产生访问结构来描述授权用户的范围，并对数据加密密钥执行算法的第（5）步 $CT_A = Encrypt(\{PK_{o, AID_k}\}_{k \in I_A}, \{PK_{x, AID_k}\}_{x \in S_{AID_k}, k \in I_A}, MK_o, m, A)$ 进行加密。其中，m 为加密密钥，A 为访问结构，$\{PK_{o, AID_k}\}_{k \in I_A}$ 是相关的属性权威集合 I_A 为数据所有者颁发的公钥，$\{PK_{x, AID_k}\}_{x \in S_{AID_k}, k \in I_A}$ 是 I_A 中 AID_k 标识的属性权威颁发的属性集合 S_{AID_k} 所对应的公钥集合。

（4）用户（user）。是数据的访问者。每个用户都有 CA 颁发的 UID 身份标识以及属性权威颁发的属性集合。用户在从服务提供者获得加密数据以及 CP-ABE 加密保护的对称密钥后，将首先执行算法的第（6）步 $Decrypt(CT_A, PK_{UID}, \{SK_{UID, AID_k}\}_{k \in I_A})$ 对对称密钥进行解密，然后再利用对称密钥解密数据。其中，CT_A 为 CP-ABE 加密保护的对称密钥，PK_{UID} 为 CA 颁发给用户的公钥，$\{SK_{UID, AID_k}\}_{k \in I_A}$ 为属性权威给该用户颁发的私钥。如果用户的属性满足访问结构，则用户能够成功解密出对称密钥，并用它解密数据。

（5）服务提供者（service provider）。负责提供数据的外包存储，不参与多权威 CP-ABE

算法的执行。其中,数据服务器负责存储数据,数据服务管理器负责向用户提供对数据的各种操作服务。数据服务管理器是"诚实而好奇"的,即会诚实地执行用户发起的各种操作,但是却希望能够更多地获得加密内容。

4. 外包加解密的访问控制方案

由于 CP-ABE 是计算密集型算法,所以基于 CP-ABE 的访问控制方案对终端的计算性能有较高要求,限制了它在诸如移动云计算等场景下终端资源有限时的应用。为了应对该问题,首先要对 CP-ABE 算法进行改进,将其中计算密集的操作安全地外包给服务器端,然后再基于改进后的算法设计访问控制方案。

1) PP-CP-ABE 算法概述

PP-CP-ABE(Privacy Preserving CP-ABE,隐私保护 CP-ABE)算法与前述 CP-ABE 算法的结构类似,包括如下 4 个组成部分:

(1) Setup:生成主密钥 MK 和公开参数 PK。MK 由算法构建者掌握,不允许被泄露,而 PK 被发送给系统中所有参与方。

(2) $CT_T = Encrypt(PK, T, M)$:使用 PK、访问结构 T 将数据明文 M 加密为密文 CT_T。PP-CP-ABE 采用访问树结构来描述 T,并将其分为两个部分 T_{local} 和 $T_{outsourcing}$,即 $T = T_{local}$ AND $T_{outsourcing}$,如图 2-21 所示。由于两部分访问结构是 AND 关系,所以本地只需要保留 T_{local} 相关的少量加密运算 $Encrypt_{local}$,就可以确保执行 $T_{outsourcing}$ 相关加密运算 $Encrypt_{outsourcing}$ 的外包服务提供商无法获得秘密信息。

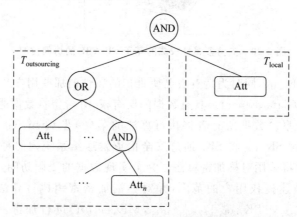

图 2-21 PP-CP-ABE 访问结构示例

(3) $SK_S = KeyGen(MK, S)$:使用 MK、用户属性值 S 生成用户的私钥 SK_S。

(4) $M = Decrypt(CT_T, SK_S)$:使用私钥 SK_S 解密密文 CT_T 得到明文 M。只有 S 满足 T 的条件下,Decrypt()操作才能成功。为了能够安全地将解密操作外包,PP-CP-ABE 将解密操作分为 3 个部分:私钥盲化 Blind、盲化解密 $Decrypt_{Blinded}$、结果计算 Calculate。其中,Blind 在本地执行,负责将 SK_S 盲化产生 SK_S'。$Decrypt_{Blinded}$ 使用 SK_S' 对 CT_T 进行解密,产生中间结果。最后,在本地对中间结果执行 Calculate,获得明文 M。

2) 访问控制方案

为了支持终端计算资源受限的场景,我们基于上述 PP-CP-ABE 算法构建了访问控制方案,增加了外包服务提供者来承担计算密集型的加解密操作,如图 2-22 所示。

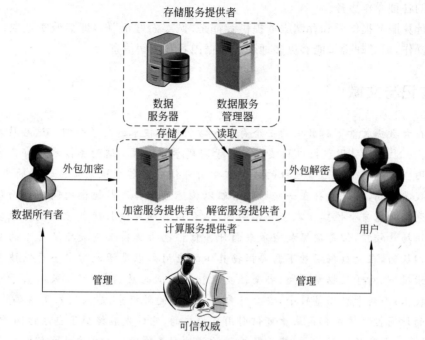

图 2-22 外包加解密的访问控制

该方案的参与方如下:

(1) 可信权威。负责执行 PP-CP-ABE 算法的第(1)步,产生系统的公开和秘密参数 PK 和 MK,并且执行 PP-CP-ABE 算法的第(3)步为用户发布属性密钥。它是整个访问控制系统中唯一需要被其他参与方完全信任的参与方。

(2) 数据所有者。具有数据的所有权,并希望将数据通过存储服务提供者的数据服务向其他用户分享。数据所有者负责访问策略(访问结构 T)的定义,并执行 PP-CP-ABE 算法第(2)步中 $\text{Encrypt}_{\text{local}}$ 部分,并将结果发送给加密服务提供者进一步处理。

(3) 加密服务提供者(encryption service provider)。负责为数据所有者提供数据加密服务,并且不能获得关于数据加密密钥相关的信息。它将基于数据所有者发送的 $\text{Encrypt}_{\text{local}}$ 计算结果,执行 PP-CP-ABE 算法第(2)步中 $\text{Encrypt}_{\text{outsourcing}}$ 部分,产生与策略绑定的密文数据,然后发送给存储服务提供者。

(4) 用户。即数据的访问者。若该用户具有满足密文数据所绑定的策略中要求的属性,即持有可信权威针对相应属性向其颁发的属性密钥,那么就可以成功解密出数据明文,实现对数据的访问。在解密数据时,用户负责执行 PP-CP-ABE 算法第(4)步中 Blind 和 Calculate 部分,通过对私钥盲化来确保解密服务提供者无法获得数据明文,并在解密服务提供者的中间结果上进一步计算得到正确的数据明文。

(5) 解密服务提供者(decryption service provider)。负责为用户提供数据解密服务,并且不能获得数据明文。它执行 PP-CP-ABE 算法第(4)步中 $\text{Decrypt}_{\text{Blinded}}$ 部分,用盲化后的私钥对数据进行解密运算,得到解密的中间结果,并将其返回给用户。

(6) 存储服务提供者(storage service provider)。负责提供数据的外包存储,不参与 PP-CP-ABE 的算法执行。其中,数据服务器负责存储数据,数据服务管理器负责向用户提供对数据的各种操作服务。

　　上述计算服务提供者和存储服务提供者都是"诚实而好奇"的,即会诚实地执行用户发起的各种操作,但是却希望能够更多地获得数据内容和密钥信息。

2.4　注记与文献

　　本章在大数据背景下对数据的安全存储和访问控制技术进行了介绍。这些技术大致被归为两类:基于可信引用监控机的技术和基于密码学的技术。这两类技术都有各自适用的场景和范围。基于可信引用监控机的技术需要由可信引用监控机来实施数据的安全策略,其优点是效率较高,但是也存在一些场景下难以构建可信引用监控机的问题。而基于密码学的技术则将数据安全性建立在密码学基础上,无须依赖可信引用监控机就可以实施。其优点是适用场景较广,但是数据加密带来的计算负担也为其在海量数据场景下的应用带来挑战。我们认为,在大数据场景下需要根据具体的应用需求灵活地对安全存储技术进行选择。通常情况下,对于数据量庞大,安全性要求相对较低的数据集,可以采用基于可信引用监控机的技术;而对于数据量较小,安全性要求却很高的数据集,应采用基于密码学的技术。

　　早期的访问控制技术都是基于可信引用监控机的,它的发展经历了自主访问控制、强制访问控制、基于角色的访问控制、基于属性的访问控制等阶段。其中自主访问控制是产生最早,也是最基本的一种访问控制技术,至今仍有大量应用;政府、军队等安全性要求较严格的机构则多采用强制访问控制;在商业领域,基于角色的访问控制是目前应用最为广泛的;基于属性的访问控制则适用于多安全域的互联网应用。然而,在大数据应用场景下,由于大数据的规模和增长速度以及应用的开放性,使得安全管理员对于访问控制的权限管理越来越困难。同时,数据应用需求的不可预测性也使得管理员无法预先制定恰当的访问控制策略。因此,访问控制技术迫切需要自动化的授权管理和自适应的访问控制以使其满足大数据场景的需求。为了应对这些问题,目前已经有了一些相关研究工作,本章从中选取了角色挖掘、风险访问控制两类具有代表性的技术进行了详细介绍。

　　角色挖掘是应用于基于角色的访问控制系统中的技术,它能够辅助安全管理员发现系统中的潜在角色,从而简化他们的权限管理工作。在大数据应用中,由于系统的规模和复杂性使得管理员自上而下地进行角色定义变得越来越困难,而角色挖掘这种自底向上的自动化角色定义方式就为大数据应用中实施基于角色的访问控制提供了有效途径。需要注意的是,不仅基于角色的访问控制中的角色可以从数据中挖掘,其他访问控制技术的权限相关要素(甚至权限本身)也可以从数据中挖掘。例如,为实施基于属性的访问控制,可以从数据中挖掘主体、客体、环境等的属性。

　　风险访问控制的目的在于解决预先定义的静态访问规则和未来不可预期的访问控制需求之间的矛盾,为访问控制提供权限控制的灵活性。为了达到该目的,首先需要对风险进行量化。在本章中介绍了风险要素选取、量化计算方法等风险量化的细节内容。在对访问请求的风险进行量化后,就需要进一步解决这些量化值的利用问题。传统访问控制的"允许/拒绝"二值判定并不能很好地体现权限控制的灵活性。因此,本章介绍了采用风险带的访问控制判定方法,它允许满足部分访问控制条件的访问请求获得部分访问权限。然后介绍了风险与收益的平衡机制,例如信用卡式、交易市场式等。最后,针对一些需要实施静态且严格的访问控制规则的应用场景,又介绍了风险访问控制和其他访问控制技术结合的方法。

　　除了上述基于可信引用监控机的访问控制技术外,还有一大类访问控制技术是基于密码学的。这类技术又可进一步分为基于密钥管理的访问控制技术和基于属性的访问控制技术。本章也对这类技术进行了详细论述。

　　基于密钥管理的访问控制技术是指通过密钥管理实现数据的解密密钥只能被授权用户持有,进而实现访问控制。而传统的密钥管理技术需要依赖于一个可信的密钥管理系统,这对于大数据应用场景来说是较难实现的。因此,本章介绍了广播加密技术,它不需要依赖于可信的密钥管理系统进行密钥管理,而是由数据所有者(或发送者)自己进行密钥管理。广播加密技术根据采用的密码体制的不同,又可分为采用对称密码技术的单发送者广播加密技术和采用非对称密码技术的公钥广播加密技术。单发送者广播加密技术要求发送者能够获得系统中所有潜在接收者的对称密钥,因此,仅适合发送者是所有人都信任的用户的场景。而公钥广播加密技术由于采用非对称密码技术,发送者无须持有接收者的私钥,因此,适用范围更加广泛。

　　基于属性的访问控制技术采用了 ABE 算法来实现访问控制。在基于广播加密的访问控制技术中,数据所有者需要持有所有授权用户的密钥(公钥)才能够实现数据的安全分享。而在大数据应用中,由于系统规模和复杂性,数据所有者较难预先获得所有授权用户的密钥。为了解决该问题,出现了基于 ABE 的访问控制技术。它允许数据所有者在预先不知道潜在授权用户的身份和相关的密钥集的情况下进行数据的访问权限管理。这些访问控制技术的研究是在对存储服务器、属性权威、客户端在计算能力和安全性方面的不同假设条件下进行的,例如,为了应对单属性权威的性能瓶颈而提出的多属性权威方案,以及为了应对客户端计算能力不足而提出的外包加密、外包解密方案等。

参 考 文 献

[1]　Anderson J P. Computer Security Technology Planning Study[J]. Air Force Electronic Systems Division EsdTr,1972.

[2]　Lampson B W. Protection[C]//Proceedings of Fifth Princeton Symposium on Information Sciences and Systems. ACM,1971:437-443.

[3]　Bell D,LaPadula L. Secure Computer Systems:Mathematical Foundations[R]. Technical Report:MTR-2547. Virginia:MITRE Corporation,1973.

[4]　Bell D,LaPadula L. Secure Computer Systems:Unified Exposition and Multics Interpretation[R]. Technical Report:MTR-2997. Virginia:MITRE Corporation,1975.

[5]　Biba KJ. Integrity Considerations for Secure Computer Systems[R]. Technical Report:MTR-3153. Virginia:MITRE Corporation,1975.

[6]　Feriaolo D,Kuhn R. Role-based Access Control[C]//Proceedings of 15th National Computer Security Conference,1992:554-563.

[7]　Sandhu R S,Coyne E J,Feinstein H L. Role-based Access Control Models[J]. Computer,1996,29(2):38-47.

[8]　Wang L,Wijesekera D,Jajodia S. A Logic-Based Framework for Attribute based Access Control[C]//Proceedings of ACM Workshop on Formal Methods in Security Engineering. ACM,2004:45-55.

[9]   李晓峰,冯登国,陈朝武,等.基于属性的访问控制模型[J].通信学报,2008,29(4):90-98.

[10] Coyne E J. RoleEngineering[C]//Proceedings of 1st ACM Workshop on Role-Based Access Control,
      Gaithersburg,MD,USA,1995.

[11] Epstein P, Sandhu R S. Engineering of Role/Permission Assignments[C]//Proceedings of 17th
      Annual Computer Security Applications Conference (ACSAC2001). IEEE Computer Society,2001:
      127-136.

[12] Kuhlmann M, Shohat D, Schimpf G. Role Mining-Revealing Business Roles for Security
      Administration Using Data Mining Technology[C]//Proceedings of the 8th ACM Symposium on
      Access Control Models and Technologies(SACMAT). Villa Gallia,Italy,2003:179-186.

[13] 房梁,殷丽华,郭云川,等.基于属性的访问控制关键技术研究综述[J].计算机学报,2017,40(7):
      1680-1698.

[14] Schlegelmilch J,Steffens U. Role Mining with ORCA[C]//Proceedings of the 10th ACM Symposium
      on Access Control Models and Technologies(SACMAT). Stockholm,Sweden,2005:168-176.

[15] Vaidya J,Atluri V,Warner J. RoleMiner: Mining Roles Using Subset Enumeration[C]//Proceedings
      of the 13th ACM Conference on Computer and Communications Security(CCS). Alexandria,USA,
      2006:144-153.

[16] Molloy I, Park Y, Chari S. Generative Models for Access Control Policies: Applications to Role
      Mining over Logs with Attribution[C]//Proceedings of the 17th ACM Symposium on Access
      Control Models and Technologies(SACMAT). Newark,USA,2012:45-56.

[17] Jason Program Office. Horizontal integration: Broader Access Models for Realizing Information
      Dominance[R]. Technical Report: JSR-04-132. Virginia: The MITRE Corporation,2004.

[18] Ni Q,Bertino E, Lobo J. Risk-based Access Control Systems Built on Fuzzy Inferences[C]//
      Proceedings of the 5th ACM Symposium on Information,Computer and Communications Security.
      ACM,2010:250-260.

[19] Cheng P C,Rohatgi P, Keser C, et al. Fuzzy Multi-Level Security: An Experiment on Quantified
      Risk-Adaptive Access Control[C]//Proceedings of the IEEE Symposium on Security and Privacy
      (S&P). Oakland,USA,2007:222-230.

[20] 惠榛,李昊,张敏,等.面向医疗大数据的风险自适应的访问控制模型[J].通信学报,2015,36(12):
      190-199.

[21] Wang Q,Jin H. Quantified Risk-Adaptive Access Control for Patient Privacy Protection in Health
      Information Systems[C]//Proceedings of the 6th ACM Symposium on Information,Computer and
      Communications Security(ASIACCS). Hong Kong,China,2011:406-410.

[22] 李昊,张敏,冯登国,等.大数据访问控制研究[J].计算机学报,2017(1):72-91.

[23] Sinclair S,Smith S. W. What's Wrong with Access Control in the Real World? [J]. IEEE Security &
      Privacy. 2010,8(4):74-77.

[24] Brucker A D,Petritsch H. Extending Access Control Models with Break-Glass[C]//Proceedings of
      the 14th ACM Symposium on Access Control Models and Technologies. New York: ACM,2009:
      197-206.

[25] Fiat A, Naor M. Broadcast Encryption [C]//CRYPTO'93: Proceedings of the 13th Annual
      International Cryptology Conference on Advances in Cryptology, Santa Barbara, California, USA,
      1993:480-491.

[26] Naor D,Naor M,Lotspiech J. Revocation and Tracing Schemes for Stateless Receivers[C]//Advances
      in Cryptology - CRYPTO 2001, 21st Annual International Cryptology Conference, Santa Barbara,

California,USA,2001:41-62.

[27]　Dodis Y,Fazio N. Public Key Broadcast Encryption for Stateless Receivers[C]//Security and Privacy in Digital Rights Management,ACM CCS-9 Workshop,DRM 2002,Washington,DC,USA,2002:61-80.

[28]　Boneh D,Gentry C,Waters B. Collusion Resistant Broadcast Encryption with Short Ciphertextsand Private Keys[C]//Advances in Cryptology - CRYPTO 2005:25th Annual International Cryptology Conference,Santa Barbara,California,USA,2005:258-275.

[29]　Boneh D,Waters B. Constrained Pseudorandom Functions and Their Applications[C]//Advances in Cryptology - ASIACRYPTO 2013 - 19th International Conference on the Theory and Application of Cryptology and Information Security,Bengaluru,India,2013:280-300.

[30]　Boneh D,Waters B,Zhandry M. Low Overhead Broadcast Encryption from Multilinear Maps[C]// Advances in Cryptology - CRYPTO 2014 - 34th Annual Cryptology Conference,Santa Barbara,CA, USA,2014:206-223.

[31]　Goh E J,Shacham H,Modadugu N,et al. SiRiUS:Securing Remote Untrusted Storage[C]// Proceedings of Network & Distributed Systems Security Symposium. 2003:131-145.

[32]　Sahai A,Waters B. Fuzzy Identity-based Encryption[C]//Advances in Cryptology - EUROCRYPT 2005,24th Annual International Conference on the Theory and Applications of Cryptographic Techniques,Aarhus,Denmark,2005:457-473.

[33]　Goyal V,Pandey O,Sahai A,et al. Attribute-based Encryption for Fine-Grained Access Control of Encrypted Data[C]//Proceedings of the 13th ACM Conference on Computer and Communications Security(CCS 2006),Alexandria,VA,USA,2006:89-98.

[34]　Bethencourt J,Sahai A,Waters B. Ciphertext-Policy Attribute-based Encryption[C]//2007 IEEE Symposium on Security and Privacy(S&P 2007),Oakland,California,USA,2007:321-334.

[35]　Gorbunov S,Vaikuntanathan V,Wee H. Attribute-based Encryption for Circuits[C]//Symposium on Theory of Computing Conference,STOC'13,Palo Alto,CA USA,2013:545-554.

[36]　Khoury J,Lauer G,Pal P,et al. Efficient Private Publish-Subscribe Systems[C]//17th IEEE International Symposium on Object/Component/Service-Oriented Real Time Distributed Computing (ISORC 2014),Reno,NV,USA,2014:64-71.

[37]　Garg S,Gentry C,Halevi S,et al. Attribute-based Encryption for Circuits from Multilinear Maps [C]//Advances in Cryptology - CRYPTO 2013 - 33rd Annual Cryptology Conference,Santa Barbara,CA,USA,2013:479-499.

[38]　Yu S,Wang C,Ren K,et al. Achieving Secure,Scalable,and Fine-Grained Data Access Control in Cloud Computing [C]//Proceedings of the 29th International Conference on Computer Communications (INFOCOM). San Diego,USA,2010:534-542.

[39]　Hur J,Noh D K. Attribute-based Access Control with Efficient Revocation in Data Outsourcing Systems[J]. IEEE Transactions onParallel and Distributed Systems,2011,22(7):1214-1221.

[40]　Yang K,Jia X. Attributed-based Access Control for Multi-Authority Systems in Cloud Storage[C]// Proceedings of theIEEE 32nd International Conference on Distributed Computing Systems(ICDCS). Macau,China,2012:536-545.

[41]　Jung T,Li X Y,Wan Z,et al. Privacy Preserving Cloud Data Access with Multi-Authorities[C]// Proceedings of the International Conference on Computer Communications (INFOCOM). Turin, Italy,2013:2625-2633.

［42］ Green M，Hohenberger S，Waters B. Outsourcing the Decryption of ABE Ciphertexts［C］//Proceedings of the 20th USENIX Security Symposium. San Francisco，USA，2011：34-34.

［43］ Zhou Z，Huang D. Efficient and Secure Data Storage Operations for Mobile Cloud Computing［C］//Proceedings of the 8th International Conference on Network and Service Management（CNSM）. Las Vegas，USA，2012：37-45.

［44］ Harrison M A，Ruzzo W L，Ullman J D. Protection in Operating Systems［C］//Proceedings of ACM Symposium on Operating Systems Principles. ACM，1975：14-24.

第3章　安全检索技术

内容提要：大数据最终的价值在于开放和共享,如何在确保各参与方的隐私的前提下对大数据进行更好的应用,一直是业界研究的热点和难点。本章重点介绍的安全检索技术是指基于密码学方法,利用特殊设计的加密算法或者协议,实现对数据的查询访问,同时保护数据的隐私内容。目前存在多种安全检索技术,其保护的目标有所不同,例如,PIR 技术主要是保护用户的查询意图,ORAM 技术主要是保护用户对存储介质的访问模式,密文检索技术主要是保护用户的数据和查询条件的机密性,等等。本章将对这些技术进行逐一介绍。

关键词：PIR 技术;ORAM 技术;密文检索;可搜索加密;对称密文检索;非对称密文检索;关键词检索;模糊检索;Top-k 检索;前向安全性;区间检索;谓词加密;矩阵加密;保序加密。

3.1　基本概念

3.1.1　背景介绍

云存储是在云计算概念上衍生出来的,其继承了云计算的按需使用、高可扩展性、快速部署等特点,解决了当前政府和企业需要不断增加软硬件设备和数据库管理人员来自主地存储、管理和维护海量数据的问题。然而,由于云存储使得数据的所有权和管理权相分离,用户数据将面临多方面的安全威胁。首先,具有优先访问权的云存储服务提供商的恶意操作(如美国政府雇员窃取社保信息等)或失误操作都有可能导致数据的泄露;其次,云服务器还时刻面临着外部攻击者的威胁(如 iCloud 好莱坞明星隐私泄露事件);此外,云数据还可能受到各国政府的审查,如著名的美国国家安全局的"棱镜"项目。

为保证云数据的安全性,一种通用的方法是用户首先使用安全的加密机制(如 DES、AES、RSA 等)对数据进行加密,然后再将密文数据上传至云服务器。由于只有用户知道解密密钥,而云存储服务提供商得到的信息是完全随机化的,所以此时数据的安全性掌握在用户手中。数据加密导致的直接后果就是云服务器无法支持一些常见的功能,例如,当用户需要对数据进行检索时,只能把全部密文下载到本地,将其解密后再执行查询操作。上述存储和检索方式可以最大化地保证用户数据的安全性,但是要求客户端具有较大的存储空间以及较强的计算能力,且没有充分发挥云存储的优势。因此,需要对密文检索(Searchable Encryption,SE,也译为可搜索加密)技术进行研究,它支持云存储系统在密文场景下对用户数据进行检索,然后将满足检索条件的密文数据返回给用户,最后用户在本地将检索结果解密,从而获得自己想要的明文数据。在检索过程中,云服务器无法获得用户的敏感数据和查询条件,即密文检索可以同时保护数据机密性以及查询机密性。

目前,学术界对安全检索领域的研究热点主要集中于密文检索技术,但是早在密文检索技术出现之前,传统数据库以及外包数据库领域即已存在一些其他的安全检索相关研究,如

PIR(Private Information Retrieval,隐私信息检索)技术和 ORAM(Oblivious Random Access Memory,健忘随机存取存储器)技术。这些技术与密文检索的保护目标不同,且实用效率普遍不如密文检索,但是其中不少方案均具有重要的理论意义,因此,本章将其统称为"早期安全检索技术"并予以简单介绍。

3.1.2 密文检索概述

2000 年,Song 等人[1]首次提出密文检索技术,它允许云服务器直接在密文数据上进行检索操作,同时不泄露用户的明文数据和检索条件。然而,由于该方案的检索时间与数据量呈线性关系,因此,不适用于大数据应用环境。目前主流的密文检索方案基本上是基于索引的,即敏感数据本身由传统的加密算法加密,同时为需要查询的内容构造支持检索功能的安全索引。

如图 3-1 所示,密文检索主要涉及数据所有者、数据检索者以及服务器 3 种角色。其中,数据所有者是敏感数据的拥有者,数据检索者是查询请求的发起者,这二者通常仅具备有限的存储空间和计算能力;服务器为所有者和检索者提供数据存储和数据查询服务,其由云存储服务提供商进行管理和维护,并具有强大的存储能力和计算能力。数据所有者首先为需要检索的数据构造支持检索功能的索引,同时使用传统的加密技术加密全部数据,然后将密文数据和索引共同上传至服务器。检索时,数据检索者为检索条件生成相应的陷门,并发送给服务器。随后,服务器使用索引和陷门进行协议预设的运算,并将满足检索条件的密文数据返回给数据检索者。最后,数据检索者使用密钥将检索结果解密,得到明文数据。有时,服务器返回的密文数据中可能包含不满足检索条件的冗余数据,此时数据检索者还需要对解密后的明文数据进行二次检索,即在本地剔除冗余数据。通常情况下,密文检索方案允许检索结果中包含冗余数据,但是满足检索条件的数据必须被返回,即检索结果的误报率可以不为 0%,但是召回率应为 100%。

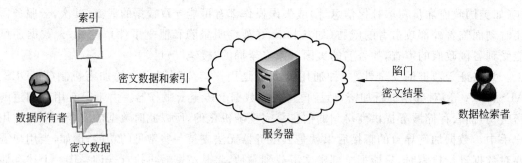

图 3-1 密文检索结构图

在上述 3 个角色中,通常认为数据所有者和数据检索者是完全可信的,而服务器属于攻击者,其对用户的敏感数据和检索条件比较好奇。此外,由于服务器掌握了最多的信息(包括全部密文数据、索引、陷门、检索结果等),因此,不再额外考虑其他外部攻击者。目前大部分密文检索方案均假设服务器是"诚实而好奇"的(Honest-But-Curious,HBC),即服务器会忠实地执行数据检索者提交的检索请求,并返回相应的检索结果,同时其可能会利用自己所掌握的一切背景知识来进行分析,期望获得真实的敏感数据和检索条件。如果服务器进行恶意攻击,如篡改用户数据或者仅返回部分检索结果,那么可以借助完整性验证技术对数据进行检查,这部分内容属于单独的研究领域,本章不过多介绍。

密文检索方案的性能主要从 3 个方面进行考虑:①数据所有者的索引生成效率;②数据检索者的陷门生成效率;③服务器的检索效率。由于索引的生成过程是一次性的,而陷门则是数据检索者根据自己的检索条件构造的,消耗时间一般较少,因此,本章主要关注检索效率,即服务器使用陷门和索引完成查询操作的时间。

3.1.3 密文检索分类

如表 3-1 所示,根据应用场景的不同,密文检索技术可分为对称密文检索(Symmetric Searchable Encryption,SSE,也译为对称可搜索加密)和非对称密文检索(Asymmetric Searchable Encryption,ASE,也译为非对称可搜索加密)两大类。

表 3-1 对称密文检索和非对称密文检索的比较

特 性	对称密文检索	非对称密文检索
密文和索引的构建	由私钥生成	由公开参数生成
密钥管理	单用户场景	多用户场景
性能	高效	低效
解决的问题	不可信服务器存储	不可信服务器路由

(1)对称密文检索。在对称密钥环境下,只有数据所有者拥有密钥,也只有数据所有者可以提交敏感数据,生成陷门,即数据所有者和数据检索者为同一人。对称密文检索主要适用于单用户场景,例如 A 将自己的日志秘密保存在云服务器,只有 A 能对这些日志进行检索。

(2)非对称密文检索。在非对称密钥环境下,任何可以获得数据检索者公钥的用户都可以提交敏感数据,但只有拥有私钥的数据检索者可以生成陷门。非对称密文检索主要适用于多用户场景,如在邮件系统中,发件人使用收件人的公钥加密邮件,而收件人可以对这些邮件进行查询。

上述应用场景并不是绝对的,例如在对称密文检索方案中,拥有密钥的用户也可以通过广播加密技术和访问控制技术授权其他用户对自己的数据进行检索。

如图 3-2 所示,根据检索的数据类型的不同,密文检索技术还可以分为密文关键词检索和密文区间检索两大类。

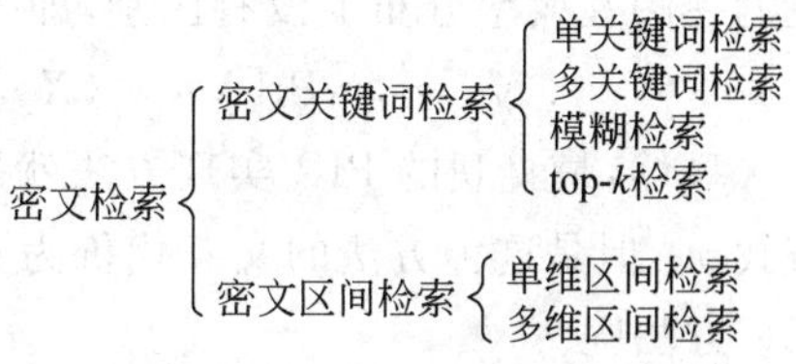

图 3-2 密文检索的功能分类

(1)密文关键词检索。主要用于检索字符型数据,如查询包含关键词"云存储"的文档。最初,密文关键词检索的研究以单关键词检索为主,后来根据实际的应用需求,密文关键词检索逐渐扩展到多关键词检索、模糊检索以及 Top-k 检索。多关键词检索支持多个关键词的逻辑查询,如查找同时包含关键词"云存储"和"加密"的文档。模糊检索允许检索关键词出现拼写错误或者包含通配符的情况,即检索系统对用户的输入有一定的容错能力。例如,当用户将关键词 cloud 误拼成 clous 时,服务器依然可以返回包含关键词 cloud 的文档。Top-k 检索可以对文档进行评分并优先返回分数较高的文档,从而避免检索结果集过于庞大的情况。

（2）密文区间检索。主要用于对数值型数据进行范围查询,如查询学生信息表中年龄属性小于 18 的学生。根据属性的数目,密文区间检索又可进一步分为单维区间检索和多维区间检索。早期的密文区间检索方案主要是基于桶式索引和传统加密技术的,由于这两种方案对客户端要求较高,因此,后续研究较少。目前,主流的密文区间检索方案主要包括基于谓词加密的、基于矩阵加密的、基于等值检索的以及基于保序加密的。

3.2　早期安全检索技术

3.2.1　PIR 技术

PIR 技术的研究主要针对公开数据库,其目标是允许用户在不向服务器暴露查询意图的前提下,对服务器中的数据进行查询并取得指定内容。虽然早在 20 世纪 80 年代就有学者提出类似的问题[2,3],但目前普遍认为首个完整的、正式的 PIR 模型是由 Chor 等人[4]给出的。本节内容主要取材于文献[5]。

根据服务器的数目以及用户与服务器之间的交互轮数的不同,可将 PIR 技术分为 4 大类：单服务器的、多服务器的、单轮交互的以及多轮交互的。目前主要研究的是单轮交互的 PIR 问题。

定义 3-1（单轮交互的 PIR 问题）　设存在 $k(\geqslant 1)$ 个服务器,其存储的内容完全相同,均为 n 个比特的信息 $X=\{x_1, x_2, \cdots, x_n\}$,且服务器之间不会进行相互通信。用户 A 希望对服务器中的数据进行查询,并得到 x_i,其具体查询过程如下：

（1）A 生成一个随机数 r,并根据 r 和 i 生成 k 个查询 $\{q_1, q_2, \cdots, q_k\}$,然后将其分别发送给 k 个服务器。

（2）各服务器分别返回相应的查询结果：$\{\text{Ans}(q_1), \text{Ans}(q_2), \cdots, \text{Ans}(q_k)\}$。

（3）A 根据 r 和 $\{\text{Ans}(q_1), \text{Ans}(q_2), \cdots, \text{Ans}(q_k)\}$ 计算得到正确的 x_i。

如果在上述查询过程中,所有服务器均不了解关于 i 的任何信息,则称这一交互是 PIR 的。换句话说,如果 A 进行了两次查询,分别访问了 x_i 和 $x_{i'}$,则服务器 j 对这两次查询所见的视图在概率分布上没有区别,即

$$\forall i, i', j: \Pr[\text{View}_j(X, i) = \text{view}] = \Pr[\text{View}_j(X, i') = \text{view}]$$

显然,最直观的 PIR 实现方法就是服务器将所有信息全部返回给 A,由 A 在本地自行查找 x_i,但是这种方法的交互代价为 n,因此并不实用。那么,能否找到交互代价低于 n 的 PIR 方法呢？

可以证明,在信息论安全前提下（即假设服务器具有无限强的计算能力）,无法在单服务器（$k=1$）上实现通信复杂度低于 $O(n)$ 的 PIR 方案。但是如果 $k \geqslant 2$,各服务器均存储所有信息的副本,且确保服务器之间不会相互通信,则可以实现通信复杂度低于 $O(n)$ 的 PIR 方案。以 $k=4$ 为例,可以设计一个在多服务器中实现信息论安全且复杂度为 $O(kn^{1/\lg k})$ 的 PIR 方案。假设 σ 是一个位串（也称比特串）,且 $i \leqslant |\sigma|$,则 $\sigma \oplus i$ 表示将位串 σ 的第 i 位进行位翻转,具体方案如下：

（1）将数据 $X=\{x_1, x_2, \cdots, x_n\}$ 表示为一个 $\sqrt{n} \times \sqrt{n}$ 的矩阵,则待查询的数据 x_i 可表示

为 x_{i_1,i_2}（其中 i_1、i_2 是 x_i 在矩阵中的坐标），并将 4 个服务器分别表示为 DB_{00}、DB_{01}、DB_{10}、DB_{11}。

（2）A 生成两个长度为 $\sqrt{n}$ 的随机数 δ、τ，并计算 $\delta_1=\delta\oplus i_1$，$\tau_1=\tau\oplus i_2$。

（3）A 将 δ 和 τ 发送给 DB_{00}，将 δ 和 τ_1 发送给 DB_{01}，将 δ_1 和 τ 发送给 DB_{10}，将 δ_1 和 τ_1 发送给 DB_{11}。

（4）服务器 DB_{00} 返回结果 $\oplus_{\delta(j_1)=1,\tau(j_2)=1} x_{j_1,j_2}$，服务器 DB_{01} 返回结果 $\oplus_{\delta(j_1)=1,\tau_1(j_2)=1} x_{j_1,j_2}$，服务器 DB_{10} 返回结果 $\oplus_{\delta_1(j_1)=1,\tau(j_2)=1} x_{j_1,j_2}$，服务器 DB_{11} 返回结果 $\oplus_{\delta_1(j_1)=1,\tau_1(j_2)=1} x_{j_1,j_2}$。

（5）A 将返回结果进行异或，得到 x_{i_1,i_2}。

现在考虑上述方案的正确性。由于 x_{i_1,i_2} 满足 $\delta(i_1)\neq\delta_1(i_1)$ 且 $\tau(i_2)\neq\tau_1(i_2)$，因此，x_{i_1,i_2} 必然在服务器的返回结果中出现 1 次。对于其他任意的 x_{i_3,i_4}，要么 $\delta(i_3)=\delta_1(i_3)$，要么 $\tau(i_4)=\tau_1(i_4)$，因此，它们都会出现偶数次，会在异或过程中被消除。

上述方案的交互代价为 $8\sqrt{n}+4$，其安全性也是显而易见的：单个服务器所见的只是两个长度为 $\sqrt{n}$ 的串，无法从中推出任何关于 i 的信息。

此后，人们又提出了一些通信复杂度更低的信息论安全的 k 服务器 PIR 方法[6-9]，其复杂度在 $O(n^{\frac{1}{k}})$ 到 $O(n^{\frac{1}{2k}})$ 之间。

以上 PIR 方法都是基于信息论安全前提的，这个条件比较强，在实际应用中，可以采取弱化的安全性要求，即假设服务器仅拥有多项式计算能力。这时，可以基于某些多项式计算能力的敌手无法完成的困难问题来实现通信复杂度低于 $O(n)$ 的单服务器 PIR 方案。下面详细介绍如何基于二次剩余（Quadratic Residue，QR）问题，在单服务器中实现复杂度为 $O(n^{\frac{1}{2}+\delta})$ 的 PIR 方案[10]。

定义 3-2（二次剩余问题）　设 z 和 m 是两个互素的整数，如果存在整数 α 使得 $\alpha^2=z \bmod m$，则称 z 是一个在模 m 运算上的二次剩余。

一般认为，给定 z 和 m，如果 m 是两个大素数的积，且敌手不了解 m 的因子分解，则敌手判定 z 是否是 QR 是困难的（与对 m 进行因子分解的难度相当）。

基于二次剩余问题的单服务器 PIR 方案如下：

（1）记 $k=\sqrt{n}$，将大小为 n 的数据库 X 表示为一个 $k\times k$ 的矩阵，则待查询的数据 x_i 可表示为 $x_{a,b}|a,b\leqslant k$。

（2）A 生成两个二进制等长的素数 p_1、p_2，$N=p_1 p_2$。

（3）A 从 $\mathbf{Z}_N^*$ 中选择 k 个雅可比符号为 1 的元素 $y_1,y_2,\cdots,y_k$，其中除 y_b 之外均为 QR。

（4）A 将 N 以及 $y_1,y_2,\cdots,y_k$ 发送给服务器。

（5）服务器对所有元素 $x_{i,j}$ 计算 $C_{i,j}$：如果 $x_{i,j}=0$，则 $C_{i,j}=y_j^2$；否则，$C_{i,j}=y_j$。

（6）服务器返回 $\left\{r_1=\prod_{j=1}^{k} C_{1,j},r_2=\prod_{j=1}^{k} C_{2,j},\cdots,r_k=\prod_{j=1}^{k} C_{k,j}\right\}$。

（7）A 进行观察，如果 r_a 是 QR，则 $x_{a,b}=0$，否则，$x_{a,b}=1$（因为 A 了解 N 的因子分解，所以他可以判定 r_a 是否是 QR）。

现在考虑上述 PIR 方案的正确性。若 $x_{a,b}=0$，则 r_a 必然是一组 QR 的乘积，依然是 QR；否则，r_a 是一组 QR 乘以 y_b，必然不是 QR。

若 N 的长度为 n^δ，则上述方案的交互代价为 $n^{\frac{1}{2}+\delta}$。在安全性方面，也容易通过反证法证明：如果服务器能够了解关于 i 的信息，则服务器也能解决 QR 问题。

3.2.2　扩展：PIRK 技术以及 SPIR 技术

1. PIRK 技术

PIR 方案假设数据是二进制的，且客户端已经了解待获取的数据在数据集中的位置。但是实际检索场景中并不是这样的，客户端一般都是输入一个感兴趣的关键词，然后服务器根据该关键词找到对应的数据内容。为此，人们提出了 PIRK（Private Information Retrieval by Keywords，基于关键词的隐私信息检索）技术[11]。

定义 3-3（PIRK 问题）　设存在 k 个服务器，其存储的内容完全相同，均为 n 个长度为 l 的字符串 $S=\{s_1,s_2,\cdots,s_n\}$，且服务器之间不相互通信。A 感兴趣的关键词是一个长度为 l 的字符串 w。如果存在一个协议使 A 能够得到所有满足 $s_j=w$ 的 j，且任意服务器均不了解关于 w 的任何信息，则称该协议是 PIRK(l,n,k) 的。

需要注意的是，此定义只包含了找到 $s_j=w$ 的过程，而在找到 s_j 之后要获取 s_j 对应的数据内容，则可以通过运行一般的 PIR 协议完成。

2. SPIR 技术

从服务器的角度来看，PIR 技术仅保护了客户端的查询意图，而对服务器中的数据集缺乏保护。因此，由 PIR 技术进一步发展至 SPIR（Symmetric Private Information Retrieval，对称隐私信息检索）技术，其目标是将保护范围扩大到服务器，具体内容可参阅文献[12]。

SPIR 问题与 3.2.1 节中描述的 PIR 问题相似，但是在其基础上增加了一项要求：A 不了解 x_i 之外的任何信息。换句话说，如果存在两个数据源 $X=\{x_1,x_2,\cdots,x_n\}$ 和 $Y=\{y_1,y_2,\cdots,y_n\}$，且 $x_i=y_i$，则对于这两个数据源，A 查询第 i 份数据时所见的视图应当没有任何区别，即 $\Pr[\mathrm{View}_A(X,i)=\mathrm{view}]=\Pr[\mathrm{View}_A(Y,i)=\mathrm{view}]$。

可以证明，任意 N 服务器的 PIR 方法都可以转换为一个 $N+1$ 服务器、同样数量级复杂度的 SPIR 方法。另外，某些特定的 N 服务器的 PIR 方法也可以转换为一个 N 服务器、同样数量级复杂度的 SPIR 方法。

SPIR 与密码学中的健忘传输（OT）[13]非常相似，不同之处在于 OT 一般是单服务器的，而 SPIR 一般是多服务器的。

3.2.3　ORAM 技术

ORAM 技术是面向秘密数据库的，其目标是在读写过程中向服务器隐藏用户的访问模式。这里，访问模式是指客户端向服务器发起访问所泄露的信息，包括操作是读还是写、操作的数据地址、操作的数据内容等。PIR 只考虑保护客户端的查询意图，整个数据库的内容对服务器是可见的；而 ORAM 则认为整个服务器的存储介质都是不安全的，因此要求数据是加密的，同时向服务器隐藏读、写两种操作。

设想用户需要在一个不安全的服务器存储 n 份数据 $\{x_1,x_2,\cdots,x_n\}$，为此，用户使用一种加密算法加密数据：$x_i \rightarrow X_i$，并将加密后的数据 $\{X_1,X_2,\cdots,X_n\}$ 上传至服务器。此后，用户可以向服务器发起如下两种请求："读取第 i 份数据"或者"将数据 data 写入第 i 个位置"。由于数据是加密的,服务器无法了解用户请求读写的数据内容,但是由于用户的访问模式是固定的,导致服务器仍然能了解到如下信息:"哪个位置的数据被访问了"。一个恶意的敌手可能通过这些信息得到服务器磁盘中数据被访问的频率,最后猜测出数据的内容。那么,能否隐藏用户的访问模式以避免这类攻击威胁呢?为此,人们提出了 ORAM 技术以解决上述问题[14]。

定义 3-4(ORAM 系统)   用户的输入序列 Y:定义为一组输入$(o_1, o_2, \cdots, o_n)$。

用户的输入 o:代表用户的操作类型、操作数据内容和操作地址,表示为 $o = (op, data, i)$。当 op 是读时,$op = read, data = \varnothing$;当 op 是写时,$op = write, data$ 是用户写入的明文内容。

访问模式 $A(Y)$:对于用户发起的一个输入序列 $Y = (o_1, o_2, \cdots, o_n)$,假设经过翻译后,在服务器实际实施的序列为 $Y = (O_1, O_2, \cdots, O_m)$。$A(Y)$ 记录了 Y 中各输入的访问地址 i 以及 Y 是读还是写。当操作是写时,$A(Y)$ 还记录了用户希望服务器写入的内容。具体地,$A(Y) = ((op_1, Edata_1, i_1), (op_2, Edata_2, i_2), \cdots, (op_m, Edata_m, i_m))$,其中 Edata 是从服务器的角度写入的密文内容;当操作是读时,$Edata = \varnothing$。

如果对于系统中任意两个输入序列 Y 和 Y',从服务器的角度来看,访问模式 $A(Y)$ 和 $A(Y')$ 是不可区分的,则认为这个系统是一个 ORAM 系统。

ORAM 的基本解决思想是:设计一种转换协议,将 1 次访问转换为 k 次访问,从而保证两组访问经过转换之后无法区分。许多学者[15-17]都在 ORAM 上展开了深入的研究,致力于降低 k 的大小,其中文献[16]提出的方案高效、简洁,是当前较好的一种 ORAM 方案。该方案的基本思想是:将服务器中的数据集以树的形式进行组织,而任意一次读写都被转换为从根节点到叶子节点的整条路径的一次读写。此外,还有学者在 Amazon 云存储上实现了 ORAM 系统[18],实验表明,在大部分典型应用场景下,可以以数十倍或更小的通信代价来实现 ORAM。虽然业界对这一效率仍有一些不同意见[19],但是我们认为,随着计算机网络和硬件技术的发展,ORAM 技术在某些对实时性要求不高且访问隐秘性要求较高的应用场合是可以实用化的。

3.3 对称密文检索

3.3.1 概述

在对称密文检索方案中,数据所有者和数据检索者为同一方。该场景适用于大部分第三方存储,也是近几年本领域的研究热点。一个典型的对称密文检索方案包括如下算法:

(1) Setup 算法。该算法由数据所有者执行,生成用于加密数据和索引的密钥。

(2) BuildIndex 算法。该算法由数据所有者执行,根据数据内容建立索引,并将加密后的索引和数据本身上传到服务器。

(3) GenTrapdoor 算法。该算法由数据所有者执行,根据检索条件生成相应的陷门(又称搜索凭证),然后将其发送给服务器。

(4) Search 算法。该算法由服务器执行,将接收到的陷门和本地存储的密文索引作为输入,并进行协议所预设的计算,最后输出满足条件的密文结果。

对称密文检索的核心与基础部分是单关键词检索。目前，SSE 可根据检索机制的不同大致分为三大类：基于全文扫描的方法、基于文档-关键词索引的方法以及基于关键词-文档索引的方法。

在单关键词 SSE 的基础上，人们更为深入地研究了多关键词检索。本节首先介绍 3 类 SSE 方案，然后介绍其在多关键词检索、模糊检索、Top-k 检索、前向安全检索等领域的进展，最后对上述方法进行总结。

3.3.2　基于全文扫描的方案

最早的对称密文检索方案由 Song 等人[1]提出，它是一种基于全文扫描的方案。如图 3-3 所示，该方案的核心思想是：对文档进行分组加密，然后将分组加密结果与一个伪随机流进行异或得到最终用于检索的密文。检索时，用户将检索关键词对应的陷门发送给服务器，服务器对所有密文依次使用陷门计算密文是否满足预设的条件，若满足则返回该文档。具体步骤概述如下：

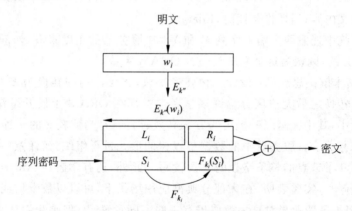

图 3-3　基于全文扫描的方案示意图

（1）Setup 算法。数据所有者生成密钥 k'，k''，伪随机数 S_1，S_2，…，S_l，伪随机置换 E 以及伪随机函数 F、f。

（2）BuildIndex 算法。假设文档的内容为关键词序列 w_1，w_2，…，w_l。对于关键词 w_i，数据所有者首先将其加密得到 $E_{k''}(w_i)$，并将 $E_{k''}(w_i)$ 拆分为 L_i 和 R_i 两个部分；然后，使用伪随机数 S_i 计算 $F_{k_i}(S_i)$，其中 $k_i = f_{k'}(L_i)$；最后，将 $(S_i, F_{k_i}(S_i))$ 与 (L_i, R_i) 经过异或运算生成密文块 C_i。

（3）GenTrapdoor 算法。当需要搜索关键词 w 时，数据所有者将 $E_{k''}(w) = (L, R)$ 以及 $k = f_{k'}(L)$ 发送给服务器。

（4）Search 算法。服务器依次将密文 C_i 与 $E_{k''}(w)$ 进行异或运算，然后判断得到的结果是否满足 $(S, F_k(S))$ 的形式。如果满足，则说明匹配成功，并将该文档返回。

文献[1]并未明确定义密文检索的安全性，仅说明了上述方法构造的密文和陷门与伪随机数具有不可区分性。

基于全文扫描的方案需要对每个密文块进行扫描并计算，在最坏的情况下，检索一篇文档的时间与该文档的长度呈线性关系，检索效率较低。目前，人们主要集中于研究基于文档-关键词索引和基于关键词-文档索引的密文关键词检索方案，将索引从密文中独立出来，即数据本身可以采用任意加密算法加密,检索功能由索引实现。下面对这两类方案进行详细介绍。

3.3.3　基于文档-关键词索引的方案

　　基于文档-关键词索引的密文检索方案的核心思路是为每篇文档建立单独的索引,且服务器在检索时需要遍历全部索引,因此,这类方案的检索时间复杂度与文档数目成正比。本节分别介绍基于布隆过滤器(Bloom Filter,BF)[20]的方案 ε_1 和基于掩码技术的方案 ε_2,具体内容可参阅文献[21,22]。

　　布隆过滤器利用位数组表示集合,并可以快速判断一个元素是否属于该集合。记位数组的长度为 m,集合为 $S=\{x_1,x_2,\cdots,x_n\}$。首先,构造各位置均为 0 的初始数组 BF,并选取 k 个 Hash 函数 $h_1,h_2,\cdots,h_k$,这些 Hash 函数可以将集合中的元素映射到位数组中的某一位。然后对于各元素 x_i,为其计算 k 个 Hash 值 $h_1(x_i),h_2(x_i),\cdots,h_k(x_i)$,并将位数组中的相应位置设为 1。假设 $m=13,k=2$,图 3-4 给出了将元素 x_i 和 x_j 插入位数组 BF 的过程。

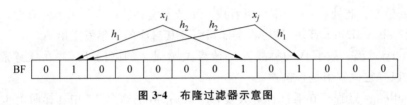

图 3-4　布隆过滤器示意图

　　当想要判断元素 y 是否属于集合 S 时,同样使用 Hash 函数 $h_1,h_2,\cdots,h_k$ 为其计算 k 个值 $h_1(y),h_2(y),\cdots,h_k(y)$,如果位数组 BF 中的相应位置均为 1,则认为 y 是 S 中的元素。但实际上,由于 Hash 函数的计算结果可能存在冲突,y 有可能并不属于 S。在图 3-4 的例子中,如果 $h_1(y)=h_2(x_i)$ 且 $h_2(y)=h_1(x_j)$,则会发生误判。

　　借助于布隆过滤器,人们提出了一种基于文档-关键词索引的密文关键词检索方案 ε_1。该方案使用布隆过滤器为每篇文档分别构造索引,并使用伪随机函数为每个关键词计算两遍伪随机数,其一将关键词作为输入,其二将文档标识作为输入,从而使同一关键词在不同文档中的计算结果不一致。具体方案概述如下:

　　(1) Setup 算法。数据所有者生成 r 个密钥 $k_1,k_2,\cdots,k_r$ 以及伪随机函数 f。

　　(2) BuildIndex 算法。对于包含 t 个关键词 $w_1,w_2,\cdots,w_t$ 的文档 D,数据所有者首先为其生成一个位数组 BF(D),并置 BF(D)所有位均为 0。然后,对于每个关键词 w_i:

　　(2.1) 以关键词 w_i 作为输入计算 r 个值:$x_1=f(w_i,k_1),x_2=f(w_i,k_2),\cdots,x_r=f(w_i,k_r)$。

　　(2.2) 以文档标识 id 作为输入计算 r 个值:$y_1=f(\text{id},x_1),y_2=f(\text{id},x_2),\cdots,y_r=f(\text{id},x_r)$。

　　(2.3) 将 BF(D)中 $y_1,y_2,\cdots,y_r$ 这 r 个值对应的位置设为 1,并对 BF(D)进行随机填充。

　　(3) GenTrapdoor 算法。数据所有者为检索关键词 w 计算 r 个值:$x_1'=f(w,k_1),x_2'=f(w,k_2),\cdots,x_r'=f(w,k_r)$,然后将这 r 个值发送给服务器。

（4）Search 算法。根据陷门，服务器为文档 D 计算 r 个值 $y_1'=f(\mathrm{id},x_1'),\cdots,y_r'=f(\mathrm{id},x_r')$，并检查 D 对应的索引 $\mathrm{BF}(D)$ 中这 r 个值对应的位置是否都为 1。若是，则说明文档 D 包含 w，并将其返回给用户。

上述方案在检索判定时只需要计算若干次伪随机数，速度比基于全文扫描的方法提高很多。然而，由于布隆过滤器的特性，会有一定的概率返回不包含查询关键词的文档，即检索结果中存在冗余数据。

为了证明方案 ε_1 的安全性，首先形式化地定义选择关键词语义安全 IND-CKA 和 IND2-CKA，并证明该方案满足这些安全性。由于 IND2-CKA 的安全性更加严格，因此，这里以介绍 IND2-CKA[21] 为主。简单来说，IND2-CKA 的含义是：对于两个数据文档 V_0 和 V_1，仅凭其密文索引无法对二者进行区分。

为了定义 IND2-CKA，先定义一个游戏。

游戏 3-1

（1）Setup 过程。挑战者 C 创建一个关键词集合 S，并将其发送给敌手 A，可将敌手 A 视作一个概率多项式时间（PPT）算法。A 选择 S 的若干个子集，这些子集的集合记为 S^*，并将 S^* 返回给 C。此处，一个子集可以看成一个数据文档。C 运行 Setup 算法，并对 S^* 的每个元素运行 BuildIndex 算法，最后将全部索引及其对应的子集发送给 A。

（2）Query 过程。敌手 A 向挑战者 C 请求关键词 x 的陷门 T_x，并在任意索引上运行 Search 算法以判定该索引是否包含 x。

（3）Challenge 过程。在运行若干次 Query 之后，敌手 A 从 S^* 中选择两个非空子集 V_0 和 V_1，且 $|(V_0-V_1)\bigcup(V_1-V_0)|\neq0$，$(V_0-V_1)\bigcup(V_1-V_0)$ 中的任意关键词均未被查询过。A 将 V_0 和 V_1 发送给 C，C 随机抛掷硬币 b，并在 V_b 上运行 BuildIndex 算法，最后将对应的结果发给 A。

（4）Response 过程。敌手 A 给出对 b 的猜测 b'。

将上述游戏的优势定义为 $\mathrm{Adv}_A=\left|\Pr(b'=b)-\dfrac{1}{2}\right|$。

定义 3-5　称一个 SSE 方案是 IND2-CKA 安全的，如果任何敌手 A 在游戏 3-1 中的优势都是可忽略的。

定理 3-1　如果函数 f 是一个伪随机函数，则方案 ε_1 满足 IND2-CKA 安全性。

通过使用掩码技术，人们实现了一种误报率为 0 的密文关键词检索方案 ε_2。方案 ε_2 的核心思路是：提前为关键词集构造字典，并由用户将其保存在本地。字典包含 2^d 对 (i,w_i)，其中 $w_i\in\{0,1\}^*$ 代表一个关键词，$i\in[1,2^d]$ 为 w_i 对应的唯一值。具体方案概述如下：

（1）Setup 算法。数据所有者生成密钥 s、r，伪随机置换函数 P 以及伪随机函数 F、G。

（2）BuildIndex 算法。对于文档 D，数据所有者首先生成一个长度为 2^d 的初始位串 I，其各位均为 0。如果文档 D 包含关键词 w_i，则将位串 I 的第 $P_s(i)$ 位设为 1，即 $I[P_s(i)]=1$。然后，将 I 的各位 $I[j]$ 与其对应的掩码 $G_{F_r(j)}(\mathrm{id})$ 进行异或操作，即 $I[j]=I[j]\oplus G_{F_r(j)}(\mathrm{id})$。最后，将位串 I 发送给服务器作为索引。

（3）GenTrapdoor 算法。数据所有者为检索关键词 w_λ 生成 $p=P_s(\lambda)$ 和 $f=F_r(p)$，并将其发送给服务器。

（4）Search 算法。服务器计算 $I[p]\oplus G_f(\mathrm{id})$，如果结果为 1，则将文档 D 返回给数据所

有者。

在上述方案中，每个关键词对应位串中的某一位，且没有冲突，因此，检索结果中不包含冗余数据。

由于 IND-CKA 和 IND2-CKA 对陷门的安全性并没有提出明确的要求，因此，人们又提出了基于模拟的安全性(也称模拟安全性)定义[22]，它要求服务器无法获得查询结果以外的任何信息。

定义 3-6(模拟安全性) 假设 C_q 为服务器在前 q 轮查询中获得的信息，则对于任意概率多项式时间算法 A，任意集合 $H = \{D_1, D_2, \cdots, D_n, w_1, w_2, \cdots, w_q\}$ 以及任意函数 f，均存在一个概率多项式时间算法 S，使得

$$|\Pr[A(C_q) = f(H)] - \Pr[S(\{\varepsilon(D_1), \varepsilon(D_2), \cdots, \varepsilon(D_n), D(w_1), D(w_2), \cdots, D(w_q)\})$$
$$= f(H)]| \leqslant negl(k)$$

其中 $\varepsilon(D_i)$ 是文档 D_i 的加密结果，$D(w_j)$ 是包含关键词 w_j 的文档集，k 是安全参数。

3.3.4 基于关键词-文档索引的方案

在基于文档-关键词索引的方案中，查询效率与文档数目呈线性关系，导致这类方案难以应用于大数据场景。为此，文献[23]提出了基于关键词-文档索引的方案，它是密文检索领域的里程碑式工作。此类方案的索引结构类似于搜索引擎倒排索引，在初始化时为每个关键词生成包含该关键词的文档标识集合，然后加密存储这些索引结构。基于关键词-文档索引的方案不需要逐个检索每篇文档，其检索时间复杂度仅与返回的结果数目呈线性关系，因此查询效率远高于前两类方案。

本节分别介绍两种基于关键词-文档索引的方案 ε_1 和 ε_2。从构造的角度，两者主要的不同之处在于服务器能否独立地对文档进行查找。

方案 ε_1 的索引包括一个数组 A 以及一个查找表 T。其核心思路是首先为包含关键词 w_i 的第 j 篇文档构造节点 $N_{i,j}$，此节点包含该文档的标识、下一个节点的加密密钥及其在数组 A 中的存储位置，然后将此节点加密保存在数组 A 中。最后，将第一个节点 $N_{i,1}$ 的加密密钥以及存储位置异或一个掩码后存储在查找表 T 中。检索时，服务器首先通过查找表 T 找到检索关键词对应的第一个节点的信息，然后对数组 A 进行查找和解密，直到获得检索关键词对应的最后一个节点。方案 ε_1 概述如下：

(1) Setup 算法。数据所有者生成密钥 K_1、K_2、K_3，对称加密算法 Enc，伪随机置换 φ、π 以及伪随机函数 f。

(2) BuildIndex 算法。给定文档集合 $\mathbf{D}$，数据所有者首先对其进行分词得到关键词集合 $\delta(\mathbf{D})$，并为每个关键词 $w_i \in \delta(\mathbf{D})$ 生成所有包含该关键词的文档集合 $\mathbf{D}(w_i)$。然后，初始化计数器 ctr=1、数组 A 以及查找表 T。对于各关键词 $w_i (1 \leqslant i \leqslant |\delta(\mathbf{D})|)$：

(2.1) 生成密钥 $K_{i,0}$。

(2.2) 对于 $1 \leqslant j \leqslant |\mathbf{D}(w_i)| - 1$，首先生成密钥 $K_{i,j}$，然后构造节点 $N_{i,j} = <id(D_{i,j}) \| K_{i,j} \| \varphi_{K_1}(ctr+1)>$，其中 $id(D_{i,j})$ 为 $\mathbf{D}(w_i)$ 中第 j 篇文档的标识。最后，使用密钥 $K_{i,j-1}$ 加密节点 $N_{i,j}$，并将其保存在数组 A 的第 $\varphi_{K_1}(ctr)$ 个位置，即 $A[\varphi_{K_1}(ctr)] = Enc_{K_{i,j-1}}(N_{i,j})$，同时令 ctr=ctr+1。

(2.3) 对于 $j = |\mathbf{D}(w_i)|$，构造节点 $N_{i,|\mathbf{D}(w_i)|} = <id(D_{i,|\mathbf{D}(w_i)|}) \| 0^k \| NULL>$，使用密钥

$K_{i,|\mathbf{D}(w_i)|-1}$ 加密该节点，并将其保存在数组 A 的第 $\varphi_{K_1}(\text{ctr})$ 个位置，即 $A[\varphi_{K_1}(\text{ctr})]=\text{Enc}_{K_{i,|\mathbf{D}(w_i)|-1}}(N_{i,|\mathbf{D}(w_i)|})$，同时令 ctr＝ctr＋1。

（2.4）置 $T[\pi_{K_3}(w_i)]=<\text{addr}_A(N_{i,1})\parallel K_{i,0}>\oplus f_{K_2}(w_i)$，其中 $\text{addr}_A(N_{i,1})$ 为节点 $N_{i,1}$ 在数组 A 中的存储位置。最后，对数组 A 以及查找表 T 中剩下的 0 进行混淆。

（3）GenTrapdoor 算法。数据所有者为检索关键词 w 生成陷门 $t=(\pi_{K_3}(w),f_{K_2}(w))$。

（4）Search 算法。服务器首先根据陷门 $t=(\gamma,\eta)$ 得到 $\theta=T[\gamma]$。如果 $\theta\ne\perp$，则通过计算 $\theta\oplus\eta$ 得到 $<\alpha\parallel K'>$，然后使用 K' 解密 $A[\alpha]$ 保存的节点，并得到该节点对应的文档标识以及后续节点在数组 A 中的存储位置和解密密钥，从而依次获得其后续节点的内容。最后服务器将检索到的文档标识返回给数据所有者。

方案 ε_2 的索引由一个查找表 I 构成，对于包含关键词 w_i 的第 j 篇文档，其在查找表中的存储位置由 w_i 和 j 决定，存储内容为该文档的标识。方案 ε_2 概述如下：

（1）Setup 算法。数据所有者生成密钥 K 以及伪随机置换 π。

（2）BuildIndex 算法。给定文档集合 $\mathbf{D}$，数据所有者首先对其进行分词得到关键词集合 $\delta(\mathbf{D})$，并为每个关键词 $w_i\in\delta(\mathbf{D})$ 生成所有包含该关键词的文档集合 $\mathbf{D}(w_i)$。然后，初始化查找表 I。对于 $1\le i\le|\delta(\mathbf{D})|,1\le j\le|\mathbf{D}(w_i)|$，设 $\text{id}(D_{i,j})$ 是 $\mathbf{D}(w_i)$ 中第 j 个文档的标识，置 $I[\pi_K(w_i\|j)]=\text{id}(D_{i,j})$。最后，对查找表 I 中剩下的 0 进行混淆。

（3）GenTrapdoor 算法。对于计数器 $c=1,2,3,\cdots$，数据所有者为检索关键词 w 生成陷门 $t_c=\pi_K(w\|c)$。

（4）Search 算法。服务器依次查找 $I[t_c]$ 对应的文档标识并将其返回给客户端。

由于倒排索引的特性，方案 ε_1 和方案 ε_2 均可以直接检索到包含某个关键词的文档，因此，在时间、空间方面都具有很高的效率。两个方案的不同之处在于，在方案 ε_1 中，检索时数据所有者只需将检索关键词对应的第一个节点的相关信息发送给服务器，此后服务器可以独立地找到后续节点并进行解密；而在方案 ε_2 中，数据所有者需要按照出现次序发送多个查询条件，这主要是为了在静态条件下隐藏这些文档之间的关系。

在 3.3.3 节中，已经介绍了两种安全性定义，但其存在较大不足，即使是不安全的方案也可以被证明满足这两种安全性定义。这里主要阐述 IND2-CKA 安全性的缺陷，基于模拟的安全性分析详见文献[23]。

首先构造一个密文检索方案，并说明该方案虽然满足 IND2-CKA 安全性，但实际上是并不安全的，然后提出新的安全性定义。

记 $\Delta=\{w_1,w_2,\cdots,w_d\}$ 为关键词集合，为每篇文档分别构造索引，具体步骤如下：

（1）Setup 算法。数据所有者生成密钥 K 以及伪随机置换函数 π。

（2）BuildIndex 算法。假设数据所有者为文档集合中的第 ctr 篇文档 D 构造索引，首先初始化一个长度为 d 的数组 A。然后，对于关键词集合中的各关键词 $w_i\in\Delta$，如果文档 D 包含关键词 w_i，则执行如下操作：

（2.1）计算 $r=\pi_K(w_i\|\text{ctr})$。

（2.2）将 $A[i]$ 设置为 $r\oplus(w_i\|0^k)$，并在数组 A 中没有存储数据的位置填充随机串。

（3）GenTrapdoor 算法。数据所有者为检索关键词 w 生成陷门 $r_1=\pi_K(w\|1),r_2=\pi_K(w\|2),\cdots,r_n=\pi_K(w\|n)$，其中 n 为文档集合中的文档总数，即每篇文档对应的陷门不同。

（4）Search 算法。对于文档 D 对应的数组 A，如果存在 $1\le j\le|A|$，使得 $A[j]\oplus r_{\text{ctr}}$ 的

后 k 位均为 0,则输出 1;否则,输出 0。

定理 3-2 如果 π 是伪随机置换函数,则上述方案满足 IND2-CKA 安全性。

显然,虽然上述方案可以满足 IND2-CKA 安全性,但是由于 Search 算法直接暴露了关键词 w 的明文内容,该方案实际上是不安全的。究其根本原因,在于 IND2-CKA 安全性只考虑了索引和陷门孤立的安全性,而检索操作需要将索引和陷门二者同时作为输入,还需要考虑二者结合的安全性。

为此,人们提出了 4 个新的安全性定义:非适应性语义安全 NS、非适应性不可区分性 NI、适应性语义安全 AS、适应性不可区分性 AI,它们的安全级别关系是 NS＝NI＜AI≤AS。本节主要介绍非适应性语义安全和适应性语义安全。

在描述具体的安全性定义之前,先介绍几个辅助概念,主要包括查询历史(history)、访问模式(access pattern)、搜索模式(search pattern)以及轨迹(trace)。

定义 3-7(查询历史) 一个查询历史 H 包括两个组成部分:被查询的文档集合 $\mathbf{D}＝(D_1, D_2, \cdots, D_n)$ 以及查询关键词列表 $\mathbf{W}＝(w_1, w_2, \cdots, w_q)$,即 $H＝(\mathbf{D}, \mathbf{W})$。

定义 3-8(访问模式) 一个查询历史 H 的访问模式 α 是所有查询返回的文档列表 $\alpha(H)＝(\mathbf{D}(w_1), \mathbf{D}(w_2), \cdots, \mathbf{D}(w_q))$。

定义 3-9(搜索模式) 一个查询历史 H 的搜索模式 δ 是一个对称的 $q \times q$ 矩阵,表示两次查询的关键词是否相等。当且仅当 $w_i＝w_j$ 时,矩阵 $\delta(H)$ 第 i 行 j 列的元素为 1,即 $\delta(H)[i,j]＝1$;否则,$\delta(H)[i,j]＝0$。

定义 3-10(轨迹) 一个查询历史 H 的轨迹 t 包括文档集合中每篇文档的长度以及访问模式和搜索模式:$t(H)＝(|D_1|, |D_2|, \cdots, |D_n|, \alpha(H), \delta(H))$。

接下来,分别给出非适应性语义安全和适应性语义安全的定义。

定义 3-11 (非适应性语义安全) 设 Real 是如下的一个游戏过程:

(1) 挑战者运行 Setup 算法获得密钥。

(2) 敌手选择查询历史 $H＝(\mathbf{D}, \mathbf{W})$。

(3) 挑战者对文档集合 $\mathbf{D}$ 加密得到密文 $[\mathbf{D}]$,并运行 BuildIndex 算法得到索引 I。同时,运行 GenTrapdoor 算法为查询关键词列表 $\mathbf{W}$ 中的各关键词 w_i 生成陷门 t_i。

(4) 输出 $(I, [\mathbf{D}], t_1, t_2, \cdots, t_q)$。

设 Sim 是如下的一个模拟过程:

(1) 敌手选择查询历史 $H＝(\mathbf{D}, \mathbf{W})$。

(2) 挑战者根据轨迹 $t(H)$ 模拟生成 $(I, [\mathbf{D}], t_1, t_2, \cdots, t_q)$。

(3) 输出 $(I, [\mathbf{D}], t_1, t_2, \cdots, t_q)$。

称一个密文检索方案是非适应性语义安全的,如果对于有任意多项式能力的敌手,均存在一个多项式时间模拟算法,使得 Real 和 Sim 的输出结果无法区分。

定义 3-12(适应性语义安全) 设 Real 是一个如下的游戏过程:

(1) 挑战者运行 Setup 算法得到密钥。

(2) 敌手选择文档集合 $\mathbf{D}$。

(3) 挑战者对文档集合 $\mathbf{D}$ 加密得到密文 $[\mathbf{D}]$,并运行 BuildIndex 算法得到索引 I。

(4) 敌手根据密文 $[\mathbf{D}]$ 和索引 I 选择第一个查询关键词 w_1。

(5) 挑战者运行 GenTrapdoor 算法生成关键词 w_1 对应的陷门 t_1。

（6）对于 $2 \leqslant i \leqslant q$：

（6.1）敌手根据[**D**]、I 以及前 $i-1$ 次的陷门 $t_1, t_2, \cdots, t_{i-1}$ 选择查询关键词 w_i。

（6.2）挑战者运行 GenTrapdoor 算法生成关键词 w_i 对应的陷门 t_i。

（7）输出 $(I, [\mathbf{D}], t_1, t_2, \cdots, t_q)$。

设 Sim 是一个如下的模拟过程：

（1）敌手选择文档集合 **D**。

（2）挑战者根据轨迹 $t(\mathbf{D})$ 模拟生成密文[**D**]以及索引 I。

（3）敌手根据密文[**D**]和索引 I 选择第一个查询关键词 w_1。

（4）挑战者根据轨迹 $t(\mathbf{D}, w_1)$ 模拟生成陷门 t_1。

（5）对于 $2 \leqslant i \leqslant q$：

（5.1）敌手根据[**D**]、I 以及前 $i-1$ 次的陷门 $t_1, t_2, \cdots, t_{i-1}$ 选择查询关键词 w_i。

（5.2）挑战者根据轨迹 $t(\mathbf{D}, w_1, w_2, \cdots, w_i)$ 模拟生成陷门 t_i。

（6）输出 $(I, [\mathbf{D}], t_1, t_2, \cdots, t_q)$。

如果对于有任意多项式能力的敌手，均存在一个多项式时间模拟算法，使得 Real 和 Sim 的输出结果无法区分，则称密文检索方案是适应性语义安全的。

上述两种安全性说明了仅凭轨迹信息就能模拟出与原始方案不可区分的方案，这表明轨迹是密文检索方案唯一泄露的信息。非适应性安全定义和适应性安全定义的主要区别在于敌手的攻击能力，其中前者的背景知识是敌手一次性选定的，而后者的敌手可以根据以往的背景知识选择下一次需要获得的背景知识。在本节介绍的两个方案中，方案 ε_1 满足非适应性语义安全，方案 ε_2 满足适应性语义安全。

3.3.3 节和 3.3.4 节分别描述了密文检索的两种基本构型，当前绝大部分对密文检索的进一步研究都可以归类到其中之一，下面将进行分类介绍。

3.3.5　扩展 1：多关键词 SSE 检索

在实际应用场景中，用户通常以多个关键词作为检索条件。为此，本节将分别介绍基于文档-关键词索引的多关键词检索方案 ε_1 和基于关键词-文档索引的多关键词检索方案 ε_2。具体可阅读文献[24,25]。

方案 ε_1 借助布隆过滤器为每篇文档分别构造索引，其具体步骤如下：

（1）Setup 算法。数据所有者生成密钥 $SK = \{k_1, k_2, \cdots, k_s\}$，并选择一个伪随机函数 f。

（2）BuildIndex 算法。数据所有者首先使用密钥 SK 和伪随机函数 f 为文档 D 构造布隆过滤器索引 I，然后为其初始化一个与 I 长度相等的位串 r，并以概率 p 将 r 的各位置 1。最后通过将 I 和 r 进行按位或操作，得到索引 I'。

（3）GenTrapdoor 算法。数据所有者对检索关键词 w_1 和 w_2 计算 $2s$ 个伪随机数 $f(k_1, w_1), f(k_2, w_1), \cdots, f(k_s, w_1), f(k_1, w_2), f(k_2, w_2), \cdots, f(k_s, w_2)$，然后从中随机选取 $t < 2s$ 个值发送给服务器。

（4）Search 算法。服务器测试索引 I' 中这 t 个值对应的位置是否都为 1，若是，则返回文档 D。

由于在方案 ε_1 中，用户对索引进行了随机化处理，并在检索时仅挑选部分伪随机数作为查询陷门，因此，该方案可以隐藏用户数据的统计信息，但同时也在检索结果中引入了更多的冗余数据。

方案 ε_2 的核心思想：首先获取一个结果数目较少的子查询，然后根据字典索引过滤该子查询，从而获取最终的查询结果。具体地，服务器使用伪随机函数将每个关键词 w_i 映射到一对值 (A_i, B_i)，当用户将某个包含关键词 w_i 的文档 D_n 上传到服务器时，同时在表 T 中插入值 $X_n A_i^{-1}$、在表 XSet 中插入值 $g^{X_n B_i}$，其中 X_n 是随机化后的文档标识。当需要检索同时含有关键词 w_1 和 w_2 的文档时，用户发送 $R = g^{B_2 A_1}$ 到服务器，服务器对于表 T 中 w_1 对应的所有检索结果 s，计算 R^s 是否存在于表 XSet 中，若是，则证明该检索结果同时也含有 w_2。方案 ε_2 的详细步骤如下：

（1）Setup 算法。数据所有者生成密钥 k_S、k_X、k_I、k_Z，伪随机函数 F、H，以及对称加解密算法 Enc、Dec。

（2）BuildIndex 算法。数据所有者首先对文档集合进行分词，然后建立两个空的索引数组 XSet 和 T，其中 $T[w_i]$ 由关键词 w_i 索引。对于每个关键词 w_i：

（2.1）计算 $K_e = F(k_S, w_i)$。

（2.2）对于包含关键字 w_i 的每篇文档 D_n。

（2.2.1）将 w_i 使用伪随机函数映射到一对值 (A_i, B_i)：$A_i = H(k_Z, w_i)$，$B_i = H(k_X, w_i)$，并计算文档标识 $\mathrm{id}(D_n)$ 的哈希值以及密文：$X_n = H(k_I, \mathrm{id}(D_n))$，$Y_n = \mathrm{Enc}(K_e, \mathrm{id}(D_n))$。

（2.2.2）在表 $T[w_i]$ 中插入值 $(Y_n, X_n A_i^{-1})$，在表 XSet 中插入值 $g^{X_n B_i}$。

（3）GenTrapdoor 算法。当需要检索同时含有关键词 w_1 和 w_2 的文档时，用户将 $R = g^{B_2 A_1}$ 发送到服务器。

（4）Search 算法。服务器首先找到表 T 中所有对应 w_1 的 $(Y_n, X_n A_1^{-1})$，然后计算 $R^{X_n A_1^{-1}}$ 是否存在于表 XSet 中。若是，则证明该检索结果同时也含有 w_2，将其对应的 Y_n 返回给用户。

现在来考虑方案 ε_2 的正确性。对于表 T 中的某个值 $s = X_n A_1^{-1}$，表明文档 D_n 包含关键词 w_1；而对于表 XSet 中的某个值 $g^{X_n B_2}$，则表明文档 D_n 包含关键词 w_2。通过计算 R^s，如果该值存在于表 XSet 中，则证明文档 D_n 既包含 w_1 又包含 w_2。

只要注意选取出现频次足够稀少的关键词作为查询"锚点"（即上文中的关键词 w_1），方案 ε_2 的查询效率是很高的。以双关键字查询 $\{w_1, w_2\}$ 为例，求交集方法的复杂度至少为 $O(|D(w_1)| + |D(w_2)|)$（如果文档标识是无序保存的，复杂度还会更高），而方案 ε_2 的复杂度为 $O(|D(w_1)|)$。在安全性方面，该方案存在细微的隐私泄露：如果曾经检索过 $\{w_1, w_2\}$，而后又检索过 $\{w_3, w_2\}$，那么会泄露 $\mathbf{D}(w_1) \bigcap \mathbf{D}(w_3)$。因为对于 $D \in \mathbf{D}(w_1) \bigcap \mathbf{D}(w_3)$，两个查询得到的计算结果是相同的。但是相对于本方案对多关键字检索提升的效率而言，这样的泄露是可接受的。

考虑到实际场景，用户的搜索条件中每个关键词的出现频次都很高的情形也是很常见的（例如搜索"男装"+"春季"），这时方案 ε_2 将退化到最坏情况。对此，文献 [26] 对方案 ε_2 进行了优化，其基本思路是选择高词频的关键词进行组合，并允许在组合之后的关键词索引上继续按照方案 ε_2 进行复合查询。在参数选择合适的情况下，该方案有效支持的数据量可以比方案 ε_2 再提升一个数量级，付出的代价是空间占用率和数据初始化时间均有不同程度的增加。

3.3.6 扩展2：模糊检索、Top-k 检索、多用户 SSE

1. 模糊检索

文献[27]首次提出针对密文数据的模糊关键词查询：当用户的检索条件与预先定义的关键词完全匹配时，服务器返回匹配的文档；否则，服务器基于关键词相似度返回最可能匹配的文档。该方案利用编辑距离来量化关键词相似度，并使用通配符描述相同位置的编辑操作，从而为各关键词构造相应的模糊关键词集合。该方案的不足之处在于文档索引需要较多的存储空间，并且服务器可以根据模糊关键词集合大小推测出其对应的关键词长度，以及各关键词之间的相似度等统计信息。随后，文献[28]提出利用词典来限制模糊关键词集合的大小，即模糊关键词集合中的关键词必须是字典中有意义的词汇，从而减少无意义的候选项，缩减文档索引所需要的存储空间，同时提高检索效率。此外，文献[29]通过树结构归结候选模糊关键词，进一步加快了寻找候选词的过程。

基于局部敏感哈希（Locality-Sensitive Hashing，LSH）技术，文献[30]设计了一种支持近似检索的密文检索方案。LSH 的特点在于，其将相似的关键词以较高概率分配到相同的桶中，而不相似的关键词被分配到相同桶中的概率较低。不需要构造模糊关键词集合，该方案可以直接通过 LSH 值来筛选检索结果。上述方案的缺陷在于，LSH 只能处理输入错误这种近似查询，对通配符等模糊查询不奏效。

在 3.3.5 节方案 ε_2 的基础上，文献[31]提出了一种高效的模糊搜索方法，其允许检索关键词中包含通配符。该方案的思想是：将文档集合转换为字符串集合的形式，并将模糊搜索条件 q 转换为字符串-距离搜索 $T(q) = (\mathrm{kg}_1, (\Delta_2, \mathrm{kg}_2), \cdots, (\Delta_h, \mathrm{kg}_h))$。例如搜索"$*$ system $*$"等价于搜索"sys"和"tem"且 $\mathrm{dist}(\mathrm{sys}, \mathrm{tem}) = 3$，即 $T(* \mathrm{system} *) = (\mathrm{sys}, (3, \mathrm{tem}))$；搜索"$*$ struction"等价于搜索"tion""truc"和"str"且 $\mathrm{dist}(\mathrm{tion}, \mathrm{truc}) = -4$，$\mathrm{dist}(\mathrm{tion}, \mathrm{str}) = -5$，即 $T(* \mathrm{struction}) = (\mathrm{tion}, (-4, \mathrm{truc}), (-5, \mathrm{str}))$。该方案的具体步骤如下：

(1) Setup 算法。数据所有者生成密钥 k_S, k_X, k_I，伪随机函数 F、H，以及对称加解密算法 Enc、Dec。

(2) BuildIndex 算法。首先，数据所有者对文档集合进行分词，得到字符串集合 $(\mathrm{ind}_i, \mathrm{pos}_i, \mathrm{kg}_i)_{i=1}^d$，其中 ind_i 为文档标识，pos_i 为字符串 kg_i 在文档 ind_i 的位置。然后，构造两个空的索引数组 XSet 和 T。对于每个字符串 $\mathrm{kg} \in \mathrm{KG}$，其中 KG 为字符串集合。

(2.1) 计算 $\mathrm{strap} = F(k_S, \mathrm{kg})$ 和 $(k_z, k_e, k_u) = (F(\mathrm{strap}, 1), F(\mathrm{strap}, 2), F(\mathrm{strap}, 3))$。

(2.2) 设置计数器 $c = 1$。

(2.3) 对于包含字符串 kg 的每篇文档 ind：

(2.3.1) 计算 $e = \mathrm{Enc}(k_e, \mathrm{ind})$，$\mathrm{xind} = H(k_I, \mathrm{ind})$，$B = H(k_X, \mathrm{kg})$。

(2.3.2) 计算 $\mathrm{xtag} = g^{B \cdot \mathrm{xind}^{\mathrm{pos}}}$，并将其插入表 XSet 中。

(2.3.3) 计算 $A_c = H(k_z, c)$，$C_c = H(k_u, c)$，在表 $T[\mathrm{kg}]$ 中插入值 $(e, \mathrm{xind} \cdot A_c^{-1}, \mathrm{xind}^{\mathrm{pos}} \cdot C_c^{-1})$。

(2.3.4) $c++$。

(3) GenTrapdoor 算法。当检索条件为 $T(q) = (\mathrm{kg}_1, (\Delta_2, \mathrm{kg}_2))$ 时，数据所有者首先计算 $\mathrm{strap} = F(k_S, \mathrm{kg}_1)$，$(k_z, k_e, k_u) = (F(\mathrm{strap}, 1), F(\mathrm{strap}, 2), F(\mathrm{strap}, 3))$，$\mathrm{xtrap} = g^{H(k_X \cdot \mathrm{kg}_2)}$。然后，对于 $c = 1, 2, 3, \cdots$，计算 $A_c = H(k_z, c)$，$C_c = H(k_u, c)$，$\mathrm{xtoken}_c =$

$\text{xtrap}^{A_c^{\Delta_2 C_c}}$。最后，将 stag、$\Delta_2$ 和 xtoken$_1$，xtoken$_2$，…发送给服务器。

(4) Search 算法。服务器首先找到表 T 中所有对应 kg$_1$ 的$(e,\text{xind} \cdot A_c^{-1},\text{xind}^{\text{pos}} \cdot C_c^{-1})$，$c = 1,2,3,\cdots$，然后判断 $\text{xtoken}_c^{(\text{xind} \cdot A_c^{-1})\Delta_2 \cdot \text{xind}^{\text{pos}} \cdot C_c^{-1}}$ 是否存在于表 XSet 中，若是，则将 e 返回给客户端。

综合考虑安全性和效率，我们认为该方案是目前相对较好的一种模糊检索实现方案。

2. Top-k 检索

Top-k 检索用于对搜索结果进行排序，其与明文的搜索引擎类似，可以按照文档与搜索关键字的相关度给出前 k 个搜索结果。需要注意的是，按照密文检索的问题背景（即服务器不了解数据的真实内容），要求服务器对检索结果进行排序这一需求本身就造成了隐私泄露。

文献[32]的排序标准是文档中所包含的检索关键词数目。具体地，用户为每篇文档 D 构造一个位串 I，且 I 中各位分别对应一个关键词 w_i，如果 $w_i \in D$，则将 I 中 w_i 对应的位置设为 1。检索时，用户构造一个与 I 长度相等的位串 T，并将 T 中检索关键词对应的位置设为 1。随后，服务器通过计算内积 $I \cdot T$ 来对文档进行排序。由于上述方案的排序标准并不准确，因此，研究者[33-35]普遍借鉴明文关键词检索中常用的 TF-IDF 准则来评判文档的相关性。TF-IDF 准则认为对一篇文档最有意义的应该是在该文档中出现频率较高，且在整个文档集合中出现频率较低的关键词。

3. 多用户 SSE

一般 SSE 中发起检索的用户和数据所有者是同一人，但是实际场景中可能有多个用户有检索需求，而他们不具备主密钥，为此，需要设计一种解决方案让他们也有能力生成检索陷门。

一种选择是建立一个复杂的在线的第三方翻译器，将其他用户发起的检索请求翻译为对目标数据库的查询陷门；另一种选择是基于广播加密技术将 SSE 扩展到多个检索用户。下面介绍如何使用广播加密实现多用户 SSE，具体可参考文献[23]。

假设已有一套密文检索算法，包括 SSE.Gen、SSE.Enc、SSE.Trpdr、SSE.Search，以及一套广播加密算法，包括 BE.Gen、BE.Enc、BE.Add、BE.Dec。多用户方案的具体步骤如下（$\mathbf{D}$ 为文档集合，$\mathbf{G}$ 为授权用户集合）：

(1) Setup(1^k)：生成密钥 $K \leftarrow \text{SSE.Gen}(1^k)$ 以及 $\text{mk} \leftarrow \text{BE.Gen}(1^k)$，输出 $K_O = (K,\text{mk})$。

(2) BuildIndex($K_O,\mathbf{G},\mathbf{D}$)：计算 $(I,c) \leftarrow \text{SSE.Enc}_K(\mathbf{D})$ 以及 $\text{st}_S \leftarrow \text{BE.Enc}(\text{mk},\mathbf{G},r)$，其中 $r \xleftarrow{\$} \{0,1\}^k$，令 $\text{st}_O = r$，输出 $(I,c,\text{st}_S,\text{st}_O)$。

(3) AddUser(K_O,st_O,U)：计算 $\text{uk}_U \leftarrow \text{BE.Add}(\text{mk},U)$，并输出 $K_U = (K,\text{uk}_U,r)$。

(4) GenTrapdoor(K_U,w)：如果 $\text{BE.Dec}(\text{uk}_U,\text{st}_S) = \perp$，则输出 $\perp$；否则，计算 $r \leftarrow \text{BE.Dec}(\text{uk}_U,\text{st}_S)$ 以及 $t' \leftarrow \text{SSE.Trpdr}_K(w)$，输出 $t \leftarrow \phi_r(t')$，其中 ϕ 为伪随机置换。

(5) Search(st_S,I,t)：计算 $r \leftarrow \text{BE.Dec}(\text{uk}_S,\text{st}_S)$ 以及 $t' \leftarrow \phi_r^{-1}(t)$，输出 $X \leftarrow \text{SSE.Search}(I,t')$。

总的来说，上述过程只是在为用户生成陷门时通过广播加密对主密钥实现了简单的权限控制，完全可以用其他的密文访问控制或密钥管理技术代替。

3.3.7　扩展3：前向安全性扩展

人们感兴趣的另一类安全性是前向安全(forward privacy)，或称动态安全，它是指当系统中新增加一个密文数据时，敌手无法判断该数据是否满足此前的某次查询条件。文献[36]提出，如果一个密文检索方案不满足前向安全，则只需要插入大约10个新的密文数据即可判断出某次查询对应的关键词明文。换言之，一个能够主动上传指定数据的敌手可以对任何非前向安全的SSE方案形成破解查询明文攻击。

通过使用分层数据结构来存储文档-关键词对，文献[37]提出了一种满足前向安全的SSE方案。设文档集合共有N个文档-关键词对，将所有文档-关键词对保存在一个层数为$\lg N+1$的分层数据结构中，第l层对应查找表T_l，该查找表最多包含2^l个条目，每个条目又包含关键词、文档标识、操作类型(插入add或者删除del)、计数器cnt等信息。同时，每层T_l对应一个密钥k_l，并使用该密钥分别加密此层中的条目信息。具体步骤如下：

(1) Setup算法。数据所有者生成密钥esk，伪随机函数PRF，哈希函数H、h，以及加密函数Encrypt。

(2) Update算法。假设数据所有者插入或者删除文档D，该文档对应的关键词集合为$\mathbf{w}$，文档标识为id。对于任意关键词$w\in\mathbf{w}$。

(2.1) 如果T_0为空，首先生成新的密钥k_0，然后计算关键词w在第0层的陷门$\text{token}_0=\text{PRF}_{k_0}(h(w))$，以及其在查找表中的关键值$\text{hkey}=H_{\text{token}_0}(0\|\text{op}\|0)$，最后计算其对应的存储内容$c_1=\text{id}\oplus H_{\text{token}_0}(1\|\text{op}\|0)$和$c_2=\text{Encrypt}_{\text{esk}}(w,\text{id},\text{op},0)$，即$T_0[\text{hkey}]=(c_1,c_2)$。其中op表示具体的操作类型。

(2.2) 如果T_0不为空，则数据所有者首先构造一个存储空间B，其只包含当前要插入的条目信息$(w,\text{id},\text{op},\text{cnt}=0)$。然后，找到层数最低且为空的层$T_l$，数据所有者将前$l$层对应的查找表$T_0,T_1,\cdots,T_{l-1}$下载到本地，将各$c_2$值解密后加入到存储空间$B$中。根据字母表顺序将$B$中的条目信息排序，对于任意$e=(w,\text{id},\text{op},\text{cnt}')\in B$：如果$e$是第一个对于关键词$w$的某个操作，则将其更新为$e=(w,\text{id},\text{op},0)$，并记$\text{cnt}_{\text{op},w}=0$；否则，$e=(w,\text{id},\text{op},\text{cnt}_{\text{op},w}++)$。最后，生成一个新的密钥$k_l$，并使用该密钥分别加密存储空间$B$中的各条目。具体地，对于$e=(w,\text{id},\text{op},\text{cnt})\in B$，首先计算关键词$w$在第$l$层的陷门$\text{token}_l=\text{PRF}_{k_l}(h(w))$，然后计算其在查找表$T_l$中的关键值$\text{hkey}=H_{\text{token}_l}(0\|\text{op}\|\text{cnt})$，最后计算其对应的存储内容$c_1=\text{id}\oplus H_{\text{token}_l}(1\|\text{op}\|\text{cnt})$和$c_2=\text{Encrypt}_{\text{esk}}(w,\text{id},\text{op},\text{cnt})$，即$T_l[\text{hkey}]=(c_1,c_2)$。将查找表$T_l$中的条目按照关键值重新排序，并发送给服务器，随后服务器将原来的查找表$T_0,T_1,\cdots,T_{l-1}$清空。

(3) GenTrapdoor算法。假设检索关键词为w，数据所有者分别计算该关键词对应各层的陷门$\text{token}_l=\text{PRF}_{k_l}(h(w))$，$0\leqslant l\leqslant\log N$，并将其发送给服务器。

(4) Search算法。服务器初始化结果集合I，对于token_l，$0\leqslant l\leqslant\log N$，首先依次令$\text{cnt}=0,1,2,\cdots$，计算$\text{hkey}=H_{\text{token}}(0\|\text{add}\|\text{cnt})$，并得到$\text{id}=T_l[\text{hkey}].c_1\oplus H_{\text{token}}(1\|\text{add}\|\text{cnt})$，将结果加入到$I$中。然后依次令$\text{cnt}=0,1,2,\cdots$，计算$\text{hkey}=H_{\text{token}}(0\|\text{del}\|\text{cnt})$，并得到$\text{id}=T_l[\text{hkey}].c_1\oplus H_{\text{token}}(1\|\text{del}\|\text{cnt})$，将结果从$I$中剔除。最后，$I$中的元素即为包含检索关键词$w$的文档标识id。

在最坏的情况下，上述方案的查询时间与跟检索关键词w相关的条目的数量呈线性关系。在该方案的基础上,文献[37]将检索效率提高到 $O(\min\{\alpha+\log N, m\log^3 N\})$,其中 α 为检索关键词被加入到集合中的次数,m 为检索结果数目。

基于 RSA 算法,文献[38]提出了一种检索效率为 $O(\alpha)$ 的满足前向安全的 SSE 方案。具体地,将包含同一个关键字的 N 个文档组成加密链表,服务器可以依次使用公钥解密链表的第 i 个节点进而找到第 $i-1$ 个节点,最后返回所有 N 个结果。当数据所有者需要插入新的文档时,则使用 RSA 私钥生成第 $N+1$ 个节点内容,插入服务器数据库。从服务器角度来看,由于不了解 RSA 私钥,新插入的第 $N+1$ 个节点无法与前 N 个节点形成联系,与一个随机节点无法区分,因此,达到了前向安全性。具体步骤如下:

(1) Setup 算法。数据所有者生成公私钥对 PK 和 SK,密钥 K,伪随机函数 F、H_1、H_2,客户端数组 W,服务器端数组 T。

(2) BuildIndex 算法。假设插入文档 id,其包含关键字 w。数据所有者首先计算 $K_w = F(K, w)$,并本地查找 $W[K_w] = (\mathrm{ST}_c, c)$,将 $W[K_w]$ 改写为 $(\mathrm{ST}_{c+1}, c+1)$,其中 $\mathrm{ST}_{c+1} = \mathrm{Encrypt}(\mathrm{ST}_c, \mathrm{SK})$。计算 $\mathrm{UT}_{c+1} = H_1(K_w, \mathrm{ST}_{c+1})$ 以及 $e = \mathrm{id} \oplus H_2(K_w, \mathrm{ST}_{c+1})$,发送 UT_{c+1} 和 e 给服务器。最后,服务器记 $T[\mathrm{UT}_{c+1}] = e$。

(3) GenTrapdoor 算法。数据所有者首先计算 $K_w = F(K, w)$,然后本地查找 $W[K_w] = (\mathrm{ST}_c, c)$,最后发送陷门 $T_w = (K_w, \mathrm{ST}_c, c)$ 给服务器。

(4) Search 算法。对于 i 从 1 到 c,计算 $\mathrm{UT}_i = H_1(K_w, \mathrm{ST}_i)$($\mathrm{ST}_{n-1} = \mathrm{Decrypt}(\mathrm{ST}_n, \mathrm{PK})$),查找 $e = T[\mathrm{UT}_i]$,得到 $\mathrm{id}_i = e \oplus H_2(K_w, \mathrm{ST}_i)$。最后,将这 c 个 id 返回给搜索者。

3.3.8　小结

最初,为了形式化地定义检索方案的安全性,人们提出了选择关键词语义安全 IND-CKA 和 IND2-CKA,但是对陷门的安全性并没有提出明确的要求。对此,人们又提出了基于模拟的安全性定义,其要求服务器无法获得查询结果以外的任何信息。但是只达到上述安全性并不够,人们进而又提出了 4 个新的安全性定义:非适应性语义安全 NS、非适应性不可区分性 NI、适应性语义安全 AS 以及适应性不可区分性 AI。然而,随着对 SSE 研究的扩展,这些安全定义也已经无法完全描述密文检索的安全性。

对于目前安全性最高的 AS 安全性,由于其允许泄露查找和返回过的关键词-文档关系,导致拥有特定攻击能力和背景知识的敌手可以对方案进行攻击。例如文献[39]提出,若敌手事先掌握某类关键词同时出现的交叉概率(例如,"英超"和"足球"有很大可能同时出现在同一个文档中),则可能通过统计分析多个检索结果之间的交集关系,推断出检索条件的内容。换言之,一个拥有"部分查询关键词明文"和"完整文档明文内容"的敌手,可以对满足 AS 安全性的方案达成破解查询明文的目标。随后,文献[40]对上述攻击方案进行改进,使得攻击者可以在拥有更少的背景知识的情况下,达到相同乃至更好的攻击效果。又如文献[24]提出,若敌手事先了解用户的查询兴趣,而且这些查询兴趣之间存在包含关系(例如,搜索"自驾游"得到的结果很可能是"旅游"的搜索结果的一个子集),则可能通过统计分析多个检索结果之间的包含关系,推断出检索条件的内容。

因此,未来的工作方向是研究如何保护关键词-文档关系,并论证如何降低各类攻击的有效性。

3.4 非对称密文检索

3.4.1 概述

非对称密文检索是指数据所有者(数据发送者)和数据检索者(数据接收者)不是同一方的密文检索技术。与非对称密码体制类似,数据所有者可以是了解公钥的任意用户,而只有拥有私钥的用户可以生成检索陷门。一个典型的非对称密文检索过程如下:

(1) Setup 算法。该算法由数据检索者执行,生成公钥 PK 和私钥 SK。

(2) BuildIndex 算法。该算法由数据所有者执行,根据数据内容建立索引,并将公钥加密后的索引和数据本身上传到服务器。

(3) GenTrapdoor 算法。该算法由数据检索者执行,将私钥和检索关键词作为输入,生成相应的陷门,然后将陷门发送给服务器。

(4) Search 算法。该算法由服务器执行,将公钥、接收到的陷门和本地存储的索引作为输入,进行协议所预设的计算,最后输出满足条件的搜索结果。

文献[41]在非对称密码体制中引入密文检索的概念,并首次提出了非对称密文关键词检索方案(Public Key Encryption with Keyword Search,PEKS)。目前,非对称密文检索领域主要包括 3 种典型构造:BDOP-PEKS[41]、KR-PEKS[42] 和 DS-PEKS[43],这些方案的特点是都基于某种基于身份的加密体系(Identity-Based Encryption,IBE)构造。本节主要取材于文献[44]。

3.4.2 BDOP-PEKS 方案

我们考虑如下应用场景:邮件发送者 B 在向邮件接收者 A 发送邮件时,首先使用 A 的公钥对邮件包含的各关键词 $w_1, w_2, \cdots, w_n$ 分别构造相应的索引 $C_1, C_2, \cdots, C_n$,并将其附在发送的消息 $E(\mathrm{msg})$ 后面,一同交由服务器存储。其中 E 为标准的公钥加密算法,msg 为邮件内容。检索时,A 使用自己的私钥为查询关键词 w 生成陷门 T_w,并将其发送给服务器,从而服务器能够判断邮件中是否包含关键词 w。在这个过程中,服务器无法获得关于邮件内容和查询关键词的任何有用信息。

BDOP-PEKS 方案是基于 BF-IBE[45] 实现的,其安全性可归结为 BDH(Bilinear Diffie-Hellman)假设。给定两个阶为 p 的群 G_1 和 G_2,双线性映射 $e: G_1 \times G_1 \to G_2$,以及两个哈希函数 H_1 和 H_2,其中 H_1 可以将输入值映射到群 G_1,BDOP-PEKS 方案的具体步骤如下:

(1) Setup 算法。A 选择随机数 $\alpha = \mathbf{Z}_p^*$ 以及群 G_1 的生成元 g,输出私钥 $\mathrm{sk} = \alpha$ 以及公钥 $\mathrm{pk} = (g, h = g^\alpha)$。

(2) BuildIndex 算法。对于关键词 w_i,B 首先选取随机数 $r = \mathbf{Z}_p^*$,并计算 $t = e(H_1(w_i), h^r) \in G_2$,随后输出该关键词对应的索引 $C_i = (g^r, H_2(t))$。

(3) GenTrapdoor 算法。对于查询关键词 w,A 使用私钥计算陷门 $T_w = H_1(w)^\alpha \in G_1$。

(4) Search 算法。对于索引 $C_i = (A, B)$,如果 $H_2(e(T_w, A)) = B$,则匹配成功,否则,匹配失败。

现在考虑上述方案的正确性。如果索引 C_i 对应的关键词 w_i 与查询关键词相等,则

$$H_2(e(T_w, A)) = H_2(e(H_1(w)^a, g^r))$$
$$B = H_2(e(H_1(w), h^r)) = H_2(e(H_1(w), g^{ar}))$$

根据双线性映射的性质 $e(g^x, g^y) = e(g, g)^{xy}$，易知上述两个公式相等。

由于 BDOP-PEKS 方案主要基于双线性映射实现，因此，计算开销较大，使得该方法在大数据处理场景中的应用性受到限制。

文献[41]最早定义了非对称密文检索方案的安全性，即在选择关键词攻击下的不可区分性安全 IND-CKA(Indistinguishability under Chosen Keyword Attack)。该定义基于游戏或实验 $\mathrm{Exp}^{\mathrm{IND\text{-}CKA}}$，其具体步骤如下：

(1) 挑战者执行 Setup 算法得到公钥 pk 和私钥 sk，并将 pk 发送给攻击者。

(2) 攻击者自适应询问若干次陷门，即攻击者将查询关键词发送给挑战者，挑战者执行 GenTrapdoor 算法生成对应的陷门，并将其返回给攻击者。

(3) 攻击者将挑战关键词 W_0 和 W_1 交给挑战者。挑战者随机选取 $b \in \{0,1\}$，并执行 BuildIndex 算法得到 W_b 对应的索引 C_b，然后将 C_b 返回给攻击者。

(4) 攻击者在自适应询问若干次陷门后，输出判定值 b'，如果 $b'=b$，则表明攻击成功，否则攻击失败。

攻击者的攻击优势定义为 $\mathrm{Adv}(A) = |2 \cdot \Pr[\mathrm{Exp}^{\mathrm{IND\text{-}CKA}} \to \mathrm{true}] - 1|$。

定理 3-3　在随机预言模型下，BDOP-PEKS 方案对选择关键词攻击语义安全。

除此之外，文献[41]还提到了公钥算法的源不可区分(source-indistinguishable)语义安全，其主要含义是：挑战者生成两对公私钥对，然后随机选取一个公钥加密任意消息，并将消息和密文发送给攻击者，攻击者无法判断出该消息是被哪个公钥加密的。我们已经知道，基于一个满足源不可区分性的公钥算法，可以构造一个满足语义安全的非对称密文检索方案。具体地，给定一个满足源不可区分性的公钥方案(G, E, D)，为了避免引起符号表示上的混淆，也常将公钥方案(G, E, D)记为(PK. G, PK. E, PK. D)，其中 G 或 PK. G 为密钥生成算法，E 或 PK. E 为加密算法，D 或 PK. D 为解密算法，可以通过如下步骤来构造一个密文检索方案：

(1) Setup 算法。对于词典 W 中的各关键词 w_i，执行 G 算法为其生成一对公私钥对 (sk_i, pk_i)，最后输出私钥集合 $SK = \{sk_i | w_i \in W\}$ 以及公钥集合 $PK = \{pk_i | w_i \in W\}$。

(2) BuildIndex 算法。对于关键词 w_j，首先选取随机数 M，然后以 M 和 w_j 对应的公钥 pk_j 作为输入，执行 E 算法得到密文 S，最后输出索引 $I_j = (M, S)$。

(3) GenTrapdoor 算法。对于查询关键词 w，其陷门 T 即为 w 对应的私钥，即 $T = sk$。

(4) Search 算法。执行 D 算法，使用陷门 T 解密索引 I_j，测试是否匹配成功。

3.4.3　KR-PEKS 方案

KR-PEKS 方案是在 KR-IBE[46]的基础上实现的，其安全性可归结为 DDH(Decisional Diffie-Hellman)假设。同 3.4.2 节的 BDOP-PEKS 方案一样，KR-PEKS 方案也是对文档对应的各关键词分别生成索引，并在检索时依次使用陷门测试各索引。该方案的具体步骤如下：

(1) Setup 算法。数据检索者选定阶为 q 的群 G 以及两个生成元 g_1 和 g_2，并在 $\mathbf{Z}_q$ 上随机构造 6 个多项式：

$$P_1(x) = d_0 + d_1 x^1 + d_2 x^2 + \cdots + d_k x^k \quad P_2(x) = d'_0 + d'_1 x^1 + d'_2 x^2 + \cdots + d'_k x^k$$

$$F_1(x) = a_0 + a_1 x^1 + a_2 x^2 + \cdots + a_k x^k \quad F_2(x) = a'_0 + a'_1 x^1 + a'_2 x^2 + \cdots + a'_k x^k$$

$$h_1(x) = b_0 + b_1 x^1 + b_2 x^2 + \cdots + b_k x^k \quad h_2(x) = b'_0 + b'_1 x^1 + b'_2 x^2 + \cdots + b'_k x^k$$

对于 $0 \leqslant t \leqslant k$,计算 $A_t = g_1^{a_t} g_2^{a'_t}$, $B_t = g_1^{b_t} g_2^{b'_t}$, $D_t = g_1^{d_t} g_2^{d'_t}$。此外,还需要选择两个随机抗碰撞哈希函数 H 和 H'。最后,输出私钥 $SK = (F_1, F_2; h_1, h_2; P_1, P_2)$,公钥 $PK = (g_1, g_2; A_0, \cdots, A_k; B_0, \cdots, B_k; D_0, \cdots, D_k; H, H')$。

(2) BuildIndex 算法。数据所有者首先选择一个随机数 $r_1 \in \mathbf{Z}_q$,计算 $u_1 = g_1^{r_1}$, $u_2 = g_2^{r_1}$。然后对于关键词 w,依次计算 $A_w = \prod_{t=0}^{k} A_t^{w^t}$, $B_w = \prod_{t=0}^{k} B_t^{w^t}$, $D_w = \prod_{t=0}^{k} D_t^{w^t}$, $s = D_w^{r_1}$, $e = (0^k) \otimes H'(s)$, $a = H(u_1, u_2, e)$, $v_w = (A_w)^{r_1} \cdot (B_w)^{r_1 a}$。最后输出关键词 w 对应的密文索引 $C = (u_1, u_2, e, v_w)$。

(3) GenTrapdoor 算法。对于检索关键词 w,数据检索者使用私钥生成陷门 $T_w = \langle F_1(w), F_2(w), h_1(w), h_2(w), P_1(w), P_2(w) \rangle$。

(4) Search 算法。给定某关键词的密文索引 C 和查询关键词 w 的陷门 T_w,服务器计算 $a = H(u_1, u_2, e)$,并测试 v_w 是否等于 $(u_1)^{F_1(w) + h_1(w)a} \cdot (u_2)^{F_2(w) + h_2(w)a}$,如果不等于则停止,否则计算 $s = (u_1)^{P_1(w)} \cdot (u_2)^{P_2(w)}$, $m = e \otimes H'(s)$。如果计算结果为 0^k,那么 C 是查询关键词 w 的一个加密方案。

相较于 BDOP-PEKS,KR-PEKS 不需要利用双线性运算,因此拥有较高的服务器检索效率。在安全性方面,虽然 KR-PEKS 同样满足 IND-CKA 安全性,但是该方案需要设置一个安全参数来控制恶意陷门查询次数。若参数设置过小,则无法抵御恶意查询;若参数设置过大,则将导致较大的服务器存储空间。

3.4.4　DS-PEKS 方案

DS-PEKS 方案主要基于雅可比符号以及二次剩余中二次不可区分性问题(Quadratic Indistinguishability Problem, QIP)。与 BDOP-PEKS、KP-PEKS 的构造思路类似,DS-PEKS 方案同样为各关键词分别生成索引。记 $\mathbf{Z}_n^{+1}(\mathbf{Z}_n^{-1})$ 表示一个正整数集合,且其元素满足 3 个条件:①小于 n;②与 n 互素;③雅可比符号等于 $+1(-1)$。给定安全参数 m 和关键词长度 k,以及哈希函数 $H: \{0,1\}^k \to \mathbf{Z}_n^{+1}$,DS-PEKS 方案的具体步骤如下:

(1) Setup 算法。数据检索者随机选取两个长度为 $m/2$ 的素数 p 和 q,且这两个素数都符合 3 mod 4,令 $n = pq$。输出公钥 $pk = (n, 1^k)$ 以及私钥 $sk = (p, q)$。

(2) BuildIndex 算法。当数据所有者为关键词 w 生成索引时,对于每一个 $i = 1, \cdots, 4k$。

(2.1) 计算 $h_i = H(w|i)$,并随机选取 $u_i \in \mathbf{Z}_n^*$。

(2.2) 如果 $\left(\dfrac{u_i^2 - 4h_i}{n} \right) = +1$,则随机选取 $t_i \in \mathbf{Z}_n^{+1}$,并计算 $s_i = (t_i + h_i/t_i) \bmod n$;如果 $\left(\dfrac{u_i^2 - 4h_i}{n} \right) \in \{-1, 0\}$,则 $s_i = u_i$。

(2.3) 输出索引 $s = (s_1, s_2, \cdots, s_{4k})$。

(3) GenTrapdoor 算法。假设数据检索者希望为关键词 W 生成陷门,对于每一个 $i = 1, 2, \cdots, 4k$:

（3.1）计算 $h_i = H(W|i)$。

（3.2）使用 p 和 q 随机选择 $g_i \in \mathbf{Z}_n^*$，且 $g_i^2 = h_i \bmod n$；如果 g_i 不存在，则记 $g_i = \bot$。最后，输出陷门 $g = (g_1, g_2, \cdots, g_{4k})$。

（4）Search 算法。给定索引 s 和陷门 g，对于每一个 $i = 1, 2, \cdots, 4k$。

（4.1）如果 $g_i = \bot$，则 $\bar{t}_i = \bot$。

（4.2）如果 $g_i^2 = h_i \bmod n$，那么再考虑 s_i：如果 $\left(\dfrac{s_i^2 - 4h_i}{n}\right) = +1$，则 $\bar{t}_i = \left(\dfrac{s_i + 2g_i}{n}\right)$，否则，$\bar{t}_i = \bot$。最后，如果对于所有 i，均满足 $\bar{t}_i \in \{+1, \bot\}$，则匹配成功，否则匹配失败。

DS-PEKS 方案同样满足 IND-CKA 安全性，且检索和加密效率较高，但服务器和用户间的交互需要占用较大带宽。

3.4.5　扩展：多关键词检索、多对多 PEKS

1. 多关键字检索

基于 DLDH(Decision Linear Diffie-Hellman) 假设，文献[47]提出了一种支持多关键词检索的非对称密文检索方案。该方案为一个关键词集合 W 统一构造索引 I，检索时，数据检索者需要指明每个检索关键词在关键词集合 W 中的位置。换句话说，每个关键词都属于一个域。具体地，查询条件的表达方式为 $Q = \{\text{ind}_1, \text{ind}_2, \cdots, \text{ind}_m, w_{\text{ind}_1}, w_{\text{ind}_2}, \cdots, w_{\text{ind}_m}\}$，其中 ind_i 为关键词 w_{ind_i} 在集合 W 中对应的位置。给定两个阶为 p 的群 G_1 和 G_2，双线性映射 $e: G_1 \times G_1 \to G_2$，以及两个哈希函数 H_1 和 H_2，且这两个函数都可以将输入值映射到群 G_1，方案的具体步骤如下：

（1）Setup 算法。数据检索者选取随机数 $x = \mathbf{Z}_p^*$ 以及群 G_1 的生成元 g，计算 $y = g^x$，最后得到公钥 pk $= y$ 以及私钥 sk $= x$。

（2）BuildIndex 算法。假设为关键词集合 $W = \{w_1, w_2, \cdots, w_l\}$ 生成索引，数据所有者首先选择两个随机数 $s, r \in \mathbf{Z}_p^*$，然后根据公钥和随机数计算 $A = g^r, B = y^s, C_i = h_i^r f_i^s (1 \leqslant i \leqslant l)$，其中 $h_i = H_1(w_i), f_i = H_2(w_i)$。最后，输出关键词集合对应的索引 $I = (A, B, C_1, C_2, \cdots, C_l)$。

（3）GenTrapdoor 算法。对于查询条件 $Q = \{\text{ind}_1, \text{ind}_2, \cdots, \text{ind}_m, w_{\text{ind}_1}, w_{\text{ind}_2}, \cdots, w_{\text{ind}_m}\}$，数据检索者选取随机数 $t \in \mathbf{Z}_p^*$，并计算 $T_1 = g^t, T_2 = (h_{\text{ind}_i} h_{\text{ind}_{i+1}} \cdots h_{\text{ind}_m})^t, T_3 = (f_{\text{ind}_i} f_{\text{ind}_{i+1}} \cdots f_{\text{ind}_m})^{t/x}$。最后，输出陷门 $T = \{T_1, T_2, T_3, \text{ind}_1, \text{ind}_2, \cdots, \text{ind}_m\}$。

（4）Search 算法。给定索引 I 和陷门 T，测试是否满足 $e\left(T_1, \prod_{i=1}^m C_{\text{ind}_i}\right) = e(A, T_2) \cdot e(B, T_3)$。

2. 多对多 PEKS

针对多对多的应用场景，文献[48]引入了确定性加密的概念。确定性加密是指对于相同的公钥和明文，算法输出的密文相同。该方案提出可以使用任意公钥加密方案和任意确定性 Hash 函数来实现多对多的单关键词检索。但是由于确定性加密的使用，该方案直接泄露了索引信息和检索模式。

此外，文献[49]考虑了一种比较新颖的系统模型，其中每个用户都拥有自己单独的私钥，同时每个用户都可以自己向服务器上传密文并检索全部数据。其核心思路是使用双线性映射来确保对于同一个关键词，拥有不同检索密钥的用户可以生成相同的索引。然而，由于本方案使用双线性映射,因此检索效率较低。

给定对称加解密算法 Enc、Dec,两个阶为 p 的群 G_1 和 G_2,双线性映射 $e:G_1 \times G_1 \rightarrow G_2$,群 G_1 的生成元 g,以及两个哈希函数 h_1 和 h_2,其中 h_1 可以将输入值映射到群 G_1。此外,假设所有用户属于一个集体,并存在一个管理员 UM。文献[49]的具体步骤如下:

(1) Setup 算法。管理员 UM 选取随机数 $x \in \mathbf{Z}_p^*$,并将其作为自己的私钥 $k_{UM} = x$。对于某个用户 U,UM 首先选择 $x_U \in \mathbf{Z}_p^*$ 并计算 $ComK_U = g^{x/x_U} \in G_1$,然后将 x_U 秘密发送给用户 U,同时将 $ComK_U$ 发送给服务器。

(2) BuildIndex 算法。当用户 U 希望为关键词 w 生成索引时,首先选取随机数 $r \in \mathbf{Z}_p^*$,然后将 $h_1(w)^r$ 发送给服务器。随后,服务器根据用户 U 对应的 $ComK_U$ 计算 $e' = e(h_1(w)^r, ComK_U)$,并将计算结果返回给用户。最后,用户 U 计算 $k = h_2(e'^{x_U/r})$,得到关键词对应的索引 $I = (m, Enc_k(m))$,其中 m 为随机消息。

(3) GenTrapdoor 算法。当用户 U 想要检索关键词 w 时,为其计算陷门 $q = h_1(w)^{x_U}$。

(4) Search 算法。根据用户 U 对应的 $ComK_U$,服务器首先计算 $k' = h_2(e(q, ComK_U))$。如果对于某条索引 $I = (A, B)$,满足 $A = Dec_{k'}(B)$,则该索引对应的关键词即为检索关键词。

现在考虑上述方案的正确性。根据用户 U 的陷门,服务器可以得到一个解密密钥:

$$k' = h_2(e(q, ComK_U)) = h_2(e(h_1(w)^{x_U}, g^{x/x_U})) = h_2(e(h_1(w), g)^x)$$

而对于由用户 Y 上传的关键词 w 对应的索引,其加密密钥为

$$k = h_2(e'^{x_Y/r}) = h_2(e(h_1(w)^r, g^{x/x_Y})^{x_Y/r}) = h_2(e(h_1(w), g)^x)$$

可见,计算过程中用户的私钥被抵消了,计算结果仅与关键词和管理员密钥相关。因此,即使索引和陷门的生成者不同,相同关键词的计算结果也是一致的。

3.4.6 小结

本节重点介绍了 3 种非对称密文检索方案的典型构造,其在通信量、服务器检索效率、加密效率等方面的对比如表 3-2 所示。BDOP-PEKS 拥有较低的通信量,但是加密和检索时都需要一次双线性对运算,导致效率较低;KR-PEKS 的服务器检索效率最优,但是为了抵抗恶意攻击,需要较大的服务器端存储量;DS-PEKS 的检索和加密效率较高,但是服务器和用户之间的通信量较大。

表 3-2　非对称密文检索方案对比

非对称密文检索方案	通信量	服务器检索效率	加密效率
BDOP-PEKS	$|g|$	一次双线性对运算	一次双线性对运算
KR-PEKS	$6|g|$	$O(1)$	$O(k)$
DS-PEKS	$4|g|\log N$	$O(N)$	$O(N)$

注: $|g|$ 表示群中元素所占用的存储空间,N 表示字典中的关键词个数,k 为安全参数。

文献[50]对方案 BDOP-PEKS 进行了分析,并构造了针对该方案的离线关键词猜测攻击(off-line keyword guessing attack)。导致离线关键词猜测攻击的原因主要包括两个方面:首先,攻击者可以对某次攻击是否成功进行预先判定;其次,关键词空间远小于密钥空间,而且某些关键词的查询频率较高。典型的离线关键词猜测攻击有 3 个攻击步骤:

（1）攻击者获得关键词 w 对应的检索陷门 T_w。

（2）根据关键词的查询频率，攻击者从字典中选取一个合适的猜测关键词 w'。

（3）攻击者构造测试方法，根据陷门 T_w、猜测关键词 w'、公钥 pk 等信息，计算关键词 w 是否等于猜测关键词 w'。

由于关键词空间的大小都是关于安全参数的某个多项式，因此，敌手只需要多项式时间就可以实现有效攻击。

对于离线关键词猜测攻击，文献[51]给出了一种解决思路。该方案的核心思想是由服务器进行模糊检索，过滤大部分不相关的数据，最后由客户端在本地进行精确查询。通过引入二次检索，可以在一定程度上抵抗关键词猜测攻击，但同时也增加了客户端与服务器之间的通信代价以及客户端的计算代价。

在本节介绍的非对称密文检索方案中，数据所有者将数据以（PKE. Enc(pk,MSG)，PEKS. BuildIndex(pk,w)）的形式存储在服务器中，并在分析安全性时将公钥算法 PKE 和密文检索算法 PEKS 分别进行考虑，而忽略了整个系统的安全性。换句话说，即使 PKE 和 PEKS 都是安全的，系统也可能受到恶意攻击者的破坏。例如，如果攻击者删除了某个数据的 PKE 部分或者将两个数据的 PEKS 部分进行交换，检索者都无法获得期望的数据。针对此问题，文献[52]提出在加密过程中额外引入标签，来保护密文数据和索引的相关性以及完整性。

此外，在大部分非对称密文检索方案中，客户端和服务器需要在安全信道上进行通信，否则陷门和查询结果可能受到外部攻击者的截获和篡改。此外，服务器也可能基于背景知识对以往的陷门和查询结果进行分析。针对上述问题，文献[53]提出同时使用检索者和服务器的公钥构造索引，从而只有检索者授权的服务器才能够进行查询，限制了可以执行检索算法的对象。

3.5　密文区间检索

对于加密的数值型数据，除了简单的等值检索以外，还有区间检索的需求。区间检索是重要的数据库检索类型之一，例如可以使用 SQL 语句 select * from info where age>25 and age<29 来查找年龄为 26～28 岁的职工信息。理论上，任意区间检索都可以转换成多次等值检索（例如分别查找年龄属性为 26、27、28 的职工记录），但是这会产生额外的隐私泄露，并且当检索区间较大或者数据精度较高时，会导致检索陷门的大小难以接受，因此该方法并不可行。

从分类逻辑而言，区间检索属于密文检索技术在特殊类型数据上的功能扩展，应该归到对称密文检索和非对称密文检索（3.3 节和 3.4 节）中介绍。然而，由于研究者通常对区间检索进行单独研究，使得这部分的相关工作体系十分庞大，所以本节对这方面的技术单独介绍。

早期的密文区间检索方案主要基于桶式索引和传统加密技术，这些方案实现简单，但是在安全性和检索效率上有较大的缺陷，后续研究也较少，因此本节仅对其进行简单介绍。当前主流的密文区间检索方案主要分为 4 类：①基于谓词加密；②基于矩阵加密；③基于等值检索；④基于保序加密。本节将详细介绍这 4 类方案中的经典文献，并对其安全性和检索效率进行分析。

3.5.1　早期工作

Hacigümüş 等[54]提出使用桶式索引来实现对于单维区间的密文检索,其主要思路是将属性值域划分为桶,并为各桶分配一个唯一的标识,记录的索引即为其属性值所在桶的标识。如图 3-5 所示,假设属性 ID 的值域为$[0,1200)$,分桶后,ID 位于$[0,300)$的记录对应的索引为 2,ID 位于$[300,600)$的记录对应的索引为 4,ID 位于$[600,900)$的记录对应的索引为 3,ID 位于$[900,1200)$的记录对应的索引为 1。当需要对数据进行检索时,用户将与检索区间相交的桶的标识集合发送给服务器,服务器随后将这些桶内的全部密文数据作为检索结果返回给用户。例如,当用户需要检索 ID 位于$[0,500)$的记录时,则将 2 和 4 发送给服务器,随后服务器将索引为 2 或者 4 的全部密文记录返回给用户。显然,服务器返回的检索结果中可能包含不满足检索条件的冗余数据(即 ID 位于$[500,600)$的记录),因此当用户将接收到的检索结果解密以后,还需要在本地剔除冗余数据,即进行二次检索。

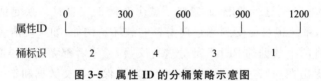

图 3-5　属性 ID 的分桶策略示意图

上述分桶策略较为粗糙,且没有分析方案的安全性和误报率。在此基础上,Hore 等[55]提出使用分桶的熵和方差作为衡量安全性的指标,并设计了一种平衡安全性以及误报率的解决方案。假设所有检索区间出现的概率相同,则对于长度为 k 的检索区间,桶 B 导致的误报次数计算如下:

$$\sum_{v_i \in B}(N_B - 1) \cdot f_i = (N_B - 1) \cdot \sum_{v_i \in B} f_i = (N_B - 1) \cdot F_B \approx N_B \cdot F_B$$

可见,计算结果仅与桶 B 对应区间的长度 N_B 以及属于该桶的记录数目 F_B 相关。那么,对于全部桶,误报总数计算如下:

$$\sum_{B_i} N_{B_i} \cdot F_{B_i}$$

由于上式符合最优子结构性质,因此,可以使用动态规划算法来确定最优分桶策略,从而使得误报率最低。出于对安全性的考虑,Hore 等提出在最优分桶结果的基础上,对各桶内的记录进行重新分配,以增加检索结果的误报率为代价来提高方案的安全性。随后,Hore 等[56]又将桶式索引的概念扩展到多维空间,并提出了一种面向多维数据的密文区间检索方案。

基于桶式索引的密文区间检索方案的优点在于实现简单,并在一定程度上保证了敏感数据的机密性。但是,服务器返回的检索结果中可能包含大量的冗余数据,需要客户端进行二次检索。此外,以上方案还需要将分桶策略保存在本地,并在检索时由客户端自行查找与检索区间相交的桶的标识,从而增加了客户端的数据存储量和计算负担。

Damiani 等[57]提出了一种基于 B+树和传统加密技术的密文区间检索方案。如图 3-6所示,用户首先为数据构造 B+树,并使用传统加密技术将各节点分别加密后存储到服务器,从而使服务器无法了解各节点的具体内容。当进行检索操作时,服务器需要将密文节点返回给用户,由用户在解密后进行判断,然后通知服务器下一个需要查询的密文节点。此方案增加了客户端的工作量,并且需要服务器和客户端之间进行多轮交互操作,这导致检索效率受到网络延时的影响。理论上,基于传统加密技术的方案同样可以扩展到多维空间,例如使用 R 树[58]为多维数据构造索引并分别加密各节点,但是较低的检索效率阻碍了其在现实场景中的应用。

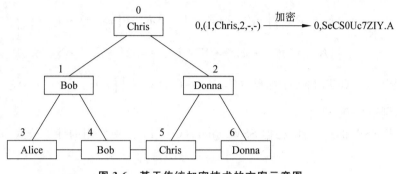

图 3-6 基于传统加密技术的方案示意图

本质上,基于桶式索引和传统加密技术的方案并不是完全意义上的外包方案,因为在这些方案中,服务器的作用仅为存储密文数据并在检索时直接返回客户端指定的密文内容,真正的检索功能依然由客户端完成。

考虑到目前常用的轻型客户端设备(如智能手机、平板电脑等)通常只拥有有限的存储能力和计算能力,因此研究者基本不再对基于桶式索引和传统加密技术的方案进行深入研究,而是更倾向于研究如何将大部分检索工作交给服务器完成,并尽量减少服务器和客户端之间的交互轮数。在下面介绍的方案中,服务器与客户端之间在检索时仅存在两轮交互,第一次是由客户端将检索陷门发送给服务器,第二次是服务器根据陷门和密文索引完成检索后,将检索结果返回给客户端。

3.5.2 基于谓词加密的方案

针对不同的应用场景,谓词加密可以分为对称谓词加密和非对称谓词加密。基于不同类型的谓词加密技术,相应的密文区间检索方案也可分为对称和非对称两类。本节以对称密文区间检索方案为主,首先介绍由 Shen 等[59]提出的对称谓词加密方案 SSW,然后详细介绍基于 SSW 的单维区间检索方案[60]和多维区间检索方案[61]。需要注意的是,在基于谓词加密的方案中,假设所有值均为整数。

SSW 方案主要用于判断向量内积是否为 0,即给定数据向量 $x \in \mathbf{Z}_N^n$ 以及由检索向量 $v \in \mathbf{Z}_N^n$ 确定的谓词 f_v,当且仅当 $\sum_{i=1}^{n} v_i x_i \bmod N = 0$ 时,$f_v(x) = 1$。假设 **G** 表示一个群生成器,SSW 的具体实现步骤如下:

(1) SSW.setup(1^λ):使用群生成器 **G** 获得 (p, q, r, s, G, G_T, e),其中 $G = G_p \times G_q \times G_r \times G_s$,并分别选取 G_p、G_q、G_r、G_s 对应的生成元 g_p、g_q、g_r、g_s,同时对于 $1 \leqslant i \leqslant n$,生成随机数 $(h_{1,i}, h_{2,i}, u_{1,i}, u_{2,i}) \in (G_p)^4$,输出密钥 $SK = (g_p, g_q, g_r, g_s, \{h_{1,i}, h_{2,i}, u_{1,i}, u_{2,i}\}_{i=1}^n)$。

(2) SSW.encrypt(SK, x):选取随机数 $y, z, \alpha, \beta \in \mathbf{Z}_N$ 以及随机数 $S, S_0 \in G_s$,同时对于 $1 \leqslant i \leqslant n$,选取随机数 $R_{1,i}, R_{2,i} \in G_r$,输出密文

$$CT = \begin{bmatrix} C = S \cdot g_p^y, C_0 = S_0 \cdot g_p^z \\ \{C_{1,i} = h_{1,i}^y \cdot u_{1,i}^z \cdot g_q^{\alpha x_i} \cdot R_{1,i}, C_{2,i} = h_{2,i}^y \cdot u_{2,i}^z \cdot g_q^{\beta x_i} \cdot R_{2,i}\}_{i=1}^n \end{bmatrix}$$

(3) SSW.gentoken(SK, v)：选取随机数 $f_1, f_2 \in \mathbf{Z}_N$ 以及随机数 $R, R_0 \in G_r$，同时对于 $1 \leqslant i \leqslant n$，选取随机数 $r_{1,i}, r_{2,i} \in \mathbf{Z}_N$ 以及随机数 $S_{1,i}, S_{2,i} \in G_s$，输出陷门

$$TK_v = \begin{bmatrix} K = R \cdot \prod_{i=1}^n h_{1,i}^{-r_{1,i}} \cdot h_{2,i}^{-r_{2,i}}, K_0 = R_0 \cdot \prod_{i=1}^n u_{1,i}^{-r_{1,i}} \cdot u_{2,i}^{-r_{2,i}}, \\ \{K_{1,i} = g_p^{r_{1,i}} \cdot g_q^{f_1 v_i} \cdot S_{1,i}, K_{2,i} = g_p^{r_{2,i}} \cdot g_q^{f_2 v_i} \cdot S_{2,i}\}_{i=1}^n \end{bmatrix}$$

(4) SSW.query(CT, TK_v)：如果 $e(C, K) \cdot e(C_0, K_0) \cdot \prod_{i=1}^n e(C_{1,i}, K_{1,i}) \cdot e(C_{2,i}, K_{2,i}) = 1$，则输出 1，否则输出 0。

现在考虑 SSW 的正确性，根据 SSW.query(CT, TK_v) 中使用的计算公式，可以得到如下等式：

$$e(C, K) \cdot e(C_0, K_0) \cdot \prod_{i=1}^n e(C_{1,i}, K_{1,i}) \cdot e(C_{2,i}, K_{2,i}) = e(g_q, g_q)^{(\alpha f_1 + \beta f_2 \bmod q)(x \cdot v)}$$

当 $\sum_{i=1}^n v_i x_i \bmod N = 0$ 时，SSW.query(CT, TK_v) 的输出结果为 1；而当 $\sum_{i=1}^n v_i x_i \bmod N \neq 0$ 时，SSW.query(CT, TK_v) 的输出结果为 0 的概率大于 $1 - \varepsilon(\lambda)$，其中 $\varepsilon(\lambda)$ 是一个可忽略函数。

理论上，可以直接使用上述谓词加密方案 SSW 来判断属性值 $v \in [1, T]$ 是否属于区间 $Q \subset [1, T]$。为属性值 v 构造向量 $x = \{x_1, \cdots, x_i, \cdots, x_T\}$，其中，若 $i = v$，则 $x_i = 1$，否则 $x_i = 0$，然后使用 SSW.encrypt 加密向量 x 得到 C；为区间 Q 构造向量 $y = \{y_1, \cdots, y_i, \cdots, y_T\}$，其中，若 $i \in Q$，则 $y_i = 0$，否则 $y_i = 1$，然后使用 SSW.gentoken 加密向量 y 得到 tk_Q。此时，若 SSW.query(C, tk_Q) 输出 1，则 $v \in Q$，否则 $v \notin Q$。虽然该方案实现简单，但是需要为各条记录分别构造索引，并在检索时进行线性扫描，因此，其计算量与记录数目和属性值域（即向量长度）成正比。考虑到现实应用场景中大多为实数型数据，因此向量的长度会非常大，导致该方法检索效率过低。

基于谓词加密技术 SSW 和 B+树，可以设计一种次线性检索效率的密文单维区间检索方案。虽然在早期工作中，也有学者使用 B+树来实现密文区间检索[57]，但是该方案需要客户端与服务器之间进行多轮交互，其原因在于服务器无法直接使用密文判断节点关键值与检索条件的大小关系。为了减少交互次数，仅借助 SSW 加密节点关键值，同时保留节点间的明文关联关系，并将判断属性值是否属于某个区间转换为判断向量内积是否为 0，从而使服务器可以独立地对加密后的 B+树进行检索。此外，在本章后续介绍的基于树结构的方案中，均保留了节点间的明文关联关系。

假设检索条件为 $Q = [q_s, q_e] \subset [1, T]$，在检索 B+树时，需要判断两个端点 q_s 和 q_e 与节点关键值 $v \in [1, T]$ 的大小关系。换句话说，要对 B+树进行安全检索，需要安全地判断 v 是否属于 $[1, q_s - 1]$ 或者 $[q_e + 1, T]$。

为了减少所需向量的长度，首先将属性值和区间表示为节点集合的形式，进而再将其转换为向量形式。图 3-7 是范围 $[0, 7]$ 对应的线段树，一个非叶子节点对应一个区间（如节点 01* 对应区间 $[010, 011]$），一个叶子节点对应一个属性值（如节点 101 对应值 5）。定义 $CP(v) = \{u_1, u_2, \cdots, u_t\}$ 为包含属性值 v 的全部节点，例如当 $v = 5$ 时，$CP(v)$ 为图中由

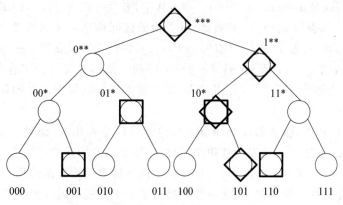

图 3-7 范围[0,7]对应的线段树示意图

菱形标注的节点集合 $\{101,10^*,1^{**},^{***}\}$。定义 $\mathrm{MCS}(Q)=\{w_1,w_2,\cdots,w_{t'}\}$ 为覆盖且仅覆盖检索条件 Q 的最小节点集合,例如当 $Q=[1,6]$ 时,$\mathrm{MCS}(Q)$ 为图中由矩形标注的节点集合 $\{001,01^*,10^*,110\}$。当 $v\in Q$ 时,$\mathrm{CP}(v)$ 与 $\mathrm{MCS}(Q)$ 的交集不为空且仅有一个相交的节点,否则交集为空。进一步地,为 $\mathrm{CP}(v)$ 构造多项式:

$$P(x)=(x-u_1)(x-u_2)\cdots(x-u_t)=a_0+a_1x+\cdots+a_tx^t$$

该多项式的根即为 $\mathrm{CP}(v)$。如果 $v\in Q$,则必然存在 w_i 满足 $P(w_i)=0$。

由此,可以将值是否属于区间的判断转换为多次向量内积是否为零的判断,具体步骤如下:

(1) setup(1^λ):输出密钥 $\mathrm{SK}=\mathrm{SSW.setup}(1^\lambda)$。

(2) value_enc(SK,v):计算得到 $\mathrm{CP}(v)=\{u_1,u_2,\cdots,u_t\}$,并构造多项式 $P(x)=(x-u_1)(x-u_2)\cdots(x-u_t)=a_0+a_1x+\cdots+a_tx^t$ 及其系数对应的向量 $\boldsymbol{a}=(a_0,\cdots,a_t)$,输出索引 $C=\mathrm{SSW.encrypt}(\mathrm{SK},\boldsymbol{a})$。

(3) query_enc(SK,Q):计算得到 $\mathrm{MCS}(Q)=\{w_1,w_2,\cdots,w_{t'}\}$,对其各元素 w_i 构造向量 $\boldsymbol{y}_i=(w_i^0,w_i^1,\cdots,w_i^t)$,输出 $T=\{T_1,T_2,\cdots,T_{t'}\}$,其中 $T_i=\mathrm{SSW.gentoken}(\mathrm{SK},\boldsymbol{y}_i)$。

(4) xsect(C,T):若存在 i,使得 $\mathrm{SSW.query}(C,T_i)=1$,则输出 1,否则输出 0。

为实现基于 B+树的密文区间检索,使用 value_enc 分别加密各节点的关键值,并保留节点间的连接关系。在进行检索时,则使用 query_enc 分别加密区间 $[1,q_s-1]$ 以及 $[q_e+1,T]$,生成陷门,从而使服务器可以直接对加密后的 B+树进行检索,在不解密的情况下,判断密文关键值与密文检索条件间的大小关系,并通过判断结果找到下一个需要搜索的节点。

由于上述方案基于谓词加密技术,因此,同样可以实现可证明安全,保护了属性值和检索区间。但是,B+树本身却泄露了数据的排序特征。针对多维空间数据,可以使用 kd 树[58]为数据构造索引,然后直接使用上述判断方法进行检索。同样地,kd 树本身也泄露了数据在各维度上的排序特征。

为保护数据的排序特征,可以使用 R 树来索引多维数据,其中 R 树各节点对应一个超矩形。在对 R 树进行检索的过程中,主要操作是判断节点是否与检索条件相交,即判断两个超矩形是否相交。假设维数为 w,各维的属性值域均为 $[1,T]$,节点对应的超矩形为 $R=([x_{1,l},x_{1,r}],[x_{2,l},x_{2,r}],\cdots,[x_{w,l},x_{w,r}])$,检索条件对应的超矩形为 $R'=([x'_{1,l},x'_{1,r}],[x'_{2,l},x'_{2,r}],\cdots,[x'_{w,l},x'_{w,r}])$。我们已经知道,若 $R\cap R'\neq\varnothing$,则对于任意 $i\in[1,w]$,均有 $[x_{i,l},x_{i,r}]\cap[x'_{i,l},x'_{i,r}]\neq\varnothing$,即满足 $x_{i,l}\in[1,x'_{i,r}]$ 以及 $x_{i,r}\in[x'_{i,l},T]$。那么,可以为节点构造一

个长度为 $2wT$ 的向量 $u=(u_1,u_2,\cdots,u_{2wT})$，其中，若 $j=x_{i,l}+(2i-2)T$ 或者 $j=x_{i,r}+(2i-1)T$，则 $u_j=1$，否则 $u_j=0$。类似地，也为检索区间构造一个长度为 $2wT$ 的向量 $v=(v_1,v_2,\cdots,v_{2wT})$，其中，若 $j\in[1+(2i-2)T,x'_{i,r}+(2i-2)T]$ 或者 $j\in[x'_{i,l}+(2i-1)T,2iT]$，则 $v_j=0$，否则 $v_j=1$。显然，若 $u\cdot v=0$，则两个矩形相交。为了在保护向量信息的同时判断向量内积结果是否为 0，使用 SSW 加密技术来分别加密两个向量，这里不再详述具体的步骤。

由于在检索过程中，服务器仅获知节点与检索条件是否相交，而且 R 树不会泄露数据的大小顺序，因此，上述方案的安全性很高。但是，该方案的检索效率较低，不适用于检索精度较高的数据。此外，文献[59,60]还分别提出了两种针对二维数据的几何图形检索方法。

相应地，在非对称密钥场景下，还有学者提出了基于公钥谓词加密技术的密文区间检索方案[61-63]。但是由于公钥谓词加密本身的特性，这些方案无法保护陷门安全，因此，本节对其不再赘述。

3.5.3　基于矩阵加密的方案

矩阵加密是密文区间检索方案中一种常用的对称加密技术，用于安全地计算两个向量的内积。与谓词加密技术相比，矩阵加密具有实现简单、运算效率高、适用于处理高精度数据等优势，但是安全性较差。针对不同的安全目标，不同的密文区间检索方案对矩阵加密的实现细节略有不同，但是基本思路一致。因此，本节将文献[64-68]中矩阵加密的具体实现进行综合，详细介绍基础的矩阵加密方案及其安全性。

假设 d 为向量的维度，需要计算数据向量 $P\in\mathbb{R}^d$ 与查询向量 $Q\in\mathbb{R}^d$ 的内积。基础的矩阵加密方案的工作流程如下：

（1）ASPE. setup(d)：输出一个 $d\times d$ 的可逆矩阵 M。

（2）ASPE. data_enc(P,M)：输出 $\hat{P}=M^T P$。

（3）ASPE. query_enc(Q,M)：输出 $\hat{Q}=M^{-1}Q$。

易知：

$$\hat{P}\cdot\hat{Q}=M^T P\cdot M^{-1}Q=(M^T P)^T M^{-1}Q=P^T M M^{-1}Q=P^T Q=P\cdot Q$$

密文向量保留了明文向量的内积。

显然，基础的矩阵加密方案安全性较差。假设攻击者已知 n 组明密文数据向量对 $\{(P_1,\hat{P}_1),(P_2,\hat{P}_2),\cdots,(P_n,\hat{P}_n)\}$ 以及密文查询向量 $\hat{Q}$，为计算明文查询向量 Q，攻击者可以构造如下等式组：

$$\hat{P}_1\cdot\hat{Q}=P_1\cdot Q$$
$$\hat{P}_2\cdot\hat{Q}=P_2\cdot Q$$
$$\vdots$$
$$\hat{P}_n\cdot\hat{Q}=P_n\cdot Q$$

以上等式组中，等号左边的未知参数共 d 个，而等号右边均为常数。因此，只要攻击者拥有至少 d 组线性不相关的明密文数据向量对，就可以得到任意明文查询向量。同样，当攻击者拥有足够多的明密文查询向量对时，也可以得到任意明文数据向量。

然而，在大部分基于矩阵加密的区间检索方案中[66-68]，只需要判断向量内积的正负性，并不需要知道其准确值。因此,为了提高安全性,可以采用随机分割、添加虚假维度和引入随机数等方式对矩阵加密进行改进,使得其可以抵抗上述攻击,这里不再赘述。

文献[65]使用矩阵加密技术,实现了一种可以对单维区间进行密文检索的方案,该方案为各记录分别构造索引,在检索时对密文索引进行线性扫描。首先,给出如下定理和推论。

定理 3-4　如图 3-8 所示,已知在一个原点为 O 的坐标系中存在一个单位圆,上半圆周上有 A、B、C 3 个不同的点,OA 和 OB、OB 和 OC、OA 和 OC 的夹角分别为 θ_1、θ_2、θ_3,其中 $0<\theta_i<\pi,i=1,2,3$。那么,当且仅当 $\cos\theta_3<\cos\theta_1\cos\theta_2$,$OB$ 位于 OA 和 OC 之间(仅考虑上半圆)。

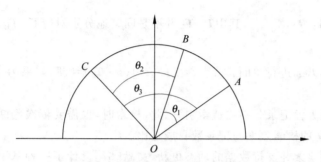

图 3-8　单位圆不同半径位置关系

推论 3-1　已知在一个原点为 O 的坐标系中存在一个圆,上半圆周上有 V、V_L、V_H 3 个不同的点,OV、OV_L、OV_H 与横坐标的夹角分别是 θ、θ_L、θ_H,其中 $0<\theta,\theta_L,\theta_H<\pi$。那么当且仅当 $\cos(\theta_H-\theta_L)<\cos(\theta-\theta_L)\cos(\theta-\theta_H)$ 时,$\theta_L<\theta<\theta_H$。

基于以上定理以及推论,可以将区间判断映射为单断言。假设属性值域为 $[-D,D]$,如图 3-9 所示,值映射函数 $F(v)=\theta=\arccos\dfrac{-v}{D}$ 将值 v 映射为角度 θ。由于该映射函数在 $v\in[-D,D]$ 时是单调递增的,那么对于任意 $v_1>v_2,v_1,v_2\in[-D,D]$,其对应的映射角度 θ_1,θ_2 必然满足 $\theta_1>\theta_2,\theta_1,\theta_2\in[0,\pi]$。因此,对于属性值 v 和检索区间 $(v_L,v_H),v\in(v_L,v_H)$ 的充分必要条件是 $\theta_L<\theta<\theta_H$,即 $\cos(\theta_H-\theta_L)<\cos(\theta-\theta_L)\cos(\theta-\theta_H)$。通过如下公式,可以将判断条件中的 θ 与 θ_L、θ_H 进行分离,然后使用矩阵加密对其进行保护:

$$\cos(\theta-\theta_L)=\cos\theta\cos\theta_L+\sin\theta\sin\theta_L=\begin{bmatrix}\cos\theta & \sin\theta\end{bmatrix}\begin{bmatrix}\cos\theta_L\\\sin\theta_L\end{bmatrix}$$

$$\cos(\theta-\theta_H)=\cos\theta\cos\theta_H+\sin\theta\sin\theta_H=\begin{bmatrix}\cos\theta & \sin\theta\end{bmatrix}\begin{bmatrix}\cos\theta_H\\\sin\theta_H\end{bmatrix}$$

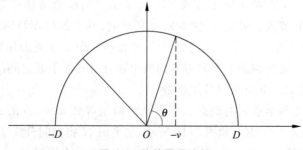

图 3-9　值的圆周映射

具体的密文单维区间检索方案步骤如下：

（1）Setup：输出一个 2×2 的可逆矩阵 $\boldsymbol{M}$。

（2）BuildIndex$(v,\boldsymbol{M})$：计算得到 $\theta=F(v)$ 以及 $I=\begin{bmatrix}\cos\theta\\\sin\theta\end{bmatrix}$，然后输出 $\hat{\boldsymbol{I}}=\boldsymbol{M}^{\mathrm{T}}\boldsymbol{I}$。

（3）GenTrapdoor$(v_{\mathrm{L}},v_{\mathrm{H}},\boldsymbol{M})$：计算得到 $\theta_{\mathrm{L}}=F(v_{\mathrm{L}})$，$\theta_{\mathrm{H}}=F(v_{\mathrm{H}})$ 以及 $\boldsymbol{T}_{\mathrm{L}}=\begin{bmatrix}\cos\theta_{\mathrm{L}}\\\sin\theta_{\mathrm{L}}\end{bmatrix}$，$\boldsymbol{T}_{\mathrm{H}}=\begin{bmatrix}\cos\theta_{\mathrm{H}}\\\sin\theta_{\mathrm{H}}\end{bmatrix}$，同时计算 $T_{\mathrm{range}}=\cos(\theta_{\mathrm{H}}-\theta_{\mathrm{L}})$，运行矩阵加密运算得到 $\hat{\boldsymbol{T}}_{\mathrm{L}}=\boldsymbol{M}^{-1}\boldsymbol{T}_{\mathrm{L}}$，$\hat{\boldsymbol{T}}_{\mathrm{H}}=\boldsymbol{M}^{-1}\boldsymbol{T}_{\mathrm{H}}$，输出 $\hat{\boldsymbol{T}}=\{\hat{\boldsymbol{T}}_1,\hat{\boldsymbol{T}}_2,T_{\mathrm{range}}\}$，其中 $\hat{\boldsymbol{T}}_1$、$\hat{\boldsymbol{T}}_2$ 并不是固定地分别对应 $\hat{\boldsymbol{T}}_{\mathrm{L}}$、$\hat{\boldsymbol{T}}_{\mathrm{H}}$，其对应关系是随机的。

（4）Search$(\hat{\boldsymbol{I}},\hat{\boldsymbol{T}})$：进行单断言 $T_{\mathrm{range}}<(\hat{\boldsymbol{I}}\cdot\hat{\boldsymbol{T}}_1)(\hat{\boldsymbol{I}}\cdot\hat{\boldsymbol{T}}_2)$ 判断，如果为真，则输出 1，否则输出 0。

由于上述方案为各记录分别构造索引，因此，检索时，也需要依次判断各记录是否满足检索条件，即该方案的检索效率与记录数目成正比。

为实现次线性检索并支持数据的动态更新，文献[67]设计了一种基于自适应索引的密文单维区间检索方案。自适应索引的特点是可以根据检索条件动态地索引数据：在初始阶段，数据是无序存储的；当用户提交第一个检索条件 (a,b) 时，服务器会根据数据与检索条件的关系将其分为 3 部分，即位于区间 $(-\infty,a]$ 的，位于区间 (a,b) 的以及位于区间 $[b,+\infty)$ 的；当用户提交第二个检索条件 (a',b') 时，服务器将数据再次细分；以此类推。在自适应索引中，位于同一部分的数据是无序存储的，但各部分之间是有序排列的。当用户进行检索时，服务器只需要搜索与检索条件相交的部分，不需要扫描全部数据。根据自适应索引的构建以及检索过程，服务器的主要操作是判断值 v 与检索条件的边界 w 之间的大小关系。对此，为值 v 生成向量 $(v,-1)$，为边界 w 生成向量 $(1,w)$，两个向量的内积即为 $v-w$，并使用矩阵加密技术保护向量。显然，随着用户检索次数的增加，数据的划分会越来越细微，检索效率也会越来越高，但是数据顺序的泄露也会逐渐严重。所以，文献[67]提出为各敏感记录分别构造一个真实索引和一个虚假索引，由于服务器无法区分这二者的真假性，从而无法确定记录所在的区间，其后果是检索结果中存在 50% 的冗余数据。

对于多维区间场景，文献[66]提出了一种基于 R 树和矩阵加密的密文检索方案。该方案中，首先为数据集构造 R 树，然后将各节点对应的超矩形分别加密，同时保留父子节点之间的连接关系。在检索时，从根节点开始，如果某个非叶子节点与检索条件相交，则继续搜索其孩子节点，否则停止搜索该分支；如果某个叶子节点与检索条件相交，则返回其连接的所有记录，否则忽略此节点。可见，在搜索密文 R 树时，基本的操作是判断两个密文超矩形（节点和检索区间）是否相交。为解决这个问题，可以将一个 d 维查询超矩形看作一个由 $2d$ 个超平面围成的区域，通过判断节点超矩形的两个顶点与各超平面之间的关系，即可判断节点是否与检索条件相交。下面介绍具体思路。

首先，介绍超平面和半空间的概念。假设全部满足等式 $\boldsymbol{a}^{\mathrm{T}}\boldsymbol{x}=b$ 的 $\boldsymbol{x}\in\mathbf{R}^d$ 构成了超平面 H，其中，$\boldsymbol{a}\in\mathbf{R}^d$，$\boldsymbol{a}\neq0$，$b\in\mathbf{R}$。如图 3-10 所示，超平面 H 将空间分成了两个半空间 $H^{\leqslant}$ 和 $H^{>}$，内半空间 $H^{\leqslant}$ 中的点满足 $\boldsymbol{a}^{\mathrm{T}}\boldsymbol{x}\leqslant b$，而外半空间 $H^{>}$ 中的点则满足 $\boldsymbol{a}^{\mathrm{T}}\boldsymbol{x}>b$。为这两个半

空间各选取一个锚点 $w^{\leqslant}\in H^{\leqslant}$ 和 $w^{>}\in H^{>}$,并且 $w^{\leqslant}$、$w^{>}$ 离超平面 H 的距离相等,同时 $w^{\leqslant}$、$w^{>}$ 连接的线段与超平面 H 垂直。需要注意的是,锚点的选取并不是唯一的,只要满足上述限制条件即可。显然,内半空间 $H^{\leqslant}$ 中的点距离锚点 $w^{\leqslant}$ 更近(例如图 3-10 中的点 $\boldsymbol{V}_1$),外半空间 $H^{>}$ 中的点距离锚点 $w^{>}$ 更近(例如图 3-10 中的点 $\boldsymbol{V}_2$)。因此,给定空间中的一个点 $\boldsymbol{V}$,可以通过比较其与锚点 $w^{\leqslant}$、$w^{>}$ 的距离来判断该点位于哪个半空间。

对于 d 维检索条件 Q,可以将其看作一个由 $2d$ 个半平面 $H_1,H_2,\cdots,H_{2d}$ 围成的区域,且 $Q=H_1^{\leqslant}\cap H_2^{\leqslant}\cap\cdots\cap H_{2d}^{\leqslant}$。如图 3-11 所示,一个 2 维检索条件 Q 由 4 个超平面 H_1、H_2、H_3、H_4 确定,而每个超平面 H_i 又对应两个锚点 $w_i^{\leqslant}$、$w_i^{>}$。

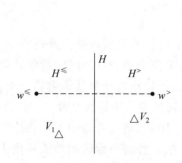

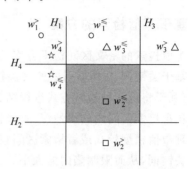

图 3-10　超平面和半空间示意图　　　　图 3-11　由超平面确定的矩形

对于节点 R,则由其左下顶点 $\boldsymbol{V}_{\mathrm{LD}}$ 和右上顶点 $\boldsymbol{V}_{\mathrm{RT}}$ 确定。如果对于某个超平面 H_i,$\boldsymbol{V}_{\mathrm{LD}}$ 和 $\boldsymbol{V}_{\mathrm{RT}}$ 均位于 $H_i^{>}$,即 $\boldsymbol{V}_{\mathrm{LD}}$ 和 $\boldsymbol{V}_{\mathrm{RT}}$ 均距离 $w_i^{>}$ 更近,则节点 R 和检索条件 Q 不相交,否则二者相交。

综上,密文矩形相交判定问题的关键操作是点之间的距离判定,对于后者,可以使用文献[64]提出的方案。假设维度为 d,顶点为 $\boldsymbol{V}\in\mathbb{R}^d$,超平面 H 对应的锚点为 $w^{\leqslant}$、$w^{>}$,使用如下步骤来判断顶点 $\boldsymbol{V}$ 是否位于内半空间 $H^{\leqslant}$:

(1) setup:输出一个 $(d+1)\times(d+1)$ 的可逆矩阵 $\boldsymbol{M}$。

(2) vertex_enc$(\boldsymbol{V},\boldsymbol{M})$:将顶点 $\boldsymbol{V}$ 进行扩展,得到 $\boldsymbol{V}_+=(\boldsymbol{V}^{\mathrm{T}}|1)^{\mathrm{T}}$,输出 $\hat{\boldsymbol{V}}=M^{-1}\boldsymbol{V}_+$。

(3) anchor_enc$(w^{\leqslant},w^{>},\boldsymbol{M})$:将锚点 $w^{\leqslant}$、$w^{>}$ 分别进行扩展,得到 $w_+^{\leqslant}=((w^{\leqslant})^{\mathrm{T}}|(-0.5\|w^{\leqslant}\|^2))^{\mathrm{T}}$,$w_+^{>}=((w^{>})^{\mathrm{T}}|(-0.5\|w^{>}\|^2))^{\mathrm{T}}$,输出 $\Delta_{\mathrm{H}}=\boldsymbol{M}^{\mathrm{T}}w_+^{\leqslant}-\boldsymbol{M}^{\mathrm{T}}w_+^{>}$。

由于 $\Delta_{\mathrm{H}}\cdot\hat{\boldsymbol{V}}=(\boldsymbol{M}^{\mathrm{T}}w_+^{\leqslant}-\boldsymbol{M}^{\mathrm{T}}w_+^{>})^{\mathrm{T}}M^{-1}\boldsymbol{V}_+=(w_+^{\leqslant}-w_+^{>})^{\mathrm{T}}\boldsymbol{V}_+=\|w^{>}-\boldsymbol{V}\|-\|w_+^{\leqslant}-\boldsymbol{V}\|$,因此,如果 $\Delta_{\mathrm{H}}\cdot\hat{\boldsymbol{V}}\geqslant 0$,则顶点 $\boldsymbol{V}$ 位于内半空间 $H^{\leqslant}$ 内。

对于密文矩形相交判定问题,假设节点为 R,检索条件为 Q,具体步骤如下:

(1) setup:输出一个 $(d+1)\times(d+1)$ 的可逆矩阵 $\boldsymbol{M}$。

(2) node_enc$(R,\boldsymbol{M})$:计算得到 $\hat{\boldsymbol{V}}_{\mathrm{LD}}=$ vertex_enc$(\boldsymbol{V}_{\mathrm{LD}},\boldsymbol{M})$,$\hat{\boldsymbol{V}}_{\mathrm{RT}}=$ vertex_enc$(\boldsymbol{V}_{\mathrm{RT}},\boldsymbol{M})$,其中 $\boldsymbol{V}_{\mathrm{LD}}$,$\boldsymbol{V}_{\mathrm{RT}}$ 分别为节点 R 的左下顶点和右上顶点,输出 $\hat{\boldsymbol{R}}=\{\hat{\boldsymbol{V}}_{\mathrm{LD}},\hat{\boldsymbol{V}}_{\mathrm{RT}}\}$。

(3) query_enc$(Q,\boldsymbol{M})$:为检索条件 Q 对应的各超平面 H_i,$1\leqslant i\leqslant 2d$ 选定两个锚点 $w_i^{\leqslant}$、$w_i^{>}$,计算得到 $\Delta_{\mathrm{H}_i}=$ anchor_enc$(w_i^{\leqslant},w_i^{>},\boldsymbol{M})$,输出 $\hat{\boldsymbol{Q}}=\{\Delta_{\mathrm{H}_1},\Delta_{\mathrm{H}_2},\cdots,\Delta_{\mathrm{H}_{2d}}\}$。

(4) xsect$(\hat{\boldsymbol{R}},\hat{\boldsymbol{Q}})$:若存在 i,使得 $\hat{\boldsymbol{V}}_{\mathrm{LD}}$、$\hat{\boldsymbol{V}}_{\mathrm{RT}}$ 均位于超平面 H_i 的外半空间 $H_i^{>}$,则输出 0,

否则输出 1。

在该方案中,由于会泄露顶点位于某超平面划分的哪个半空间,因此会泄露节点间的顺序关系。对此,文献[68]对上述方案进行了改进,在保护数据顺序特征的同时提高了检索效率。

对比矩阵加密和谓词加密,基于矩阵加密的方案的安全性普遍比基于谓词加密的方案差。但是由于矩阵加密的主要操作为向量内积计算,而谓词加密为双线性运算,使得矩阵加密可以方便地处理实数,而谓词加密仅能处理整数。因此,矩阵加密在索引存储空间、陷门大小和检索效率等方面更有优势。

3.5.4 基于等值检索的方案

基于等值检索的密文区间检索方案的核心思想:将区间检索转换为等值检索,然后使用现有的基于关键词-文档索引的密文关键词检索方案完成查询。将区间检索转换为关键词检索,有利于将这两种检索方式进行结合。直观上,可以将每个属性值看作一个关键词,然后通过枚举检索区间内的属性值,直接将区间检索转换为多轮等值检索,然而这种方法不适用于处理数值精度较高或者检索区间较大的情况。因此,研究者希望可以将检索区间映射为少量关键词,从而限制陷门的大小。本节主要介绍 3 种将单维区间检索转换为等值检索的方法 ε_1、ε_2、ε_3,具体可参考文献[69]。注意,下文均假设属性值域为 $\mathbf{Z}_{2^h}$。

方案 ε_1 的主要思路是:将各种可能的检索区间看作一个关键词,各关键词对应的数据集合即为属性值属于该区间的记录集合。检索时,只需要查找检索区间对应的关键词即可。令 $m=2^h$,假设共有 n 条记录,由于任意属性值属于 $O(m^2)$ 个区间,则此方法的存储空间将高达 $O(nm^2)$。

为将存储空间最小化,人们又提出了方案 ε_2。在描述具体的方案之前,首先介绍一个新知识——可授权伪随机函数(Delegatable Pseudo Random Function,DPRF)。DPRF 是伪随机函数的一种改进版本,其除了拥有伪随机函数所具备的特点外,还拥有如下性质:给定一个密钥为 k 的可授权伪随机函数 f_k,拥有密钥 k 的用户可以授权另一个没有密钥的用户计算某些特定值对应的 DPRF 值。

具体地,DPRF 可以通过伪随机数生成器实现。定义伪随机数生成器 $G:\{0,1\}^{\lambda}\rightarrow\{0,1\}^{2\lambda}$,其输入为 λ 比特的值 x,输出为两个 λ 比特的随机数 $G_0(x)$ 以及 $G_1(x)$。那么对于二进制数 $a=a_{l-1}a_{l-2}\cdots a_0$,其 DPRF 值为 $f(a_{l-1}a_{l-2}\cdots a_0)=G_{a_0}(\cdots(G_{a_{l-1}}(k)))$,其中种子 k 即为函数密钥。例如,使用 3 比特将值 6 表示为 110,则 $f(110)=G_0(G_1(G_1(k)))$。易见,在图 3-7 所示的线段树中,当给定某个非叶子节点的 DPRF 值 v 时,即使服务器没有密钥,也可以计算出该节点的左孩子对应的 DPRF 值 $G_0(v)$ 和右孩子对应的 DPRF 值 $G_1(v)$,进而计算出该节点包含的所有叶子节点(属性值)对应的 DPRF 值。

综上,方案 ε_2 将各属性值看作一个关键词,关键词对应的密文即为属性值的 DPRF 值。检索时,用户需要计算线段树中覆盖且仅覆盖检索区间的最小节点集合,并将这些节点对应的 DPRF 值发送给服务器,随后服务器计算出这些节点包含的所有叶子节点的 DPRF 值,即需要返回的关键词的密文。该方案的缺点在于会直接泄露某个节点下叶子节点之间的排序关系。

为在存储空间和安全性之间进行平衡,方案 ε_3 同样使用线段树中的节点来表示属性值和检索区间,但不同的是,令每个节点对应一个关键词。如图 3-7 所示,假设属性值域为[0,7],属性值为 5 的记录对应的关键词即为节点 101、10*、1**、*** 对应的关键词。检索时,假设检索区间为[1,6],其对应的最小节点集合为{001,01*,10*,110},则分别使用这些节点对应的关键词进行单关键词检索,最后对两次检索结果求并集。

由于方案 ε_3 将检索区间拆分为多个不相交的区间,在进行多次检索后,可能会泄露各区间之间的顺序关系。因此,需要对线段树进行改进,人们提出了 TDAG(Tree-like Directed Acyclic Graph,树状有向无环图)树。如图 3-12 所示,在线段树的基础上,在每两个同层节点间插入一个新的节点(如在 00* 和 01* 之间插入 00*-01*),该新节点又关联着下层的两个节点(如 00*-01* 连接着 001 和 010)。TDAG 树的特点在于,对于长度为 R 的检索区间,一定存在一个可以将其完全覆盖的节点,且此节点对应区间的长度为 $O(R)$。可见,在改进的方案中,检索时只需要在 TDAG 树中找到一个满足上述条件且层数最低的节点来表示检索条件即可,从而以引入冗余数据为代价,提高了安全性。

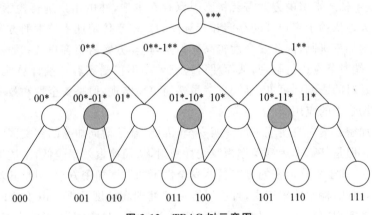

图 3-12   TDAG 树示意图

3.5.5   基于保序加密的区间检索

保序加密(Order-Preserving Encryption,OPE)是一种保持数值顺序关系的加密算法,其算法本身可以应用于各种场景,并不仅限于区间检索。

定义 3-13(保序加密)   给定加密算法 E,如果对于任何密钥 k 以及数值数据 x 和 $y(x<y)$,均存在 $E_k(x)<E_k(y)$,则称 E 是保序的。

文献[70]首次提出了保序加密的概念,并给出了一种不泄露明文概率分布的保序加密方案。该方案支持用户指定一个目标概率分布作为输入,在保证密文顺序与明文顺序一致的同时,使得密文数据遵循指定的目标概率分布,而与明文概率的分布无关。该加密方案的主要思想:首先将明文集合的数值扁平化,然后再按照指定的目标概率分布进行压缩输出。

文献[71]首次对保序加密做出了严格的安全定义和分析,并指出:对于保序加密算法,理想安全性即除了顺序以外不泄露任何其他信息,这种理想安全性称为按序选择明文攻击下不可区分性(INDistinguishability under Ordered Chosen-Plaintext Attack,IND-OCPA)。但实际上,IND-OCPA 是不实用的,因为实现 IND-OCPA 需要的密文长度随明文长度呈指数关系增长,其效率很低。

由于本身的保序特性,保序加密很难保证数据的隐私性。文献[72]指出,即使是达到 IND-OCPA 安全性的保序加密算法,也无法抵御具备特定背景知识的敌手的攻击。文献 [73]提出:若使用场景对安全性要求较高,同时应用中又有比较密文顺序的需求,则可以考虑将保序加密弱化为显序加密(Order-Revealing Encryption)。显序加密是函数加密的一种,需要提供一个额外的陷门函数才能比较密文的顺序关系,因此安全性较保序加密更高。但是就区间检索这个应用场景而言,服务器是无法在一次比较内完成一次检索响应的。因此,如果使用显序加密实现密文区间检索,则不可避免地需要客户端与服务器端多次交互,或者客户端事先存储大量的元数据,导致较高的检索代价。

3.5.6 小结

在早期的密文区间检索方案中,基于桶式索引的方案采用方差和熵来衡量方案的安全性,其安全程度是难以证明的,而且这些方案的安全性以检索结果中包含大量的冗余数据为代价。此外,基于桶式索引的方案需要将索引保存在本地,并由用户进行检索,这使得方案的检索效率极大地依赖于客户端的存储和计算能力。基于传统加密技术的方案的安全性主要依赖于采用的加密机制,因此安全性较高。但是,这类方案需要客户端和服务器进行多轮交互,并由客户端对节点进行解密,从而使得检索效率不仅受到客户端计算能力的限制,同样也受到网络延时的影响。可见,早期方案虽然简单易实现,但是安全性和效率上的缺陷阻碍了其在现实场景中的应用。

由于谓词加密方案本身实现了可证明安全,因此,基于谓词加密的密文区间检索方案普遍安全性较高。但是其基本运算操作为双线性映射,从而检索效率较低,不适用于处理高维度、高精度数据。基于矩阵加密的方案虽然安全性不如谓词加密方案,但是其基本运算操作为乘法和加法,因此,检索效率较高,且可以方便地处理高精度数据。由于谓词加密和矩阵加密的功能都是实现内积运算,因此,这两种技术通常可以互换,而不影响方案的正确性,但需要注意的是谓词加密方案仅能处理整数。除了加密技术外,检索采用的树结构和判断条件也会影响方案的安全性。例如 B+树和 kd 树本身会泄露数据的排序关系,而 R 树则不具有这个缺陷,但是在文献[66]中,判断检索条件与 R 树节点是否相交的过程却泄露了部分排序特征。

基于等值检索的方案灵活性较大,根据用户对于安全性、效率和存储空间的要求,可以采用不同的关键词构造方式。由于这类方法主要基于密文关键词检索方案,因此,容易将区间检索和关键词检索相结合。

保序加密由于其本身的特征,使得密文直接泄露了明文的排序特征,因此安全性较低。但是对于经过保序加密的数据,可以使用任意明文数据结构和检索方式对其进行检索,所以在安全性要求不高的场景中,保序加密具有良好的表现。

3.6 注记与文献

本章围绕大数据环境对几种安全检索技术进行了介绍,具体包括密文检索技术、PIR 技术、ORAM 技术等。这些技术的保护目标有所不同,在实际应用中也可适当结合。

密文检索技术主要用于保护用户的敏感数据和查询条件。根据不同的应用场景、不同的数据类型,密文检索方案种类繁多,研究路线也不尽相同。本章以对称密文检索为主,分别介绍了关键词检索和区间检索两大类方案。

首个密文检索方案由 Song 等[1] 提出,该方案由密文本身实现关键词检索。由于密文索引一体的方案在检索效率上的不足,后续研究基本都是基于索引的。从索引构造的角度,密文关键词检索方案又可以进一步分为基于文档-关键词索引的方案和基于关键词-文档索引的方案。其中前者的检索效率与文档数目为线性关系,而后者则与检索结果的数目相关。因此,目前研究者主要研究基于关键词-文档索引的方案。根据实际应用需求,又在单关键词检索的基础上衍生出了多关键词检索、模糊检索、Top-k 检索以及多用户 SSE。在安全性方面,当前方案大多采用 Curtmola 等[23] 提出的安全性定义。但正如 Cash 等[40] 证明的那样,当攻击者拥有一定的背景知识时,当前方案依然会泄露敏感信息。因此,如何进一步提高密文关键词检索的安全性依然是一个需要解决的问题。

早期的密文区间检索技术主要是基于桶式索引和传统加密技术的,这些方案在安全性和效率方面存在较大不足。目前流行的密文区间检索方案主要是基于谓词加密的、基于矩阵加密的、基于等值检索的以及基于保序加密的。由于谓词加密和矩阵加密都可用于计算向量内积,因此,这两类方案在构造上相似度较高。在基于保序加密的方案中,密文直接泄露了明文的顺序特征,因此,该类方案仅适用于安全需求较低的应用场景。等值检索的核心思想是将区间检索转换为关键词检索,方便了区间检索和关键词检索的结合,但是目前方案还需要在安全性和检索效率之间更加合理地进行平衡。

非对称密文检索通常是借助某种基于身份的加密系统构造的,设计思路与对称密文检索的区别较大。此外,对称密文检索方案大多是基于双线性映射的,因此,检索效率通常较差。

除密文检索以外,本章还简单介绍了 PIR 技术和 ORAM 技术,其中 PIR 技术用于保护用户的查询意图,而 ORAM 技术用于保护访问模式。将密文检索技术和 ORAM 技术相结合,可以进一步提高密文检索方案的安全性,但是 ORAM 技术的使用会极大地影响检索效率。

参 考 文 献

[1] Song D X, Wagner D, Perrig A. Practical Techniques for Searches on Encrypted Data[C]//Proceedings of the 2000 IEEE Symposium on Security and Privacy. New York: IEEE, 2000: 44-55.

[2] Feigenbaum J. Encrypting Problem Instances: or..., Can You Take Advantage of Someone without having to Trust Him? [C]//Proceedings of the Conference on the Theory and Application of Cryptographic Techniques. Berlin: Springer, 1985: 477-488.

[3] Abadi M, Feigenbaum J, Kilian J. On Hiding Information from an Oracle[J]. Journal of Computer and System Sciences, 1989, 39(1): 21-50.

[4] Chor B, Goldreich O, Kushilevitz E, et al. Private Information Retrieval[C]//Proceedings of the 36th Annual IEEE Symposium on Foundations of Computer Science. New York: IEEE, 1995: 41-50.

[5] Gasarch W. A Survey on Private Information Retrieval[J]. Bulletin of the Eatcs, 2004, 82: 72-107.

[6] Ambainis A. Upper bound on the Communication Complexity of Private Information Retrieval[C]// Proceedings of the International Colloquium on Automata, Languages, and Programming. Berlin:

Springer,1997：401-407.

[7]   Itoh T. Efficient Private Information Retrieval［J］. IEICE Transactions on Fundamentals of Electronics,Communications and Computer Sciences,1999,82(1)：11-20.

[8]   Ishai Y,Kushilevitz E. Improved Upper bounds on Information-Theoretic Private Information Retrieval ［C］//Proceedings of the 31st Annual ACM Symposium on Theory of Computing. New York：ACM, 1999：79-88.

[9]   Beimel A,Ishai Y,Kushilevitz E,et al. Breaking the O(n/sup 1/(2k-1)/) Barrier for Information-Theoretic Private Information Retrieval［C］//Proceedings of the 43rd Annual IEEE Symposium on Foundations of Computer Science. New York：IEEE,2002：261-270.

[10]   Kushilevitz E,Ostrovsky R. Replication is not Needed：Single Database,Computationally-Private Information Retrieval［C］//Proceedings of the 38th Annual Symposium on Foundations of Computer Science. New York：IEEE,1997：364-373.

[11]   Chor B,Gilboa N,Naor M. Private Information Retrieval by Keywords［M］. Technion-IIT, Department of Computer Science,1997.

[12]   Gertner Y,Ishai Y,Kushilevitz E,et al. Protecting Data Privacy in Private Information Retrieval Schemes［J］. Journal of Computer and System Sciences,2000,60(3)：592-629.

[13]   Rabin M O. How to Exchange Secrets with Oblivious Transfer［J］. IACR Cryptology ePrint Archive, 2005.

[14]   Goldreich O. Towards a Theory of Software Protection and Simulation By Oblivious Rams［C］// Proceedings of the 19th Annual ACM Symposium on Theory of Computing. New York：ACM,1987： 182-194.

[15]   Stefanov E,Shi E. Oblivistore：High Performance Oblivious Cloud Storage［C］//Proceedings of the 2013 IEEE Symposium on Security and Privacy. New York：IEEE,2013：253-267.

[16]   Stefanov E,Van Dijk M,Shi E,et al. Path oram：An Extremely Simple Oblivious ram Protocol［C］// Proceedings of the 2013 ACM SIGSAC Conference on Computer & Communications Security. New York：ACM,2013：299-310.

[17]   DautrichJr J L,Stefanov E,Shi E. Burst oram：Minimizing oram Response Times for Bursty Access Patterns［C］//Proceedings of the USENIX Security Symposium. 2014：749-764.

[18]   Bindschaedler V,Naveed M,Pan X,et al. Practicing Oblivious Access on Cloud Storage：the Gap,the Fallacy,and the New Way Forward［C］//Proceedings of the 22nd ACM SIGSAC Conference on Computer and Communications Security. New York：ACM,2015：837-849.

[19]   Naveed M. The Fallacy of Composition of Oblivious ram and Searchable Encryption［J］. IACR Cryptology ePrint Archive,2015：668.

[20]   Bloom B H. Space/Time Trade-offs in Hash Coding with Allowable Errors［J］. Communications of the ACM,1970,13(7)：422-426.

[21]   Goh E J. Secure Indexes［J］. IACR Cryptology ePrint Archive,2003：216.

[22]   Chang Y C,Mitzenmacher M. Privacy Preserving Keyword Searches on Remote Encrypted Data［C］// Proceedings of the 3rd International Conference on Applied Cryptography and Network Security. Berlin：Springer,2005：442-455.

[23]   Curtmola R,Garay J,Kamara S,et al. Searchable Symmetric Encryption：Improved Definitions and Efficient Constructions［J］. Journal of Computer Security,2011,19(5)：895-934.

[24]   Cai K,Hong C,Zhang M,et al. A Secure Conjunctive Keywords Search over Encrypted Cloud Data against Inclusion-Relation Attack［C］//Proceedings of the IEEE 5th International Conference on

Cloud Computing Technology and Science. New York: IEEE,2013: 339-346.

[25] Cash D,Jarecki S,Jutla C,et al. Highly-Scalable Searchable Symmetric Encryption with Support for Boolean Queries[C]//Proceedings of the 2013 International Conference on Advances in Cryptology. Berlin: Springer,2013: 353-373.

[26] Hong C,Li Y, Zhang M, et al. Fast Multi-Keywords Search over Encrypted Cloud Data[C]// Proceedings of the 2016 International Conference on Web Information Systems Engineering. Berlin: Springer,2016: 433-446.

[27] Li J,Wang Q,Wang C,et al. Fuzzy Keyword Search over Encrypted Data in Cloud Computing[C]// Proceedings of the 29th Conference on Computer Communications. Piscataway: IEEE Press,2010: 441-445.

[28] Liu C,Zhu L,Li L,et al. Fuzzy Keyword Search on Encrypted Cloud Storage Data with Small Index [C]//Proceedings of the 2011 IEEE International Conference on Cloud Computing and Intelligence Systems. New York: IEEE,2011: 269-273.

[29] Wang C, Ren K, Yu S, et al. Achieving Usable and Privacy-Assured Similarity Search over Outsourced Cloud Data [C]//Proceedings of the 2012 International Conference on Computer Communications. New York: IEEE,2012: 451-459.

[30] Kuzu M, Islam M S, Kantarcioglu M. Efficient Similarity Search over Encrypted Data [C]// Proceedings of the 2012 IEEE 28th International Conference on Data Engineering. Washington: IEEE Computer Society,2012: 1156-1167.

[31] Faber S,Jarecki S,Krawczyk H,et al. Rich Queries on Encrypted Data: beyond Exact Matches[C]// Proceedings of the European Symposium on Research in Computer Security. Cham: Springer,2015: 123-145.

[32] Cao N,Wang C,Li M,et al. Privacy-Preserving Multi-Keyword Ranked Search over Encrypted Cloud Data[C]//Proceedings of the 2011 IEEE International Conference on Computer Communications. New York: IEEE,2011: 829-837.

[33] Wang C, Cao N, Li J, et al. Secure Ranked Keyword Search over encrypted Cloud Data[C]// Proceedings of the 2010 IEEE 30th International Conference on Distributed Computing Systems. Washington: IEEE Computer Society,2010: 253-262.

[34] Sun W, Wang B, Cao N, et al. Privacy-Preserving Multi-Keyword Text Search in the Cloud Supporting Similarity-based Ranking[C]//Proceedings of the 8th ACM SIGSAC Symposium on Information,Computer and Communications Security. New York: ACM,2013: 71-82.

[35] Xia Z,Wang X,Sun X,et al. A Secure and Dynamic Multi-Keyword Ranked Search Scheme over Encrypted Cloud Data[J]. IEEE Transactions on Parallel and Distributed Systems,2016,27(2): 340-352.

[36] Zhang Y,Katz J,Papamanthou C. All Your Queries are Belong to Us: the Power of File-Injection Attacks on Searchable Encryption[J]. IACR Cryptology ePrint Archive,2016: 172.

[37] Stefanov E,Papamanthou C, Shi E. Practical Dynamic Searchable Encryption with Small Leakage [C]//Proceedings of the Network and Distributed System Security Symposium. 2014.

[38] Bost R. Σοφος: Forward Secure Searchable Encryption[C]//Proceedings of the 2016 ACM SIGSAC Conference on Computer and Communications Security. New York: ACM,2016: 1143-1154.

[39] Islam M S, Kuzu M, Kantarcioglu M. Access Pattern Disclosure on Searchable Encryption: Ramification, Attack and Mitigation [C]//Proceedings of the Network and Distributed System Security Symposium. 2012.

[40] Cash D, Grubbs P, Perry J, et al. Leakage-Abuse Attacks against Searchable Encryption [C]// Proceedings of the 22nd ACM SIGSAC Conference on Computer and Communications Security. New York: ACM, 2015: 668-679.

[41] Boneh D, Di Crescenzo G, Ostrovsky R, et al. Public Key Encryption with Keyword Search[C]// Proceedings of the Eurocrypt. Berlin: Springer, 2004: 506-522.

[42] Khader D. Public Key Encryption with Keyword Search based on k-Resilient ibe[J]. Computational Science and Its Applications, 2006: 298-308.

[43] Di Crescenzo G, Saraswat V. Public Key Encryption with Searchable Keywords based on Jacobi Symbols[C]//International Conference on Cryptology in India. Berlin: Springer, 2007: 282-296.

[44] 李经纬,贾春福,刘哲理,等. 可搜索加密技术研究综述[J]. 软件学报,2015,26(1): 109-128.

[45] Boneh D, Franklin M. Identity-based Encryption from the Weil Pairing [J]. SIAM Journal on Computing, 2003, 32(3): 586-615.

[46] Heng S H, Kurosawa K. k-Resilient Identity-based Encryption in the Standard Model [C]// Proceedings of the CT-RSA. 2004: 67-80.

[47] Hwang Y, Lee P. Public Key Encryption with Conjunctive Keyword Search and Its Extension to a Multi-User System[J]. Pairing-Based Cryptography-Pairing, 2007: 2-22.

[48] Bellare M, Boldyreva A, O'Neill A. Deterministic and Efficiently Searchable Encryption[J]. Advances in Cryptology-CRYPTO, 2007: 535-552.

[49] Bao F, Deng R H, Ding X, et al. Private Query on Encrypted Data in Multi-User Settings[C]// International Conference on Information Security Practice and Experience. Berlin: Springer, 2008: 71-85.

[50] Byun J, Rhee H, Park H A, et al. Off-line Keyword Guessing Attacks on Recent Keyword Search Schemes over Encrypted Data[J]. Secure Data Management, 2006: 75-83.

[51] Xu P, Jin H, Wu Q, et al. Public-Key Encryption with Fuzzy Keyword Search: A Provably Secure Scheme under Keyword Guessing Attack[J]. IEEE Transactions on Computers, 2013, 62(11): 2266-2277.

[52] Baek J, Safavi-Naini R, Susilo W. On the Integration of Public Key Data Encryption and Public Key Encryption with Keyword Search[C]//Proceedings of the ISC. 2006, 4176: 217-232.

[53] Baek J, Safavi-Naini R, Susilo W. Public Key Encryption with Keyword Search Revisited [J]. Computational Science and Its Applications-ICCSA, 2008: 1249-1259.

[54] Hacigümüş H, Iyer B, Li C, et al. Executing SQL over Encrypted Data in the Database-Service-Provider Model [C]//Proceedings of the 2002 ACM SIGMOD International Conference on Management of Data. New York: ACM, 2002: 216-227.

[55] Hore B, Mehrotra S, Tsudik G. A Privacy-Preserving Index for Range Queries[C]//Proceedings of the 30th International Conference on Very Large Data Bases. Trondheim: VLDB Endowment, 2004: 720-731.

[56] Hore B, Mehrotra S, Canim M, et al. Secure Multidimensional Range Queries over Outsourced Data [J]. The International Journal on Very Large Data Bases, 2012, 21(3): 333-358.

[57] Damiani E, Vimercati S, Jajodia S, et al. Balancing Confidentiality and Efficiency in Untrusted Relational DBMSs[C]//Proceedings of the 10th ACM Conference on Computer and Communications Security. New York: ACM, 2003: 93-102.

[58] Bentley J L. Multidimensional Binary Search Trees Used for Associative Searching. Communications of the ACM, 1975, 18(9): 509-517.

［59］ Wang B,Li M,Wang H. Geometric Range Search on Encrypted Spatial Data. IEEE Transactions on Information Forensics and Security,2016,11(4)：704-719.

［60］ Wang B,Li M,Xiong L. FastGeo：Efficient Geometric Range Queries on Encrypted Spatial Data. IEEE Transactions on Dependable and Secure Computing,2017.

［61］ BonehD,Waters B. Conjunctive,Subset,and Range Queries on Encrypted Data[C]//Proceedings of the 2007 Theory of Cryptography Conference. Berlin：Springer,2007：535-554.

［62］ Shi E,Bethencourt J,Chan T H H,et al. Multi-Dimensional Range Query over Encrypted Data[C]// Proceedings of the 2007 IEEE Symposium on Security and Privacy. New York：IEEE,2007：350-364.

［63］ Wang B,Hou Y,Li M,et al. Maple：Scalable Multi-Dimensional Range Search over Encrypted Cloud Data with Tree-based Index[C]//Proceedings of the 9th ACM Symposium on Information,Computer and Communications Security. New York：ACM,2014：111-122.

［64］ Wong W K,Cheung D W,Kao B,et al. Secure knn Computation on Encrypted Databases[C]// Proceedings of the 2009 ACM SIGMOD International Conference on Management of Data. New York：ACM,2009：139-152.

［65］ 蔡克,张敏,冯登国. 基于单断言的安全的密文区间检索[J]. 计算机学报,2011,34(11)：2093-2103.

［66］ Wang P,Ravishankar C V. Secure and Efficient Range Queries on Outsourced Databases Using Rp-Trees[C]//Proceedings of the 2013 IEEE 29th International Conference on Data Engineering. New York：IEEE,2013：314-325.

［67］ Karras P,Nikitin A,Saad M,et al. Adaptive Indexing over Encrypted Numeric Data[C]//Proceedings of the 2016 International Conference on Management of Data. New York：ACM,2016：171-183.

［68］ Chi J,Hong C,Zhang M,et al. Fast Multi-Dimensional Range Queries on Encrypted Cloud Databases [C]//Proceedings of the International Conference on Database Systems for Advanced Applications. Cham：Springer,2017：559-575.

［69］ Demertzis I,Papadopoulos S,Papapetrou O,et al. Practical Private Range Search Revisited[C]// Proceedings of the 2016 International Conference on Management of Data. New York：ACM,2016：185-198.

［70］ Agrawal R,Kiernan J,Srikant R,et al. Order Preserving Encryption for Numeric Data[C]// Proceedings of the 2004 ACM SIGMOD International Conference on Management of Data. ACM,2004：563-574.

［71］ Boldyreva A,Chenette N,Lee Y,et al. Order-Preserving Symmetric Encryption[C]//Proceedings of the Eurocrypt. 2009,5479：224-241.

［72］ Durak F B,DuBuisson T M,Cash D. What else is Revealed by Order-Revealing Encryption? [C]// Proceedings of the 2016 ACM SIGSAC Conference on Computer and Communications Security. New York：ACM,2016：1155-1166.

［73］ Boneh D,Lewi K,Raykova M,et al. Semantically Secure Order-Revealing Encryption：Multi-Input Functional Encryption without Obfuscation[J]. EUROCRYPT (2),2015,9057：563-594.

［74］ Bosch C,HartelP,JonkerW,Peter A. A Survey of Provably Secure Searchable Encryption[J]. ACM Comput. Surv.,47(2)：1-51,2014.

［75］ Guttman A. R-Trees：A Dynamic Index Structure for Spatial Searching[C]//Proceedings of the ACM SIGMOD International Conference on Management of Data. New York：ACM,1984：47-57.

［76］ Shen E,Shi E,Waters B. Predicate Privacy in Encryption Systems[C]//Proceedings of the 6th Theory of Cryptography Conference. Berlin：Springer,2009：457-473.

[77] Lu Y. Privacy-Preserving Logarithmic-Time Search on Encrypted Data in Cloud[C]//Proceedings of the 2012 Network and Distributed System Security Symposium,2012.

[78] Wang B,Hou Y,Li M,et al. Tree-based Multi-Dimensional Range Search on Encrypted Data with Enhanced Privacy[C]//Proceedings of the 2014 International Conference on Security and Privacy in Communication Systems. Cham:Springer,2014:374-394.

第 4 章　安全处理技术

　　内容提要：第 3 章介绍了如何对加密数据进行安全检索的技术，但在实际应用中这一点还远远不够，人们期望在加密数据上进行分析处理并返回处理结果，同时还要确保数据和处理都是安全的。本章就这一话题，针对大数据环境介绍一些主要的安全处理技术，包括同态加密、可验证计算、安全多方计算、函数加密和外包计算等技术。这些技术可用于数据安全处理的不同环境中，同态加密技术可用于处理加密数据而维持数据的机密性；可验证计算技术可用于处理数据并可检测计算的完整性；安全多方计算可用于参与方共同完成一个分布式计算而参与方之间不会泄露各自的敏感输入并可确保计算的正确性；函数加密技术可使得一个数据拥有者只能让其他人获得他的敏感数据的一个具体函数值而没有获得其他任何信息；上述 4 种技术都可作为解决外包计算的主要技术和工具，但外包计算技术也有其自身的内涵，外包计算技术可使计算资源受限的用户端将计算复杂性较高的计算外包给远端的半可信或恶意服务器来完成。这些技术也可以组合使用，例如，将同态加密技术和可验证计算技术组合，可用于解决输入和输出的机密性以及计算的完整性问题。

　　关键词：同态加密；类同态加密；自举加密；全同态加密；可验证计算；概率检测证明；零知识证明；论证系统；交互证明；安全多方计算；功能函数；健忘传输；半诚实模型；恶意模型；电路赋值；函数（功能）加密；语义安全；模拟安全；外包计算；秘密共享。

4.1　同态加密技术

　　同态加密（Homomorphic Encryption，HE）的思想最早是由 Rivest 等人于 1978 年提出的[1]，亦称隐私同态（privacy homomorphism）。其基本思想是：在不使用私钥解密的前提下，能否对密文数据进行任意的计算，且计算结果的解密值等于对应的明文计算的结果。形式化地讲，非对称性场景下的同态加密问题可以定义为：假定一组消息 $(m_1, m_2, \cdots, m_t)$ 在某个公开加密密钥 PK 下的密文为 $(c_1, c_2, \cdots, c_t)$，给定任意一个函数 f，在不知道消息 $(m_1, m_2, \cdots, m_t)$ 以及私钥解密密钥 SK 的前提下，可否计算出 $f(m_1, m_2, \cdots, m_t)$ 在 PK 作用下的密文，而不泄露关于 $(m_1, m_2, \cdots, m_t)$ 以及 $f(m_1, m_2, \cdots, m_t)$ 的任何信息？同态加密技术的发展从单同态加密到类同态加密（Somewhat Homomorphic Encryption，SWHE），再到全同态加密（Fully Homomorphic Encryption，FHE），经历了 30 多年的历程，最终于 2009 年由时为斯坦福大学计算机科学系博士生的 Gentry 基于理想格构造出第一个 FHE 方案，解决了这一重大问题。这一问题一直被密码学界视作一个"海市蜃楼"般的问题，一些密码学家甚至誉之为"密码学圣杯"。"海市蜃楼"以及"密码学圣杯"，足以说明这个问题的困难性以及此前整个密码学界对解决这个问题的不乐观态度！在基督教中，圣杯一直被视作"永远无法找回"的宗教象征。

　　同态性质本来被视为一种安全性缺陷，例如，RSA 方案关于乘法的同态性质可用来伪造数字签名，但这种性质能够提供无信托计算、电子投票、保密信息检索等服务。

　　自从同态加密技术诞生以来，许多密码学研究者开始致力于同态加密方案的研究，并提出了大量的支持一定同态能力的加密方案。支持任意次乘法同态操作的加密方案主要有RSA加密方案[2]和ElGamal加密方案[3]，支持任意次加法同态操作的加密方案主要有GM加密方案[4]、Benaloh加密方案[5,6]（文献[6]中的方案是对文献[5]中的方案的修正）、OU加密方案[7]、NS加密方案[8]、Paillier加密方案[9]、DJ加密方案[10]，支持任意次加法同态操作和一次乘法同态操作的加密方案主要有BGN方案[11]。此外，Fellows等人于2006年提出的PC加密方案可支持任意电路，但误差随密文规模呈指数级增长[12-15]；Sanders等使用隐私电路（circuit-private）加法同态加密构造的隐私电路SYY加密方案可处理NC_1电路[16,17]，Ishai等人使用分支程序（branching programs）同态处理NC_1电路[18]。

　　Gentry于2009年基于理想格构造的第一个FHE方案发表在ACM STOC2009国际会议上[19,20]，国际ACM协会在其旗舰刊物 *Communications of ACM* 2010年第3期以《一睹密码学圣杯芳容》为题并以"重大研究进展"的形式对这一成果进行了专题报道。Gentry构造全同态加密方案的基本思路是：首先，构造一个类同态加密（SWHE）方案。SWHE方案不能做到全同态，只是一个"有点同态"的加密方案，只能对加密数据进行低次多项式计算，也就是说只能同态计算"浅的电路"；其次，给出一种将SWHE方案修改为自举（bootstrappble）同态加密方案的方法；最后，通过递归式自嵌入，任何一个自举同态加密方案都可以转化为一个全同态加密方案。Gentry方案的安全性建立在理想格上的有界距离编码问题（BDDP）和稀疏子集和问题（SSSP）的困难性假设上，BDDP假设用于保证类同态加密方案的选择明文安全性（CPA），SSSP假设则是由于压缩（Squashing）解密电路引入的额外假设。

　　目前，全同态加密方案主要有两大类。一类是无限层FHE方案，也称无界自举型FHE方案，这是真正意义上的FHE方案，其典型代表是Gentry方案[19,20]。由于这类方案采用基于同态解密的自举技术，所以无限层FHE方案理论上可以进行无限深度的同态操作，但付出的代价是同态操作的计算开销、密钥规模和密文尺寸都比较大。另一类是层次型FHE方案，其典型代表是BGV方案[21]。这类方案需要预先给定所需同态计算的深度d，以便可以执行深度为d的多项式同态操作，从而可以满足绝大多数应用需求。总的来讲，已有的FHE方案的构造仍未脱离Gentry当初的设计框架和思想，很多方法都是通过使用基于基础模运算构建类同态加密方案，同时使用Gentry的技术（即压缩和自举）将其转化成全同态加密方案。即使将层次型FHE嵌套成无限型FHE，目前的做法仍然是用基于同态解密的自举技术来实现。

　　关于FHE的研究进展可归纳为以下几个方面：

　　（1）方案设计研究，如基于整数的设计[22-26]、基于编码的设计[27]。

　　（2）效率改进和算法可用性研究，如基于误差学习（LWE）和ring-LWE问题的全同态加密方案[28-32]、基于Gentry初始方案的改进[33-36]。

　　（3）实现和应用研究，包括各种FHE方案的软硬件实现和应用研究，最具代表性的是开源代码库HElib[37]。

　　同态加密技术的研究也受到了各国政府的高度关注。美国支持的"密文可编程计算"（Programming Computing on Encrypted Data，PROCEED）项目的主要目标是为"密文未经解密即可进行计算"而研发实用化的方法以及为达到此目标所需要的新的编程计算语言,第一个方向就是关于 FHE 的新数学基础。欧盟启动了"同态加密应用与技术"(Homomorphic Encryption Applications and Technology,HEAT)项目。

有关 FHE 的更多研究进展可参阅文献[38-41]。

本节主要介绍全同态加密的基本概念和基本思想,主要取材于文献[22]。

4.1.1 同态加密

同态加密方案包括同态对称加密方案和同态公钥(也称非对称)加密方案两大类,大部分同态加密方案都是同态公钥加密方案,鉴于此,除特别声明外,本节所讲的同态加密方案均指同态公钥加密方案。

这里只考虑关于布尔电路(等价于布尔函数)的同态加密方案,布尔电路由模 2 加法门和模 2 乘法门组成,只考虑比特操作也就意味着加密方案的明文空间为$\{0,1\}$。更一般的情况可参阅文献[18]。

一个同态加密方案 ε 通常由以下 4 个算法组成:

(1) KeyGen 算法。输入安全参数 λ(λ 通常用来刻画密钥的比特长度),生成公钥 pk 和私钥 sk,即 $(\mathrm{pk},\mathrm{sk})\leftarrow\mathrm{KeyGen}(\lambda)$。

(2) Encrypt 算法。输入明文 $m\in\{0,1\}$ 和公钥 pk,得到密文 c,即 $c\leftarrow\mathrm{Encrypt}(\mathrm{pk},m)$。

(3) Decrypt 算法。输入私钥 sk 和密文 c,得到明文 m,即 $m\leftarrow\mathrm{Decrypt}(\mathrm{sk},c)$。

(4) Evaluate 算法。输入公钥 pk、t 比特输入的布尔电路 C 和一组密文 $c_1,c_2,\cdots,c_t$,其中 $c_i\leftarrow\mathrm{Encrypt}(\mathrm{pk},m_i)$,$i=1,2,\cdots,t$,得到另一个密文 c^*,即 $c^*\leftarrow\mathrm{Evaluate}(\mathrm{pk},C,\boldsymbol{c})$,其中 $\boldsymbol{c}=(c_1,c_2,\cdots,c_t)$。

一般地,普通公钥加密方案是由上述前 3 个算法组成的,第四个算法是同态公钥加密方案所特有的,必要条件是其输出的密文能够被正确地解密,也就是说必须满足正确性。

定义 4-1(正确性) 一个方案 $\varepsilon=(\mathrm{KeyGen},\mathrm{Encrypt},\mathrm{Decrypt},\mathrm{Evaluate})$ 对一个给定的 t 比特输入的布尔电路 C 是正确的,如果对任何由 $\mathrm{KeyGen}(\lambda)$ 输出的密钥对 $(\mathrm{pk},\mathrm{sk})$,以及任何明文比特 $m_1,m_2,\cdots,m_t$ 和任何密文 $\boldsymbol{c}=(c_1,c_2,\cdots,c_t)$,$c_i\leftarrow\mathrm{Encrypt}(\mathrm{pk},m_i)$($i=1,2,\cdots,t$),都有 $\mathrm{Decrypt}(\mathrm{sk},\mathrm{Evaluate}(\mathrm{pk},C,\boldsymbol{c}))=C(m_1,m_2,\cdots,m_t)$。

定义 4-2(同态加密) 一个方案 $\varepsilon=(\mathrm{KeyGen},\mathrm{Encrypt},\mathrm{Decrypt},\mathrm{Evaluate})$ 对一类布尔电路 $\mathscr{C}$ 是同态的,如果对所有的布尔电路 $C\in\mathscr{C}$,ε 都是正确的。

定义 4-3(全同态加密) 一个方案 $\varepsilon=(\mathrm{KeyGen},\mathrm{Encrypt},\mathrm{Decrypt},\mathrm{Evaluate})$ 是全同态的,如果对所有的布尔电路,ε 都是正确的。

同态加密方案的语义安全性无须考虑 Evaluate 算法(因为 Evaluate 是一个没有秘密的公开算法),可按照文献[4]中的方法定义。这里在介绍语义安全性定义之前先介绍可忽略函数的定义。

定义 4-4(可忽略函数) 设 $\mu(n):\mathbf{N}\rightarrow\mathbf{R}$,$\mathbf{N}$ 是自然数集,$\mathbf{R}$ 是实数集,称函数 $\mu(n)$ 是可忽略的,如果对任意多项式 $p(\cdot)$,存在 $N_0\in\mathbf{N}$,使得对所有的 $n>N_0$,都有 $\mu(n)<1/p(n)$。

语义安全性是相对于被动敌手(也称监听敌手)而言的,这种敌手只是被动地获取密文而非主动进行攻击。语义安全性是指敌手无法区分一个密文是两个确定明文中的哪一个的加密,即使这两个明文是敌手自己选择的也是如此。对于公钥加密方案而言,这正是选择明文攻击下的不可区分安全性,又称多项式安全。一个方案 $\varepsilon=(\mathrm{KeyGen},\mathrm{Encrypt},\mathrm{Decrypt},$

Evaluate)的语义安全性可通过一个游戏(也称实验)来定义,将这个游戏记为$\text{Game}_{A,\varepsilon}(\lambda)$,其中 A 为敌手(可视作一个概率多项式时间(PPT)算法),λ 为安全参数。

游戏 4-1　$\text{Game}_{A,\varepsilon}(\lambda)$的执行过程如下:

(1) 挑战者运行$(\text{pk},\text{sk})\leftarrow\text{KeyGen}(\lambda)$,将 pk 发送给敌手 A。

(2) 敌手 A 得到 pk,并产生一对等长的消息 m_0、m_1。

(3) 挑战者选择$b\in\{0,1\}$,计算 $c^*\leftarrow\text{Encrypt}(\text{pk},m_b)$,并将 c^* 发送给敌手 A。

(4) 敌手 A 根据λ 和 c^* 输出一个比特 $b'\in\{0,1\}$,可理解为 $b'\leftarrow A(\lambda,c^*)$。

(5) 如果$b'=b$,则游戏成功并输出 1,否则游戏失败并输出 0。

从上述游戏的执行过程中可以看出,敌手 A 可以不顾密文而均匀随机地输出一个比特 b',成功的概率为 $1/2$。一般地,把一个敌手 A 成功的概率超过 $1/2$ 的量称为其成功的优势,记为$\text{Adv}_{A,\varepsilon}(\lambda)=\Pr[\text{Game}_{A,\varepsilon}(\lambda)=1]-1/2$。

定义 4-5(语义安全性)　一个方案 $\varepsilon=(\text{KeyGen},\text{Encrypt},\text{Decrypt},\text{Evaluate})$是语义安全的,如果任何 PPT 敌手 A 在游戏 4-1 中成功的优势都是可忽略的,即对任何 PPT 敌手 A,都存在一个可忽略函数 $\mu(\lambda)$,使得$\text{Adv}_{A,\varepsilon}(\lambda)\leqslant\mu(\lambda)$。

显然,根据定义 4-3,有两种平凡的方法可将任何公钥加密方案转化为全同态加密方案。一种方法是简单地将 Evaluate 算法取为在 C 的后面级联密文组 $\boldsymbol{c}$,即 $\text{Evaluate}(\text{pk},C,\boldsymbol{c})=(C,\boldsymbol{c})$;另一种方法是将 Evaluate 算法取为首先用 Decrypt 解密所有的密文 $\boldsymbol{c}$,然后将所对应的明文作为 C 的输入计算其值,即 $\text{Evaluate}(\text{pk},C,\boldsymbol{c})=C(\text{Decrypt}(\text{sk},c_1),\text{Decrypt}(\text{sk},c_2),\cdots,\text{Decrypt}(\text{sk},c_t))$。隐私电路和紧凑性(compactness)可排除全同态加密方案的这两种平凡解决方法。

粗略地讲,隐私电路是指,除了电路的输出值之外,由 Evaluate 产生的密文没有泄露关于电路的任何信息,即使知道解密密钥的人也是如此。具有隐私电路的全同态加密方案可使用混淆电路(garbled circuits)和一个双流(two-flow)健忘传输协议来实现,其构造类似于上述的平凡解决方法一,只是用一个混淆电路代替了明文电路。因此,构造全同态加密方案的真正挑战来自紧凑性。紧凑性是指由 $\text{Evaluate}(\text{pk},C,\boldsymbol{c})$产生的密文的尺寸(也称规模)不依赖于电路 C 的尺寸,看起来像普通密文一样。

定义 4-6(紧凑性)　一个方案 $\varepsilon=(\text{KeyGen},\text{Encrypt},\text{Decrypt},\text{Evaluate})$是紧凑的,如果存在一个固定的多项式界 $b(\lambda)$,使得对任何由 $\text{KeyGen}(\lambda)$输出的密钥对(pk,sk),任何电路 C 以及任何用 pk 产生的密文序列 $\boldsymbol{c}=(c_1,c_2,\cdots,c_t)$,密文 $\text{Evaluate}(\text{pk},C,\boldsymbol{c})$的尺寸不超过 $b(\lambda)$ 比特,即密文 $\text{Evaluate}(\text{pk},C,\boldsymbol{c})$的尺寸独立于 C 的尺寸。

4.1.2　自举加密

为了将一个类同态加密方案转化为一个全同态加密方案,Gentry 提出了两种重要的技术[19],即自举技术和压缩解密电路(squashing the decryption circuit)技术。自举技术主要用来降低噪声。压缩解密电路技术主要用来压缩类同态加密方案的解密电路,使得一部分解密任务由加密者预计算,减轻解密者的计算负担,从而可实现同态计算过程中对自身解密电路的调用。

降低噪声的一个直观的方法是对密文解密,密文解密后噪声就没有了。但是要解密就必须知道私钥,如果计算服务提供商知道了私钥,它也就知道了用户的输入和中间计算结果,也就没有隐私可言了。从本质上来讲,Gentry 解决噪声问题的基本方法是使用基于自举同态加密方案构造的重加密技术。

为了定义自举同态加密方案,引进了增强型解密电路(augmented decryption circuits)的概念,这个概念也充分体现了重加密的理念。

定义 4-7(**增强型解密电路**) 对于加密方案 $\varepsilon = ($KeyGen, Encrypt, Decrypt, Evaluate$)$,其中 Decrypt 可由一个仅依赖于安全参数的电路来实现(这个条件意味着对于一个固定的安全参数,私钥的尺寸总是一样的,而且能被解密的所有密文有同样的尺寸)。对于给定的安全参数 λ,对应的增强型解密电路由两个电路组成,这两个电路的输入参数都为一个私钥和两个密文,其中一个电路将两个密文分别解密后对恢复出的两个明文进行模 2 加操作,而另一个电路则将两个密文分别解密后对恢复出的两个明文进行模 2 乘操作。记所有增强型解密电路的集合为 $D_\varepsilon(\lambda)$。

定义 4-8(**自举加密**) 对于同态加密方案 $\varepsilon = ($KeyGen,Encrypt,Decrypt,Evaluate$)$,对于每个安全参数 λ,记所有使得 ε 是正确的电路的集合为 $C_\varepsilon(\lambda)$。称 ε 是自举的,如果对于每个安全参数 λ,都有 $D_\varepsilon(\lambda) \subseteq C_\varepsilon(\lambda)$ 成立。

通俗地讲,自举同态加密方案具有能够处理自身解密函数的自引用特性。自举性要求一个同态加密方案 ε 的 Decrypt 也是 ε 可同态计算的函数。

任何一个自举同态加密方案都可以转化为一个紧凑的、对所有指定深度的电路都是同态的加密方案,这可由定理 4-1 保证。

定理 4-1[19] 存在一个有效的、明确的转化方式可将任何给定的自举同态加密方案 ε 和参数 $d = d(\lambda)$ 转化为满足下列条件的加密方案 $\varepsilon^{(d)}$:

(1) $\varepsilon^{(d)}$ 是紧凑的,特别地,$\varepsilon^{(d)}$ 中的 Decrypt 电路与 ε 中的 Decrypt 电路相同。

(2) $\varepsilon^{(d)}$ 关于所有深度不超过 d 的电路是同态的。

再者,如果 ε 是语义安全的,$\varepsilon^{(d)}$ 也是语义安全的。特别地,对 $\varepsilon^{(d)}$ 的任何具有优势 ϵ 的攻击可以转化为对 ε 的具有优势 ϵ/ld 的攻击,两个攻击具有类似的复杂度,l 是 ε 中的私钥长度。

下面介绍 Gentry 提出的将任何一个自举同态加密方案转化为一个对任意深度的电路都是同态的加密方案的方法,称为 Gentry 转化方法。

设 $\varepsilon = ($KeyGen,Encrypt,Decrypt,Evaluate$)$ 是自举的,对任何整数 $d \geqslant 1$,用 $\varepsilon^{(d)} = ($KeyGen$_{\varepsilon^{(d)}}$,Encrypt$_{\varepsilon^{(d)}}$,Decrypt$_{\varepsilon^{(d)}}$,Evaluate$_{\varepsilon^{(d)}})$ 表示对深度不超过 d 的电路都是同态的加密方案。从 ε 构造 $\varepsilon^{(d)}$ 的过程如下:

(1) KeyGen$_{\varepsilon^{(d)}}(\lambda, d)$:输入安全参数 λ 和正整数 d,置 $($pk$_i$,sk$_i) \leftarrow$ KeyGen(λ),$i = 0, 1, 2, \cdots, d$。使用公钥 pk$_{i-1}$ 加密 sk$_i$ 的每个比特 sk$_{ij}$ 得到密文 Encrypt$($pk$_{i-1}$,sk$_{ij})$,将所有的密文合成一个密文向量 $\overline{\text{sk}}_i$,$i = 1, 2, \cdots, d$。输出公钥 pk$^{(d)} \leftarrow (\{\text{pk}_i\}_{i=0}^d, \{\overline{\text{sk}}_i\}_{i=1}^d)$,私钥 sk$^{(d)} \leftarrow$ sk$_0$。对 $\delta \leqslant d$,用 $\varepsilon^{(\delta)}$ 表示使用 pk$^{(\delta)} \leftarrow (\{\text{pk}_i\}_{i=0}^\delta, \{\overline{\text{sk}}_i\}_{i=1}^\delta)$ 和 sk$^{(\delta)} \leftarrow$ sk$_0$ 的方案。

(2) Encrpyt$_{\varepsilon^{(d)}}($pk$^{(d)}, m)$:输入公钥 pk$^{(d)}$ 和明文 $m \in \{0, 1\}$,输出密文 $c \leftarrow$ Encrypt$($pk$^{(d)}, m)$。

(3) Decrypt$_{\varepsilon^{(d)}}($sk$^{(d)}, c)$:输入私钥 sk$^{(d)}$ 和密文 c(这是一个使用公钥 pk$_0$ 加密的密文),输出明文 $m \leftarrow$ Decrypt$($sk$_0, c)$。

（4）$\mathrm{Evaluate}_{\varepsilon^{(\delta)}}(\mathrm{pk}^{(\delta)},C_\delta,\overline{c_\delta})$：输入公钥 $\mathrm{pk}^{(\delta)}$、深度至多为 δ 的电路 C_δ 和一组密文$\overline{c_\delta}$（这组密文是使用 pk_δ 加密的）。如果 $\delta=0$，输出$\overline{c_0}$并终止；否则，执行下列操作：

（4.1）置$(C_{\delta-1}^+,\overline{c_{\delta-1}^+})\leftarrow\mathrm{Augment}_{\varepsilon^{(\delta)}}(\mathrm{pk}^{(\delta)},C_\delta,\overline{c_\delta})$。

（4.2）置$(C_{\delta-1},\overline{c_{\delta-1}})\leftarrow\mathrm{Reduce}_{\varepsilon^{(\delta-1)}}(\mathrm{pk}^{(\delta-1)},C_{\delta-1}^+,\overline{c_{\delta-1}^+})$。

（4.3）运行 $\mathrm{Evaluate}_{\varepsilon^{(\delta-1)}}(\mathrm{pk}^{(\delta-1)},C_{\delta-1},\overline{c_{\delta-1}})$。

在 $\mathrm{Evaluate}_{\varepsilon^{(d)}}$ 的构造过程中涉及两个算法，即 $\mathrm{Augment}_{\varepsilon^{(\delta)}}$ 和 $\mathrm{Reduce}_{\varepsilon^{(\delta)}}$。这里简单介绍一下其基本构造思路，感兴趣的读者可参阅文献[19,20]。

（1）$\mathrm{Augment}_{\varepsilon^{(\delta)}}(\mathrm{pk}^{(\delta)},C_\delta,\overline{c_\delta})$：输入公钥 $\mathrm{pk}^{(\delta)}$、深度至多为 δ 的电路 C_δ 和一组密文$\overline{c_\delta}$（这组密文是使用 pk_δ 加密的）。使用 ε 的解密电路 D_ε（即解密函数对应的电路，由方案的自举性可知，这个电路是同态可计算的）增强 C_δ，把这个增强后的电路记为 $C_{\delta-1}^+$。$\overline{c_{\delta-1}^+}$ 是按下列方式形成的一组密文：

（1.1）对每个输入密文 $c\in\overline{c_\delta}$，使用方案 $\varepsilon^{(\delta-1)}$ 及公钥 $\mathrm{pk}^{(\delta-1)}$ 加密 c 的每个比特 c_j 得到密文$\overline{c_j}\leftarrow\mathrm{Encrypt}_{\varepsilon^{(\delta-1)}}(\mathrm{pk}^{(\delta-1)},c_j)$，将所有的密文合成一个密文向量 $\overline{c}$。

（1.2）置$\overline{c_{\delta-1}^+}\leftarrow\{\overline{\mathrm{sk}_\delta}\}\bigcup\{\overline{c}:c\in\overline{c_\delta}\}$。

输出$\left(c_{\delta-1}^+,\overline{c_{\delta-1}^+}\right)\leftarrow\mathrm{Augment}_{\varepsilon^{(\delta)}}(\mathrm{pk}^{(\delta)},C_\delta,\overline{c_\delta})$。

（2）$\mathrm{Reduce}_{\varepsilon^{(\delta)}}(\mathrm{pk}^{(\delta)},C^+,\overline{c^+})$：输入公钥 $\mathrm{pk}^{(\delta)}$、一组密文$\overline{c_\delta^+}$（这组密文是使用 pk_δ 加密的，即 $\mathrm{Encrypt}_{\varepsilon^{(\delta)}}$ 的输出）和电路 $C_\delta^+\in D_\varepsilon(\delta+1)$，$D_\varepsilon(\delta+1)$ 表示由 D_ε 增强的深度均为 $\delta+1$ 的电路的集合，用 D_ε 增强就是复制 D_ε 使其适合 $\delta+1$ 深度电路的输入。取 C_δ^+ 的前 δ 层子电路作为 C_δ，把 C_δ 的输入密文设置为$\overline{c_\delta}$，输出$(C_\delta,\overline{c_\delta})\leftarrow\mathrm{Reduce}_{\varepsilon^{(\delta)}}(\mathrm{pk}^{(\delta)},C_\delta^+,\overline{c_\delta^+})$。

这里将 Gentry 转化方法的核心思想进行提炼和总结。

如果一个同态加密方案 ε 是自举的，则可根据以下过程构造重加密[40]：

（1）设 c_1 是使用公钥pk_1加密一个比特明文 m 所得的密文，即 $c_1\leftarrow\mathrm{Encrypt}(\mathrm{pk}_1,m)$，$m\in\{0,1\}$。使用公钥$\mathrm{pk}_2$ 加密 sk_1 的每个比特sk_{1j}得到密文 $\mathrm{Encrypt}(\mathrm{pk}_2,\mathrm{sk}_{1j})$，将所有的密文合成一个密文向量$\overline{\mathrm{sk}_1}$，仍可记为$\overline{\mathrm{sk}_1}=\mathrm{Encrypt}(\mathrm{pk}_2,\mathrm{sk}_1)$。

（2）构造一个算法 $\mathrm{Recrypt}(\mathrm{pk}_2,\mathrm{Decrypt},\overline{\mathrm{sk}_1},c_1)$。首先使用$\mathrm{pk}_2$ 加密 c_1 的每个比特 c_{1j}，得到一个密文向量$\overline{c_1}$，记$\overline{c_1}=\mathrm{Encrypt}(\mathrm{pk}_2,c_1)$；其次输出 $c\leftarrow\mathrm{Evaluate}(\mathrm{pk}_2,\mathrm{Decrypt},\overline{\mathrm{sk}_1},\overline{c_1})$。

Recrypt 也被称为密文更新操作，用于刷新密文。当 ε 具有自举性时，Decrypt 是 ε 可同态计算的函数，可同态地进行解密，因此，c 就是使用pk_2 加密 $m=\mathrm{Decrypt}(\mathrm{sk}_1,c_1)$ 的密文。

事实上，Recrypt 操作连续对消息 m 进行了两次加密，第一次使用公钥pk_1 加密（称为内层加密），第二次则使用公钥pk_2 加密（称为外层加密），而后采用 Decrypt 对第一次加密操作实施解密（保留第二次加密的效果）。与常规多重加密方案不一样的是，常规多重加密方案一般须遵循"后加密的先解密，先加密的后解密"的原则。Recrypt 的一个巧妙之处就是它突破了这个原则，具有直接对内层加密实施解密的能力，把噪声控制在一定范围之内，而且这样处理后噪声也不会放大。

如果要计算一个复杂的电路 C，需要一系列的公私钥对。当使用的私钥为sk_{l+1}时，公开的密钥由两部分组成：一个是公钥序列$(\mathrm{pk}_1,\mathrm{pk}_2,\cdots,\mathrm{pk}_{l+1})$；另一个是加密后的解密密钥链

$(\overline{sk_1},\overline{sk_2},\cdots,\overline{sk_l})$，其中$\overline{sk_i}=\mathrm{Encrypt}(pk_{i+1},sk_i)$，$i=1,2,\cdots,l$。所需要的公私钥对数量与电路的深度呈线性关系。使用公钥 pk 加密私钥 sk 得到私钥的密文$\overline{sk}$，如果$\overline{sk}$泄露不影响密钥本身的安全性，则称为循环安全性（circular security）。如果全同态加密方案是循环安全的，就不需要那么多公私钥对，所有电路层共用一个公钥与加密的私钥就够了。关于循环安全性目前已有一些结论，但在实际应用中只是假设这样做不会有安全问题。

4.1.3　类同态加密方案

从 4.1.2 节的讨论可知，如果有一个类同态加密方案 ε，它既是自举的又是循环安全的，那么构造全同态加密方案就容易了。DGHV 全同态加密方案[22]是基于整数环上的平凡运算构造的，其最大特色是简洁。DGHV 方案的基本构造思路是：首先，基于近似 GCD 问题（Approximate GCD Problem，AGCDP）的假设构造一个类同态对称加密方案 ε_1；其次，通过实施一个简单变换将 ε_1 转化为一个类同态公钥加密方案 ε_2；最后，使用压缩解密电路技术将 ε_2 转化为一个自举同态加密方案 ε，进而可用 Gentry 转化方法构造出一个全同态加密方案。ε 的安全性基于近似 GCD 问题和稀疏子集和问题的困难性假设。本节介绍两个类同态加密方案，一个是对称的，另一个是非对称的。

1. 参数选择

在密码体制的构造中，参数的选择也是非常重要的一个环节，要综合考虑安全性和效率等各方面因素。

下面的 4 个参数的尺寸都是安全参数 λ 的多项式：

（1）γ 是公钥中整数的比特长度。

（2）η 是私钥的比特长度。

（3）ρ 是噪声的比特长度，噪声就是公钥和私钥的最近倍数之间的距离。

（4）τ 是公钥中整数的数目。

上述参数选择必须满足以下限制：

（1）$\rho=\omega(\log\lambda)$，为了保护对噪声的强力攻击（即穷举攻击）。

（2）$\eta\geqslant\rho\cdot\Theta(\lambda\log^2\lambda)$，为了支持足够深的电路的同态性以计算压缩解密电路。

（3）$\gamma=\omega(\eta^2\log\lambda)$，为了对抗对基础近似 GCD 问题的各种基于格的攻击。

（4）$\tau\geqslant\gamma+\omega(\log\lambda)$，为了在近似 GCD 归约中使用剩余 Hash 引理。

其中 $\omega(\cdot)$ 和 $\Theta(\cdot)$ 是多项式。

通常也使用第二个噪声参数 $\rho'=\rho+\omega(\log\lambda)$。一个合适的参数集选择是：$\rho=\lambda$，$\rho'=2\lambda$，$\eta=O(\lambda^2)$，$\gamma=O(\lambda^5)$ 和 $\tau=\gamma+\lambda$。这样的参数选择可导致一个方案具有复杂度 $O(\lambda^{10})$，其中 $O(\cdot)$ 是多项式。

对一个具体的 η 比特的奇正整数 p，可按照以下方式定义一个在 γ 比特的整数上的分布：

$$D_{\gamma,\rho}(p)=\{选择\ q\leftarrow\mathbb{Z}\textstyle\bigcap[0,2^\gamma/p),r\leftarrow\mathbb{Z}\bigcap(-2^\rho,2^\rho)：输出\ x=pq+2r\}$$

2. 类同态对称加密方案

使用上述参数，基于整数上的平凡运算，可以构造一个同态对称加密方案 $\varepsilon_1=(\mathrm{KeyGen},\mathrm{Encrypt},\mathrm{Decrypt},\mathrm{Evaluate})$，其构造过程如下：

(1) KeyGen(λ)：输入安全参数 λ，随机生成一个 η 比特的奇正整数 p（即 $p \in (2\mathbb{Z}+1)$ $\bigcap [2^{\eta-1}, 2^{\eta})$）作为密钥 k。

(2) Encrypt(k,m)：输入密钥 $k=p$ 和明文 $m \in \{0,1\}$，随机选择一个 $\gamma-\eta$ 比特的正整数 q（即 $q \in \mathbb{Z} \bigcap [0, 2^{\gamma}/p)$）和一个 ρ 比特的整数 r（即 $r \in \mathbb{Z} \bigcap (-2^{\rho}, 2^{\rho})$），显然 $2r+m$ 远小于 p，生成密文 $c=kq+2r+m$。

(3) Decrypt(k,c)：输入密钥 $k=p$ 和密文 c，恢复明文 $m=(c \bmod k) \bmod 2$，其中 $c \bmod k \in \mathbb{Z} \bigcap (-p/2, p/2)$。

(4) Evaluate($k,C,c_1,c_2,\cdots,c_t$)：给定 t 比特输入的布尔电路 C 和 t 个密文 c_i，将密文 c_i 作为 C 的输入，此时将 C 的加法门和乘法门视作整数加法和乘法进行运算并返回计算出的整数。

由方案 ε_1 的构造过程可知，其输出的密文 c 为 $k=p$ 的近乎倍数。一般将 $c \bmod k$ 称为与密文 c 相关联的噪声。实际上，噪声刻画的是密文与最接近的 k 的倍数之间的距离。解密过程中的噪声为 $2r+m$，它与明文 m 具有相同的奇偶性，因此可以正确解密。

现在说明方案 ε_1 满足正确性要求。由平凡整数运算的定义易知，方案 ε_1 支持加法、减法和乘法等同态操作。这里仅以乘法同态操作为例进行验证。设 $c=c_1 \cdot c_2$，c_i 的噪声为 $r_i'=2r_i+m_i, i=1,2$。则对于某个整数 q'，有 $c=r_1'r_2'+kq'$。只要噪声足够小，即满足条件 $|r_1'r_2'| < k/2$，则有 $c \bmod k=r_1'r_2'$。从而有 $(c \bmod k) \bmod 2=r_1' \cdot r_2' \bmod 2=m_1 \cdot m_2$。

3. 类同态公钥加密方案

下面将上述构造的同态对称加密方案 ε_1 转化为一个同态公钥加密方案 $\varepsilon_2=$ (KeyGen, Encrypt, Decrypt, Evaluate)，其构造过程如下：

(1) KeyGen(λ)：输入安全参数 λ，随机生成一个 η 比特的奇正整数 p（即 $p \in (2\mathbb{Z}+1)\bigcap [2^{\eta-1}, 2^{\eta})$）作为私钥 sk，利用同态对称加密方案 ε_1 对密文 0 的系列加密是公钥，即随机选择 $\gamma-\eta$ 比特的正整数 q_i（即 $q_i \in \mathbb{Z} \bigcap [0, 2^{\gamma}/p)$）和 ρ 比特的整数 r_i（即 $r_i \in \mathbb{Z} \bigcap (-2^{\rho}, 2^{\rho})$），$i=0,1,\cdots,\tau$，生成 $x_i=pq_i+2r_i$（实际上，可以直接从集合 $D_{\gamma,\rho}(p)$ 中随机选择 x_i，这里也看到了集合 $D_{\gamma,\rho}(p)$ 的真正来源）。通过调序可使得 x_0 最大（这样选择的目的是将密文长度控制在一定范围内），公钥是 pk=$<x_0,x_1,\cdots,x_{\tau}>$。

(2) Encrypt(pk,m)：输入公钥 pk 和明文 $m \in \{0,1\}$，随机选择一个子集 $S \subseteq \{1,2,\cdots,\tau\}$ 和一个 ρ' 比特的整数 r（即 $r \in \mathbb{Z} \bigcap (-2^{\rho'}, 2^{\rho'})$），生成密文 $c=\left(m+2r+\sum_{i \in S} x_i\right) \bmod x_0$。其中 $c \in \mathbb{Z} \bigcap (-x_0/2, x_0/2)$。

(3) Decrypt(sk,c)：输入私钥 sk=p 和密文 c，恢复明文 $m=(c \bmod sk) \bmod 2$。

(4) Evaluate(pk,$C,c_1,c_2,\cdots,c_t$)：给定 t 比特输入的布尔电路 C 和 t 个密文 c_i，将密文 c_i 作为 C 的输入，此时将 C 的加法门和乘法门视作整数加法和乘法进行运算并返回计算出的整数。

因为 $c \bmod p=c-p \cdot [c/p]$（$[c/p]$ 表示离 c/p 最近的整数），p 是奇数，所以可使用以下公式解密：

$$m=(c-p \cdot [c/p]) \bmod 2=(c-[c/p]) \bmod 2=(c \bmod 2) \oplus ([c/p] \bmod 2)$$

由于 $c=\left(m+2r+\sum_{i \in S} x_i\right) \bmod x_0$，所以存在 s 使得 $m+2r+\sum_{i \in S} x_i=sx_0+c$，结合加

密公钥的构造,可由以下公式说明 ε_2 可以正确解密:

$$c = m + 2r + \sum_{i \in S} x_i - sx_0 = p \sum_{i \in S} q_i + 2\left(r + \sum_{i \in S} r_i\right) + m - sx_0$$

$$= p\left(\sum_{i \in S} q_i - sq_0\right) + 2\left(r + \sum_{i \in S} r_i\right) + m$$

现在考虑方案 ε_2 的正确性。在构造方案 ε_2 的 Evaluate 算法时采取的方法如下:对给定的布尔电路 C,把它一般化到整数上,也就是将 C 的模 2 加法门和模 2 乘法门视为整数加法门和整数乘法门。类似于文献[19],可以定义许可电路(permitted circuit)。许可电路是指,对任何 $\alpha \geqslant 1$ 和任何一个输入集,每个输入都是绝对值小于 $2^{\alpha(\rho'+2)}$ 的整数,一般化电路的输出的绝对值至多为 $2^{\alpha(\eta-4)}$。设 C_{ε_2} 表示许可电路的集合,易知,方案 ε_2 关于 C_{ε_2} 是正确的。因为由 Encrypt 输出的“新鲜”密文的噪声至多为 $2^{\rho'+2}$,所以由 Evaluate 应用于一个许可电路输出的密文的噪声至多为 $2^{\eta-4} < p/8$。界 $2^{\eta-2} < p/2$ 就能满足正确解密的需求,但事实上在 4.1.4 节关于全同态加密方案的构造中仍然使用了界 $p/8$。C_{ε_2} 的定义看起来比较抽象。显然,对 k-扇形加法门来说,增加了至多整数的 k 倍的量;然而仅对 2-扇形乘法门来说,就增加了整数的平方的量(即它们的比特长度的两倍)。可见,影响方案 ε_2 的正确性的主要瓶颈是电路的乘法深度或由电路计算的多变量多项式的次数。因此,可得出如下结论。

引理 4-1　设 C 是一个 t 比特输入的布尔电路,C^+ 是相关的整数电路(即将 C 的布尔门由整数运算代替后所得的电路)。设 $f(x_1, x_2, \cdots, x_t)$ 是由 C^+ 计算的多变量多项式,其次数为 d。如果 $|f| \cdot (2^{\rho+2})^d \leqslant 2^{\eta-4}$($|f|$ 表示 $f(x_1, x_2, \cdots, x_t)$ 的代数正规型表示中项的系数的绝对值之和),则 $C \in C_{\varepsilon_2}$。特别地,只要 $f(x_1, x_2, \cdots, x_t)$ 满足下式,ε_2 就可以处理该函数。

$$d \leqslant \frac{\eta - 4 - \log|f|}{\rho' + 2}$$

满足上式的多项式称为许可多项式(permitted polynomial)。用 P_{ε_2} 表示许可多项式的集合,用 $C(P_{\varepsilon_2})$ 表示计算 P_{ε_2} 的电路的集合,上述讨论隐含着 $C(P_{\varepsilon_2}) \subseteq C_{\varepsilon_2}$。

4. 类同态加密方案的安全性

上面构造的方案 ε_1 和 ε_2 的安全性都与近似最大公因子问题(简称近似 GCD 问题)有关。近似 GCD 问题是指:给定任意一个整数集合 $\{x_0, x_1, \cdots, x_m\}$,其中每个 x_i 都是随机选择的并且都非常接近一个未知大整数 p 的倍数,确定该公共近似因子 p。下面为该问题的形式化定义。

定义 4-9(近似 GCD 问题)　(ρ, η, γ)-近似 GCD 问题是指,对一个随机选择的 η 比特奇正整数 p,给定 $D_{\gamma,\rho}(p)$ 中的多项式个样本,求出 p。

在文献[22]中使用了集合 $D'_{\gamma,\rho}(p)$,实际上近似 GCD 问题在这两个集合上的定义是等价的。其中 $D'_{\gamma,\rho}(p) = \{$选择 $q \leftarrow \mathbb{Z} \cap [0, 2^\gamma/p), r \leftarrow \mathbb{Z} \cap (-2^\rho, 2^\rho)$:输出 $x = pq + r\}$。

关于方案 ε_1,只要假设近似 GCD 问题是困难的,参数选择得适当,该方案就是安全的。甚至有人认为选择 $r \approx 2^{\sqrt{\eta}}, q \approx 2^{\sqrt[3]{\eta}}$ 方案 ε_1 都是安全的。

关于方案 ε_2,可将其安全性规约到近似 GCD 问题的困难性,已证明如下结论。

定理 4-2[22]　对固定参数 $(\rho, \rho', \eta, \gamma, \tau)$ 的方案 ε_2,这些参数都是安全参数 λ 的多项式。对方案 ε_2 的任何具有优势 ϵ 的攻击 A 都可以转化为一个成功率至少为 $\epsilon/2$ 的解决 (ρ, η, γ)-近似 GCD 问题的算法 B。B 的运行时间是 A 的运行时间、λ 和 $1/\epsilon$ 的多项式。

目前已有一些关于近似 GCD 问题的分析方法。关于两个数的近似 GCD 问题分析方法有余数的穷举分析、连分数分析和 Howgrave-Granham 的近似 GCD 算法等。关于多个数的近似 GCD 问题分析方法主要是基于格的分析方法，包括基于格的联立丢番图近似算法、Nguyen-Stern 的正交格方法和 Coppersmith 的多变量多项式扩展方法。感兴趣的读者可参阅文献[22]中给出的相关文献。了解这些分析方法和近似 GCD 问题相关研究进展十分重要，因为这是选择方案的参数的科学依据。

4.1.4　全同态加密方案

在全同态加密方案的构造过程中，人们常常使用压缩解密电路来提高解密效率，这种技术给公钥增加了关于私钥的额外信息，利用这个额外信息对原密文进行处理，处理后的密文与原密文相比可被更有效地解密，并且可将类同态加密方案转化为自举的。但这样做付出的代价是密文较大，也引进了另一个困难假设（即假定在公钥中增加的额外信息对攻击者破译方案没有帮助）。本节基于类同态公钥加密方案 ε_2，采用压缩解密电路技术，构造一个自举同态加密方案 ε，从而利用 4.1.2 节中的 Gentry 方法就可以将其转化为一个全同态加密方案。

1. 压缩解密电路

设 κ,θ,Θ 是 3 个关于 λ 的函数的参数，这里的参数选择为 $\kappa=\gamma\lambda/\rho'$，$\theta=\lambda$，$\Theta=\omega(\kappa\cdot\log\lambda)$。为构造 ε，需要向 ε_2 的公钥中添加一个新的 κ 比特精度（即在二进制数的小数点之后保留 κ 比特）的有理数集 $y=\{y_1,y_2,\cdots,y_\Theta\}$，$y_i\in[0,2)$，$i=1,2,\cdots,\Theta$，使得存在一个尺寸为 θ 的稀疏子集 $S\subset\{1,2,\cdots,\Theta\}$ 满足 $\sum_{i\in S}y_i\approx 1/p\,(\bmod\,2)$。同时，也需要将 ε_2 的私钥替换为子集合 S 的指标向量。

自举同态加密方案 $\varepsilon=(\mathrm{KeyGen},\mathrm{Encrypt},\mathrm{Decrypt},\mathrm{Evaluate})$ 的具体构造过程如下：

(1) $\mathrm{KeyGen}(\lambda)$：像方案 ε_2 中那样，生成 $\mathrm{sk}^*=p$，$\mathrm{pk}^*=(x_0,x_1,\cdots,x_\tau)$。设 $x_p=[2^\kappa/p]$（$[2^\kappa/p]$ 表示离 $2^\kappa/p$ 最近的整数），随机选择汉明重量为 θ 的 Θ 长向量 $s=(s_1,s_2,\cdots,s_\Theta)$，并设 $S=\{i:s_i=1\}$。随机选择整数 $u_i\in\mathbb{Z}\cap[0,2^{\kappa+1})$，$i=1,2,\cdots,\Theta$，使得 $\sum_{i\in S}u_i=x_p\,(\bmod\,2^{\kappa+1})$。设 $y_i=u_i/2^\kappa$，$y=\{y_1,y_2,\cdots,y_\Theta\}$。因此，每个 y_i 都是小于 2 的正数，而且 $(\sum_{i\in S}y_i)\bmod 2=1/p-\Delta_p$，$|\Delta_p|<1/2^\kappa$。输出私钥 $\mathrm{sk}=s$，公钥 $\mathrm{pk}=(\mathrm{pk}^*,y)$。

(2) $\mathrm{Encrypt}(\mathrm{pk},m)$：输入公钥 pk 和明文 $m\in\{0,1\}$。首先，像方案 ε_2 中那样，生成一个密文 c^*，即随机选择一个子集 $S\subseteq\{1,2,\cdots,\tau\}$ 和一个 ρ' 比特的整数 r，生成密文 $c^*=(m+2r+\sum_{i\in S}x_i)\bmod x_0$。然后，对每个 $i\in\{1,2,\cdots,\Theta\}$，设 $z_i=[c^*\cdot y_i]\bmod 2$。对每个 z_i，只保留 $n=\lceil\log\theta\rceil+3$ 比特精度（$\lceil\log\theta\rceil$ 表示大于或等于 $\log\theta$ 的最小整数）。输出密文 $c=(c^*,z)$，$z=(z_1,z_2,\cdots,z_\Theta)$。

(3) $\mathrm{Decrypt}(\mathrm{sk},c)$：输入私钥 sk 和密文 $c=(c^*,z)$，恢复明文 $m=(c^*-[\sum_{i=1}^{\Theta}s_iz_i])\bmod 2$。

(4) $\mathrm{Evaluate}(\mathrm{pk},C,c_1,c_2,\cdots,c_t)$：给定 t 比特输入的布尔电路 C 和 t 个密文 c_i，将密文 c_i 作为 C 的输入，此时将 C 的加法门和乘法门视为整数加法和乘法进行运算并返回计算出的整数。

关于方案 ε 的正确性，已有如下结论。

引理 4-2　方案 ε 关于 $C(P_\varepsilon)$ 是正确的。

证明：在方案 ε 中，固定由安全参数 λ 产生的公钥和私钥，$\{y_i\}_{i=1}^{\Theta}$ 是公钥中的有理数，$\{s_i\}_{i=1}^{\Theta}$ 是私钥比特。由 y_i 的选择可知，$\left(\sum\limits_{i=1}^{\Theta} s_i y_i\right) \bmod 2 = 1/p - \Delta_p$，$|\Delta_p| \leqslant 1/2^\kappa$。

固定一个许可多项式 $f(x_1, x_2, \cdots, x_t) \in P_\varepsilon$、一个计算 f 的算术电路 C 以及作为 C 的输入的 t 个密文 $\{c_i\}_{i=1}^{t}$，记 $c^* = \mathrm{Evaluate}(pk^*, C, c_1, c_2, \cdots, c_t)$。由于可使用解密公式 $m = (c^* - [c^*/p]) \bmod 2$ 解密，只要证明 $[c^*/p] = [\sum\limits_{i=1}^{\Theta} s_i z_i] \bmod 2$ 即可。由 ε 的加密过程可知，$z_i = [c^* \cdot y_i] \bmod 2, i \in \{1, 2, \cdots, \Theta\}$，每个 z_i 只保留 $n = \lceil \log \theta \rceil + 3$ 比特精度，所以 $[c^* \cdot y_i] \bmod 2 = z_i - \Delta_i$，$|\Delta_i| \leqslant 1/16\theta$。有

$$\left[c^*/p - \sum_{i=1}^{\Theta} s_i z_i \right] \bmod 2 = \left[c^*/p - \sum_{i=1}^{\Theta} s_i ([c^* \cdot y_i] \bmod 2 + \Delta_i) \right] \bmod 2$$

$$= \left[c^*/p - \sum_{i=1}^{\Theta} s_i ([c^* \cdot y_i] \bmod 2) - \sum_{i=1}^{\Theta} s_i \Delta_i \right] \bmod 2$$

$$= \left[c^*/p - c^* \cdot \left[\sum_{i=1}^{\Theta} s_i y_i \right] \bmod 2 - \sum_{i=1}^{\Theta} s_i \Delta_i \right] \bmod 2$$

$$= \left[c^*/p - c^* \cdot (1/p - \Delta_p) - \sum_{i=1}^{\Theta} s_i \Delta_i \right] \bmod 2$$

$$= \left[c^* \Delta_p - \sum_{i=1}^{\Theta} s_i \Delta_i \right] \bmod 2$$

易知，$\left| \sum\limits_{i=1}^{\Theta} s_i \Delta_i \right| \leqslant \theta \cdot \dfrac{1}{16\theta} = 1/16$。由许可多项式的定义可知，对任何 $\alpha \geqslant 1$，如果 f 的输入的大小至多为 $2^{\alpha(\rho'+2)}$，则其输出的大小至多为 $2^{\alpha(\eta-4)}$。特别地，当 f 的输入是新鲜的密文，其大小至多为 2^γ 时，则 f 的输出密文 c^* 的大小至多为 $2^{\gamma(\eta-4)/(\rho'+2)} < 2^{\kappa-4}$。这是利用了 c^* 是多项式 f（f 是整数多项式）关于输入密文 c_i 计算所得的密文这一事实。因此 $|c^* \Delta_p| < 1/16$。这样就证明了 $\left| c^* \Delta_p - \sum\limits_{i=1}^{\Theta} s_i \Delta_i \right| < 1/8$。引理得证。

另外，由许可多项式的定义，因为 c^* 是由一个许可多项式输出的合法密文，所以值 c^*/p 在一个整数的 1/8 范围内。因此，也证明了 $\sum\limits_{i=1}^{\Theta} s_i z_i$ 在一个整数的 1/4 范围内。

2. 关于方案 ε 的自举性

关于上述构造的方案 ε，已有如下结论。

定理 4-3[22]　设 ε 是如上构造的方案，D_ε 是增强型（压缩）解密电路的集合，则 $D_\varepsilon \subset C(P_\varepsilon)$。

换句话说，ε 是自举的。由定理 4-1 可知，能够获得关于任何深度电路的同态加密方案，也就是说，可构造出全同态加密方案。

3. 关于方案 ε 的安全性

ε 和 ε_2 之间的安全性差别在于 ε 的公钥构造中添加的 y，它引进了另一个计算假设，即

稀疏子集和问题（Sparse Subset Sum Problem，SSSP），以下是它的形式化定义。

定义 4-10（稀疏子集和问题）　给定 m 个 n 比特的整数 $\alpha_1,\alpha_2,\cdots,\alpha_m$ 以及整数 β，确定是否存在某个子集 $S\subseteq\{1,2,\cdots,m\}$，使得 $\sum_{i\in S}\alpha_i=\beta$。

关于稀疏子集和问题已有一些研究成果，已知的攻击方法可通过选择足够大的参数来挫败。

由上述讨论可知，如果假定近似 GCD 问题和稀疏子集和问题是困难的，则 ε 是安全的。

4.2　可验证计算技术

假设现在不关心数据的机密性，也许这些数据是不敏感的，我们只关心计算结果的正确性（也称完整性）。有很多方法可以实现这一目标[42]，较常见的有以下 3 种。一是复制（replication），就是将计算外包给一些不同的服务器，然后取最多的共同回答作为正确的计算结果，这是最直接的方法。这种方法只有在失败的服务器互不相关的情况下才能正常工作。如果服务器中的大多数由同一个敌手控制或它们以一种具体的方式错误地运行单一的操作系统，则这种方法不能正常工作。二是审计（auditing），即把工作外包后，自己也以一定的概率完成一些工作，如果结果与服务器的回答不一致，就停止信任该服务器所做的任何工作。这种方法只有在相信服务器的计算以显著的概率而不是以很小的概率失败的情况下才能正常工作。三是可验证计算，这是一种使用密码学工具的方法，可确保外包计算的完整性，而无须对服务器失败率或失败的相关性做任何假设。

定义在两个参与方环境下的可验证计算是最典型的情况。在这种环境下，有一个计算上弱的验证者（也称验证方、客户、顾客、外包者、委托方、接收者等）和一个计算上强的但不可信的证明者（也称证明方、服务器、被委托方、发送者等），验证者委托证明者完成某一工作。给定一个输入 x 和一个函数 f，证明者期望产生一个输出 y 和一个关于 $y=f(x)$ 的证明 p，验证者可用 p 证实计算的正确性。其中一个合理性条件是，验证者用 p 验证 y 的正确性的效率必须高于其自身计算函数 $f(x)$ 的效率，也必须高于证明者计算函数 $f(x)$ 的效率。可验证计算方案的安全性必须满足以下条件：一个证明者伪造一个不正确的输出 $y^*\neq f(x)$ 和一个证明 p^* 使得验证者用 p^* 证实 $y^*=f(x)$ 是不可行的。

概率检测证明（Probabilistically Checkable Proof，PCP）[43] 也称全息证明（holographic proof），是构造大多数可验证计算的基础。PCP 是由证明者为了证明某一论断的合法性而产生的一个串。PCP 本身可视作论断合法性的证明，但这样做不得不读取整个 PCP，对计算上弱的验证者来说也许太长而成为负担。PCP 的特殊性质是验证者通过仅查看 PCP 的一个常数数量的随机位置就能检测 PCP 的合法性。这个方法能够工作是因为任何不合法的 PCP 必然在大量的位置上不一致，所以验证者可用很高的概率检测出其不合法性。这个工具在密码学和理论计算机科学中有着广泛的应用，在文献[44]中有一个比较好的综述。

只有 PCP 不能提供可验证计算，需要有一些方法使得证明者可产生和固定一个 PCP 而无须将整个串发送给验证者。证明者简单地将 PCP 存储起来并回答验证者的询问，是不可行的，因为证明者可通过改变响应验证者的询问的 PCP 部分进行欺骗。下面简单总结一下以 PCP 为基础构造的可验证计算的方法[42]。

（1）基于承诺的可验证计算。一个密码学承诺[45]是一个数字对象，它将证明者和一个特定的论断绑定到一起而又不泄露该论断。承诺可比论断本身更小。当证明者产生论断本身时，验证者使用承诺检测论断事实上是证明者早期所承诺的那个论断。如果证明者对整个 PCP 计算一个承诺 c 并将其发送给验证者，验证者可向证明者询问他所希望看到的 PCP 的部分，证明者不得不诚实地回答，这是因为如果证明者改变了验证者希望看到的 PCP 的部分，那么验证者就能告诉他，这与承诺 c 不匹配。

（2）基于同态加密的可验证计算。加法或乘法同态加密可用来取消验证者关于 PCP 的询问，但是仍然允许证明者回答验证者的询问。因为证明者仅仅看到加密形式的询问，而没有办法知道如何在对验证者的回答中适应他的 PCP。基于这个思想的一些构造可参阅文献[46-48]。这种方法的一个优点是允许验证者的询问被重用，降低了验证所需要的交互量。

（3）基于交互的可验证计算。Goldwasser 和 Cormode 等[49,50]描述了如何基于交互证明来实现可验证计算。这种方法允许证明者和验证者进行交互而不是要求证明者向验证者发送一个固定的串 p，交互使得证明者要向验证者说谎而不被揭穿变得很困难。验证者不是朴素地问关于在 PCP 具体位置的值的问题，而是以一种适合的方式进行询问，因此无须一个合法的 PCP，否则，证明者最终将被迫自相矛盾。

文献[51]对实用可验证计算的实现作了综述，其他实现可参阅文献[47,52]。

本节主要介绍可验证计算的一些基本方法，主要取材于文献[45,46,49]。

4.2.1 几个基本概念

本节简要介绍后面将要用到的几个基本概念，即比特承诺、交互证明、零知识证明和论证系统。希望进一步了解这些基本概念的读者可参阅密码学教材，如第 1 章中的参考文献[53]。

1. 比特承诺

比特承诺（bit commitment）方案可通过函数 $f:\{0,1\}\times X\to Y$ 来实现，这里 X 和 Y 是两个有限集。$b\in\{0,1\}$ 的密文随机地在集合 $\{f(b,x): x\in X\}$ 中取值。

定义 4-11（比特承诺）　设 X 和 Y 是两个有限集，$f:\{0,1\}\times X\to Y$。称 f 是一个比特承诺方案，如果它满足以下两个特性：

（1）隐藏性（hiding）。对 $b\in\{0,1\}$，接收者不能从 $f(b,x)$ 确定 b 的值。

（2）绑定性（binding）。发送者能打开（也称解开）$f(b,x)$，即发送者能通过揭示辅助值 x 使接收者相信 b 是唯一可能被加密的值。

如果发送者想承诺任何比特串 s，那么他可以通过分别独立地承诺 s 的每一个比特来完成。比特承诺方案可记为 $f(s,k)$。下面介绍一个基于 Goldwasser-Micali 概率加密算法实现的比特承诺方案。

首先介绍 Goldwasser-Micali 概率加密算法[4]。设 $n=pq$，p 和 q 是素数。选择一个正整数 $t\notin \mathrm{QR}(n)$ 且 $\left(\dfrac{t}{n}\right)=1$，$\mathrm{QR}(n)$ 表示模 n 的二次剩余集合，$\left(\dfrac{t}{n}\right)$ 表示 t 关于模 n 的 Jacobi 符号。公开 n 和 t，保密 p 和 q。$P=C=\mathbb{Z}_2^n$，$K=\left\{(n,t,p,q)\,|\,n=pq,p,q\ 为素数,t\notin \mathrm{QR}(n),\left(\dfrac{t}{n}\right)=1\right\}$。

对 $K=(n,t,p,q)$，定义加密变换为 $E_K(x,\boldsymbol{r})=y=(y_1,y_2,\cdots,y_n)$，其中 $y_i=t^{x_i}r_i^2 \bmod n$，$1\leqslant i\leqslant n$，$x=(x_1,x_2,\cdots,x_n)\in P$，$\boldsymbol{r}=(r_1,r_2,\cdots,r_n)$ 是随机选择的一个向量。

定义解密变换为 $D_K(y)=(x_1,x_2,\cdots,x_n)$，其中

$$x_i=\begin{cases}0, & y_i\in \mathrm{QR}(n)\\ 1, & y_i\notin \mathrm{QR}(n)\end{cases} \quad 1\leqslant i\leqslant n, y=(y_1,y_2,\cdots,y_n)\in C$$

知道 n 的分解的用户可通过下列方法确定 y_i 是否属于集合 $\mathrm{QR}(n)$：

(1) 计算 $\left(\dfrac{y_i}{p}\right)=y_i^{(p-1)/2} \bmod p$，$\left(\dfrac{y_i}{q}\right)=y_i^{(q-1)/2} \bmod q$。

(2) $y_i\in \mathrm{QR}(n)\Leftrightarrow \left(\dfrac{y_i}{p}\right)=1$，$\left(\dfrac{y_i}{q}\right)=1$。

接下来介绍一个基于 Goldwasser-Micali 概率加密算法的比特承诺方案。设 $n=pq$，p 和 q 都是素数，$m\in \overline{\mathrm{QR}}(n)=\{x|(x/p)=(x/q)=-1\}$，公开 n 和 m，n 的分解只有发送者知道。设 $X=Y=\mathbf{Z}_n^*$，$f(b,x)=m^b x^2 \bmod n$。

(1) 承诺阶段。发送者通过选择一个随机数 x 加密 b，加密结果为 $y=f(b,x)$。

(2) 打开阶段。当发送者想打开 y 时，他揭示值 b 和 x，接收者验证 $y=m^b x^2 \bmod n$。

假定二次剩余问题是困难的，那么 $f(b,x)$ 没有泄露关于 b 和 x 的任何信息。所以该方案满足隐藏性。现在说明该方案满足绑定性。若该方案不满足绑定性，则存在 $x_1,x_2\in \mathbf{Z}_n^*$，使得 $mx_1^2\equiv x_2^2 (\bmod n)$，这样 $m\equiv (x_2 x_1^{-1})^2 (\bmod n)$。说明 $m\in \mathrm{QR}(n)$，即 m 是一个二次剩余，这与 $m\in \overline{\mathrm{QR}}(n)$ 相矛盾。

2. 交互证明

设 (P,V) 是一个交互协议，P 和 V 均具有多项式时间的计算能力，可视作概率多项式时间算法(也就是多项式时间的概率算法)，公共输入为 $x\in\{0,1\}^*$，P 拥有一条私有知识带 S。设 R 是 $\{0,1\}^*$ 上的一个多项式时间的二元关系(这个关系是公开的)，即 R 是 $\{0,1\}^*\times\{0,1\}^*$ 的一个子集，如果 $(x,w)\in R$，称 x 和 w 满足关系 R，记为 $R(x,w)=1$(1 表示真)；否则，称 x 和 w 不满足关系 R，记为 $R(x,w)=0$(0 表示假)。如果 R 是满足下列两个条件的 $\{0,1\}^*$ 上的一个二元关系，则称 R 是 $\{0,1\}^*$ 上的一个多项式时间的二元关系：①$|w|$ 不超过 $|x|$ 的多项式；②对任何 $x,w\in\{0,1\}^*$，可在 $|x|$ 的多项式时间内检测出是否 $R(x,w)$ 为真。例如，可以考虑下列的二元关系 $R(x,w)$：w 是 x 模素数 Q 的离散对数或 w 是 x 的一个完全分解。

定义 4-12(知识的交互证明系统) 设 (P,V) 是一个交互协议，P 和 V 均为 PPT 算法，S 是 P 的私有知识带，R 是一个多项式时间二元关系。称 (P,V) 是一个关于 R 的知识的交互证明系统(interactive proof system of knowledge)，如果它满足下列两个条件：

(1) 完全性(completeness)。对所有的充分长的 x，如果在 P 的知识带 S 上存在一个 w 使得 $R(x,w)=1$，并且 P 和 V 都遵循协议，那么 V 将以很大的概率接受 x，即对每一个 $k>0$ 和充分长的 x：存在 $w\in S$，使 $R(x,w)=1$，V 至少以 $1-|x|^{-k}$ 的概率接受 x(即相信 P 知道使 $R(x,w)=1$ 的 w)。

(2) 合理性(soundness)。对每一个 $k>0$，存在一个 PPT 算法 M(M 被允许在没有修改或检查它的私有知识带的情况下，可重置和重新运行多项式次 P')，使得对每一个 $c>0$，对所有 P'(可能不诚实)、P' 的随机带 RP' 和充分长的 x，如果将 x 作为 (P',V) 的公共输入，

V 至少以 $|x|^{-k}$ 的概率接受 x，那么将 x 作为 (P',M) 的公共输入，(P',M) 至少以 $1-|x|^{-c}$ 的概率输出一个 w' 使得 $R(x,w')=1$。

　　完全性是指，如果 P 知道 w，则 V 以很大的概率接受 P 对 x 的证明。合理性是指，如果 P 不知道 w，则 V 以很小的概率接受 P 对 x 的证明。"P 知道 w"是指存在某一 PPT 算法 M（M 被允许在没有修改或检查它的带子的情况下可重置和重新运行多项式次 P），使得 M 和 P 交互的结果是 w。上述定义中的 M 称为知识抽取器。知识的证明系统的定义有多种，这些定义之间有一些微小的差别，有的书中也将上述定义的知识的证明系统称为强知识的证明系统。

3. 零知识证明

　　我们所说的"语言"是指一个集合 L。因为集合 L 中的每个元素 x 通常都可编码成一个 0、1 有限长串，该串的长度称为 x 的长度，记为 $|x|$，所以可以抽象地将 L 视作集合 $\{0,1\}^*$ 的一个子集。这里 $\{0,1\}^*$ 表示所有有限长的 0、1 串构成的集合。

　　设 $L \subset \{0,1\}^*$，$U=\{U_x\}_{x \in L}$ 和 $V=\{V_x\}_{x \in L}$ 是两族随机变量，所有随机变量都在 $\{0,1\}^*$ 中取值。从 U_x 或 V_x 中抽取出一批随机样本并将这些随机样本交给一个判决者。判决者在研究分析这些样本之后，将作出判决。如果样本来自 U_x，则判定为 0；如果样本来自 V_x，则判定为 1。如果随着 x 的长度的增加，任何判决者都无法作出判决，或只能与 U_x 和 V_x 无关地随意判决，那么就说 U_x 本质上可由 V_x 取代，或说 U_x 和 V_x 不可区分。在这里有两个参数很重要，即样本的数目和判决者作出判决所需的时间。通过对这两个参数做不同的限制就会得到不同的随机变量不可区分的概念，目前最关心的不可区分的概念有 3 个，即完美不可区分（perfect indistinguishability）、统计不可区分（statistical indistinguishability）和计算不可区分（computational indistinguishablility）。

　　定义 4-13（完美不可区分）　设 $L \subset \{0,1\}^*$ 是一个语言，$U=\{U_x\}_{x \in L}$ 和 $V=\{V_x\}_{x \in L}$ 是两族随机变量。称 $U=\{U_x\}_{x \in L}$ 和 $V=\{V_x\}_{x \in L}$ 在语言 L 上是完美不可区分的，如果对每个充分长的 $x \in L$，U_x 和 V_x 的概率分布相等，即对每个 $\alpha \in \{0,1\}^*$，$\Pr(U_x=\alpha)=\Pr(V_x=\alpha)$。这时也称 $U=\{U_x\}_{x \in L}$ 和 $V=\{V_x\}_{x \in L}$ 相等（equality）。

　　由定义可知，如果两族随机变量 $U=\{U_x\}_{x \in L}$ 和 $V=\{V_x\}_{x \in L}$ 在语言 L 上是相等的，那么对充分长的 $x \in L$，判决者即使具有无限的计算能力和拥有无穷多的样本，也无法判定这些样本，来自 U_x 还是来自 V_x。

　　定义 4-14（统计不可区分）　设 $L \subset \{0,1\}^*$ 是一个语言，$U=\{U_x\}_{x \in L}$ 和 $V=\{V_x\}_{x \in L}$ 是两族随机变量。称 $U=\{U_x\}_{x \in L}$ 和 $V=\{V_x\}_{x \in L}$ 在语言 L 上是统计不可区分的，如果对任意常数 $c>0$ 和每个充分长的 $x \in L$，都有 $\displaystyle\sum_{\alpha \in \{0,1\}^*} |\Pr(U_x=\alpha)-\Pr(V_x=\alpha)| < |x|^{-c}$。

　　由定义可知，如果两族随机变量 $U=\{U_x\}_{x \in L}$ 和 $V=\{V_x\}_{x \in L}$ 在语言 L 上是统计不可区分的，那么对充分长的 $x \in L$，拥有多项式个样本和具有无限计算能力的判决者也基本上无法判定这些样本来自 U_x 还是 V_x。

　　上面在给出完美不可区分和统计不可区分的定义时，实际上将判决者视作一个概率算法，即带有一条随机带的算法。按上述两个定义，在定义计算不可区分性时，可将判决者视作一个 PPT 算法。但这里将判决者视作一个多项式规模或尺寸的电路族，这是因为通常认为这种电路族是一种可能比 PPT 算法接收能力更强的计算装置。

定义 4-15（多项式规模的电路族）　设 $C=\{C_x\}_{x\in L}$ 是一族布尔电路，C_x 是输出仅为 0 或 1 的布尔电路，C_x 的输入是以 x 为参数的随机变量，即 C_x 的输入是按参数 x 确定的随机变量分布的随机串。如果存在一个常数 $e>0$，使得对所有的布尔电路 $C_x\in C$ 至多有 $|x|^e$ 个门（门包括与门、或门、非门等），则称 C 为多项式规模的电路族。

为了把来自某一概率分布的样本输入多项式规模的电路，这里只考虑多项式界随机变量族。所谓 $U=\{U_x\}_{x\in L}$ 是一个多项式界随机变量族，意指存在一个常数 $d>0$，使得对所有的随机变量 $U_x\in U$ 只对长度不超过 $|x|^d$ 的串分配正概率。

定义 4-16（计算不可区分）　设 $U=\{U_x\}_{x\in L}$ 和 $V=\{V_x\}_{x\in L}$ 是两个多项式界随机变量族，$C=\{C_x\}_{x\in L}$ 是多项式规模的电路族，用 $\Pr(U,C,x)$ 表示按 U_x 分布的随机串作为输入时，C_x 输出 1 的概率。称 U 和 V 在语言 L 上是计算不可区分的，如果对任意常数 $c>0$ 和每个充分长的 $x\in L$，都有 $|\Pr(U,C,x)-\Pr(V,C,x)|<|x|^{-c}$。

在大部分教材中，常用下列等价的方式表述计算不可区分性：两个随机变量族 $U=\{U_x\}_{x\in L}$ 和 $V=\{V_x\}_{x\in L}$ 称为计算不可区分的，如果对于任意多项式规模电路族 $\{C_n\}_{n\in N}$，任意正多项式 $P(\cdot)$，对于充分大的 n，每一个 $x\in L\bigcap\{0,1\}^n$，都有 $|\Pr[C_n(U_x)=1]-\Pr[C_n(V_x)=1]|<\dfrac{1}{p(n)}$。

由定义易知，对于两个随机变量族 $U=\{U_x\}_{x\in L}$ 和 $V=\{V_x\}_{x\in L}$，如果它们在语言 L 上是完美不可区分的，那么它们在语言 L 上必定是统计不可区分的。下面证明，对于两个多项式界随机变量族 $U=\{U_x\}_{x\in L}$ 和 $V=\{V_x\}_{x\in L}$，如果它们在语言 L 上是统计不可区分的，那么它们在语言 L 上必定是计算不可区分的。

设 C_x 是一个电路，S_x 是使得 C_x 的输出为 1 的输入集合。因为 U 和 V 是统计不可区分的，所以对任意常数 $c>0$ 和每个充分长的 $x\in L$，都有

$$\sum_{\alpha\in\{0,1\}^*}|\Pr(U_x=\alpha)-\Pr(V_x=\alpha)|<|x|^{-c}$$

而

$$|\Pr(U_x\in S_x)-\Pr(V_x\in S_x)|=\left|\sum_{\alpha\in S_x}\Pr(U_x=\alpha)-\sum_{\alpha\in S_x}\Pr(V_x=\alpha)\right|$$

$$\leqslant\sum_{\alpha\in S_x}|\Pr(U_x=\alpha)-\Pr(V_x=\alpha)|$$

$$\leqslant\sum_{\alpha\in\{0,1\}^*}|\Pr(U_x=\alpha)-\Pr(V_x=\alpha)|$$

所以 $|\Pr(U_x\in S_x)-\Pr(V_x\in S_x)|<|x|^{-c}$。又 $\Pr(U,C,x)=\Pr(U_x\in S_x)$，$\Pr(V,C,x)=\Pr(V_x\in S_x)$，所以 $|\Pr(U,C,x)-\Pr(V,C,x)|<|x|^{-c}$，故 U 和 V 在语言 L 上是计算不可区分的。

现在定义随机变量的可逼近性（approximability）。设 M 是一个关于输入 x 以概率 1 停止的概率算法，用 $M(x)$ 表示一个随机变量，该随机变量的概率分布为：对每一个串 α，$\Pr(M(x)=\alpha)=\Pr(M$ 关于输入 x 输出 $\alpha)$，即 $\Pr(M(x)=\alpha)$ 定义为 M 关于输入 x 输出 α 的概率。

定义 4-17（可逼近性）　设 $L\subset\{0,1\}^*$，$U=\{U_x\}_{x\in L}$ 是一族随机变量，称 U 在语言 L 上是完美（统计，计算）可逼近的，如果存在一个 PPT 算法 M，使得 $\{M(x)\}_{x\in L}$ 和 $U=\{U_x\}_{x\in L}$

在 L 上是完美(统计、计算)不可区分的。

由定义可知,随机变量的可逼近性和随机变量的不可区分性密切相关,每一种不可区分性对应一种可逼近性。如果 U 在 L 上是完美逼近的,那么 U 在 L 上必是计算可逼近的。当然我们在谈论随机变量的计算不可区分性和计算可逼近性时,是指多项式界随机变量的计算不可区分性和计算可逼近性。

定义 4-18(知识的零知识证明)　称一个协议 (P,V) 关于多项式时间关系 R 是完美(统计、计算)零知识的,如果对任何 PPT 算法 V'(V' 带有一条附加输入带,V' 的附加输入记为 H),随机变量族 $\text{View}_{P,V'} = \{\text{View}_{P,V'}(x,H)\}_{(x,H)\in L'}$ 关于语言 $L' = \{(x,H) \mid$ 存在 $w \in S$,使 $R(x,w)=1, |H|$ 不超过 $|x|$ 的多项式 $\}$ 是完美(统计、计算)可逼近的。称 (P,V) 关于多项式时间关系 R 是一个知识的完美(统计、计算)零知识证明系统,如果它对 R 是一个知识的交互证明系统并且是完美(统计、计算)零知识的。

由定义可知,知识的完美零知识证明系统一定是知识的统计零知识证明系统,知识的统计零知识证明系统一定是知识的计算零知识证明系统。通常将知识的计算零知识证明系统称为知识的零知识证明系统,简称知识的零知识证明。

4. 论证系统

论证系统(argument system),也称论证协议(argument protocol),是一个计算上合理的交互证明系统。一个论证系统可由一对交互 PPT 算法定义,一个是证明者 P,另一个是验证者 V。

定义 4-19(论证系统/论证协议)　设 (P,V) 是一个交互证明系统,P、V 均为 PPT 算法。称 (P,V) 是一个关于 NP 语言 L、合理性错误为 ϵ 的论证系统/论证协议,如果它满足下列要求:

(1) 完全性。对每一个 $x \in L$ 和相应的 NP 证据 ω,$V(x)$ 和 $P(x,\omega)$ 的交互总使 V 接受。

(2) 合理性。对每一个 $x \notin L$ 和每一个有效的(但可能是非均匀的)敌意证明者 P^*,$V(x)$ 和 $P^*(x)$ 的交互导致 V 接受的概率至多为 $\epsilon(|x|)$,可能除了有限多个 x 以外。

4.2.2　基于承诺的可验证计算

本节首先介绍关于承诺比特的零知识证明的概念,也称为公正信封(notarized envelope);其次介绍透明证明(transparent proof)的基本性质;再次介绍一个关于 NP 语言的渐进有效的零知识证明系统;最后介绍一个关于 NP 语言的通信有效的论证系统。

1. 公正信封

对点(pair blobs)表示是证明"相等"论断的基本工具之一,其关键是将每个比特表示为两个随机比特的异或。一个对点的值是指它的两个比特的异或。用 $\text{COMMIT}(x_i)$ 表示事件:证明者 P 均匀地选择 $x_i^0, x_i^1 \in \{0,1\}$,使得 $x_i = x_i^0 \oplus x_i^1$,并使用理想的承诺方案对 x_i^0 和 x_i^1 进行承诺;用 $\text{REVEAL}(x_i)$ 表示事件:证明者 P 使用理想的承诺方案揭示 x_i^0 和 x_i^1,验证者 V 计算 $x_i = x_i^0 \oplus x_i^1$。基于这些表示,可以使用下面给出的协议 4-1 在无须揭示它们的值的情况下,证明两个被承诺的比特是相等的。

协议 4-1　朴素地证明 $x_i = x_j$ 的协议,记为 $\text{PROVE-EQUAL-NAIV}(x_i,x_j)$。

(1) P 将 $x_i^0 \oplus x_j^0$ 的值发送给 V。

(2) V 均匀地选择 $b \in \{0,1\}$，并将 b 发送给 P。

(3) P 使用理想的承诺方案揭示 x_i^b 和 x_j^b，如果 $x_i^b \oplus x_j^b$ 与第(1)步发送的值相等，则 V 接受。

为了不只在一个证明中使用比特，证明者可简单地做少量副本，验证者使用 PROVE-EQUAL-NAIV 检查副本的值与原来的值相等，或者检查原来的两个值相等。无论在哪一种情形下，每个承诺比特都至少有一个活的（live）副本可用于后续的协议中。这个证明过程可由协议 4-2 来刻画。

协议 4-2 非破坏性地证明 $x_i = x_j$ 的协议，记为 PROVE-EQUAL(x_i, x_j)。

(1) P 对 x_i', x_i'', x_j', x_j'' 进行承诺，其中 x_i'、x_i'' 是 x_i 的副本，x_j'、x_j'' 是 x_j 的副本，每个副本都与原来的相等（注意：值相等，其对点表示未必相同）。

(2) V 等概率地请求 P 使用 PROVE-EQUAL-NAIV 证明以下三者之一：① $x_i = x_i'$，$x_j = x_j'$；② $x_i = x_i''$，$x_j = x_j''$；③ $x_i = x_j$。如果 V 在 PROVE-EQUAL-NAIV 证明中拒绝，则 V 拒绝。

在情形①下，(x_i, x_j) 的新的表示取为 (x_i'', x_j'')；在情形②和③下，(x_i, x_j) 的新的表示取为 (x_i', x_j')。

定义 4-20 设 $B_1, B_2, \cdots, B_n$ 是一组对点，$\hat{V}$ 是任意一个验证者，称 $B_1, B_2, \cdots, B_n$ 对 $\hat{V}$ 是安全的，如果对任何 $(a_1^0, a_1^1), (a_2^0, a_2^1), \cdots, (a_n^0, a_n^1)$ 和 $(b_1^0, b_1^1), (b_2^0, b_2^1), \cdots, (b_n^0, b_n^1)$，且 $a_i^0 \oplus a_i^1 = b_i^0 \oplus b_i^1$，$i = 1, 2, \cdots, n$，都有

$$\Pr(B_1, B_2, \cdots, B_n = (a_1^0, a_1^1), (a_2^0, a_2^1), \cdots, (a_n^0, a_n^1) \mid \hat{V} \text{ 的观察})$$

$$= \Pr(B_1, B_2, \cdots, B_n = (b_1^0, b_1^1), (b_2^0, b_2^1), \cdots, (b_n^0, b_n^1) \mid \hat{V} \text{ 的观察})$$

非正式地讲，如果 $\hat{V}$ 没有获得关于 $B_1, B_2, \cdots, B_n$ 的内部的表示（即使知道它们的值），则说 $B_1, B_2, \cdots, B_n$ 对 $\hat{V}$ 是安全的。例如，$\hat{V}$ 也许知道 B_1 代表 0（即其值为 0），但他不能区分 $B_1 = (0,0)$ 还是 $B_1 = (1,1)$。

可直接推出，协议 4-2 具有下列性质：

(1) 如果 $x_i = x_j$，P 遵从协议，则 V 总是接受。x_i 和 x_j 的新的对点与原来的对点有同样的值。

(2) 如果 $x_i = x_j$，则任何验证者 $\hat{V}$ 的观察都独立于 x_i 和 x_j 的实际值。如果在协议开始时 x_i 和 x_j 的对点对 $\hat{V}$ 是安全的，则在协议执行完之后对 $\hat{V}$ 也是安全的。

(3) 如果 $x_i \neq x_j$，则不管证明者如何使用策略，V 拒绝的概率至少为 1/6。

(4) 如果 $x_i = x_j$，则不管证明者（可能是恶意的）$\hat{P}$ 如何使用策略，则在协议的第(1)步结束后下列情况之一必定成立：① V 被确保至少以 1/6 的概率拒绝；② x_i 和 x_j 的新对点被确保与原来的对点有相同的值。

公正信封允许证明者对一组比特 $\{b_1, b_2, \cdots, b_n\}$ 进行承诺，在后来的某时刻可证明某一谓词 $P(b_1, b_2, \cdots, b_n)$ 对这些比特成立而无须揭示这些承诺值的任何信息。文献[45]中给出了如下定理。

定理 4-4　存在一个协议 PROVE-CIRCUIT$(x_1,x_2,\cdots,x_k,C)$，其中，$x_i(i=1,2,\cdots,k)$ 作为随机的对点被承诺，C 是一个具有 n 个门的电路，该协议具有下列特性：

(1) 协议需要至多 $O(n)$ 个比特承诺、关系和通信比特。

(2) 如果 $C(x_1,x_2,\cdots,x_k)=1$ 并且 P 总是遵从协议，则：① V 总是接受；②如果在协议开始时 $x_1,x_2,\cdots,x_k$ 的对点对 $\hat{V}$ 是安全的，那么在协议执行完之后 $x_1,x_2,\cdots,x_k$ 的对点（可能不同）对 $\hat{V}$ 也是安全的；③存在一个期望的多项式时间模拟器 $S(\hat{V},C)$ 可模拟 $\hat{V}$，仅将 $\hat{V}$ 作为其预言器。

(3) 如果 $C(x_1,x_2,\cdots,x_k)\neq1$，则 V 以 $1/12$ 的概率拒绝。

2. 透明证明

Babai 等使用了透明证明[53]这一概念，并证明了任何 NP 论断在做一些初始化预处理后，都存在一个可在多项式对数时间内被检测的多项式尺寸的证据。

设 L 是一个 NP 语言，一个透明证明可以用参数 (c,C,Q,A) 表示。其中 C 表示编码算法 CODE，是一个简单的、多项式时间算法；Q 表示询问算法 QUERY，是一个多项式对数时间算法；A 表示接受算法 ACCEPT，是一个多项式对数时间算法。验证 $x\in L$ 的过程如下：

(1) P 使用 C 将 x 转换为一个串 $x'=C(x)$，并将 x' 发送给 V，这里也假定 V 知道 $|x|=n$。

(2) P 将 ω 的部分内容提供给 V，透明证明 $x\in L$。

(2.1) V 产生一个长为 $\lg^c n$ 的随机比特串 r，计算 $q=Q(n,r)$，并产生他自己希望看到的多项式对数多个 ω 和 x' 的下标。这样，V 就能请求看 ω 的第 5、11 和 31 位以及 x' 的第 3、21 位，q 与 ω 和 x' 本质上是相互独立的。

(2.2) 一个预言器以一个序列 a 提供给 V，a 由对 V 的询问的回答构成。V 计算 $A(r,q,a)$，如果 $A(r,q,a)=1$，则 V 接受。

如果 $x\in L$ 并且 P 能够正确地构造 ω，则 V 总是接受；如果 $x\notin L$，则不管 ω 的值是多少，V 至少以 $1/2$ 的概率拒绝。

3. 渐进有效的零知识证明系统

基于文献[53]中的透明证明的存在性，文献[45]中给出了一个关于 L 的零知识证明系统，记为 EFFICIENT-PROOF(x,ω,k,c,C,Q,A)，下面描述这一协议。

协议 4-3　EFFICIENT-PROOF(x,ω,k,c,C,Q,A)。

(1) P 和 V 计算 $x'=C(x)$，$n=|x|$，P 使用对点对 ω 进行承诺。

(2) V 均匀选择 $r\in\{0,1\}^{\lg^c n}$ 并将 r 发送给 P。

(3) P 和 V 计算 $q=Q(n,r)$，P 用零知识证明 $A(r,q,a)=1$，a 由 q、x' 和 ω 的承诺值定义，如果 V 接受这个证明，则 V 接受。

(4) 为了达到 2^{-k} 错误概率，P 和 V 运行第(2)步至第(3)步共 $24k$ 次，如果 V 在每次迭代中都接受，则 V 就接受。

协议 4-3 具有下列性质[45]：

(1) 协议 4-3 是证明系统，即假定 (c,C,Q,A) 形成了一个关于 L 的透明证明系统，并且正确证明以概率 1 接受，不正确断言至少以 $1/2$ 的概率被拒绝，则有如下结论：①如果 ω 是关于 $x\in L$ 的一个正确透明证明，那么 V 以概率 1 接受；②如果 $x\notin L$，那么 V 以概率 2^{-k}

拒绝。

（2）协议 4-3 是有效的，即设 $\varepsilon>0$ 是一个固定常数，则存在一个关于布尔电路可满足问题的透明证明 (c,C,Q,A) 使得协议 4-3 即 EFFICIENT-PROOF(x,ω,k,c,C,Q,A) 需要 $O(n^{1+\varepsilon}+(\lg^{O(1/\varepsilon)}n)k)$ 个理想的比特承诺、关系和通信比特。

（3）协议 4-3 是零知识的。

布尔电路可满足问题是：给定一个单比特输出的电路 C，是否有一个输入使得 C 的输出是 1？

为了进一步理解上述基本理论和基本概念，这里给出协议 4-3 是证明系统的证明。

如果 ω 是一个关于 $x\in L$ 的正确证明，则对任何 $r\in\{0,1\}^{\lg^c n}$，总有 $A(r,q,a)=1$，这里 $q=Q(n,r)$，a 由 q、x' 和 ω 的承诺比特确定。在这种情况下，由定理 4-4 可知，V 将总是接受 P 对这个正确论断的证明。如果 $x\notin l$，则对任何被承诺的 ω，至少以 $1/2$ 的概率使得 $A(r,q,a)\neq1$。每当这种情况发生，P 将不得不在协议的第（3）步证明一个不正确的断言，此时由定理 4-4 可知，V 将以 $1/12$ 的概率拒绝。这样在第（2）步和第（3）步的每次迭代中，不管先前迭代的情况如何，V 将捕获一个错误论断的概率至少为 $1/24$。因此，P 在所有 $24k$ 次迭代中继续生存的概率至多为 $(1-1/24)^{24k}\leqslant 2^{-k}$。

4. 通信有效的论证系统

现在说明在合理的假设下如何将上述关于 NP 语言的零知识证明系统转化为通信有效的论证系统。上述证明系统需要昂贵的建立代价，而论证系统不需要这样高的代价。在忽略通信代价的情况下，在理想的比特承诺模型下可直接将一个证明系统转化为一个论证系统。下面先介绍这个朴素的转化方法。

设 l 是证明者的安全参数，首先 P 和 V 协商一个信息论意义上安全的点（blob）系统，可表示为 BLOB$_{l,k}:\{0,1\}\rightarrow\{0,1\}^l\times\{0,1\}^l$，CHECK$_{l,k}:\{0,1\}^l\times\{0,1\}^l\rightarrow\{0,1\}$。也就是，给定一个比特 b，BLOB$_{l,k}(b)$ 产生一对 (C,R) 使得 CHECK$_{l,k}(C,R)=b$。这里 C 是关于 b 的点，R 是用于揭示 b 的串。P 通过产生 (C,R) 来承诺 b，并将 C 发送给 V。P 通过发送 R 向 V 揭示 b，V 计算 CHECK$_{l,k}(C,R)$。这里所给出的零知识论证系统基于以下两个假设：

（1）由 BLOB$_{l,k}(0)$ 和 BLOB$_{l,k}(1)$ 导出的在 C 上的分布是相同的。

（2）P 产生一个三重组 (C,R,R') 使得 CHECK$_{l,k}(C,R)=0$，CHECK$_{l,k}(C,R')=1$ 是计算上不可行的。

其次，对零知识证明协议进行直接修改，这里以协议 4-3 为例。协议的第（2）步和第（4）步与原协议一样。在协议的第（1）步中，P 把 ω 转化为一个对点表示，使用 BLOB$_{l,k}$ 对这些比特进行承诺，将所得的结果记为 $B_1,B_2,\cdots,B_m$。协议的第（3）步与原协议的一样，但在证明中还要对所需的承诺和关系使用安全的点系统。

我们看看修改后的协议的通信代价。在第（1）步需要 $O(n^{1+\varepsilon}l)$ 个通信比特，在第（2）步和第（3）步仅需 $O(\lg^c l)$（对某一常数 c）个通信比特。问题是本质上在第（1）步承诺的所有比特在第（2）步和第（3）步的单个执行中都不需要。如果仅仅不得不付出打开 1 比特承诺（即解开或揭示 1 比特承诺）的代价时，在假定充分强的密码 Hash 函数存在时，可使这个协议更有效。

假定 $\{F_{l,k}\}$ 是一族满足下列条件的多项式时间可计算的 Hash 函数：

（1）$F_{l,k}$ 是一个从 $\{0,1\}^{2l}$ 到 $\{0,1\}^l$ 的函数。

（2）对每一个多项式规模的电路族 $\{C_l\}$，$C_l(k)$ 产生 x、y 使得 $F_{l,k}(x) = F_{l,k}(y)$（根据某一概率多项式样本分布来选择 $F_{l,k}$）的概率增长得比 l^{-c} 小（对任何常数 c）。

下面的协议 4-4 和协议 4-5 说明了如何使用这样的 Hash 函数便宜地对大量的点进行承诺，而且可便宜地揭示这些点中的一个单一点。

协议 4-4　便宜地承诺若干比特的协议，记为 $\mathrm{PACK}(l, C_1, C_2, \cdots, C_{2^n})$。

（1）V 应允一个适当分布的 Hash 函数 $F_{l,k}$。

（2）对 $i = 1, 2, \cdots, n, j = 0, 1, \cdots, 2^{n-i}-1$，定义 $C_j^0 = C_j$，$C_j^i = F_{l,k}(C_{2j}^{i-1}, C_{2j+1}^{i-1})$，$P$ 将 C_0^n 发送给 V。

协议 4-4 实际上是使用上述的 Hash 函数构造了一棵承诺二元树，树的每个叶子对应证明者承诺的点之一，点对应树的节点，节点是其两个孩子的一个 Hash 表示。证明者通过发送点对应的树的根来承诺整棵树。

协议 4-5　抽取一个点的协议，记为 $\mathrm{EXTRACT}(F_{l,k}, I, C_1, C_2, \cdots, C_{2^n})$，表示揭示点 C_I。

（1）对 $i = 1, 2, \cdots, n, P$ 发送 $C_{2\lfloor I/2^i \rfloor}^{i-1}$ 和 $C_{2\lfloor I/2^i \rfloor+1}^{i-1}$ 给 V。

（2）对 $i = 1, 2, \cdots, n, V$ 检查 $C_{\lfloor I/2^i \rfloor}^i = F_{l,k}(C_{2\lfloor I/2^i \rfloor}^{i-1}, C_{2\lfloor I/2^i \rfloor+1}^{i-1})$ 是否成立，如果成立，V 恢复 $C_I = C_I^0$，否则拒绝。

在协议 4-5 中，证明者通过揭示每个 Hash 点（hashed blob）、从根到叶子的路径和这些 Hash 点的孩子来揭示一个点的表示（不同于揭示那个点的内容）。

协议 4-6　一个关于 NP 语言的有效论证系统，记为 $\mathrm{EFEICIENT\text{-}ARGUMENT}(x, \omega, l, c, C, Q, A)$。

（1）P 和 V 协商一个信息论意义上安全的点承诺方案（记为 BLOB 和 CHECK）和一个密码学上安全的 Hash 函数 $F_{l,k}$。

（2）P 和 V 计算 $x' = C(x)$，$n = |x|$，P 把 ω 转化为一个对点表示，使用 BLOB 产生点 $(C_0, R_0), (C_1, R_1), \cdots, (C_m, R_m)$，并使用协议 4-4 对 $C_0, C_1, \cdots, C_m$ 进行承诺，这里假定 m 是 2 的幂。

（3）V 均匀地选择 $r \in \{0,1\}^{\lg^c n}$ 并将 r 发送给 P。

（4）P 和 V 计算 $q = Q(n, r)$，P 用零知识证明 $A(r, q, a) = 1$，a 由 q、x' 和 ω 的承诺值定义。每当 P 不得不揭示由一个点 C_I 表示的一个比特时，P 首先运行 $\mathrm{EXTRACT}(F_{l,k}, I, C_1, C_2, \cdots, C_{2^n})$，然后将 R_I 发送给 V。V 通过计算 $\mathrm{CHECK}(C_I, R_I)$ 恢复那个揭示的比特。如果 V 接受这个证明，V 就接受。

现在需要构造零知识点和安全的 Hash 函数。这两个需求都可以通过称为无爪（claw-free）对置换来达到。即，需要产生函数对 (F, G) 使得找到一对 (x, y) 满足 $F(x) = G(y)$ 是困难的。例如，设 $n = pq$，p 和 q 都是素数，P 不知道 p 和 q，a 是一个随机的模 n 的二次剩余，令 $F(x) = x^2 \bmod n$，$G(y) = ay^2 \bmod n$，$x, y \neq 0$。如果能找到一个碰撞对 (x, y)，那么就能找到 a 的一个平方根，即 xy^{-1}。当然，验证者必须使 P 相信 a 是一个二次剩余，否则，证明不再是零知识的。文献[54]中提出了一个构造无爪对置换的方法。假定计算模素数 p 的离散对数是困难的，即使给定了 $p-1$ 的因子分解。给定 $\mathbb{Z}_p^*$ 的一个生成元 g 和一个随机选

择的 $a \in \mathbb{Z}_p^*$，令 $F(x)=g^x$，$G(y)=ag^y$。如果 $F(x)=G(y)$，则 $\log_g a=x-y$。V 能选择 p、g、a 使得 $p-1$ 具有已知的因子分解，并发送这个信息给 P。给定 $p-1$ 的因子分解，P 能平凡地验证 g 是 $\mathbb{Z}_p^*$ 的生成元。因此，整个协议仅需 $O(l)$ 个通信比特。

使用已知的最有效的构造方案，可由协议 4-6 构造出一个总的通信量为 $O(\lg^c(n)l)$（对某一常数 c）的论证系统。这是由于在这个协议中，第（1）步和第（2）步仅需 $O(l)$ 个通信比特，第（3）步仅需 $O(\lg^c n)$ 个通信比特，第（4）步需要 $O(\lg^{c_1} n)$（对某一常数 c_1）个承诺和关系，每个这样的操作需要至多 $O(\lg(n)l)$ 个通信比特。

4.2.3　基于同态加密的可验证计算

大部分有效的论证系统的构造都采用两段法，即首先把一个经典的证明转化为一个明确的多项式尺寸的 PCP 串（一个编码证明（encoded proof））；然后应用基于树的密码 Hash 技术承诺这个串，并在后来打开由验证者选择的一小部分比特。4.2.2 节介绍的论证系统就使用了这种方法。本节介绍另外一种方法，这种方法将两步合为一步，即将 PCP 视作一个函数 $\pi: F^n \rightarrow F$，其定义域是指数尺寸的，但计算可以在多项式时间内完成。如果诚实的证明者计算一个在有限域 F 上的线性函数，就把 π 称为线性 PCP。这里仅讨论线性的情况，但这些方法可以推广到一般的情况。本节首先介绍线性 PCP 和线性 MIP 的基本概念，其次介绍一个具有线性解开承诺的承诺方案，最后介绍一个基于线性 MIP 的有效的论证系统。

1. 线性 PCP 和线性 MIP

以下假定 n 表示一个输入长度参数或证明长度参数，所有诚实的参与方的运行时间都是关于 n 的多项式，我们也将使用其他参数，如密码安全参数 k、基域 F 和合理性参数 ε，为方便起见，这些参数都可看作是由 n 确定的。

粗略地讲，一个线性 MIP（Multiprover Interactive Proof，多证明者交互证明）由一个 l 重证明预言器 $(\pi_1, \pi_2, \cdots, \pi_l)$ 组成，其中每个 $\pi_i (i=1,2,\cdots,l)$ 都是一个线性函数 $\pi_i: F^n \rightarrow F$，F 是一个有限域。验证者选择一个 l 重询问 $(q_1, q_2, \cdots, q_l)$，$q_i \in F^n (i=1,2,\cdots,l)$，并得到回答 $\pi_1(q_1), \pi_2(q_2), \cdots, \pi_l(q_l)$；基于输入 x 和这些回答，V 或者接受或者拒绝。完全性要求对每个 $x \in L$，存在如上所述的线性函数 $(\pi_1, \pi_2, \cdots, \pi_l)$ 使得 V 以概率 1 接受。合理性要求对每个 $x \notin L$ 和任何（敌意选择的，可能是非线性的）证明函数 $(\tilde{\pi}_1, \tilde{\pi}_2, \cdots, \tilde{\pi}_l)$，$V$ 接受的概率至多是 ε。类似于 PCP，MIP 的关键特征是证明函数 $\tilde{\pi}_i$ 必须在询问被 V 随机选择之前固定。

定义 4-21（线性 MIP）　一个关于 NP 语言 L 的线性 MIP 是由一个 PPT 验证者 V 和一个多项式时间证明者算法 P 组成（P 被用于实现多证明者）。任何输入 $x \in \{0,1\}^*$ 确定证明长度参数 $n=\text{poly}(|x|)$、证明者个数 $l=l(n)$、有限域 $F=F(n)$ 和合理性错误参数 $\varepsilon=\varepsilon(n)$。验证者和证明者都知道这些参数。一旦一个输入 x 和一个相应的 NP 证据 ω 被固定，用 π_i 表示 $P(i,x,\omega,\cdot)$，把 P 视作一个 l 重证明函数 $(\pi_1, \pi_2, \cdots, \pi_l)$，返回对验证者的询问 q_i 的回答。每个 π_i 都是一个线性函数 $\pi_i: F^n \rightarrow F$，即对所有的 $q, q' \in F^n$，都有 $\pi_i(q+q')=\pi_i(q)+\pi_i(q')$。在 V 和 P 之间的交互过程如下：

（1）V 基于 x 选择一个 l 重序列 $(q_1, q_2, \cdots, q_l)$，$q_i \in F^n (i=1,2,\cdots,l)$。

（2）每个 q_i 被发送给相应的证明者，证明者用 $\pi_i(q_i)$ 来回答。

(3) 验证者 V 基于它的随机输入和 l 个回答,决定是接受还是拒绝。

一个具有合理性错误(也称为合理性概率)ε 的线性 MIP 还需满足下列要求:

(1) 完全性。对每一个 $x \in L$ 和相应的证据 ω,都有
$$\Pr[V(x, q_1, q_2, \cdots, q_l, \pi_1(q_1), \pi_2(q_2), \cdots, \pi_l(q_l)) = \text{ACC}] = 1$$
这里的概率是在由 V 随机选择的询问 $(q_1, q_2, \cdots, q_l)$ 上,$\pi_i(q_i) = P(i, x, \omega, q_i)$。

(2)合理性。对每一个 $x \notin L$ 和任何(可能是非线性的和计算上不是很有效的)证明函数 $(\tilde{\pi}_1, \tilde{\pi}_2, \cdots, \tilde{\pi}_l)$,都有
$$\Pr[V(x, q_1, q_2, \cdots, q_l, \tilde{\pi}_1(q_1), \tilde{\pi}_2(q_2), \cdots, \tilde{\pi}_l(q_l)) = \text{ACC}] \leqslant \varepsilon(n)$$
这里的概率是在 V 的随机性上。

如果固定合理性错误 $\varepsilon(n)$ 为一个常数,比如 $1/2$,此时置 $l(n) = O(1)$ 是充分的。通过使用 σ 次独立的重复(证明者的集合不相交),合理性错误可降低到 $2^{-\sigma}$,$l = O(\sigma)$。

特别地,当诚实的证明者都使用同一个函数 π,即 $\pi_1 = \pi_2 = \cdots = \pi_l = \pi$ 时,一个线性 MIP 就是**线性 PCP**,这说明 MIP 是 PCP 的一种推广,而 PCP 是 MIP 的一种特例。定义一种线性 PCP 的变形,称作**弱线性 PCP**,如果合理性仅能在伪造的证明 $\tilde{\pi}$ 是线性的时候保证成立。

下面讨论如何构造弱线性 PCP、线性 PCP 和线性 MIP。设 $x \in \{0,1\}^u$ 是 NP 论断($x \in L$)的一个输入,ω 是相应的证据;$C = C(x, \omega)$ 是一个尺寸(门)为 s 的电路,用于测试 ω 关于 x 的合法性。用 C 的每个门 j 关联一个变量 Z_j。现在 C 关于 x、ω 的可满足性可表示为下列条件的联合:

(1) u 条件,对应的 u 个输入门由 x 标记,具有形式 $Z_i = x_i$,$i = 1, 2, \cdots, u$,测试前 u 个输入门和实际输入 x 的一致性,对于由 ω 标记的输入门没有类似的限制。

(2) 对应电路的内部门的条件,具有形式 $(1 - Z_i Z_j) - Z_k = 0$,测试 Z_k 和一个 NAND 门输出的一致性,其中 NAND 门的两个输入来自门 Z_i 和 Z_j。

(3) 一个形式 $Z_s = 1$ 的条件,测试电路的输出是 1。

为了去掉最后一个条件,可固定 $Z_s = 1$。总的来说,有条件 $m < s$ 的限制。

1) 弱线性 PCP 的构造

取 $n = O(s^2)$,设 z 是被分配给 $Z_1, Z_2, \cdots, Z_s$ 的值,即电路关于输入 (x, ω) 的所有门的实际值。证明预言器 π 可以写成一个线性函数 f_d,其中 $d = (z, z \otimes z)$,$a \otimes b$ 表示所有的 $|a| \cdot |b|$ 个值 $a_i b_j$ 的级联。验证证明涉及验证 d 的确具有形式 $(z, z \otimes z)$(对某一 z)并且 z 满足所有上述条件。

第一步:验证 d 的形式。验证者随机选择 $y_1, y_2 \in_R F^s$ 并验证 $\langle z, y_1 \rangle \cdot \langle z, y_2 \rangle = \langle z \otimes z, y_1 \otimes y_2 \rangle$,这个归结起来是计算 3 个 d 的元素的线性组合,可通过对 π 的 3 次询问来完成。如果 π 具有所声称的形式,则它总能通过测试;然而如果 π 不具有这种形式,则测试至少以 $1/4$ 的概率失败,从而证明被拒绝。这是因为,假定 $\tilde{d} = (z, U)$,把 U 视作一个 $s \times s$ 矩阵,设 V 是另一个 $s \times s$ 矩阵。验证者的任务可视作测试是否 $U = V$。测试本质上是比较 $y_1 U y_2$ 和 $y_1 V y_2$。如果 $U \neq V$,则向量 $y_1 U$、$y_1 V$ 至少以 $1/2$ 的概率不同,因此,$(y_1 U) y_2 \neq (y_1 V) y_2$ 的概率至少为 $1/4$。

第二步:验证者测试 z 通过关于电路的条件(为方便起见,这里假定证明 π 已经通过上述测试并具有正确的形式)。注意,m 个条件中的每一个都能表示为形式 $Q_i(z) = 0$,这里 Q_i 是一个次数至多为 2 的关于 $Z_1, Z_2, \cdots, Z_s$ 的多变量多项式。通过随机选择 $v \in_R F^m$ 并验证

$$Q_v(z) = \sum_{i=1}^{m} v_i \cdot Q_i(z) = 0$$ 线性测试是否 $Q_1, Q_2, \cdots, Q_m$ 都等于 0。如果每个 $Q_i(z)$ 都等于 0，则 $Q_v(z)=0$；如果对至少一个 i，有 $Q_i(z) \neq 0$，则 $Q_v(z)=0$ 的概率是 $1/|F|$。注意到 $Q_v(z)$ 本身是一个次数为 2 的多项式，因此，询问 $Q_v(z)$ 的值也能被表示为对 f_d 做一个线性查询，这里 $d=(z, z \otimes z)$。

在上述 PCP 证明中的每个查询具有形式 $q \in F^n$，$n=s^2+s$，并且诚实的证明者的回答具有形式 $\langle d, q \rangle$，弱线性 PCP 的合理性依赖于如下事实：一个假的证明 $\tilde{\pi}=f_{\tilde{a}}$ 一定被上面描述的两次测试中的一次捕捉到（除了至多一个常数概率）。

2）线性 PCP 的构造

构造线性 PCP 的基本思路是基于弱线性 PCP 来转化。给定一个弱线性 PCP 的验证者 V，其合理性只有在假的证明仍然是线性的情况下才能保证，可将 V 转化为没有做任何这样假设的验证者 V'，这个转化使用了标准的测试和自纠正方法。

设证明为 $\pi: F^n \to F$。首先，将弱线性 PCP 转化为一个光滑的弱线性 PCP，也就是，这里的每个询问 q 都独立地均匀分布在 F 上。为了将一个非光滑的弱 PCP 转化为一个光滑的弱 PCP，验证者 V 用一对随机选择的满足条件 $q_1+q_2=q$ 的 q_1、q_2 代替每个询问 q。给定这些询问的回答，V 计算 $\pi(q)=\pi(q_1)+\pi(q_2)$，注意到在这种情况下正确的证明 π 和假的证明 $\tilde{\pi}$ 都是线性的，所以没有影响接受的概率。因此，从现在起可以假定弱 PCP 已经是光滑的。粗略地讲，V' 除了开始于证明 π 的一个线性测试外，其他工作流程与 V 一样，即 V' 随机地选择 $q_1, q_2 \in F^n$，请求 $\pi(q_1)$、$\pi(q_2)$ 和 $\pi(q_1+q_2)$ 并验证 $\pi(q_1)+\pi(q_2)=\pi(q_1+q_2)$。如果 π 是线性的，则总能通过测试；然而如果 V' 被给了一个证明 $\tilde{\pi}$，$\tilde{\pi}$ 是 δ-远离线性的，则这个能以概率 δ 被捕捉到[55]。因此，如果证明是 δ-远离线性的，则 V' 很可能捕捉到它是 δ-远离线性的；然而如果证明是 δ-接近某一线性 π'，则 V' 可能不请求任何询问，$\tilde{\pi}$ 和 π' 不一致。特别地，因为假定 V 是光滑的并用 l 表示 V 所做的询问数量，所以除了一个概率 δl 外，新的 V' 只请求询问 q，这里 $\tilde{\pi}(q)$ 与线性 $\pi'(q)$ 的回答相同。因此，通过 V 关于一个线性 π' 的合理性可得出所期望的合理性。

3）线性 MIP 的构造

假定给定了一个线性 PCP 协议和一个请求 l' 个询问的验证者 V'，可按如下流程构造一个关于验证者 V'' 和 $l'+1$ 个证明者的线性 MIP 协议。验证者 V'' 像 V' 那样工作，但 V'' 发送 l' 个询问中的每一个给一个不同的证明者。另外，V'' 随机选择 l' 个询问中的一个并用这个询问请求证明者 $l'+1$。如果来自最后一个证明者的回答与前面的回答都是一致的，而且 V' 关于这些回答是接受的，则 V'' 接受。这样构造的线性 MIP 协议的完全性是平凡的，下面讨论其合理性。不失一般性，假定证明者是确定的，因此，由证明者 $P_{l'+1}$ 关于每个询问 q 提供的回答定义一个证明 $\tilde{\pi}$，这里 $\tilde{\pi}(q)$ 是对询问 q 的回答。基本观点是，每当前 l' 个证明者的回答与这个 $\tilde{\pi}$ 的回答一致时，他们的欺骗概率的上界是线性 PCP 关于证明 $\tilde{\pi}$ 的合理性。另外，每当至少回答中的一个与 $\tilde{\pi}$ 不一致，这将至少以 $1/l'$ 的概率被捕捉到。

为了改进合理性概率到 $2^{-\sigma}$，可使用另外的证明者，可以通过简单独立地重复上述的 MIP（此时需要 $O(\sigma)$ 个证明者）的方法实现，或者通过更有效的技术实现[56]。

2. 具有线性解开承诺的承诺方案

一个具有线性解开承诺的承诺（commitment with linear decommitment）是一个由发送

者 S 和接收者 R 组成的两方协议。该协议由承诺和解开承诺两个阶段组成。在承诺阶段，S 有输入 $d \in F^n$ 表示一个线性函数 $f_d: F^n \to F$，其中，$f_d(q)$ 为 d、q 的内积，即 $f_d(q) = \langle d, q \rangle$。$R$ 没有输入，两方相互交互但没有输出，R 可能保存一些用于下一个阶段的解开承诺信息。在解开承诺阶段，R 有输入 q（一个解开承诺询问）和解开承诺信息，这一阶段结束后，R 要么拒绝要么输出一个值 a。如果两方都诚实，R 的输出满足 $a = f_d(q)$。另外，该协议满足一个计算上"绑定"的特性。粗略地讲，对任何有效的敌意的发送者，有下列条件成立：在承诺阶段后，存在一个函数 $\tilde{f}$（可能不同于 f_d 并且可能是非线性的）使得对任何解开承诺询问 q，接收者或者输出 $\tilde{f}(q)$ 或者拒绝（除了一个可忽略的概率）。

更形式化地，发送者和接收者可通过一对交互 PPT 算法 (S, R) 来定义。S 和 R 在协议的两个阶段都使用独立的随机输入。为了简化下列定义及其扩展的使用量，把两个阶段的输入视作是由一个环境 ζ 产生的，ζ 对给定的 n 可产生任意的输入 $d, q \in F^n$。注意到 ζ 没有访问协议的副本，因此，它产生的解开承诺询问 q 独立 S 和 R 的随机输入。S 和 R 关于环境 ζ 对长度参数 n 的交互定义为下列两阶段游戏或实验。

游戏 4-2

（1）承诺阶段。ζ 给 S 输入 F 和 $d \in F^n$，给 R 输入 n 和 F，这些输入连同 S 和 R 的随机输入，确定 S 和 R 之间的一个交互，交互结束时 S 和 R 在本地分别保存一个用于下一个阶段的解开承诺信息串 z_S 和 z_R。

（2）解开承诺阶段。ζ 给 R 一个解开承诺询问 $q \in F^n$，这个输入连同 z_S、z_R 以及 S 和 R 的随机输入（独立于第一个阶段的随机输入），确定 S 和 R 的进一步交互，在交互结束时 R 或者输出一个值 $a \in F$，或者输出符号 $\perp$（"拒绝"）。

现在使用游戏 4-2 给出如下定义。

定义 4-22（具有线性解开承诺的承诺） 一个具有线性解开承诺的承诺被定义为一对 PPT 算法 (S, R)，其游戏 4-2 满足下列要求：

（1）正确性。对任何 n 和由环境 ζ 产生的 $d, q \in F^n$，在解开承诺阶段结束时，接收者的输出是 $a = f_d(q) = \langle d, q \rangle$。

（2）绑定性。对任何环境 ζ 和有效的（但可能是非均匀的）敌意发送者 S^*，定义下列修改的游戏：除了 S^* 充当 S 的角色外，像游戏 4-2 一样运行承诺阶段；现在要求 R 和 S^* 运行解开承诺阶段两次，两次使用相同的输入 z_S、z_R 和 q，但随机输入是独立选择的。如果 R 在两次请求中输出的两个不同的值 a, a' 满足 $a, a' \in F$，就说 S^* 赢得了游戏，如果对每一个环境 ζ 和有效的 S^*，S^* 赢得游戏的概率关于 n 是可忽略的（这里的概率是在承诺阶段的随机输入和解开承诺阶段的随机输入的两次独立的选择上），就说协议是绑定的。

上述定义与标准的密码学承诺方案相比，没有明确要求"隐藏"特性。唯一的理由是为了降低通信复杂度，发送者避免发送 d 本身。然而，很容易对实现进行修改使它能够达到关于 d 是（统计）隐藏的这一要求。

最后，说明上述绑定性概念暗含着如下的更直观的特性：对每一个有效的欺骗发送者 S^*，存在一个（可能不是有效的）抽取器（extractor）Ext，给定 S^* 和 R 在承诺阶段的观察，抽取（extract）一个函数 $\tilde{f}: F^n \to F$，S^* 可有效地被承诺。

引理 4-3 设 (S, R) 是一个具有线性解开承诺的承诺协议，则对每一个有效的 S^*，存在一个函数 Ext 使得下列条件成立：对任何环境 ζ，R 在解开承诺阶段结束时的输出可被保证，其输出或者是 $\tilde{f}(q) = \text{Ext}(v_{S^*}, v_R, q)$ 或者是 $\perp$（除了一个关于 n 的可忽略的概率），这里 v_{S^*}、v_R 分别是 S^* 和 R 在承诺阶段的观察，q 是由 ζ 产生的解开承诺询问，这个概率是在 S^* 和 R 的两个阶段的随机输入上。

证明：对任何 $a \in F$ 和在承诺阶段的可能的观察 $v = (v_{S^*}, v_R)$，令 $A_v(q, a)$ 表示 R 输出 a 的概率（这个概率是在解开承诺阶段的随机性上）。给定一个观察 v，定义 $\tilde{f}(q) = \text{Ext}(v, q)$ 是使得 $A_v(q, a)$ 最大的一个域元素 a。用反证法。假定 Ext 不能满足这个要求，则存在一个环境 ζ（对每一个 n 产生输入 $d, q \in F^n$），一个多项式 $p(\cdot)$ 和无穷多个 n，下列事实成立：在承诺阶段的随机性（确定观察 v）上的概率至少为 $1/p(n)$，有 $\sum_{a \in F \backslash \tilde{f}(q)} A_v(q, a) \geqslant 1/p(n)$，这里 q 是由 ζ 产生的询问。可以把 F 划分成两个集合，在每个集合上发生的概率至少为 $1/3p(n)$。

情况 1：$A_v(q, \tilde{f}(q)) \geqslant 1/3p(n)$，在这种情况下，$F$ 的划分为 $(\tilde{f}(q), F \backslash \tilde{f}(q))$。

情况 2：$A_v(q, \tilde{f}(q)) < 1/3p(n)$，在这种情况下，所有的概率都小于 $1/3p(n)$，但概率和至少是 $1/p(n)$，也隐含表明期望的划分是存在的。

因此得出以下结论：在定义 4-22 的绑定游戏中，S^* 赢得游戏的概率是不可忽略的。

下面介绍具体的具有线性解开承诺的承诺方案。

协议 4-7 基本的具有线性解开承诺的承诺。

第一阶段：承诺阶段。

构建加密模块：一个有限域 F 上的同态加密方案 $E = (\text{KeyGen}, \text{Encrypt}, \text{Decrypt}, \text{Evaluate})$。

发送者的输入：一个向量 $\boldsymbol{d} \in F^n$，定义一个线性函数 $f_d: F^n \to F$，$f_d(q) = \langle q, \boldsymbol{d} \rangle$。

接收者的输入：长度参数 n，计算上安全的参数 k。

(1) R 产生公钥和私钥 $(\text{pk}, \text{sk}) \leftarrow \text{KeyGen}(1^k)$，产生一个随机向量 $\boldsymbol{r} \in_R F^n$ 并使用 Encrypt 加密 $\boldsymbol{r}$，将 $\text{Encrypt}(\text{pk}, \boldsymbol{r}) = (\text{Encrypt}(\text{pk}, r_1), \text{Encrypt}(\text{pk}, r_2), \cdots, \text{Encrypt}(\text{pk}, r_n))$ 连同 pk 发送给 S。

(2) S 使用 E 的同态性计算 $e \leftarrow \text{Encrypt}(\text{pk}, f_d(\boldsymbol{r}))$（无须知道 $\boldsymbol{r}$）并将 e 发送给 R；R 解密消息 e，令 $s \leftarrow \text{Decrypt}(\text{sk}, e)$，为解开承诺保存 s 连同向量 $\boldsymbol{r}$。

第二阶段：解开承诺阶段。

发送者的输入：和第一阶段一样，$d \in F^n$。

接收者的输入：解开承诺询问 $q \in F^n$，解开承诺信息 $\boldsymbol{r} \in F^n$，$s \in F$。

(1) R 选择一个秘密 $\alpha \in_R F$ 并将对 $(q, \boldsymbol{r} + \alpha q)$ 发送给 S。

(2) S 用一个对 $(a, b) = (f_d(q), f_d(\boldsymbol{r} + \alpha q))$ 回答。R 验证 $b = s + \alpha a$，如果是这样，R 输出 a，否则，R 拒绝（即输出 $\perp$）。

如果两方都诚实地执行协议，则在承诺阶段的第(2)步接收者获得的 s 满足 $s = f_d(\boldsymbol{r})$。利用 f_d 的线性性，有 $b = f_d(\boldsymbol{r} + \alpha q) = f_d(\boldsymbol{r}) + \alpha \cdot f_d(q) = s + \alpha a$。这样，验证成功且接收者输出 $a = f_d(q)$，因此，协议 4-7 满足正确性。

如果假定同态加密方案 E 是语义安全的，则可证明协议 4-7 也满足绑定特性。详细证明可参阅文献[46]。

协议 4-7 的通信复杂度如下：从接收者到发送者的消息（两个阶段）由 $O(n)$ 个加密域元素构成，来自发送者的通信仅包括 $O(1)$ 个加密元素。

可将上述协议扩展到更一般的情况，使其支持多重（并行）承诺和线性解开承诺。特别地，发送者有 l 个线性函数，像前面一样由向量 $\boldsymbol{d}^1, \boldsymbol{d}^2, \cdots, \boldsymbol{d}^l \in F^n$ 表示，接收者有 l 个询问 $q^1, q^2, \cdots, q^l \in F^n$。对每个询问 q^i，接收者将得到回答 $f_{\boldsymbol{d}^i}(q^i) = \langle q^i, \boldsymbol{d}^i \rangle \in F$。协议将满足与协议 4-7 一样的特性，询问的每个序列确定一个唯一的回答者。要求对每个询问 q^i 的回答仅依赖于该询问，不依赖于其他 $l-1$ 个询问。

可以将定义 4-22 的绑定特性扩展到一般的情况。在承诺阶段，环境 ζ 给发送者 l 个线性函数，由向量 $\boldsymbol{d}^1, \boldsymbol{d}^2, \cdots, \boldsymbol{d}^l \in F^n$ 确定；在解开承诺阶段，环境 ζ 给接收者 l 个询问 $q^1, q^2, \cdots, q^l \in F^n$。在用于定义绑定特性的修改的游戏中，环境 ζ 在解开承诺阶段的两次独立的请求中给 R 两个（可能不同的）l 重询问 $Q = (q^1, q^2, \cdots, q^l)$ 和 $\widetilde{Q} = (\widetilde{q}^1, \widetilde{q}^2, \cdots, \widetilde{q}^l)$。用 A, $\widetilde{A} \in F^l$ 表示两个 l 重回答。如果对某一 t 有 $q^t = \widetilde{q}^t$ 但 $a^t \neq \widetilde{a}^t$, $a^t, \widetilde{a}^t \in F$，就说 S^* 赢得游戏。如果对每个 ζ 和有效的 S^*, S^* 赢得游戏的概率关于 n 是可忽略的，就说协议是绑定的。

下面详细描述这个一般化的协议，该协议可视作并行应用 l 次协议 4-7 所得。该协议的正确性和绑定特性的证明类似于协议 4-7。该协议的通信复杂度如下：从接收者 R 到发送者 S 的消息（两个阶段）由 $O(ln)$ 个加密域元素构成，来自发送者 S 的通信仅包括 $O(l)$ 个加密元素。

协议 4-8　并行的具有线性解开承诺的承诺。

第一阶段：承诺阶段。

构建加密模块：一个有限域 F 上的同态加密方案 $E = (\text{KeyGen}, \text{Encrypt}, \text{Decrypt}, \text{Evaluate})$。

发送者的输入：l 个向量 $\boldsymbol{d}^1, \boldsymbol{d}^2, \cdots, \boldsymbol{d}^l \in F^n$，定义 l 个线性函数 $f_{\boldsymbol{d}^i}: F^n \to F$，其中 $f_{\boldsymbol{d}^i}(q) = \langle q, \boldsymbol{d}^i \rangle$。

接收者的输入：长度参数 n，承诺数目 l，安全参数 k。

（1）R 产生公钥和私钥 $(\text{pk}, \text{sk}) \leftarrow \text{KeyGen}(1^k)$，产生 l 个随机向量 $\boldsymbol{r}^1, \boldsymbol{r}^2, \cdots, \boldsymbol{r}^l \in_R F^n$，并使用 Encrypt 加密 $\boldsymbol{r}^1, \boldsymbol{r}^2, \cdots, \boldsymbol{r}^l$，将 $\text{Encrypt}(\text{pk}, \boldsymbol{r}^1), \text{Encrypt}(\text{pk}, \boldsymbol{r}^2), \cdots, \text{Encrypt}(\text{pk}, \boldsymbol{r}^l)$ 连同 pk 发送给 S。

（2）S 使用 E 的同态性计算 $e^i \leftarrow \text{Encrypt}(\text{pk}, f_{\boldsymbol{d}^i}(\boldsymbol{r}^i))$, $i = 1, 2, \cdots, l$（无须知道 $\boldsymbol{r}^i$）并将 $e^1, e^2, \cdots, e^l$ 发送给 R；对每个 i, R 解密消息 e^i，令 $s^i \leftarrow \text{Decrypt}(\text{sk}, e^i)$，为解开承诺保存 s^i 连同向量 $\boldsymbol{r}^i$。

第二阶段：解开承诺阶段。

发送者的输入：和第一阶段一样，l 个向量 $\boldsymbol{d}^1, \boldsymbol{d}^2, \cdots, \boldsymbol{d}^l \in F^n$。

接收者的输入：l 个询问 $q^1, q^2, \cdots, q^l \in F^n$，解开承诺信息 $\boldsymbol{r}^i \in F^n, s^i \in F, i = 1, 2, \cdots, l$。

（1）R 随机选择 l 个秘密 $\alpha^i \in_R F, i = 1, 2, \cdots, l$，并将 l 个向量对 $(q^i, \boldsymbol{r}^i + \alpha^i q^i)$ 发送给 S。

（2）S 用 l 个 $(a^i, b^i) = (f_{\boldsymbol{d}^i}(q^i), f_{\boldsymbol{d}^i}(\boldsymbol{r}^i + \alpha^i q^i))$, $a^i, b^i \in F$ 回答。R 对每个 i 验证 $b^i = s^i + \alpha^i a^i$，如果是这样，R 输出 $(a^1, a^2, \cdots, a^l)$，否则，R 拒绝（即输出 $\perp$）。

类似于基本承诺的情况，并行承诺的绑定的定义暗含着如下的更直观的特性：对每一个有效的欺骗发送者 S^*，存在一个（可能不是有效的）抽取器 Ext，给定 S^* 和 R 在承诺阶段的观察，抽取一个 l 重函数 $\widetilde{f}^i: F^n \to F$, S^* 可有效地被承诺。引理 4-4 是引理 4-3 的一个扩展。

引理 4-4 设 (S,R) 是一个具有线性解开承诺的多重承诺协议,则对每一个有效的 S^*,存在一个函数 Ext 使得下列条件成立:对任何环境 ζ,R 在解开承诺阶段结束时的输出或者是 $\bot$ 或者是 $a^i = \widetilde{f}^i(q^i) = \mathrm{Ext}(i, v_{S^*}, V_R, q^i)$,$i = 1, 2, \cdots, l$(除了一个可忽略的概率 $\mathrm{neg}(n)$),这里 v_{S^*}、v_R 分别是 S^* 和 R 在承诺阶段的观察,$(q^1, q^2, \cdots, q^l)$ 是由 ζ 产生的解开承诺询问,这个概率是在 S^* 和 R 的两个阶段的随机输入上。

证明: 给定 q^i 和观察 v,让 $\mathrm{Ext}(i, v, q^i)$ 任意地选择 $l-1$ 个剩余的询问 q_j 并且输出一个属于 F 的值,该值是 R 的第 i 个输出中最常出现的那个值。用反证法,假定某一 l 重询问有 q^i 作为它的第 i 个元素,但产生一个不同的第 i 个输出的概率是不可忽略的。类似于引理 4-3,这隐含表明有两个 l 重询问在它们的第 i 个元素是一致的,但是以不可忽略的概率导致一个不同的第 i 个输出,这与推广的绑定要求相矛盾。

3. 基于线性 MIP 的有效论证系统

现在使用前面介绍的承诺本原,介绍将任何一个线性 MIP 协议 (P,V) 转化为一个相对有效的论证系统 (P',V') 的过程。特别地,假定给定了一个关于 NP 语言 L 的一个 l-证明者线性 MIP 协议,我们已经知道,在这样的一个协议中,P 为诚实的证明者确定了 l 个线性函数 $\pi_1, \pi_2, \cdots, \pi_l$(依赖于输入 x 和一个 NP 证据 ω)。验证者 V 关于输入 x 发送给每一个 P_i 一个询问 $q^i \in F^n$ 并得到一个返回值 $\pi_i(q^i) \in F$。基于 l 个回答,V 或者拒绝或者接受。如果 $x \in L$ 且 ω 是一个合法的证据,则使用 l 个确定的函数,V 总是接受的;如果 $x \notin L$,则 l 个函数 $\widetilde{\pi}_1, \widetilde{\pi}_2, \cdots, \widetilde{\pi}_l$ 的任何集合都不能使 V 以超过 ε 的概率接受。

协议 4-9 一个关于 L 的论证系统 (P', V')。

输入:$x \in L$ 和 ω。

(1) P' 和 V' 运行子协议,即协议 4-8 的承诺阶段,这里 P' 对通过 MIP 协议关于输入 x 和 ω 获得的 l 个函数 $\pi_1, \pi_2, \cdots, \pi_l$ 进行承诺,V' 存储解开承诺信息以便以后使用。

(2) V' 本地运行 MIP(其输入为 x,验证者为 V),获得 l 个 MIP 询问 $q^1, q^2, \cdots, q^l \in F^n$。

(3) P' 和 V' 运行子协议,即协议 4-8 的解开承诺阶段,在这里使用 $q^1, q^2, \cdots, q^l$ 作为解开承诺询问(V' 也使用在第(1)步存储的解开承诺信息),在这个子协议中,V' 起到了接收者的作用,或者拒绝或得到值 $\pi_1(q^1), \pi_2(q^2), \cdots, \pi_l(q^l)$,此值又可应用于 MIP 的验证者 V 并据此接受或者拒绝。

定理 4-5 假定 (P,V) 是一个有限域 F 上的合理性错误为 $\varepsilon(n)$ 的线性 MIP 协议,且 $|F(n)| = n^{\omega(1)}$,则协议 4-9 中的 (P', V') 是一个关于 L 的合理性错误为 $\varepsilon'(n)$ 的论证协议,这里 $\varepsilon'(n) \leqslant \varepsilon(n) + \mathrm{neg}(n)$。

证明: (P', V') 的完全性可由基础的 MIP 协议 (P,V) 的完全性和承诺协议的正确性直接得出。合理性可由 (P,V) 的合理性和承诺协议的绑定特性得出(后者要求 $|F(n)| = n^{\omega(1)}$)。特别地,假定 $x \notin L$,由引理 4-4 定义的抽取器 Ext 确保在协议 4-9 的第(1)步结束时,有效的证明函数 $\widetilde{\pi}_1, \widetilde{\pi}_2, \cdots, \widetilde{\pi}_l$,使得除了一个可忽略的概率 $\mathrm{neg}(n)$ 外,由 V' 在协议 4-9 的第(3)步获得的回答是 $\widetilde{\pi}_1(q^1), \widetilde{\pi}_2(q^2), \cdots, \widetilde{\pi}_l(q^l)$(除非 V' 在解开承诺期间拒绝)。而 (P, V) 的合理性错误为 $\varepsilon(n)$,所以 V' 接受的概率至多是 $\varepsilon(n) + \mathrm{neg}(n)$。

如果 MIP 协议的 l 个证明者中的每一个计算一个函数 $\pi_i: F^n \to F$,则协议 4-9 的复杂度由从验证者到证明者的 $O(ln)$ 个加密域元素和从证明者到验证者的 $O(l)$ 个加密域元素组成。

4.2.4　基于交互的可验证计算

文献[49]中研究了易处理语言的交互证明,在此模型中,诚实的证明者是有效的且运行时间是多项式的,验证者是超有效的且运行时间是近似线性的。该文中的最一般的结果是一个关于任何可由 L-均匀族布尔电路计算的语言的公开硬币交互证明,这里通信复杂度是计算的深度的多项式而不是它的尺寸;验证者的运行时间关于输入是线性的而关于深度是多项式的,证明者是有效的。

一个电路族是 $s(n)$-空间均匀的,如果存在一个图灵机关于输入 1^n 运行空间为 $O(s(n))$ 并且输出输入长度为 n 的电路。一个电路族是 L-均匀的,如果它是对数空间均匀的。

定理 4-6[49]　设 L 是一个可由一族 $O(\log S(n))$-空间均匀布尔电路计算的语言,布尔电路的尺寸为 $S(n)$,深度为 $d(n)$。则 L 存在一个公开硬币交互证明具有完美的完全性,合理性为 $1/2$。这里证明者的运行时间为 $\mathrm{poly}(S(n))$,验证者的运行时间为 $(n+d(n))\cdot\mathrm{poly}(\log S(n))$,运行空间为 $O(\log S(n))$,通信复杂度为 $d(n)\cdot\mathrm{poly}(\log S(n))$。

推论 4-1　设 L 是一个在 L-均匀 NC 中的语言,即可由一族 $O(\log n)$-空间均匀电路计算的语言,电路的尺寸为 $\mathrm{poly}(n)$,深度为 $\mathrm{poly}(\log n)$。则 L 存在一个公开硬币交互证明具有完美的完全性,合理性为 $1/2$。这里证明者的运行时间为 $\mathrm{poly}(n)$,验证者的运行时间为 $n\cdot\mathrm{poly}(\log n)$、运行空间为 $O(\log n)$,通信复杂度为 $\mathrm{poly}(\log n)$。

关于上述定理 4-6 的证明是构造性的,其证明过于繁杂,这里就不再赘述,感兴趣的读者可参阅文献[49]及其最终论文。

构造在定理 4-6 中的交互证明为可验证计算提供了一种自然的解决方案。被证明的论断是外包或委托的计算被正确地执行,在交互证明中的验证者是用户或委托方,在交互证明中的证明者是服务器或被委托方,服务器使得用户相信它正确地完成了计算。

4.3　安全多方计算技术

安全多方计算的目的是使得多个参与方能够以一种安全的方式正确执行分布式计算任务,每个参与方除了自己的输入和输出以及由其可以推出的信息外,得不到任何额外信息。

功能函数是安全多方计算中的一个重要概念。一个 m 元功能函数是指将 m 个输入映射到 m 个输出的随机过程。将 m 个输入映射到 m 个输出的函数是功能函数的特殊情形,也被称为确定性功能函数。可将功能函数 F 看作相应函数构成空间上的随机变量(即 F 等于 $f^{(i)}$ 的概率是 p_i),也可认为功能函数 F 随机选择一个串 r 并且以 $F'(r,x_1,\cdots,x_m)$ 作为输出,其中 F' 是将 $m+1$ 个输入映射到 m 个输出的函数。

布尔电路(boolean circuits)和算术电路(arithmetic circuits)是安全多方计算研究中常用到的两个基本概念。简单地讲,一个电路就是由逻辑门组成的一个非循环有向图,每个逻辑门都有若干输入值并产生一个输出值,该输出值有可能作为输入值反馈到其他逻辑门。布尔电路的逻辑门由比特异或(XOR)门和与(AND)门组成,算术电路的逻辑门由有限域上的加法门和乘法门组成。

Yao 给出了第一个安全两方计算协议[57]，他使用混淆电路（garbled circuits）技术将计算函数表示为布尔电路，并在半诚实模型下提供计算安全性，需要一个常数轮的通信；Goldreich 等给出了第一个安全多方计算协议[58]，也是将计算函数表示为布尔电路，并在半诚实模型下提供计算安全性，同时提出了一个通用的编辑器，可将任何在半诚实模型下安全的协议转换成在恶意模型下安全的协议；Ben-Or 和 Chaum 等[59,60]分别独立地提出了在信息论意义下安全的安全多方计算协议，该协议将计算函数表示为算术电路。

大多数安全地计算布尔电路的安全多方计算协议是基于 Yao 的混淆电路技术，这种技术使用了一种称为健忘传输（OT）的密码学本原。在这方面的研究进展可归纳为以下几个方面[42]：

（1）扩展安全模型。Yao 的原始协议在恶意模型下是不安全的，Lindell 等[61]使用称为切割选择（cut and choose）的技术，提出了一个在恶意模型下安全的协议；Lindell 等[62]提出了对 Yao 混淆电路采用切割选择技术来解决恶意参与方不正确构造电路的问题，其关键是确保参与方输入一致性以及处理选择性失败攻击；Nielsen 等[63]提出的 LEGO 方法将切割选择技术应用到电路门的级别，要求电路构造方将很多电路门发送给接收方，打开其中一部分进行检测，使所有门被正确拼接以组成正确电路；Frederiksen 等[64]提出了一个新的基于 OT 的 XOR-同态承诺方案，从而在保持原有 LEGO 良好复杂性和统计安全性的同时，获得了安全性仅依赖于对称基元的 MiniLEGO。

（2）减少密文尺寸。Yao 的原始协议的每个门的真值表需要传输 4 个密文，Naor 等[65]将其减少到 3 个，Pinkas 等[66]将其减少到 2 个；Kolesnikov 等[67]在随机预言（RO）模型下提出了 free-XOR 技术使得 XOR 门无需任何密文，而 AND 门仍需 3 个密文；Applebaum 等[68]使用联合 RK-KDM 攻击下安全的对称加密方案取代 RO，并证明这样的对称加密方案可以基于 LPN 假设构造，从而在标准模型下实现了 free-XOR 方法；Kolesnikov 等[69]给出了一种方法使得 XOR 门需要 0～2 个密文，AND 门仅需 2 个密文；Zahur 等[70]给出了一种方法使得 XOR 门无需密文，AND 门仅需 2 个密文。

（3）降低计算代价。Naor 等[65]使用 2 个杂凑值的计算来降低计算开销，而 Lindell 等[71]将此降到计算 1 个杂凑值；Shelat 等[72]使用一个单一的分组密码的计算来降低计算开销，Bellare 等[73]又做了进一步优化；Huang 等[74]通过流水作业思路降低计算代价。

许多安全地计算算术电路的安全多方计算协议基于秘密共享（secret sharing）技术。Ben-Or 等[59]提出的 BGW 协议是基于秘密共享技术的，在两两通信信道是安全的假设下，这个协议提供了信息论意义下的半诚实安全性，至多可抵抗 1/2 个参与方被腐化（也称被攻陷），BGW 协议也可提供恶意安全性，但至多可抵抗 1/3 个参与方被腐化；Rabin 和 Beaver 等[75,76]对 BGW 协议进行了改进，在参与方之间有一个广播信道的假设下，可提供恶意安全性，至多可抵抗 1/2 个参与方被腐化；Bendlin 和 Damgard 等[77,78]实现了恶意安全性，至多可抵抗除了一个参与方外其他参与方全被腐化，如果使用一个包含昂贵的公钥操作的预处理离线阶段，则协议是计算安全的，如果采用一个有效的在线阶段，则协议是信息论意义下安全的。

目前已有一些安全多方计算编辑器和程序框架实现和优化方面的研究工作。在安全两方计算方面，Fairlay 是使用混淆电路技术的安全两方计算的第一个编辑器[79]，TASTY 组合使用了混淆电路技术和同态加密技术，对混淆电路的一些优化技术可参阅文献[73]和

[80-85];其他的一些实现技术可参阅文献[86-88]。在安全多方计算方面,FairlayMP 是 Fairlay 在多方情况下的一个扩展[89],Cohen 等[90]在 RO 模型下扩展了 OT 协议,大大提高了效率;Asharov 等[91]通过算法优化和协议优化,得到了具有更低通信和计算复杂度、更强可扩展性的 OT 扩展协议,并提出了两个特殊设计的分别适用于 Yao 协议和 GMW 协议的 OT 扩展协议;其他的一些实现技术可参阅文献[88,92-96]。

不同模型下安全多方计算协议的研究仍是当前关注的中心问题之一,下面简要总结一下近几年的相关研究进展[41]。

(1) 通用可组合(UC,也译成普适复合)模型下的安全多方计算协议的设计更为困难。Canetti 证明了只有在诚实参与方严格多于半数的情况下,任意功能函数都存在 UC 安全的协议;Katz 利用抗干扰硬件来实现 UC 安全的多方计算;Goyal 等人给出了进一步的改进和变化[97];Brzuska 等人利用物理不可克隆函数 PUF 的不可预测性和不可克隆性,实现了无条件 UC 安全的健忘传输、比特承诺和密钥协商[98]。为了考虑更加现实的攻击,Ostrovsky 等人研究了恶意 PUF 模型下的 UC 安全多方计算并给出了肯定结论[99];Damgård 等人基于恶意 PUF 和无状态抗干扰硬件分别构造了两个理想直线型可抽取承诺方案[100],获得了第一个恶意 PUF 下和无状态硬件下无条件 UC 安全的承诺方案;Prabhakaran 等将传统的 UC 模型扩展为一般化的环境安全(Γ-ES)模型,Canetti 等首次基于多项式假设,在朴素模型下构造了 Γ-ES 安全的多方计算协议[101]。

(2) 关于并发自组合模型下安全多方计算协议存在性的结论正面和负面的都存在。Lindell 在 STOC2003 上、Pass 等在 FOCS2013 上分别证明了任意函数都可以在 m-界并发自组合模型下被安全计算,同时 Lindell 还证明了存在大量的功能函数不能在并发自组合模型下被安全计算,并给出了 m-界并发自组合模型下协议通信复杂度的下界;Garg 等在“单输入”背景下证明了很多函数可以在并发自组合模型下被安全计算,但伪随机函数则不行[102];Agrawal 和 Garg 等[103,104]分别证明了即使所有协议会话中诚实参与方的输入提前确定,本质上所有非平凡两方函数的并发自组合也是不可能的。为了绕过朴素模型下并发自组合的众多否定结论,人们将多方计算的标准安全性定义放宽,得到了许多肯定结论,如 Garg 等关于超多项式模拟、输入不可区分的结论[105],Goyal 等关于多重理想查询模型的结论[106]。

(3) 抗泄露的安全多方计算是在标准安全多方计算的基础之上,允许敌手拥有关于诚实参与方秘密状态的泄露信息,在计算完成后敌手除了得到被腐化方的输入和函数输出之外,得不到其他任何信息。在半诚实模型下,Damgård 等针对 NC 函数给出了一般化的抗泄露安全两方计算协议[107];Bitansky 等构造了在 UC 框架下安全的一般化的抗泄露多方计算协议[108];Bitansky 等给出了在半诚实敌手模型下安全计算各种功能函数的协议[109],如安全信息传输、OT、承诺等,并在 UC 框架下设计了零知识协议;Boyle 等给出了一个在标准安全模型下安全的抗连续内存泄露多方计算协议[110]。

(4) Bendlin 等[111]在预处理模型下,给出了非诚实方占大多数的无条件 UC 安全的高效计算算术电路的协议;Damgård 等[112]在保持 Bendlin 原有结论的同时,将在线阶段的计算和通信复杂度降为参与方数目的线性关系;Damgård 等[113]提出了新的同态认证方案和验证布尔矩阵乘积的算法,对具有大量参与方参与的布尔电路计算,在预处理模型下给出了各参与方的计算代价与直接计算该电路代价相同的协议。

关于安全多方计算的公平性、量子安全多方计算以及一些特殊敌手模型下的安全多方计算的研究这里没有提及,感兴趣的读者可参阅文献[39,41]。

一般地,可将安全协议视作是将 m 个输入映射为 m 个输出的随机过程。安全多方计算的定义方式可以回溯到零知识证明和语义安全的定义方式,即称一个协议是安全的,如果敌手攻击实际协议所得与攻击理想模型所得相当。此处理想模型是指存在一个所有参与方共同信任的可信方,在可信方的帮助下计算出协议的功能函数。具体执行过程如下:每个参与方将自己的输入传输给可信方,可信方计算功能函数,将计算结果返回给相应的参与方。易见,理想模型是平凡的安全协议,那么敌手攻击实际协议所得与攻击理想模型所得相当,而理想模型是平凡的安全协议,攻击这样的平凡协议无所得,从而攻击实际协议也无所得,这样原来的协议就是安全的。

下面先介绍定义经典安全多方计算安全模型时需要考虑的一些因素[39]。

(1) 初始假设。除非特别声明,本节没有初始假设。只有在特定情况下假设每个参与方持有其他参与方的某些信息,例如公钥等。

(2) 通信信道。本节中关于信道的标准假设是敌手可以搭线窃听所有的通信信道。

(3) 计算能力。如无特别声明,本节讨论计算能力有界即概率多项式时间(PPT)敌手。

(4) 敌手攻击能力。敌手可分为自适应和非自适应两种。自适应敌手在协议执行过程中,根据当前收集到的信息决定入侵哪个参与方;非自适应敌手在协议执行之前就确定好要入侵的参与方集合。显然,自适应是比非自适应更为一般的攻击模型。另外,根据敌手控制参与方的方式,可将敌手分成恶意和半诚实两种。恶意敌手不遵守协议指令,半诚实敌手遵守协议指令,只是尽量收集并记录信息。

(5) 安全性定义的限制。本节讨论的协议是"不公平"的,即不诚实方可以中断协议执行,这样某些诚实方得不到期望的输出,但是可以探测出协议被不诚实方中断。称这种安全性为允许中止的安全性。

(6) 不诚实参与方个数的上界。在某些情况下,只有诚实参与方占严格多数时,安全多方计算才可能实现。

本节考虑如下的协议运行环境,即安全模型:敌手可以搭线窃听所有的通信信道,敌手攻击能力是非自适应的、恶意的,并且是计算有界的。

本节主要介绍安全多方计算的基本概念、基本思想和基本定理,主要取材于文献[114,115]。

4.3.1　安全两方计算

安全两方计算是安全多方计算的一类重要的特殊形式。本节主要介绍安全两方计算的基本概念和基本定理。

1. 半诚实模型中的安全两方计算

半诚实模型是指参与协议的双方中有一方是敌手,另一方是诚实方。此处的敌手只能施行半诚实攻击,即完全遵守协议的指令,只不过会记录协议运行中的信息和计算结果。

这里先给出半诚实模型中的两个等价的安全性定义。第一个是半诚实模型特有的简单方式,第二个是安全多方计算所采用的一般方式。这两个定义方式都基于模拟的方法。按照第一个定义方式定义的安全两方计算也称为两方保密计算。如果协议关于输入对 (x,y)

的输出分布与功能函数 $f(x,y)$ 的输出分布相等。就称一个两方协议 Π 可计算功能函数 f。注意此时只考虑参与协议的双方都是诚实方的情形,协议的输出分布即协议计算功能函数还没有涉及安全性。

定义 4-23(两方保密计算) 设 $f:\{0,1\}^* \times \{0,1\}^* \to \{0,1\}^* \times \{0,1\}^*$ 是一个功能函数,$f_1(x,y)$ 和 $f_2(x,y)$ 分别是 $f(x,y)$ 的第一个和第二个分量。Π 是计算 f 的两方协议。定义第一方执行协议过程中的观察(也称视图)为 $(x,r,m_1,m_2,\cdots,m_t)$,记为 $\mathrm{VIEW}_1^{\Pi}(x,y)$,其中 r 表示第一方的内部掷币结果,m_i 表示第一方在协议执行过程中收到的第 i 个消息。同样地,第二方的观察为 $(y,r',n_1,n_2,\cdots,n_s)$,记为 $\mathrm{VIEW}_2^{\Pi}(x,y)$。第一方执行协议 Π 之后的输出记为 $\mathrm{OUTPUT}_1^{\Pi}(x,y)$,第二方的输出记为 $\mathrm{OUTPUT}_2^{\Pi}(x,y)$,协议的整体输出记为 $\mathrm{OUTPUT}^{\Pi}(x,y)=(\mathrm{OUTPUT}_1^{\Pi}(x,y),\mathrm{OUTPUT}_2^{\Pi}(x,y))$。当功能函数 f 是确定性函数时,称协议 Π 保密计算 f,如果存在 PPT 算法 S_1 和 S_2,使得

$$\{S_1(x,f_1(x,y))\}_{x,y\in\{0,1\}^*} \stackrel{c}{\equiv} \{\mathrm{VIEW}_1^{\Pi}(x,y)\}_{x,y\in\{0,1\}^*} \tag{4-1}$$

$$\{S_2(y,f_2(x,y))\}_{x,y\in\{0,1\}^*} \stackrel{c}{\equiv} \{\mathrm{VIEW}_2^{\Pi}(x,y)\}_{x,y\in\{0,1\}^*} \tag{4-2}$$

为简便起见,这里假定 $|x|=|y|$,其中 $\stackrel{c}{\equiv}$ 表示多项式规模电路族计算不可区分。

一般地,称协议 Π 保密计算 f,如果存在 PPT 算法 S_1 和 S_2,使得

$$\{(S_1(x,f_1(x,y)),f(x,y))\}_{x,y\in\{0,1\}^*} \stackrel{c}{\equiv} \{(\mathrm{VIEW}_1^{\Pi}(x,y),\mathrm{OUTPUT}^{\Pi}(x,y))\}_{x,y\in\{0,1\}^*} \tag{4-3}$$

$$\{(S_2(y,f_2(x,y)),f(x,y))\}_{x,y\in\{0,1\}^*} \stackrel{c}{\equiv} \{(\mathrm{VIEW}_2^{\Pi}(x,y),\mathrm{OUTPUT}^{\Pi}(x,y))\}_{x,y\in\{0,1\}^*} \tag{4-4}$$

这里 $\mathrm{VIEW}_1^{\Pi}(x,y)$、$\mathrm{VIEW}_2^{\Pi}(x,y)$、$\mathrm{OUTPUT}_1^{\Pi}(x,y)$ 和 $\mathrm{OUTPUT}_2^{\Pi}(x,y)$ 是相关的随机变量,而随机变量 $\mathrm{OUTPUT}^{\Pi}(x,y)$ 由 $\mathrm{VIEW}_i^{\Pi}(x,y)$ 完全确定。证明协议的安全性时对于这些随机变量之间相关性保持的证明至关重要。

对于确定性功能函数,式(4-1)和式(4-2)说明,每个参与方的观察仅仅根据输入和输出就可以模拟出来。因为协议运行过程中每个参与方收到的消息都包含在观察中,这说明,参与方通过协议交互所得蕴含于他自己的输出当中,也就是说,协议的交互过程(除了输出中蕴含的信息之外)没有泄露更多的信息,因而协议是安全的。另外,注意到式(4-1)与式(4-3)应用于确定性函数时相同,因为当功能函数是确定性函数时,对于每个输入对 (x,y) 必然有 $\mathrm{OUTPUT}^{\Pi}(x,y)=f(x,y)$。

相对于确定性函数,在式(4-3)和式(4-4)中,考虑协议计算随机功能函数时,增加了 $\mathrm{OUTPUT}^{\Pi}(x,y)$。此时协议 Π 计算的是随机功能函数,等式 $\mathrm{OUTPUT}^{\Pi}(x,y)=f(x,y)$ 未必成立,因为等式的两边不再是具体的数值,而是两个随机变量。实际上,这两个随机变量要求分布相等,但是分布相等并不能保证式(4-1)能够推出式(4-3),也就是说,对于随机功能函数来说,仅满足式(4-1)不能保证协议可保密计算功能函数。

下面采用实际协议/理想模型(也称现实模型/理想模型)这样的基本框架给出半诚实模型中的安全两方计算的另一种定义。理想模型由两个参与方和可信第三方组成,计算由可信第三方完成。一个协议关于某种特定敌手行为称为是安全的,如果这种敌手攻击实际协议所得可以通过攻击相应的理想模型所模拟。这里模拟的概念指的是对两个参与方的联合观察的模拟。

定义 4-24（半诚实模型中的安全性） 设 $f:\{0,1\}^* \times \{0,1\}^* \rightarrow \{0,1\}^* \times \{0,1\}^*$ 是一个功能函数，$f_1(x,y)$ 和 $f_2(x,y)$ 分别是 $f(x,y)$ 的第一个和第二个分量。Π 是计算 f 的两方协议。令 $\bar{B} = (B_1, B_2)$ 是一对 PPT 算法，表示理想模型中两个参与方采用的算法。$\bar{B} = (B_1, B_2)$ 称为可容许的，如果至少存在一个 B_i，使得 $B_i(u,v,z) = v$，其中 u 表示 B_i 的输入，v 表示 B_i 的输出，z 表示 B_i 的辅助输入。理想模型中 f 关于 $\bar{B} = (B_1, B_2)$ 的联合执行记为 $\text{IDEAL}_{f,\bar{B}(z)}(x,y)$，是如下的三元组：$(f(x,y), B_1(x, f_1(x,y), z), B_2(y, f_2(x,y), z))$（理想模型中至少存在一个诚实方，将可信方发送来的输出直接作为输出）。令 $\bar{A} = (A_1, A_2)$ 是另一对 PPT 算法，表示实际协议中两个参与方采用的算法。$\bar{A} = (A_1, A_2)$ 称为可容许的，如果至少存在一个 i，对每一个 view 和 aux，有 $A_i(\text{view}, \text{aux}) = \text{out}$，其中 out 表示观察 view 中蕴含的输出。实际协议中 Π 关于 $\bar{A} = (A_1, A_2)$ 的联合执行记为 $\text{REAL}_{\Pi,\bar{A}(z)}(x,y)$ 是如下的三元组 $(\text{OUTPUT}^\Pi(x,y), A_1(\text{VIEW}_1^\Pi(x,y), z), A_2(\text{VIEW}_2^\Pi(x,y), z))$。协议 Π 称为在半诚实模型中安全计算功能函数 f，如果对于实际协议中每对可容许 PPT 算法 $\bar{A} = (A_1, A_2)$，都存在理想模型中一对可容许算法 $\bar{B} = (B_1, B_2)$，使得

$$\{\text{IDEAL}_{f,\bar{B}(z)}(x,y)\}_{x,y,z} \overset{c}{\equiv} \{\text{REAL}_{\Pi,\bar{A}(z)}(x,y)\}_{x,y,z}$$

其中 $x,y,z \in \{0,1\}^*$，满足 $|x| = |y|$ 且 $|z| = \text{poly}(|x|)$。

可证明上述两个定义是等价的。

2. 恶意模型中的安全两方计算

恶意模型是指敌手的攻击行为是恶意的，可以完全不遵守协议指令运行。对于恶意敌手，有以下 3 种情形无论采用何种协议都不可避免：

(1) 参与方拒绝参与协议运行。

(2) 参与方以替换过的输入参与协议运行。

(3) 参与方中断协议运行。

既然上述 3 种行为不可避免，那么若敌手只能施行这 3 种攻击之一（其他的攻击不能成功）就可以认为这样的协议是安全的。按照实际协议/理想模型的定义方式，恶意敌手的理想模型中要对上述 3 种行为做相应的约定。

实际协议中不可避免的上述三种恶意行为，相应地在理想模型中要允许出现，也就是说，即使有可信第三方存在，也不能避免某些恶意行为的发生。具体地讲，理想模型允许参与方不参与协议执行，允许参与方替换输入，显然，可信方不能阻止这两种行为。另外，赋予第一方"叫停"可信方的权利，即第一方收到自己的输入之后，在可信方发送输出给第二方之前叫停可信方，这样，第一方获得输出，而第二方没有得到输出。

定义 4-25（恶意模型中的安全性） 设 $f:\{0,1\}^* \times \{0,1\}^* \rightarrow \{0,1\}^* \times \{0,1\}^*$ 是一个功能函数，$f_1(x,y)$ 和 $f_2(x,y)$ 分别是 $f(x,y)$ 的第一个和第二个分量。令 $\bar{B} = (B_1, B_2)$ 是一对 PPT 算法，表示理想模型中两个参与方采用的算法。$\bar{B} = (B_1, B_2)$ 称为可容许的，如果至少存在一个诚实方 B_i，使得 $B_i(u,z,r) = u$，$B_i(u,z,r,v) = v$，其中 u 表示 B_i 的输入，v 表示 B_i 的输出，z 表示 B_i 的辅助输入。理想模型中 f 关于 $\bar{B} = (B_1, B_2)$ 的联合执行记为 $\text{IDEAL}_{f,\bar{B}(z)}(x,y)$，如下定义：

(1) 第一方是诚实方，则 $\text{IDEAL}_{f,\bar{B}(z)}(x,y)$ 为 $(f_1(x,y'), B_2(y,z,r,f_2(x,y')))$，其中 $y' = B_2(y,z,r)$。

（2）第二方是诚实方，则 $IDEAL_{f,\overline{B}(z)}(x,y)$ 为

$$(B_1(x,z,r,f_1(x',y),\bot),\bot)\qquad 若 B_1(x,z,r,f_1(x',y))=\bot$$

$$(B_1(x,z,r,f_1(x',y)),f_2(x',y))\qquad 若 B_1(x,z,r,f_1(x',y))\neq\bot$$

其中 $x'=B_1(x,z,r)$。

设 Π 是计算 f 的两方协议。令 $\overline{A}=(A_1,A_2)$ 是一对 PPT 算法，表示实际协议中两个参与方采用的算法。$\overline{A}=(A_1,A_2)$ 称为可容许的，如果至少存在一个诚实方 A_i。实际协议中 Π 关于 $\overline{A}=(A_1,A_2)$ 的联合执行记为 $REAL_{\Pi,\overline{A}(z)}(x,y)$，定义为根据 $A_1(x,z)$ 和 $A_2(y,z)$ 交互产生的输出对。

协议 Π 称为在恶意模型中安全计算功能函数 f，如果对于实际协议中每对可容许 PPT 算法 $\overline{A}=(A_1,A_2)$，都存在理想模型中一对可容许算法 $\overline{B}=(B_1,B_2)$，使得 $\{IDEAL_{f,\overline{B}(z)}(x,y)\}_{x,y,z}\overset{c}{\equiv}\{REAL_{\Pi,\overline{A}(z)}(x,y)\}_{x,y,z}$。其中 $x,y,z\in\{0,1\}^*$，满足 $|x|=|y|$ 且 $|z|=poly(|x|)$。

定义 4-25 蕴含了一些重要性质，如对于恶意敌手的保密性和对于诚实参与方的正确性。其中对于恶意敌手的保密性是指敌手通过与诚实方的交互所得都可以通过其局部输出推导得出，这样对恶意敌手而言，协议的交互过程并未提供额外信息。对于诚实方的正确性是指诚实方得到的输出结果与其提供的输入相符，而恶意敌手提供的输入与诚实方的输入无关。

4.3.2　两方保密计算功能函数

安全两方计算的最终目标是设计一般性的安全协议，使之能够抵抗任意可行的敌手攻击。要完成这个最终目标，需要分成两步来实施。第一步是设计对于半诚实敌手是安全的、计算任意功能函数的协议；第二步是把抵抗半诚实敌手的协议转化为抵抗恶意敌手攻击的协议。本节比较详细地介绍第一步，对第二步只给出最终结论，没有详细介绍，感兴趣的读者可参阅文献[114,115]。

设计抵抗任意半诚实敌手攻击的协议的基本思路是：首先将要完成的理想功能函数表示为布尔电路，然后将这个布尔电路转化成一个协议，称为电路赋值协议。"归约"是本节的一个中心概念，将由功能函数 g 到 f 的归约和保密计算函数 f 的协议复合，可以得到保密计算函数 g 的协议。这样，可以将保密计算一般功能函数归约为保密计算确定性功能函数。对于每个确定性功能函数，可设计电路赋值协议来完成它，电路赋值协议可以归约为与门和异或门的计算，为记号方便，用 GF(2) 上的算术电路代替布尔电路，这样，布尔电路的与门对应 GF(2) 上的乘法门，而布尔电路的异或门对应 GF(2) 上的加法门。乘法门的计算可归约为健忘传输协议。对于任意功能函数，如果存在安全的健忘传输协议，则根据归约定理就能够构造出计算该功能函数的协议。

1. 半诚实模型中的复合定理

下面介绍归约（即保密归约）的概念以及归约定理（即半诚实模型中的复合定理）。将保密计算一个功能函数归约为保密计算另一个功能函数，与通常意义下的归约概念基本类似。通常意义下的归约是借助预言器（Oracle）定义的，这里关于协议的归约也是利用了预言器。此时的预言器被两个参与方调用，每个参与方向预言器提交询问，预言器将答案返回给相应

参与方。

定义 4-26（保密归约）　一个预言器辅助协议称为应用预言函数 f，如果预言器按照函数 f 回答询问。即当预言器被调用，第一方提交的询问是 q_1，第二方提交的询问是 q_2，则预言器的回答是 $f(q_1,q_2)$。一个应用预言函数 f 的预言器辅助协议称为安全计算功能函数 g，如果存在多项式时间算法 S_1 和 S_2 分别满足式(4-3)和式(4-4)。一个预言器辅助协议称为保密归约 g 到 f，如果此协议应用预言函数 f 时安全计算功能函数 g。

定理 4-7（半诚实模型中的复合定理）　设功能函数 g 保密归约到 f，并且存在协议保密计算功能函数 f，那么存在一个协议保密计算功能函数 g。

定理 4-7 的具体证明过程可参阅文献[114]。

给定一个一般的功能函数 g，利用下面介绍的预言器辅助协议（协议 4-10）可以将其归约到某个确定性功能函数 f。首先，令 $g(r,(x,y))$ 表示选择随机串 r 时 $g(x,y)$ 的取值。定义确定性功能函数 f：$f((x_1,r_1),(x_2,r_2))=g(r_1\oplus r_2,(x_1,x_2))$。

协议 4-10　预言器辅助协议。

输入：第一方的输入是 $x_1\in\{0,1\}^n$，第二方的输入是 $x_2\in\{0,1\}^n$。

(1) 第一方均匀选取随机串 $r_1\in\{0,1\}^{\mathrm{poly}(|x_1|)}$，第二方均匀选取随机串 $r_2\in\{0,1\}^{\mathrm{poly}(|x_2|)}$；

(2)（归约）第一方和第二方分别以询问 (x_1,r_1) 和 (x_2,r_2) 调用预言器，并且记录预言器的回答。

输出：每个参与方将预言器的回答作为输出。

易证，协议 4-10 保密计算功能函数 g，即协议 4-10 将功能函数 g 保密归约到 f。

2. 半诚实模型中安全的健忘传输协议

设 k 是一个固定的正整数，$\sigma_1,\sigma_2,\cdots,\sigma_k\in\{0,1\}$，$i\in\{1,2,\cdots,k\}$。健忘传输协议要完成的功能函数记为 OT_1^k，定义如下：$\mathrm{OT}_1^k((\sigma_1,\sigma_2,\cdots,\sigma_k),i)=(\lambda,\sigma_i)$。习惯上将第一方称为发送方，持有输入 $(\sigma_1,\sigma_2,\cdots,\sigma_k)$，第二方称为接收方，持有输入 i。功能函数 OT_1^k 要完成的功能或者目标是将发送方的第 i 个比特传输给接收方，接收方不能获知其他位置的比特，即不能获知 $\sigma_j,j\neq i$，发送方也不能获知接收方要求收到哪个位置的比特，即发送方不能获知 i。

定义 4-27（加强陷门置换族）　设 $\{f_a:D_a\to D_a\}$ 是一个陷门置换族，在其上定义 4 个算法，分别是指标算法 I、抽样算法 D、求值算法 F 和求逆算法 B。给定输入 1^n，算法 I 从置换族中选择一个置换 f_a 的下标 α 以及相应的陷门 τ；给定输入 α，算法 D 从置换 f_a 的定义域中抽样，输出一个在定义域中均匀分布的 x；给定输入 α 和 x，算法 F 返回 $f_a(x)$；给定 f_a 的值域中的 y 以及 (α,τ)，算法 B 返回 $f_a^{-1}(y)$。称一个陷门置换族为加强陷门置换族，如果对任意 PPT 算法 A、任意正多项式 P 和所有充分大的 n，都有 $\Pr[A(I_1(1^n),R_n)=f_{I_1(1^n)}^{-1}(D'(I_1(1^n),R_n))]<\dfrac{1}{p(n)}$。其中 $I_1(1^n)$ 表示算法 I 输出中的第一个分量，即下标，D' 是 D 的两输入算法，将 D 的掷币结果作为辅助输入提供给 D'。

假设加强陷门置换族存在，则可以设计保密计算健忘传输功能函数 OT_1^k 的安全协议。设 $\{f_a:D_a\to D_a\}_{a\in I}$ 是加强陷门置换族，b 是这一族陷门置换的硬核谓词（hard-core predicate）。简单地讲，一个多项式时间可计算的谓词 $b:\{0,1\}^*\to\{0,1\}$ 被称为函数 f 的硬核谓词，如果对每一个有效的算法，在给定 $f(x)$ 的情况下，能以略大于 $1/2$ 的成功概率猜中

$b(x)$。在协议 4-11 的描述中,将发送方简记为 S,将接收方简记为 R。该协议的安全性依赖于辅助的安全参数 1^n,随着 n 的不断增大,该协议的安全性也不断提高。我们知道,协议的安全性定义为实际执行过程中的观察与理想模型中执行过程这样两个随机变量的计算不可区分性,也就是说,随着 n 的增大,这两个随机变量逐渐接近。

协议 4-11 基于加强陷门置换族的健忘传输协议。

输入:S 的输入是 $(\sigma_1, \sigma_2, \cdots, \sigma_k) \in \{0,1\}^k$,$R$ 的输入是 $i \in \{1, 2, \cdots, k\}$,$S$ 和 R 的辅助输入是安全参数 1^n。

(1) S 均匀选择随机串 r,利用指标-陷门对生成算法 G,生成一个指标-陷门对 $(\alpha, t) = G(1^n, r)$,并将指标 α 发送给 R。

(2) R 首先在加强陷门置换族 $\{f_\alpha : D_\alpha \to D_\alpha\}_{\alpha \in I}$ 的定义域 D_α 中均匀且独立地选取随机串 $r_1, r_2, \cdots, r_k$,调用 k 次定义域抽样算法,产生定义域中的 k 个数,即 $x_j = D(\alpha, r_j)$,其中 $j = 1, 2, \cdots, k$;其次计算 $y_i = f_\alpha(x_i)$,对于 $j \neq i$,令 $y_j = x_j$;最后将 $(y_1, y_2, \cdots, y_k)$ 发送给 S。

(3) S 收到 $(y_1, y_2, \cdots, y_k)$ 之后,利用陷门 t 计算 $z_j = f_\alpha^{-1}(y_j)$,$j = 1, 2, \cdots, k$,并将 $(c_1, c_2, \cdots, c_k) = (\sigma_1 \oplus b(z_1), \sigma_2 \oplus b(z_2), \cdots, \sigma_k \oplus b(z_k))$,发送给 R。

(4) R 接收到 S 在第(3)步发送来的消息 $(c_1, c_2, \cdots, c_k)$,计算 $c_i \oplus b(x_i)$ 并输出结果。

易知,协议 4-11 计算功能函数 OT_1^k。命题 4-1 的结论说明协议 4-11 保密计算功能函数 OT_1^k,其证明可参阅文献[114,115]。

命题 4-1 设 $\{f_i : D_i \to D_i\}$ 是加强陷门置换族,b 是此陷门置换族的硬核谓词,那么协议 4-11 在半诚实模型中保密计算功能函数 OT_1^k。

3. 保密计算 $c_1 + c_2 = (a_1 + a_2) \cdot (b_1 + b_2)$

现在说明乘法门(乘法函数)可以归约为功能函数 OT_1^4。乘法函数是指两个参与方计算功能函数 $((a_1, b_1), (a_2, b_2)) \mapsto (c_1, c_2)$,其中 $a_1 + a_2$ 是第一方的输入,$b_1 + b_2$ 是第二方的输入,满足 $c_1 + c_2 = (a_1 + a_2) \cdot (b_1 + b_2)$。协议 4-12 将乘法功能函数保密归约到功能函数 OT_1^4,注意,这里为了简便,讨论的都是 GF(2) 上的运算。

协议 4-12 计算乘法函数协议。

输入:第一方输入是 $(a_1, b_1) \in \{0,1\}$,第二方输入是 $(a_2, b_2) \in \{0,1\}$。

(1) 第一方均匀选取 $c_1 \in \{0,1\}$。

(2) 两方联合调用功能函数 OT_1^4,第一方以发送方的身份调用,第二方以接收方的身份调用。第一方利用输入对 (a_1, b_1) 以及第(1)步选定的 c_1 计算四元组 $(((a_1 + 0) \cdot (b_1 + 0) + c_1), ((a_1 + 0) \cdot (b_1 + 1) + c_1), ((a_1 + 1) \cdot (b_1 + 0) + c_1), ((a_1 + 1) \cdot (b_1 + 1) + c_1))$,以此四元组作为调用功能函数 OT_1^4 的输入;第二方利用输入对 (a_2, b_2),计算 $1 + 2a_2 + b_2 \in \{1, 2, 3, 4\}$ 作为调用功能函数 OT_1^4 的输入。这样在调用功能函数 OT_1^4 结束后,第一方从功能函数 OT_1^4 处得到空串 λ,第二方得到 $(1 + 2a_2 + b_2)$ 位置的运算结果,即 $(a_1 + a_2) \cdot (b_1 + b_2) + c_1$。

输出:第一方输出 c_1,第二方输出从功能函数 OT_1^4 处得到的结果。

易证明,协议 4-12 计算乘法功能函数。另外,关于两个参与方的模拟器算法也容易构造,因为协议 4-12 实际上是一个没有交互的协议。

4. 电路赋值协议

下面说明计算任意表示成 GF(2) 上的算术电路的确定性功能函数,能够保密归约到计算乘法函数。首先将要计算的功能函数表示成电路,电路的输入线共 $2n$ 条,每个参与方有 n 条输入线,为简便起见,假设每个参与方都输出 n 个比特。

协议 4-13 将电路赋值函数归约到乘法功能函数。

输入:第一方持有输入 $x_1^1, x_1^2, \cdots, x_1^n \in \{0,1\}^n$,第二方持有输入 $x_2^1, x_2^2, \cdots, x_2^n \in \{0,1\}^n$。

(1) 分享输入。每个参与方将输入的每个比特与对方分享。第一方均匀选择一列比特串 $r_1^1, r_1^2, \cdots, r_1^n$ 发送给第二方,这样,第一方的每个输入线分成两部分,第一方自己持有输入线的分享是 $x_1^1 + r_1^1, x_1^2 + r_1^2, \cdots, x_1^n + r_1^n$,第二方持有的第一方输入线的分享是 $r_1^1, r_1^2, \cdots, r_1^n$。第二方用同样的方法分享自己的输入线,第一方持有的分享是 $r_2^1, r_2^2, \cdots, r_2^n$,第二方自己持有的分享是 $x_2^1 + r_2^1, x_2^2 + r_2^2, \cdots, x_2^n + r_2^n$。

(2) 电路赋值。根据电路的线路顺序,对于电路中的每个门有两条输入线路,两个参与方利用关于这两条输入线路各自的分享值,保密计算门的输出的分享。两个参与方分别持有某个门两条输入线的分享,即第一方持有分享值 a_1、b_1,第二方持有分享值 a_2、b_2。其中,a_1、a_2 是第一条输入线的分享,即 $a_1 + a_2$ 是第一条输入线上的输入;b_1、b_2 是第二条输入线的分享,即 $b_1 + b_2$ 是第二条输入线上的输入。因为讨论 $GF(2)$ 上的算术电路,因此只需设计协议保密计算加法门和乘法门两种具体的门运算。

① 加法门赋值。第一方持有的关于两条输入线的分享分别是 a_1、b_1,第二方持有的关于两条输入线的分享分别是 a_2、b_2。完成加法门运算的协议很平凡,第一方将加法门的输出线的分享设置为 $a_1 + b_1$,第二方将此门的输出线的分享设置为 $a_2 + b_2$,即两方将自己的输入分享值分别相加得到输出的分享值。

② 乘法门赋值。两个参与方以各自关于输入的分享值 (a_1, b_1) 和 (a_2, b_2) 调用乘法功能函数,以函数返回的回答 c_1、c_2 作为乘法门输出的各自的分享值。根据乘法功能函数,两方的输出 c_1、c_2 满足 $c_1 + c_2 = (a_1 + b_1) \cdot (a_2 + b_2)$。

(3) 恢复输出。一旦整个电路的输出线的分享确定了,则每个参与方将每条输出线的分享值发送到对方相应输出线,将每条输出线上获得的计算结果的分享值与从对方收到的分享值相加,即确定出每条输出线上的比特。

输出:将输出线上的比特输出。

命题 4-2 的结论说明协议 4-13 将计算某个电路功能函数归约为乘法功能函数,并且归约是保密的,其证明可参阅文献[114,115]。

命题 4-2 协议 4-13 将电路赋值功能函数保密归约为乘法功能函数。

根据前面一系列归约,即一般功能函数可以归约到确定性功能函数,确定性功能函数可以归约到乘法门计算函数,乘法门计算可以归约到 OT_1^4,这样可以将任意功能函数归约到功能函数 OT_1^4,而如果加强陷门置换族存在,则 OT_1^4 能够被保密计算。因此,对于半诚实模型,有如下的基本定理。

定理 4-8(半诚实模型中的基本定理) 假设存在加强陷门置换族,则任意功能函数在半诚实模型中都可以保密计算。

通过一系列的归约和构造可把抵抗半诚实敌手的协议转化为抵抗恶意敌手攻击的协议,从而建立起安全两方计算的基本定理,即定理 4-9,其证明可参阅文献[114,115]。

定理 4-9(安全两方计算的基本定理) 假设存在加强陷门置换族,则任意功能函数在恶意模型中都可以安全计算。

4.3.3　安全多方计算

本节将安全两方计算扩展到安全多方计算的情形,其最终目标仍然是设计抵抗任意可行敌手攻击的协议,方法类似于两方的情形。首先对半诚实敌手设计协议,然后对恶意敌手设计协议。对于恶意敌手,多方计算较之两方情形复杂,要考虑两种不同的模型。第一种恶意行为模型类似于两方情形,在这种模型中,敌手可以入侵多数参与方,在安全性定义中允许中断执行。第二种恶意行为模型中,敌手只能控制严格少数的参与方,在安全性定义中可有效防止中断执行。本节简要介绍安全多方计算的定义和基本定理。

1. 安全多方计算的定义

一个多方协议可以看作将输入序列映射到输出序列的随机过程。设 m 表示参与方的个数,为简便起见,不妨设 m 是固定的。一个 m 元功能函数记为 $f:(\{0,1\}^*)^m \to (\{0,1\}^*)^m$,是将序列 $\bar{x}=(x_1,x_2,\cdots,x_m)$ 映射到随机变量序列 $f(\bar{x})=(f_1(\bar{x}),f_2(\bar{x}),\cdots,f_m(\bar{x}))$ 的随机过程,第 i 方的输入是 x_i,期望获得 $f(x_1,x_2,\cdots,x_m)$ 的第 i 个位置的分量 $f_i(x_1,x_2,\cdots,x_m)$。

对于两方计算,将参与方之一作为敌手;而对于多方计算,引进外部敌手的概念,即存在外部敌手,控制不诚实参与方的集合。敌手可以控制任意个数的参与方。非自适应敌手在协议执行之前确定要入侵的参与方集合,而自适应敌手在协议执行过程中,利用收集到的信息选择要入侵的参与方集合,这里仅讨论非自适应的敌手。关于通信信道的假设是,外部敌手可以搭线窃听所有的通信信道,特别是诚实方之间的通信。

半诚实模型的定义类似于两方计算的情形。半诚实参与方是指正确执行协议,但是会记录中间运算的结果。

定义 4-28(安全多方计算,无搭线窃听)　设 $f:(\{0,1\}^*)^m \to (\{0,1\}^*)^m$ 是一个 m 元功能函数,$f_i(x_1,x_2,\cdots,x_m)$ 表示 $f(x_1,x_2,\cdots,x_m)$ 的第 i 个分量。对于 $I=\{i_1,i_2,\cdots,i_t\}\subseteq[m]=\{1,2,\cdots,m\}$,令 $f_I(x_1,x_2,\cdots,x_m)$ 表示子序列 $f_{i_1}(x_1,x_2,\cdots,x_m),\cdots,f_{i_t}(x_1,x_2,\cdots,x_m)$。$\Pi$ 是计算 f 的 m 方协议。第 i 方执行协议过程中的观察如定义 4-23,记为 $\mathrm{VIEW}_i^\Pi(\bar{x})$。对于 $I=\{i_1,i_2,\cdots,i_t\}$,令 $\mathrm{VIEW}_I^\Pi(\bar{x})=(I,\mathrm{VIEW}_{i_1}^\Pi(\bar{x}),\cdots,\mathrm{VIEW}_{i_t}^\Pi(\bar{x}))$。当功能函数 f 是确定性函数时,称协议 Π 安全计算 f,如果存在 PPT 算法 S,使得对任意 $I\subseteq[m]$,有

$$\{S(I,(x_{i_1},x_{i_2},\cdots,x_{i_t}),f_I(\bar{x}))\}_{\bar{x}\in(\{0,1\}^*)^m} \stackrel{c}{\equiv} \{\mathrm{VIEW}_I^\Pi(\bar{x})\}_{\bar{x}\in(\{0,1\}^*)^m}$$

一般地,称协议 Π 安全计算 f,如果存在 PPT 算法 S,使得对任意 $I\subseteq[m]$,有

$$\{(S(I,(x_{i_1},x_{i_2},\cdots,x_{i_t}),f_I(\bar{x})),f(\bar{x}))\}_{\bar{x}\in(\{0,1\}^*)^m} \stackrel{c}{\equiv} \{(\mathrm{VIEW}_I^\Pi(\bar{x}),\mathrm{OUTPUT}^\Pi\bar{x}))\}_{\bar{x}\in(\{0,1\}^*)^m}$$

其中 $\mathrm{OUTPUT}^\Pi(\bar{x})$ 表示所有参与方的输出序列。

对于敌手可以搭线窃听的情况,只需在 $\mathrm{VIEW}_I^\Pi(\bar{x})$ 中包含诚实方之间的通信即可。

下面讨论抵抗恶意敌手攻击的安全性定义。根据敌手控制参与方的个数,分为两种情况。第一种情况是对敌手控制参与方的个数不加限制,对于这种情况,安全计算任意功能函数的协议设计完全类似于两方情形,并且安全性定义允许协议中断。第二种情况是敌手控制参与方个数严格小于一半,对于这种情况,安全计算任意功能函数的协议设计比两方情形简单,并且安全性要求协议不能中断。

第一类恶意模型类似于两方情形。在第一类恶意模型中,有以下 3 种攻击行为不可

避免：

（1）敌手控制的恶意参与方拒绝参与协议运行，与两方情形相同，在多方计算协议中，将这种行为看作一种特殊的输入替换。

（2）恶意参与方替换输入，运行协议所用的输入与外界提供的输入不同。

（3）恶意参与方中断协议运行。

相应地，在理想模型中，尽管引进了可信方，但这3种行为也是不能避免的，同样赋予恶意的第一方叫停可信方的权利，即当敌手控制第一方时，能够阻止可信方发送计算结果给其他参与方。

定义 4-29（第一类恶意模型所对应的理想模型）　设 $f:(\{0,1\}^*)^m \rightarrow (\{0,1\}^*)^m$ 是一个 m 元功能函数。对于 $I=\{i_1,i_2,\cdots,i_t\}\subseteq[m]=\{1,2,\cdots,m\}$，令 $\bar{I}=[m]\backslash I,(x_1,x_2,\cdots,x_m)_I=(x_{i_1},x_{i_2},\cdots,x_{i_t})$。用 (I,B) 表示理想模型中的敌手，其中 $I\subseteq[m]$，B 是 PPT 算法。理想模型中 f 关于 (I,B) 的联合执行记为 $\mathrm{IDEAL}^{(1)}_{f,I,B(z)}(\bar{x})$，定义如下：

（1）第一方是诚实方，则 $\mathrm{IDEAL}^{(1)}_{f,I,B(z)}(\bar{x})$ 为 $(f_{\bar{I}}(\bar{x}'),B(\bar{x}_I,I,z,r,f_I(\bar{x}')))$，其中 $\bar{x}'=(x_1',x_2',\cdots,x_m')$，使得对于 $i\in I$，有 $x_i'=B(\bar{x}_I,I,z,r)_i$，对于 $i\notin I$，有 $x_i'=x_i$。

（2）第一方不诚实，则 $\mathrm{IDEAL}^{(1)}_{f,I,B(z)}(\bar{x})$ 为

$$(\bot^{|I|},B(\bar{x}_I,I,z,r,f_I(\bar{x}'),\bot)) \quad \text{若 } B(\bar{x}_I,I,z,r,f_I(\bar{x}'))=\bot$$
$$(f_{\bar{I}}(\bar{x}'),B(\bar{x}_I,I,z,r,f_I(\bar{x}'))) \quad \text{若 } B(\bar{x}_I,I,z,r,f_I(\bar{x}'))\neq\bot$$

其中 $\bar{x}'=(x_1',x_2',\cdots,x_m')$ 使得：对于 $i\in I$，有 $x_i'=B(\bar{x}_I,I,z,r)_i$；对于 $i\notin I$，有 $x_i'=x_i$。

定义 4-30（第一类恶意模型中的安全性）　设功能函数 f 如定义 4-29 中所示，协议 Π 是计算 f 的 m 方协议。实际协议中 Π 关于 (I,A) 的联合执行记为 $\mathrm{REAL}_{\Pi,I,A(z)}(\bar{x})$，定义成 m 个参与方交互产生的输出对，其中恶意参与方产生的消息根据 $A(\bar{x}_I,I,z)$ 计算，诚实方产生的消息根据协议 Π 的指令计算。称协议 Π 在第一类恶意模型中安全计算功能函数 f，如果对于实际协议中的任意 PPT 算法 A，都存在理想模型中的 PPT 算法 B，使得对任意 $I\subseteq[m]$，有 $\{\mathrm{IDEAL}^{(1)}_{f,I,B(z)}(\bar{x})\}_{\bar{x},z}\overset{c}{\equiv}\{\mathrm{REAL}_{\Pi,I,A(z)}(\bar{x})\}_{\bar{x},z}$。

注意，此处理想模型敌手 B 控制的参与方集合与攻击实际协议敌手 A 控制的参与方集合相同。

定义 4-31（第二类恶意模型中的安全性）　设功能函数 f 如定义 4-29 中所示，协议 Π 是计算 f 的 m 方协议。理想模型敌手除了不允许中断之外，完全与定义 4-29 中一样，理想模型中 f 关于 (I,B) 的联合执行记为 $\mathrm{IDEAL}^{(2)}_{f,I,B(z)}(\bar{x})$，实际协议中 Π 关于 (I,A) 的联合执行记为 $\mathrm{REAL}_{\Pi,I,A(z)}(\bar{x})$，定义为 m 个参与方交互产生的输出对，其中恶意参与方产生的消息根据 $A(\bar{x}_I,I,z)$ 计算，诚实方产生的消息根据协议 Π 的指令计算。称协议 Π 在第二类恶意模型中安全计算功能函数 f，如果对于实际协议中的任意 PPT 算法 A，都存在理想模型中的 PPT 算法 B，使得对任意 $I\subseteq[m]$，$|I|<m/2$，有 $\{\mathrm{IDEAL}^{(2)}_{f,I,B(z)}(\bar{x})\}_{\bar{x},z}\overset{c}{\equiv}\{\mathrm{REAL}_{\Pi,I,A(z)}(\bar{x})\}_{\bar{x},z}$。

2. 安全多方计算的基本定理

通过类似于两方的情形那样的一系列归约和构造，可建立起关于安全多方计算的一般性结论，即定理 4-10，其证明可参阅文献[114,115]。

定理 4-10（安全多方计算的基本定理）　假设存在加强陷门置换族,网络中存在公钥基础设施,则任意 m 方功能函数在两类恶意模型中都可以安全计算。

4.4　函数加密技术

函数加密(Functional Encryption,FE)的概念是由 Sahai 等人于 2005 年提出的[116],是属性加密的一般化。函数加密是一类公钥加密方案,除了使用正规的秘密密钥解密数据以外,还有函数秘密密钥。函数秘密密钥不是用来解密数据,而是用来访问对应的函数在数据上计算的结果。更形式化地讲,密钥生成算法(KeyGen)涉及一个函数 f 并返回一个密钥 sk_f,解密算法 $Dec(sk_f,c)$ 返回 $f(x)$,这里 $c=Enc(pk,x)$,是用公钥 pk 对明文 x 的加密结果,即密文,Enc 是加密算法。FE 的安全性必须确保拥有函数 f 对应的密钥的人没有获得关于数据 x 的比 $f(x)$ 更多的信息,特别地,FE 必须确保即使拥有多个函数对应的密钥的人也不能获得比对应函数的输出更多的信息,即能抵抗合谋攻击[42]。

Boneh 和 O'Neil 等人[117,118]最早给出了函数加密的形式化处理,但很快就有人指出,构造这种类型的有效的、安全的、一般性的 FE 方案有很大的局限性[119,120]。给出 FE 的合理的安全性定义并非一件易事,基于不可区分性的定义(也称基于游戏的定义)在某些方面太弱而不能真正地捕获期望的安全性;基于模拟的定义太强,现有的大多数方案都不能满足这种安全性。因此,目前有大量的工作转向理解这些定义的相对能力和安全性[119,120]。尽管这些定义有局限性,但已构造出了大量的 FE 方案,大多数构造主要集中在一类受限制的方案,只有单一的函数密钥能被分配在方案的执行过程中[121,122]。Gorbunov 等人[123]对这个限制做了改进,允许方案发布一个有界量的函数密钥,这样就可以容忍一个有界量的合谋,但这个方案的参数随着合谋界的增长而增长,使得其合谋界较大时不实用。Naveed 等人[124]给出了一个稍有不同的方法,这种方法需要数据拥有者之间进行交互,数据拥有者对其拥有的数据的函数生成密钥,任何参与方都在加密数据上计算函数。这种方法只适用于小规模的数据,对大数据是不适用的。一些近来的工作已经表明,可构造出抵抗无界合谋攻击的、达到安全性的 FE 方案,然而,这些方案的安全性依赖于很强的而不被广泛接受的假设,如不可区分混淆的存在性[125]或在多线性映射上的某些问题的困难性[126]。

近年来提出的很多加密概念和构造可被视作函数加密的特殊情况[117],其典型代表有具有公开索引的谓词加密和谓词加密[127,128]。具有公开索引的谓词加密又称载荷隐藏(payload hiding),包括基于身份的加密(IBE)[129]和基于属性的加密(ABE)[130]。Boneh 等人构造了第一个实用的 IBE 方案[131,132],这些方案在随机预言模型下,依据不可区分的定义是安全的;后续的一些方案[133,134]在标准模型下被证明是安全的,但其安全性基于一个弱的概念,即选择安全性的定义;在标准模型下可证明适应性安全的方案可参阅文献[135-137];也有多个基于格构造的 IBE 方案[138-140]。Goyal 等人[141]把 ABE 这个概念分成两类,即密钥策略 ABE(简称 KP-ABE)和密文策略 ABE(简称 CP-ABE)。CP-ABE 方案的构造可参阅文献[142-144]。大多数 ABE(包括 KP-ABE 和 CP-ABE)的构造被证明在弱的选择模型下是安全的。文献[145]给出的 ABE 方案满足文献[117]定义的安全性。谓词加密包括匿名的基于身份的加密[146]、隐藏向量加密[127]和内积谓词[128]。匿名的基于身份加密是由 Boneh 等人[146]首次提出的,后来是由 Abdalla 等人[147]形式化的。其他的构造可参阅文献[137,

139,140,148]。人们也对已有的各类方案进行了不同的组合和研究,相关组合方案有基于属性的加密和广播加密的组合方案[36]、基于身份的广播加密方案[149-152]、广播 HIBE 方案[153]以及内积加密和 ABE 的组合方案[154],所有这些方案都可以归结为函数加密的特殊情况。

虽然 FE 为了能够很严密地控制访问在敏感数据上的计算提供了巨大的希望,但是这种方法目前仍然停留在理论研究阶段,已有的方案大多数效率都很低,不能在实际中应用,而且依赖于很强的安全假设。关于函数加密实现方面的研究很少,一个原型实现可参阅文献[124]。

本节主要介绍函数加密的基本概念和基本构造,主要取材于文献[117]。

4.4.1 函数加密的语法定义

现在介绍关于一个功能(functionality)F 的函数加密的语法定义,功能 F 描述一个可从密文获得明文的函数,功能更精确的定义如下。

定义 4-32(功能) 一个定义在 (K,X) 上的功能 F 是一个函数 $F: K \times X \rightarrow \{0,1\}^*$,可描述为一个(确定型)图灵机。集合 K 为密钥空间,集合 X 为明文空间,这里要求密钥空间 K 包含一个特殊的密钥,这个特殊的密钥称作空密钥,记为 ε。

一个关于功能 F 的函数加密方案能在给定 x 的加密和 k 的秘密密钥 sk_k 时计算 $F(k, x)$。使用 sk_k 计算 $F(k,x)$ 的过程称作解密,函数加密更精确的定义如下。

定义 4-33(函数加密) 一个关于定义在 (K,X) 上的功能 F 的函数加密(FH)方案是一个四元组 PPT 算法(setup,keygen,enc,dec),这 4 个 PPT 算法对所有的 $k \in K$ 和 $x \in X$ 满足下列的正确性条件:

(1) 产生一个公钥和主秘密密钥对,即 $(\mathrm{pp}, \mathrm{mk}) \leftarrow \mathrm{setup}(1^\lambda)$。

(2) 对 k 产生一个秘密密钥,即 $\mathrm{sk} \leftarrow \mathrm{keygen}(\mathrm{mk}, k)$。

(3) 加密消息 x,即 $c \leftarrow \mathrm{enc}(\mathrm{pp}, x)$。

(4) 使用 sk 从 c 计算 $F(k,x)$,即 $y \leftarrow \mathrm{dec}(\mathrm{sk}, c)$。

其中 $y = F(k,x)$ 的概率为 1。

函数加密的安全性将在 4.4.3 节和 4.4.4 节中定义,现在简要地说明标准的公钥加密是函数加密的一个特例。设 $K = \{1, \varepsilon\}$,对某一明文空间 X,在 (K,X) 上定义功能 F:

$$F(k,x) = \begin{cases} x & k = 1 \\ \mathrm{len}(x) & k = \varepsilon \end{cases}$$

对 $k=1$ 的秘密密钥,将合法的密文全部解密;而对空密钥 $k=\varepsilon$,简单地返回明文的长度。因此,这个功能从语法上定义了标准的公钥加密。

K 中的空密钥 ε 捕获了关于从密文故意泄露的明文的所有信息,如被加密明文的长度。相应于 ε 的秘密密钥是空的并且也表示为 ε。这样,任何人能在 $c \leftarrow \mathrm{enc}(\mathrm{pp}, x)$ 上运行 dec (ε, c) 并获得从密文 c 故意泄露的明文的所有信息。

在有些情况下,密钥空间 K 和明文空间 X 需要进一步由 setup 算法产生的量来参数化。允许 setup 算法输出一个参数 π 并将密钥空间和明文空间分别表示为 K_π 和 X_π,功能定义为 $F_\pi: K_\pi \times X_\pi \rightarrow \{0,1\}^*$。如果 π 在上下文中是清晰的,可略去下标 π。

最后定义两类特殊的函数加密,其明文空间具有附加的结构。

一类是谓词加密。在许多应用中,明文 $x \in X$ 本身是一个对 $(\mathrm{ind}, m) \in I \times M$,其中 ind 称作索引,$m$ 称作载荷消息。例如,在一个邮件系统中,索引可以是发送者的名字,而载荷是邮件内容。在这种场景下,一个 FE 方案依据一个多项式时间谓词 $P: K \times I \to \{0,1\}$ 来定义,K 是密钥空间。更精确地,在 $(K \bigcup \{\varepsilon\}, I \times M)$ 上的 FE 的功能定义为

$$F(k \in K, (\mathrm{ind}, m) \in I \times M) = \begin{cases} m & P(k, \mathrm{ind}) = 1 \\ \bot & P(k, \mathrm{ind}) = 0 \end{cases}$$

因此,设 c 是 (ind, m) 的一个密文,sk_k 是关于 $k \in K$ 的一个秘密密钥,则当 $P(k, \mathrm{ind}) = 1$ 时,$\mathrm{dec}(\mathrm{sk}_k, c)$ 揭示了在 c 中的载荷消息;否则没有揭示关于 m 的任何信息。

另一类是具有公开索引的谓词加密。谓词加密的一个特例是从密文中容易读出索引。特别地,在这种类型的 FE 中,空密钥 ε 清晰地揭示了索引 ind,即 $F(\varepsilon, (\mathrm{ind}, m)) = (\mathrm{ind}, \mathrm{len}(m))$。因此,任何人都可通过运行 $\mathrm{dec}(\varepsilon, c)$ 揭示明文的索引分量和 m 的比特长度。

4.4.2 函数加密实例

本节给出函数加密的一些具体实例,以表明函数加密是如何抓住这些加密概念的特征的。

1. 具有公开索引的谓词加密方案

下面从最简单最有趣的基于身份的加密开始介绍。这里使用在 4.4.1 节定义的谓词加密符号描述这些方案。

(1) 基于身份的加密。在基于身份的加密(IBE)中,密文和私钥与串(即身份)相关联,并且如果两个串是相等的,则一个密钥能够解密一个密文。IBE 可被描述为一个谓词加密方案,其中:

① 密钥空间 $K = \{0,1\}^* \bigcup \{\varepsilon\}$。

② 明文是一个对 (ind, m),索引空间 $I = \{0,1\}^*$。

③ 在 $K \setminus \{\varepsilon\} \times I$ 上的谓词 P 定义为

$$P(k \in K \setminus \{\varepsilon\}, \mathrm{ind} \in I) = \begin{cases} 1 & k = \mathrm{ind} \\ 0 & k \neq \mathrm{ind} \end{cases}$$

为了使这些方案实际地支持空密钥 ε,密文必须清晰地包括索引 ind 和消息的长度。

(2) 基于属性的加密。基于属性的加密(ABE)能表达复杂的访问策略。首先采用 Goyal 等人[141]实现的方法,利用布尔公式描述密钥策略 ABE。一个有 n 个变元的密钥策略 ABE 方案可被描述为一个具有公开索引的谓词加密方案,其中:

① 密钥空间 K 是所有的关于 n 个变元 $z = (z_1, z_2, \cdots, z_n) \in \{0,1\}^n$ 的多项式尺寸布尔公式 ϕ 的集合和空密钥 ε,用 $\phi(z)$ 表示公式 ϕ 在 z 处的值。

② 明文是一个对 $(\mathrm{ind} = z, m)$,索引空间 $I = \{0,1\}^n$,这里把 z 解释为表示布尔值 z_1,$z_2, \cdots, z_n$ 的比特向量。

③ 在 $K \setminus \{\varepsilon\} \times I$ 上的谓词 P_n 定义为

$$P_n(\phi \in K \setminus \{\varepsilon\}, \mathrm{ind} = z \in I) = \begin{cases} 1 & \phi(z) = 1 \\ 0 & \phi(z) = 0 \end{cases}$$

在这种方案中,密钥提供了一个访问规则,为了解密载荷消息 m,施加在 n 个属性的集合上的计算必须使用布尔值。

基于属性加密的对偶概念是密文策略 ABE,这里的密文和密钥的作用本质上是互逆的。一个在 n 个变元上的密文策略 ABE 方案可被描述为一个具有公开索引的谓词加密方案,其中:

① 密钥空间 K 是所有的表示 n 个布尔变元 $z=(z_1,z_2,\cdots,z_n)\in\{0,1\}^n$ 的 n 比特串的集合和空密钥 ε,即 $K=\{0,1\}^n\bigcup\{\varepsilon\}$。

② 明文是一个对 $(\text{ind}=\phi,m)$,索引空间 I 是所有的在 n 个变元上的多项式尺寸布尔公式 ϕ 的集合。

③ 在 $K\backslash\{\varepsilon\}\times I$ 上的谓词 P_n 定义为

$$P_n(z\in K\backslash\{\varepsilon\},\text{ind}=\phi\in I)=\begin{cases}1 & \phi(z)=1 \\ 0 & \phi(z)=0\end{cases}$$

2. 谓词加密方案

上面介绍的函数加密实例泄露了索引,这是因为索引作为空功能的一部分通常是敏感的。另外,不允许在加密数据上进行运算,这在搜索中是有需求的。下面描述没有泄露索引的谓词加密方案。

(1) 匿名的基于身份加密。匿名 IBE 的功能类似于 IBE,除了表示密文身份的串是隐藏的并且只有拥有对应私钥的人才能确定它以外。因此,可以像上述方案一样精确地描述匿名 IBE,除了 $F(\varepsilon,(\text{ind},m))=\text{len}(m)$ 以外,空功能仅给出了消息的长度,而索引仍然被隐藏。

(2) 隐藏向量加密。在隐藏向量加密方案中,一个密文包含一个 n 个 $\{0,1\}^*$ 中的元素的向量,一个私钥是由一个 n 个 $\{*\}\bigcup\{0,1\}^*$ 中的元素组成的向量,这里将 $*$ 称作通配符(wildcard)。更精确地,有以下方案:

① 密钥空间 K 是所有的 $(v_1,v_2,\cdots,v_n)(v_i\in\{*\}\bigcup\{0,1\}^*)$ 和空密钥 ε。

② 明文是一个对 $(\text{ind}=(\omega_1,\omega_2,\cdots,\omega_n),m)$,$\omega_i\in\{0,1\}^*$,索引空间 $I=(\{0,1\}^*)^n$。

③ 在 $K\backslash\{\varepsilon\}\times I$ 上的谓词 P_n 定义为

$$P_n((v_1,v_2,\cdots,v_n)\in K\backslash\{\varepsilon\},\text{ind}=(\omega_1,\omega_2,\cdots,\omega_n)\in I)=\begin{cases}1 & v_i\neq *(\text{此时有 } v_i=\omega_i) \\ 0 & \text{否则}\end{cases}$$

该方案可应用于级联搜索和区间搜索。Shi 等人[155]独立地提出了一个在弱安全模型下安全的相关方案。注意,这里 $F(\varepsilon,(\text{ind},m))=\text{len}(m)$,所以密文没有揭示索引。

(3) 内积谓词。前面的方案仅限于级联搜索,Katz 等人[128]提出了一种方案,用于测试一个环 Z_N 上的点积运算是否等于 0,其中 N 是由 setup 算法选择的 3 个随机素数之积。这种方案可进行非交、多项式和 CNF/DNF 公式等更复杂的计算。后来,Okamoto 等人[145,156]给出了有限域 F_p 上的构造,现在描述长为 n 的向量的谓词。

① setup 算法定义一个随机选择的长为 κ 的素数 p,κ 是安全参数。

② 密钥空间 K 是所有的 $v=(v_1,v_2,\cdots,v_n)(v_i\in F_p)$ 连同空密钥 ε。

③ 明文是一个对 $(\text{ind}=(\omega_1,\omega_2,\cdots,\omega_n),m)$,$\omega_i\in F_p$,索引空间 $I=(F_p)^n$。

④ 在 $K\backslash\{\varepsilon\}\times I$ 上的谓词 $P_{n,p}$ 定义为

$$P_{n,p}((v_1,v_2,\cdots,v_n)\in K\backslash\{\varepsilon\},\text{ind}=(\omega_1,\omega_2,\cdots,\omega_n)\in I)=\begin{cases}1 & \text{如果}\sum_{i=1}^n v_i\cdot\omega_i=0 \\ 0 & \text{否则}\end{cases}$$

4.4.3　函数加密的语义安全性定义和构造

4.4.1 节给出了函数加密的语法定义,现在讨论函数加密的安全性定义,本节给出基于游戏的安全性定义(称为语义安全或不可区分安全),4.4.4 节将给出基于模拟的安全性定义(称为模拟安全),同时也构造了满足相应安全性要求的 FE 方案。

设 ξ 是一个关于定义在 (K,X) 上的功能 F 的 FE 方案,目标是定义一个适应性敌手的安全性,该敌手重复地请求由攻击者选择的 $k \in K$ 的秘密密钥 sk_k。问题是如何定义语义安全游戏中的挑战密文。像通常一样,一旦攻击者获得他所期望的秘密密钥,就输出两个挑战消息 $m_0, m_1 \in X$ 并期望返回一个由挑战者随机选择的 m_0 或 m_1 的加密 c。显然,如果攻击者有一个关于某个 $k \in K$ 的秘密密钥 sk_k 使得 $F(k,m_0) \neq F(k,m_1)$,则他能很容易地按照如下输出回答挑战 c:

$$b = \begin{cases} 0 & \text{如果 } \mathrm{dec}(\mathrm{sk}_k, c) = F(k, m_0) \\ 1 & \text{否则} \end{cases}$$

因此,必须要求攻击者选择的 $m_0, m_1 \in X$ 满足下列条件:对攻击者拥有 sk_k 的所有 k,都有

$$F(k, m_0) = F(k, m_1) \tag{4-4-1}$$

因为空密钥 ε 揭示了明文的长度,条件(4-4-1)确保了 $|m_0| = |m_1|$,像标准的公钥加密的语义安全性一样。

使用上述条件可获得如下一个定义 FE 方案 ξ 的安全性的自然的游戏(也称实验)。

游戏 4-3　对 $b=0,1$,定义一个敌手 A 的实验 b 如下:

(1) 挑战者运行 setup 算法生成 $(\mathrm{pp}, \mathrm{mk}) \leftarrow \mathrm{setup}(1^\lambda)$,并将 pp 发送给敌手 A。

(2) 敌手 A 适应性地提交询问 $k_i \in K, i=1,2,3\cdots$,并得到私钥 $\mathrm{sk}_i \leftarrow \mathrm{keygen}(\mathrm{mk}, k_i)$。

(3) 敌手 A 提交两个满足上述条件的消息 $m_0, m_1 \in X$,挑战者将 $\mathrm{enc}(\mathrm{pp}, m_b)$ 发送给敌手 A。

(4) 敌手 A 像第(2)步那样继续发布密钥询问并最终输出一个比特 0 或 1。

设 $W_b(b=0,1)$ 是敌手在游戏 4-3(即实验 b)中输出 1 的事件,定义 $\mathrm{FE}_{\mathrm{adv}}[\xi, A](\lambda) = |\Pr[W_0] - \Pr[W_1]|$。

定义 4-34(语义安全性)　一个 FE 方案 ξ 是语义安全的或不可区分安全的,如果对所有的 PPT 算法 A,函数 $\mathrm{FE}_{\mathrm{adv}}[\xi, A](\lambda)$ 关于 λ 是可忽略的。

从 0、1 世界来看,"$\mathrm{FE}_{\mathrm{adv}}[\xi, A](\lambda) = |\Pr[W_0] - \Pr[W_1]|$ 是可忽略的"含义是:在 0 世界猜测自己在 1 世界的概率与在 1 世界猜测自己在 1 世界的概率差不多。

定义 4-34 是文献[127,128]中相关定义的一般化。

1. 一个语义安全的蛮力方案

下面使用蛮力(brute force)方法构造一个语义安全的 FE 方案,称为蛮力 FE 方案。设密钥空间 K 是多项式尺寸的,令 $s = |K| - 1, K = \{\varepsilon, k_1, k_2, \cdots, k_s\}$。公开参数、秘密密钥和密文等的尺寸都由 s 来确定。

设 (G, E, D) 是一个语义安全的公钥加密方案,G 是密钥生成算法,E 是加密算法,D 是解密算法。使用 (G, E, D) 实现功能 F 的蛮力 FE 方案的工作流程如下:

(1) $\mathrm{setup}(1^\lambda)$:对 $i=1,2,\cdots,s$,运行 $(\mathrm{pp}_i, \mathrm{mk}_i) \leftarrow G(1^\lambda)$,输出 $\mathrm{pp} = (\mathrm{pp}_1, \mathrm{pp}_2, \cdots, \mathrm{pp}_s)$

和 $mk=(mk_1,mk_2,\cdots,mk_s)$。

(2) keygen(mk,k_i)：输出 $sk_i=mk_i$。

(3) enc(pp,x)：输出 $\boldsymbol{c}=(F(\varepsilon,x),E(pp_1,F(k_1,x)),E(pp_2,F(k_2,x)),\cdots,E(pp_s,F(k_s,x)))$。

(4) dec$(sk_i,\boldsymbol{c})$：如果 $sk_i=\varepsilon$，输出 c_0；否则，输出 $D(sk_i,c_i)$。

显然，一个密文 $\boldsymbol{c}$ 泄露了 $F(k_i,x)(i=1,2,\cdots,s)$ 的比特长度。因此，为了使这个构造是安全的，必须假定这个信息已经由空功能 $F(\varepsilon,*)$ 泄露，即 $|F(k_i,x)|(i=1,2,\cdots,s)$ 包含在 $F(\varepsilon,x)$ 之中，也说 F 揭示了功能的比特长度。

定理 4-11　设 F 是一个揭示了功能的比特长度的功能。如果 (G,E,D) 是一个语义安全的公钥加密方案，则上述实现 F 的蛮力 FE 方案是语义安全的。

可通过一个标准的混合论证跨越挑战密文的 s 个分量来证明定理 4-11。

2. 语义安全性定义的不充分性

现在说明对某些复杂的功能，定义 4-34 太弱，也就是说对这些功能构造的方案是语义安全的，但并不认为是安全的。下面用一个简单的例子来说明语义安全性定义是不充分的。

设 π 是一个单向置换，功能 F 只允许平凡的密钥 ε，定义如下：$F(\varepsilon,x)=\pi(x)$。显然，为了对这个简单的功能实现函数加密，一个正确的实现方法是让函数加密算法本身简单地关于输入 x 输出 $\pi(x)$，即 enc$(pp,x)=\pi(x)$。这个方案可达到 4.4.4 节提出的模拟安全性。然而，这里考虑一个对这个功能的不正确实现，让函数加密算法关于输入 x 输出 x，即 enc$(pp,x)=x$。很显然，这个方案关于明文泄露的信息远比需要的信息多。很容易验证，这个构造满足语义安全性。这是因为对任何两个值 x、y，$F(\varepsilon,x)=F(\varepsilon,y)$ 当且仅当 $x=y$，因此攻击者仅能发布挑战消息 m_0、m_1，这里 $m_0=m_1$。然而，这个有问题的方案不能满足 4.4.4 节提出的模拟安全性。这是因为，如果 x 被随机地选择，现实生活中的敌手将总能恢复 x，而模拟器在没有破译置换 π 的单向性的情况下将不能恢复 x。

很容易将上述功能例子 F 修改为恰好在一个非平凡密钥 $k\in K$ 上的情况，即功能 F 只允许非平凡的密钥 k，定义 $F(k,x)=\pi(x)$。与上述构造的唯一差别是，在正确实现的情况下，功能加密算法输出 $\pi(x)$ 的一个标准公钥加密；而在不正确实现的情况下，输出 x 的一个标准公钥加密。关于密钥 k 的秘密密钥是标准公钥加密方案的秘密密钥。另外，容易验证不正确的实现满足语义安全性。

4.4.4　函数加密的模拟安全性定义和构造

本节基于模拟的工具来探讨函数加密的安全性定义，必须抓住以下本质：当给定 x 的一个加密时，对应于密钥 $k\in K$ 的秘密密钥 sk_k 将只揭示 $F(k,x)$。

用 $A^{B(\cdot)[[x]]}$ 表示算法 A 能发布一个询问 q 到它的预言器，此时 $B(q,x)$ 将被执行并输出一个对 (y,x')。值 y 被交给 A 作为它的询问的回答，变量 x 被设置为 x'，这个更新的值被反馈给下一次作为预言器被询问的算法 B，并反馈给以 x 作为输入、在后来的实验中执行的任何算法。用 $A^{B^*(\cdot)}$ 表示 A 能发送一个询问 q 到它的预言器，此时 $B^*(q)$ 被执行，并且 B 所做的任何预言器询问由 A 回答。

定义 4-35（模拟安全性）　一个 FE 方案 ξ 是模拟安全的，如果存在一个（预言器）PPT

算法 $Sim = (Sim_1, Sim_O, Sim_2)$,使得对任何(预言器)PPT 算法 Message 和 Adv,下列两个分布样本(在安全参数 λ 上)是计算上不可区分的:

(1)实际分布:

① $(pp, mk) \leftarrow setup(1^\lambda)$。

② $(\boldsymbol{x}, \tau) \leftarrow Message^{keygen(mk, \cdot)}(pp)$。

③ $\boldsymbol{c} \leftarrow enc(pp, \boldsymbol{x})$。

④ $\alpha \leftarrow Adv^{keygen(mk, \cdot)}(pp, \boldsymbol{c}, \tau)$。

⑤ 设 $y_1, y_2, \cdots, y_l$ 是在前面的步骤中由 Message 和 Adv 所做的对 keygen 的询问。

⑥ 输出 $(pp, \boldsymbol{x}, \tau, \alpha, y_1, y_2, \cdots, y_l)$。

(2)理想分布:

① $(pp, \sigma) \leftarrow Sim_1(1^\lambda)$。

② $(\boldsymbol{x}, \tau) \leftarrow Message^{Sim_O(\cdot)[[\sigma]]}(pp)$。

③ $\alpha \leftarrow Sim_2^{F(\cdot, \boldsymbol{x}), Adv^*(pp, \cdot, \tau)}(\sigma, F(\varepsilon, \boldsymbol{x}))$。

④ 设 $y_1, y_2, \cdots, y_l$ 是在前面的步骤中由 Sim_2 所做的对 F 的询问。

⑤ 输出 $(pp, \boldsymbol{x}, \tau, \alpha, y_1, y_2, \cdots, y_l)$。

1. 模拟安全的函数加密的不可能性

在这里简要概述即使对一个十分简单的功能,如对应于 IBE 的功能,在非规划随机预言模型(non-programmable random oracle model,也称非线性规划随机预言器模型)下模拟安全的函数加密的不可能性。在非规划随机预言模型中,模拟器仅可以使用和区分者的预言器相同的随机预言器。首先引入一个更弱的定义,即弱模拟安全。

定义 4-36(弱模拟安全性) 一个 FE 方案 ξ 是弱模拟安全的,如果对任何(预言器)PPT 算法 Message 和 Adv,存在一个(预言器)PPT 算法 Sim 使得下列两个分布样本(在安全参数 λ 上)是计算上不可区分的:

(1)实际分布:

① $(pp, mk) \leftarrow setup(1^\lambda)$。

② $(\boldsymbol{x}, \tau) \leftarrow Message(1^\lambda)$。

③ $\boldsymbol{c} \leftarrow enc(pp, \boldsymbol{x})$。

④ $\alpha \leftarrow Adv^{keygen(mk, \cdot)}(pp, \boldsymbol{c}, \tau)$。

⑤ 设 $y_1, y_2, \cdots, y_l$ 是在前面的步骤中由 Adv 所做的对 keygen 的询问。

⑥ 输出 $(\boldsymbol{x}, \tau, \alpha, y_1, y_2, \cdots, y_l)$。

(2)理想分布:

① $(\boldsymbol{x}, \tau) \leftarrow Message(1^\lambda)$。

② $\alpha \leftarrow Sim^{F(\cdot, \boldsymbol{x})}(1^\lambda, \tau, F(\varepsilon, \boldsymbol{x}))$。

③ 设 $y_1, y_2, \cdots, y_l$ 是在前一步中由 Sim 所做的对 F 的询问。

④ 输出 $(\boldsymbol{x}, \tau, \alpha, y_1, y_2, \cdots, y_l)$。

关于模拟安全的函数加密的不可能性,有如下结论。

定理 4-12[117] 设 F 是关于 IBE 的一个功能,则在非规划随机预言模型下,对 F 不存在任何弱模拟安全的 FE 方案。

2. 一个基于模拟安全的蛮力方案

现在考虑在随机预言模型下模拟安全的 FE 方案。在随机预言模型下,方案的算法以及 Message 和 Adv 算法都可以使用一个随机预言器,但是模拟算法能模仿随机预言器本身。人们也将这种标准的随机预言模型称作全(full)随机预言模型或规划的(programmable)随机预言模型。

下面介绍一种修改的蛮力构造方法。它与原蛮力构造方法的主要差别是使用随机预言器随机地掩盖函数的输出值。

该方案利用了一个随机预言器 $H:\{0,1\}^* \to \{0,1\}$。设密钥空间 K 是多项式尺寸的,令 $s=|K|-1, K=\{\varepsilon, k_1, k_2, \cdots, k_s\}$。使用一个语义安全的公钥加密方案 (G,E,D) 实现功能 F 的蛮力 FE 方案的工作流程如下:

(1) $setup(1^\lambda)$:对 $i=1,2,\cdots,s$,运行 $(pp_i, mk_i) \leftarrow G(1^\lambda)$,输出 $pp=(pp_1, pp_2, \cdots, pp_s)$ 和 $mk=(mk_1, mk_2, \cdots, mk_s)$。

(2) $keygen(mk, k_i)$:输出 $sk_i = mk_i$。

(3) $enc(pp, x)$:随机选择值 $r_1, r_2, \cdots, r_s \in_R \{0,1\}^\lambda$,输出 $c=(F(\varepsilon, x), E(pp_1, r_1),$ $H(r_1) \oplus F(k_1, x), E(pp_2, r_2), H(r_2) \oplus F(k_2, x), \cdots, E(pp_s, r_s), H(r_s) \oplus F(k_s, x))$。

(4) $dec(sk_i, c)$:如果 $sk_i = \varepsilon$,输出 c_0;否则,输出 $H(D(sk_i, c_{2i-1})) \oplus c_{2i}$。

关于上述 FE 方案,有如下结论。

定理 4-13[117]　设 F 是一个揭示了功能的比特长度的功能。如果 (G,E,D) 是一个语义安全的公钥加密方案,则上述实现 F 的修改的蛮力 FE 方案在随机预言模型下是模拟安全的。

3. 公开索引方案的等价安全性

下面讨论任何具有公开索引的谓词加密方案(包括各种形式的基于属性的加密方案)在随机预言模型下语义安全性和模拟安全性之间的关系。事实证明,在随机预言模型下一大类公开索引方案的两种安全性定义是等价的。

设 $\xi=(setup, keygen, enc, dec)$ 是一个关于谓词 $P:K \times I \to \{0,1\}$ 的具有公开索引的谓词加密方案,在加密中使用一个随机预言器 H 可把 ξ 转化为一个方案 $\xi_H=(setup, keygen, enc_H, dec_H)$,其中:

(1) $enc_H(pp, (ind, m))$:随机选择一个值 $r \in_R \{0,1\}^\lambda$,输出 $c=(enc(pp, (ind, r)), H(r) \oplus m)$。

(2) $dec_H(sk, (c_1, c_2))$:如果 $dec(sk, c_1) = \bot$,输出 $\bot$;否则,输出 $dec(sk, c_1) \oplus c_2$。

关于上述方案,有如下结论。

定理 4-14[117]　如果方案 ξ 是语义安全的,则方案 ξ_H 在随机预言模型下是模拟安全的。

上述等价性仅仅应用于公开索引方案,一个有趣的问题是能否获得更一般的模拟安全的方案。直观地看,这更具有挑战性,因为它不是只隐藏一个载荷,而是要隐藏一个计算。这里介绍一个非公开索引的例子。

文献[131,134]中提出的 IBE 方案(简称 BF 方案)使用了一个可有效计算双线性映射 $e:G \times G \to G_T$ 的群 G,为了简单起见,假定所有消息的长度均为 λ。下面介绍一个修改的 BF IBE 方案,具体工作流程如下:

(1) $setup(1^\lambda)$:选择一个长度为 λ 的素数 p,产生一个具有阶为 p、生成元为 g 的双线

性群 G，选择一个秘密指数 $a \in \mathbf{Z}_p$，定义 Hash 函数 $T: \{0,1\}^* \to G$ 和 $H: G_T \to \{0,1\}^{2\lambda}$ 将其模型化为随机预言器。为简单起见，假定被加密的消息的长度均为 λ。输出 $\mathrm{pp} = (G, T$ 和 H 的描述，g, g^a），$\mathrm{mk} = a$。

（2）keygen(mk,k)：输出 $\mathrm{sk}_k = T(k)$。

（3）enc(pp,$x = (\mathrm{ind}, m)$)：选择随机值 $s \in_R \mathbf{Z}_p$，$r \in_R \{0,1\}^{\lambda}$，计算 $y = e(T(\mathrm{ind}), g^a)^s = e(T(\mathrm{ind}), g)^{as}$，输出 $c = (c_1 = g^s, c_2 = H(y) \oplus 0^\lambda | m)$。

（4）dec(sk_k,c)：计算 $(z_1 \in \{0,1\}^\lambda, z_2 \in \{0,1\}^\lambda) = H(e(\mathrm{sk}_k, c_1)) \oplus c_2$。如果 $z_1 \neq 0^\lambda$，输出 $\perp$；否则，输出 z_2。

关于上述方案，有如下结论。

定理 4-15[117]　设 F 是一个匿名 IBE 功能，如果修改的 BF 方案是一个语义安全的匿名 IBE 方案，则它也是模拟安全的。

4.5　外包计算技术

外包计算（outsourced computation）允许计算资源受限的用户将计算复杂性较高的计算外包给远端的半可信或恶意服务器完成。云计算为外包计算提供了一个实际的应用场景。形式地讲，如果用函数 f 表示某个具体计算，用户拥有一个输入 x 并希望得到函数 f 在 x 处的值 $f(x)$，用户的计算能力很弱，因此，用户需要租赁具有较强计算能力的服务器来帮助完成计算，用户先将 x 发送给服务器，服务器计算出 $f(x)$ 后，再将 $f(x)$ 返回给用户。另外，在很多文献中提到的委托计算（delegating computation）实际上是一种特殊的外包计算。在外包计算中，用户租赁具有强大计算能力的服务商提供的服务器进行计算；而在委托计算中，用户委托一个不被信任的所谓的"工人"（worker）来进行计算。

外包计算的研究主要集中在用户数据的安全性和隐私性以及如何验证服务器返回结果的正确性（也称完整性）上，同时还要实现高效性。4.1 节至 4.4 节介绍的同态加密、可验证计算、安全多方计算和函数加密等技术都是构造外包计算的主要技术和工具。关于外包计算的研究进展可归纳为以下几个方面[40,157]：

（1）基于同态加密技术的外包计算。全同态加密技术是实现安全外包计算的一种理想工具，其基本原理是：首先用户用其加密密钥 pk 和全同态加密算法 Encrypt 加密 x，得到密文 Encrypt(pk,x) 并将其发送给服务器；其次，服务器用 Encrypt 的同态性质计算函数 f，得到 Encrypt(pk,$f(x)$) 并将其返回给用户；最后，用户用其解密密钥 sk 和解密算法 Decrypt，计算函数值 $f(x) = $ Decrypt(sk,Encrypt(pk,$f(x)$))。在这种外包计算中，攻击者是半诚实的，无法抵抗恶意的攻击者。由于现有全同态加密技术的实用性较差，学术界主要使用加法或乘法同态加密技术设计外包计算，相关工作有：Benjamin 等人[158]使用语义安全的加法同态加密方案，基于两个服务器不相互勾结的假设，为线性代数计算（如两个矩阵的乘积）构造了可验证安全外包计算协议；Wang 等人[159]利用伪装技术、基于 Jacobi 方法的迭代思想和语义安全的加法同态加密方案，为求解线性方程组 $Ax = b$ 构造了可验证安全外包计算协议，这种方法对 A 有一定的限制并只能得到近似解；Mohassel 分别使用 GM、Paillier、ElGamal、BGN/GHV 等加法或乘法同态加密方案为矩阵乘法、求逆、求行列式等矩阵上的线性代数运算构造出多个非交互的安全外包计算协议[160]；Kiltz 等人[161]利用同态加密方案,为计算矩阵的秩和行列式构造了安全的两方计算协议;Peter 等人[162]使用具有加法同态的双解密机制方案实现了人脸识别的外包计算协议。

(2) 结合安全多方计算技术的外包计算。现有安全多方计算协议的计算和通信代价都很大,因此,在基于安全多方计算的外包计算研究中,希望利用一些不被信任的外部服务器来降低协议的计算量和通信量,相关工作有:Kamara 等人[163]使用安全多方计算协议实现了多服务器的外包计算,充分利用了安全多方计算协议的有效性和安全性;Loftus 等人[164]为非门限的情形构造了外包计算,但这个协议要求每个计算服务提供者有一个可信任的硬件,这样做不实用;Kamara 等人[165]推广了多方计算的安全外包计算协议的定义,并构造了几个多方计算的安全外包计算协议,证明了任意的安全委托计算协议都可以转化为一个多方计算的安全外包计算协议;Peter 等人[162]使用加法同态 BCP 方案,为一般的函数构造了一个多方计算的安全外包计算协议。

(3) 结合属性加密的外包计算。属性加密(ABE)是一类特殊的函数加密技术,结合 ABE 的研究,学术界提出了多个外包计算方案,主要有:Green 等人[166]给出了一个 ABE 外包解密方案,将复杂的解密操作在服务器端转化为一个普通的 ElGamal 解密问题,降低了用户端的解密计算量;Lai 等人[167]给出了一个改进的 ABE 解密方案,使其外包解密结果具有可验证性;关于 ABE 外包计算的其他一些研究工作可参阅文献[168,169]。

(4) 基于伪装技术的外包计算。基于伪装(也称盲化)技术的外包计算的基本思想是:利用伪装技术将原问题转化为一个随机问题,使得用户端敏感的 I/O 信息被隐藏,然后借助服务器来求解这个转化后的随机问题,并将计算结果返回给用户端,用户端从收到的结果恢复出原问题的解并可有效验证。相关工作有:Atallah 等人[170]提出了一些适合矩阵乘法、不等式、线性方程组等科学计算的伪装技术,用来确保外包计算过程中用户数据的安全性和隐私性,但没有提及计算结果的可验证性;Yerzhan 等人[171]提出了一些新的可验证的伪装方法,解决了抽象方程、带秘密参数的柯西问题、带秘密边界条件的边值问题及一些非线性方程的可验证外包计算问题;Atallah 等人[172]利用多项式实施伪装,提出了基于 Shamir 秘密共享方案的安全外包计算矩阵乘积的协议;Du 和 Vaidya 分别使用伪装技术研究了线性规划(Linear Programming,LP)问题的外包计算问题[173,174],但 Bednarz 等人[175]指出这些方法都存在正确性的漏洞;Mangasarian 将伪装技术与安全方法计算模型相结合,提出了两个不同的保持隐私性的 LP 外包计算方案[176];关于 LP 外包计算问题的其他一些研究工作可参阅文献[177,180]。

(5) 外包计算的可验证问题。外包计算的可验证问题是指,用户对服务器返回的计算结果的正确性可进行验证。这主要是为了防止不可信服务器的欺骗行为。外包计算的可验证问题与可验证计算技术密切相关。关于外包计算的可验证问题的研究工作主要有:Gennaro 等人[181]形式化定义了可验证计算解决任意函数的可验证外包计算问题;Benabbas 等人[182]提出了对于高阶多项式函数的实用的可验证外包计算方案;Parno 等人[183]给出了一种基于 KP-ABE 方案构造的多布尔函数的可验证计算方案,建立了 ABE 和可验证函数外包计算之间的关系。

(6) 其他外包计算。除了上述外包计算外,还有一些外包计算,如计算模指数的外包计算[184,185]、基于 Token 的外包计算[186-188]、奖励性外包计算[189]、委托计算[165,181,190-192]。

外包计算的相关工作比较多,也比较杂,关于最新的一些研究进展也可参阅文献[193]

中的相关综述论文。本节主要介绍一个基于 Shamir 秘密共享方案[194] 的安全外包计算矩阵乘积的协议来展现这类工作的风格,主要取材于文献[172]。

4.5.1　具有多个服务器的外包计算方案

Shamir 秘密共享方案是本节使用的一个基本工具,其基本思想是:把一个值 x 分成碎片,即分享,选择一个 t 次多项式 P 使得 $P(0)=x$,分享是 $P(x_1),P(x_2),\cdots,P(x_n)$。$x_1$,$x_2$,$\cdots$,$x_n$ 是互不相同且公开的非零值。这个方案具有以下的陷门共享特性:给定 $t+1$ 个分享,可恢复秘密 x,但给定 t 个或更少的分享,不可能恢复秘密 x。我们也称 P 是值 x 的 t 次多项式。

假设 P 和 Q 分别是值 p 和 q 的 t 次多项式,则容易推出:① $P+Q$ 是值 $p+q$ 的 t 次多项式(从严格意义上讲,此时要求 $P+Q$ 的最高项系数非零,但 $P+Q$ 的最高项系数为零的概率是可忽略的,因此,在概率意义下可不作要求);② PQ 是值 pq 的 $2t$ 次多项式。

外包者 O 有两个矩阵 $\boldsymbol{M}^{(1)}$ 和 $\boldsymbol{M}^{(2)}$,他希望获得 $\boldsymbol{M}^{(1)}\boldsymbol{M}^{(2)}$。下面介绍的协议实际上可以计算任意大小的矩阵乘法,但为了便于表示,仅考虑 $n\times n$ 矩阵,并设 $N=n^2$。假定 O 能完成 $O(n^2)$ 计算,但不能完成 $O(n^3)$ 计算。矩阵 $\boldsymbol{M}$ 的第 i 行第 j 列元素表示为 $M_{i,j}$,$i,j=0$,$1,\cdots,n-1$。设 p 是一个所有参与方都知道的大素数,用 $P_{M_{i,j}}^{(t)}$ 表示隐藏值 $M_{i,j}$ 的 t 次多项式,即 $P_{M_{i,j}}^{(t)}(x)=a_t x^t+a_{t-1}x^{t-1}+\cdots+a_1 x+M_{i,j}$,$a_i(i=1,2,\cdots,t)$ 是从 $\mathbb{Z}_p$ 中随机选择的;用 $\boldsymbol{P}_M^{(t)}(x)$ 表示第 i 行第 j 列元素为 $P_{M_{i,j}}^{(t)}(x)$ 的矩阵。

现在介绍一个初级解决方案(也称协议),该方案利用了 $2t+1$ 个不可信第三方,并假定至多 t 个参与方合谋。其主要思想是,Q 首先随机产生关于 $\boldsymbol{M}^{(1)}$ 和 $\boldsymbol{M}^{(2)}$ 的隐藏多项式,然后发送每个矩阵的一个分享给每个不可信第三方;第三方计算他们的各个分享的矩阵乘法并将计算结果返回给 O,O 将插值计算这些结果,获得两个矩阵的乘积。该协议的具体工作流程如下。

协议 4-14　具有多个服务器的外包计算协议。

(1) 对矩阵 $\boldsymbol{M}^{(1)}$ 和 $\boldsymbol{M}^{(2)}$ 的每一个元素,O 产生一个隐藏该元素的 t 次多项式,把这些矩阵多项式表示为 $\boldsymbol{P}_{\boldsymbol{M}^{(1)}}^{(t)}(x)$ 和 $\boldsymbol{P}_{\boldsymbol{M}^{(2)}}^{(t)}(x)$;对 $s=1,2,\cdots,2t+1$,O 把矩阵 $\boldsymbol{P}_{\boldsymbol{M}^{(1)}}^{(t)}(s)$ 和 $\boldsymbol{P}_{\boldsymbol{M}^{(2)}}^{(t)}(s)$ 发送给 U_s。

(2) U_s 计算矩阵 $\boldsymbol{R}(s)=\boldsymbol{P}_{\boldsymbol{M}^{(1)}}^{(t)}(s)\boldsymbol{P}_{\boldsymbol{M}^{(2)}}^{(t)}(s)$ 并将 $\boldsymbol{R}(s)$ 返回给 O。

(3) 对所有的 i,j,O 插值计算矩阵 $R_{i,j}(1),R_{i,j}(2),\cdots,R_{i,j}(2t+1)$ 获得 $\boldsymbol{M}^{(1)}\boldsymbol{M}_{i,j}^{(2)}$,因此,$O$ 最终获得 $\boldsymbol{M}^{(1)}\boldsymbol{M}^{(2)}$。

$\boldsymbol{P}_{\boldsymbol{M}^{(1)}}^{(t)}(s)$ 和 $\boldsymbol{P}_{\boldsymbol{M}^{(2)}}^{(t)}(s)$ 分别是 $\boldsymbol{M}^{(1)}$ 和 $\boldsymbol{M}^{(2)}$ 的分享矩阵,两个矩阵的乘积是它们的元素的乘积之和,因此,分享的矩阵乘法是 $\boldsymbol{M}^{(1)}\boldsymbol{M}^{(2)}$ 的 $2t$ 次多项式。

在协议 4-14 中,在第(1)步,外包者即客户完成 $O(t^2 n^2)$ 个操作,这是因为他不得不对 n^2 个矩阵元素中的每一个都要产生一个 t 次多项式,然后不得不在 $2t+1$ 个点上计算这个多项式,每个计算花费 $O(t)$ 个操作。在第(3)步,每个插值花费的时间为 $O(t^2)$,这样第(3)步总共需要花费的时间为 $O(t^2 n^2)$。因此,每当 t 远远小于 n 时,这个方案是可用的。

4.5.2　具有两个服务器的外包计算方案

现在介绍一个将服务器的个数降到两个的外包计算方案,这里假定这两个服务器不合谋。这个协议发送 $2t+1$ 个值中的 t 个分享给 U_1、$t+1$ 个分享给 U_2。显然，U_1 没有获得关于矩阵的任何信息，但是如果 U_2 的值以平凡的方式发送，则 U_2 能插值计算这些值获得矩阵。为了消除这个攻击，需完成以下 3 件事情：①需从 $\mathbf{Z}_p^*$ 中随机选择分享的 x 坐标；②需隐藏它们的分享的 x 坐标；③需增加噪声，以隐藏关于客户的矩阵包含信息的值。

1. 弱秘密隐藏假设

设 $U(1^t,1^m,p)$ 是一个均匀地从 $\mathbf{Z}_p$ 中选择矩阵元素产生 $(2t+1)\times m$ 矩阵的分布，$R(1^t,1^m,p)$ 是一个以某一结构从 $\mathbf{Z}_p$ 中选择矩阵元素产生 $(2t+1)\times m$ 矩阵的分布。概括地讲，弱秘密隐藏假设（Weak Secret Hiding Assumption，WSHA）是说这两个分布是计算上不可区分的。

分布 $R(1^t,1^m,p)$ 的产生过程如下：

（1）从 $\mathbf{Z}_p^* = \mathbf{Z}_p \setminus \{0\}$ 中均匀地选择值 $k_1,k_2,\cdots,k_{t+1}$，从 $\mathbf{Z}_p$ 中均匀地选择 mt 个值，记为 $a_{i,j}$，$i=1,2,\cdots,m$，$j=1,2\cdots,t$，用 $\mathbf{A}$ 表示在第 i 行第 j 列的元素为 $a_{i,j}$ 的矩阵。

（2）对 $r=1,2,\cdots,t+1$，按如下方式计算矩阵的第 r 行（把这些行称为特殊行）：

$$\left[\sum_{j=1}^{t} a_{1,j}k_r^j, \sum_{j=1}^{t} a_{2,j}k_r^j, \cdots, \sum_{j=1}^{t} a_{m,j}k_r^j \right]$$

（3）对 $r=t+2,t+3,\cdots,2t+1$，从 $\mathbf{Z}_p$ 中均匀地选择 m 个值构成矩阵的第 r 行（把这些行称为非特殊行）。

（4）选择一个集合 $\{1,2,\cdots,2t+1\}$ 上的随机置换 Π，并设最终矩阵的第 i 行是上述第（1）步至第（3）步定义的矩阵的第 $\Pi(i)$ 行。

现在考虑下列的游戏或实验 $\mathrm{WeakHide}_A(t)$。

游戏 4-4　$\mathrm{WeakHide}_A(t)$。

（1）挑战者随机均匀地选择 $b \leftarrow \{0,1\}$，如果 $b=0$，依据分布 $U(1^t,1^m,p)$ 生成一个随机矩阵，否则，依据分布 $R(1^t,1^m,p)$ 生成一个矩阵，并将这个矩阵发送给敌手 A。

（2）敌手 A 输出一个比特 b'。

（3）如果 $b=b'$，则 $\mathrm{WeakHide}_A(t)=1$；否则，$\mathrm{WeakHide}_A(t)=0$。

定义 4-37　如果对所有的 PPT 算法 A，$\Pr[\mathrm{WeakHide}_A(t)=1]-\dfrac{1}{2}$ 关于 t 是可忽略的，就说 WSHA 成立。

例 4-1　考虑 $R(1^2,1^2,p)$。

按照上述构造过程，从 $\mathbf{Z}_p^*$ 中均匀地选择值 k_1、k_2、k_3，从 $\mathbf{Z}_p$ 中随机选择值 $a_{1,1}$、$a_{2,1}$、$a_{1,2}$、$a_{2,2}$，从 $\mathbf{Z}_p$ 中随机选择 4 个值 r_1、r_2、r_3、r_4 形成矩阵的非特殊行。因此，构造的矩阵如下：

$$\begin{bmatrix} a_{1,1}k_1+a_{1,2}k_1^2 & a_{2,1}k_1+a_{2,2}k_1^2 \\ a_{1,1}k_2+a_{1,2}k_2^2 & a_{2,1}k_2+a_{2,2}k_2^2 \\ a_{1,1}k_3+a_{1,2}k_3^2 & a_{2,1}k_3+a_{2,2}k_3^2 \\ r_1 & r_2 \\ r_3 & r_4 \end{bmatrix}$$

如果置换 $\Pi = \{5,3,1,4,2\}$，则实际的矩阵是

$$
\begin{bmatrix}
r_3 & r_4 \\
a_{1,1}k_3 + a_{1,2}k_3^2 & a_{2,1}k_3 + a_{2,2}k_3^2 \\
a_{1,1}k_1 + a_{1,2}k_1^2 & a_{2,1}k_1 + a_{2,2}k_1^2 \\
r_1 & r_2 \\
a_{1,1}k_2 + a_{1,2}k_2^2 & a_{2,1}k_2 + a_{2,2}k_2^2
\end{bmatrix}
$$

WSHA 是说对于充分大的 t，一个 PPT 敌手不能区分这些值与随机选择的值。

引理 4-5 给定一个 $l(l < t+1)$ 个特殊行的集合，则这个集合被分配的值几乎等于 l 个随机行。

证明：只考虑 $l = t$ 的情况，$l < t$ 的情况容易由此得出。由 $R(1^t, 1^m, p)$ 的产生过程可知，l 个特殊行可表示为两个矩阵的乘积，即 AK，其中，A 是第(1)步定义的矩阵，K 是一个 $t \times t$ 矩阵且其第 i 列是 $k_i, k_i^2, \cdots, k_i^t$，则 K 的行列式等于 $k_1 k_2 \cdots k_t$ 与一个关于 $k_1, k_2, \cdots, k_t$ 的范德门行列式之积。因为 $k_1, k_2, \cdots, k_t$ 全不为零，所以，K 可逆当且仅当 $k_1, k_2, \cdots, k_t$ 两两互不相同，而 K 可逆的概率为 $\dfrac{\prod\limits_{i=1}^{t}(p-i)}{(p-1)^t}$，当 t 远小于 p 时，这个概率几乎等于 1。

对任何随机选择的 $m \times t$ 矩阵 $\hat{M}$，几乎对 $k_1, k_2, \cdots, k_t$ 的任何选择，恰好存在一个矩阵 A（即 $A = \hat{M}K^{-1}$）使得 $\hat{M} = AK$。这样，$\hat{M}$ 的任何选择与用 $R(1^t, 1^m, p)$ 生成几乎具有同样的概率，因此，AK 的分布几乎与均匀分布一样。

推论 4-2 以一个随机序给定 $l(l < t+1)$ 个特殊行和 $t+1-l$ 个非特殊行，这个集合被分配的值几乎等于均匀产生的 $(t+1) \times m$ 矩阵。

证明：由引理 4-5 可知，特殊行构成的集合被分配的值几乎等于均匀分布。因为其余的行(即非特殊行)被均匀地生成，也被均匀地分配，因此，推论成立。

2. 具体方案

这里，描述一个两个服务器的方案(也称协议)。

协议 4-15 具有两个服务器的外包计算协议。

(1) 外包者 O 选择两个多项式矩阵 $P_{M^{(1)}}^{(t)}(x)$ 和 $P_{M^{(2)}}^{(t)}(x)$，从 $\mathbf{Z}_p^*$ 中均匀地选择值 $k_1, k_2, \cdots, k_{2t+1}$。

(2) O 将 $\left(P_{M^{(1)}}^{(t)}(k_1), P_{M^{(2)}}^{(t)}(k_1)\right), \cdots, \left(P_{M^{(1)}}^{(t)}(k_t), P_{M^{(2)}}^{(t)}(k_t)\right)$ 发送给 U_1。

(3) O 选择两个大小为 t 且元素在 $\mathbf{Z}_p$ 上的随机 $n \times n$ 矩阵的集合，即 $A_1, A_2, \cdots, A_t$ 和 $B_1, B_2, \cdots, B_t$，并产生 $t+1$ 对矩阵 $(P_{M^{(1)}}^{(t)}(k_{t+1}), P_{M^{(2)}}^{(t)}(k_{t+1})), (P_{M^{(1)}}^{(t)}(k_{t+2}), P_{M^{(2)}}^{(t)}(k_{t+2})), \cdots, (P_{M^{(1)}}^{(t)}(k_{2t+1}), P_{M^{(2)}}^{(t)}(k_{2t+1}))$ 和 t 对矩阵 $(A_1, B_1), (A_2, B_2), \cdots, (A_t, B_t)$；$O$ 随机地置换这 $2t+1$ 对，并将置换结果发送给 U_2。

(4) U_1 和 U_2 分别计算他们收到的所有矩阵对的乘积并将计算结果返回给 O。

(5) O 从 U_1 和 U_2 收到的矩阵中选择"好"矩阵，即对应于 $M^{(1)}$ 和 $M^{(2)}$ 的矩阵，插值计算这些"好"矩阵，获得期望的结果。

3. 方案的安全性

现在考虑协议 4-15 的安全性。首先 U_1 不能恢复矩阵，因为他只有 t 个点。U_2 要恢复矩阵，他必须从 $2t+1$ 个矩阵中找到正确的包含 $t+1$ 个矩阵的子集，有指数多个这样的子集，因此，做这件事情的概率关于 n 是可忽略的。下面证明，如果 WSHA 是真的，则协议 4-15 是安全的。

用 $[x_1,x_2,\cdots,x_m](k)$ 表示在第 i 列的值都是 x_i 的 $k\times m$ 矩阵，$\boldsymbol{M}+[x_1,x_2,\cdots,x_m](l)$ 中的 l 常常略去，默认为是 $l\times m$ 矩阵 $\boldsymbol{M}$ 的行数。$R(1^t,1^m,p)+[x_1,x_2,\cdots,x_m]$ 表示依据 $R(1^t,1^m,p)$ 产生一个随机矩阵，然后与 $[x_1,x_2,\cdots,x_m]$ 相加；$U(1^t,1^m,p)+[x_1,x_2,\cdots,x_m]$ 表示类似的含义。

引理 4-6 假定 WSHA 成立，则对任何 $[x_1,x_2,\cdots,x_m]$，分布 $R(1^t,1^m,p)+[x_1,x_2,\cdots,x_m]$ 和 $U(1^t,1^m,p)$ 是计算上不可区分的。

证明：假定存在一个 PPT 算法 D 可区分 $R(1^t,1^m,p)+[x_1,x_2,\cdots,x_m]$ 和 $U(1^t,1^m,p)$，即 $|\Pr[D_{\boldsymbol{M}\leftarrow R(1^t,1^m,p)+[x_1,x_2,\cdots,x_m]}(\boldsymbol{M})=1]-\Pr[D_{\boldsymbol{M}\leftarrow U(1^t,1^m,p)}(\boldsymbol{M})=1]|$ 是不可忽略的。可构造一个 PPT 区分器 D'：使用黑盒子访问 D，可区分 $R(1^t,1^m,p)$ 和 $U(1^t,1^m,p)$，这样就与 WSHA 成立矛盾。

D' 的构造如下：

(1) 从 $R(1^t,1^m,p)$ 或 $U(1^t,1^m,p)$ 接收一个矩阵 $\boldsymbol{M}$。

(2) 输出 $D(\boldsymbol{M}+[x_1,x_2,\cdots,x_m])$。

显然有 $|\Pr[D'_{\boldsymbol{M}\leftarrow R(1^t,1^m,p)}(\boldsymbol{M})=1]-\Pr[D'_{\boldsymbol{M}\leftarrow U(1^t,1^m,p)}(\boldsymbol{M})=1]|=|\Pr[D_{\boldsymbol{M}\leftarrow R(1^t,1^m,p)+[x_1,x_2,\cdots,x_m]}(\boldsymbol{M})=1]-\Pr[D_{\boldsymbol{M}\leftarrow U(1^t,1^m,p)+[x_1,x_2,\cdots,x_m]}(\boldsymbol{M})=1]|$。因为加一个均匀选择的 $\bmod\ p$ 值到任何值将导致 $\boldsymbol{Z}_p$ 中的一个均匀值，所以 $U(1^t,1^m,p)+[x_1,x_2,\cdots,x_m]$ 和 $U(1^t,1^m,p)$ 是相同的分布，所以，$|\Pr[D'_{\boldsymbol{M}\leftarrow R(1^t,1^m,p)}(\boldsymbol{M})=1]-\Pr[D'_{\boldsymbol{M}\leftarrow U(1^t,1^m,p)}(\boldsymbol{M}=1)]|=|\Pr[D_{\boldsymbol{M}\leftarrow R(1^t,1^m,p)+[x_1,x_2,\cdots,x_m]}(\boldsymbol{M})=1]-\Pr[D_{\boldsymbol{M}\leftarrow U(1^t,1^m,p)}(\boldsymbol{M})=1]|$。这样，如果 D 区分 $R(1^t,1^m,p)+[x_1,x_2,\cdots,x_m]$ 和 $U(1^t,1^m,p)$ 的概率是不可忽略的，则 D' 区分 $R(1^t,1^m,p)$ 和 $U(1^t,1^m,p)$ 的概率也是不可忽略的，后者与 WSHA 成立矛盾。

引理 4-7 设 $\text{VIEW}_{U_2}(\boldsymbol{M}^{(1)},\boldsymbol{M}^{(2)})$ 表示 O 的输入是 $\boldsymbol{M}^{(1)}$、$\boldsymbol{M}^{(2)}$ 时发送给 U_2 的所有消息，则分布 $\text{VIEW}_{U_2}(\boldsymbol{M}^{(1)},\boldsymbol{M}^{(2)})$ 和依据分布 $R(1^t,1^{2N},p)+[M_{1,1}^{(1)},M_{2,2}^{(1)},\cdots,M_{n,n}^{(1)},M_{1,1}^{(2)},M_{2,2}^{(2)},\cdots,M_{n,n}^{(2)}]$ 生成的值的分布是相同的。

证明：由协议 4-15 的构造过程可知，$\text{VIEW}_{U_2}(\boldsymbol{M}^{(1)},\boldsymbol{M}^{(2)})$ 包含 $2t+1$ 对 $n\times n$ 矩阵。如果把这些矩阵中的每对都平放到一个 $2N$ 个值的表中，使得每个对对应的 $M_{i,j}^{(b)}$ 的元素在同一个位置，则得到一个完全像在 $R(1^t,1^{2N},p)+[M_{1,1}^{(1)},M_{2,2}^{(1)},\cdots,M_{n,n}^{(1)},M_{1,1}^{(2)},M_{2,2}^{(2)},\cdots,M_{n,n}^{(2)}]$ 中一样的 $(2t+1)\times 2N$ 矩阵。显然，对应于 $(A_r,B_r)(i=1,2,\cdots,t)$ 的行被相等地分配给 $R(1^t,1^{2N},p)+[M_{1,1}^{(1)},M_{2,2}^{(1)},\cdots,M_{n,n}^{(1)},M_{1,1}^{(2)},M_{2,2}^{(2)},\cdots,M_{n,n}^{(2)}]$ 中的非特殊行，这是因为前者是从 $\boldsymbol{Z}_p$ 中随机选择的值，而后者是从 $\boldsymbol{Z}_p$ 中均匀选择的值加上一个值。

下面说明由 $(\boldsymbol{P}_{\boldsymbol{M}^{(1)}}^{(t)}(k_r),\boldsymbol{P}_{\boldsymbol{M}^{(2)}}^{(t)}(k_r))(i=t+1,\cdots,2t+1)$ 生成的行被相等地分配给 $R(1^t,1^{2N},p)$ 的特殊行。这样的一个行在 $\text{VIEW}_{U_2}(\boldsymbol{M}^{(1)},\boldsymbol{M}^{(2)})$ 中具有下列形式：$P_{M_{1,1}^{(1)}}^{(t)}(k),P_{M_{2,2}^{(1)}}^{(t)}(k),\cdots,P_{M_{n,n}^{(1)}}^{(t)}(k),P_{M_{1,1}^{(2)}}^{(t)}(k),P_{M_{2,2}^{(2)}}^{(t)}(k),\cdots,P_{M_{n,n}^{(2)}}^{(t)}(k)$，对某一 $\boldsymbol{Z}_p^*$。每个多项式 $P_{M_{i,j}^{(b)}}^{(t)}(k)$

都是一个如下形式的多项式：$\sum_{l=1}^{t} a_{i,j,b,l} k^l + M_{i,j}^{(b)}$，$a_{a,j,b,l}$ 是从 $\mathbf{Z}_p$ 中均匀随机选择的。这样，这个行可分解成两个向量的和，即 $\mathbf{V}' + [M_{1,1}^{(1)}, \cdots, M_{n,n}^{(1)}, M_{1,1}^{(2)}, \cdots, M_{n,n}^{(2)}]$，$\mathbf{V}'$ 的位置 i、j 的元素是 $\sum_{l=1}^{t} a_{i,j,b,l} k^l$。注意到 $\mathbf{V}'$ 恰与 $R(1^t, 1^{2N}, p)$ 的一个特殊行同样形式的元素，这样，每个特殊行在 $R(1^t, 1^{2N}, p) + [M_{1,1}^{(1)}, \cdots, M_{n,n}^{(1)}, M_{1,1}^{(2)}, \cdots, M_{n,n}^{(2)}]$ 中，并且与形式 $(\mathbf{P}_{\mathbf{M}^{(1)}}^{(t)}(k_r), \mathbf{P}_{\mathbf{M}^{(2)}}^{(t)}(k_r))$ 的行恰有同样的分布。另外，因为它们都被随机地置换，因此，分布是相同的。

定理 4-16 假定两个服务器不合谋且 WSHA 成立，则协议 4-15 是安全的。

证明：由引理 4-7 可知，$\text{VIEW}_{U_2}(\mathbf{M}^{(1)}, \mathbf{M}^{(2)})$ 被相等地分配给 $R(1^t, 1^{2N}, p) + [M_{1,1}^{(1)}, M_{2,2}^{(1)}, \cdots, M_{n,n}^{(1)}, M_{1,1}^{(2)}, M_{2,2}^{(2)}, \cdots, M_{n,n}^{(2)}]$。由引理 4-6 可知，这个值和 $U(1^t, 1^{2N}, p)$ 是计算上不可区分的。这样，$\text{VIEW}_{U_2}(\mathbf{M}^{(1)}, \mathbf{M}^{(2)})$ 和 $U(1^t, 1^{2N}, p)$ 是计算上不可区分的。因此，一个 PPT 模拟器能简单地从分布 $U(1^t, 1^{2N}, p)$ 中输出一个随机矩阵，这样，这个协议对一个腐化 U_2 的敌手是安全的。由引理 4-5 可知，$\text{VIEW}_{U_2}(\mathbf{M}^{(1)}, \mathbf{M}^{(2)})$ 和 Nt 个随机选择的值是不可区分的，因此，这个协议对一个腐化 U_1 的敌手是安全的。

4.5.3 具有单一服务器的外包计算方案

为了实现具有单一服务器的外包计算，需要发送实际的所有 $2t+1$ 个矩阵分享给服务器，因为在这些信息中有大量的结构被发送给服务器，需要增加更多的假值。

1. 强秘密隐藏假设

先陈述一个比 WSHA 更强的假设，即强秘密隐藏假设（Strong Secret Hiding Assumption，SSHA）。特别地，假定不止 $t+1$ 个分享发送到单一的参与方是可能的，只要增加足够的噪声即可。

可通过修改 WSHA 的定义来定义 SSHA。设 $U(1^t, 1^m, 1^e, p)$ 是一个均匀地从 $\mathbf{Z}_p$ 中选择矩阵元素产生 $(2t+2e+2) \times m$ 矩阵的分布，$R(1^t, 1^m, 1^e, p)$ 是一个类似于在 WSHA 中从 $\mathbf{Z}_p$ 中选择矩阵元素产生 $(2t+2e+2) \times m$ 矩阵的分布，不过此时有 $t+e+1$ 个特殊行和 $t+e+1$ 个非特殊行。SSHA 假设是说这两个分布关于 t 是计算上不可区分的。

类似于推论 4-2，任何一个不全是特殊行的 $t+1$ 个行的集合都几乎被相等地分配给均匀值。另外，定理 4-17 表明一个敌手将不可能通过选择大小为 $t+1$ 的随机子集找到一个包含 $t+1$ 个特殊行的集合。

定理 4-17 在一个依据 $R(1^t, 1^m, 1^e, p)$ 生成的矩阵中，一个包含 $t+1$ 个行的随机集合都是特殊行的概率 $\Pr(t)$ 关于 t 是可忽略的。

证明：$\Pr(t) = \dfrac{\dbinom{t+1+e}{t+1}}{\dbinom{2t+2+2e}{t+1}} = \dfrac{(t+1+e)!(t+1+2e)}{(e)!(2t+2+2e)!} = \dfrac{\prod\limits_{i=1}^{t+1}(e+i)}{\prod\limits_{i=1}^{t+1}(t+1+2e+i)}$，对 $i \leqslant$

$t+1$，$\dfrac{e+i}{t+1+2e+i} < \dfrac{1}{2}$，从而有 $\Pr(t) = \dfrac{\prod\limits_{i=1}^{t+1}(e+i)}{\prod\limits_{i=1}^{t+1}(t+1+2e+i)} \leqslant 2^{-(t+1)}$。

2. 具体方案及其安全性

先给出一个单服务器外包计算协议。

协议 4-16 具有单一服务器的外包计算协议。

(1) O 选择两个多项式矩阵 $\boldsymbol{P}_{\boldsymbol{M}^{(1)}}^{(t)}(x)$ 和 $\boldsymbol{P}_{\boldsymbol{M}^{(2)}}^{(t)}(x)$，从 $\boldsymbol{Z}_p^*$ 中均匀地选择值 k_1，$k_2,\cdots,k_{2t+1}$。

(2) O 选择两个大小为 $2t+1$ 且元素在 $\boldsymbol{Z}_p$ 上的随机 $n\times n$ 矩阵的集合，即 $A_1,A_2,\cdots,A_{2t+1}$ 和 $B_1,B_2,\cdots,B_{2t+1}$，并产生 $2t+1$ 对矩阵 $(\boldsymbol{P}_{\boldsymbol{M}^{(1)}}^{(t)}(k_1),\boldsymbol{P}_{\boldsymbol{M}^{(2)}}^{(t)}(k_1)),(\boldsymbol{P}_{\boldsymbol{M}^{(1)}}^{(t)}(k_2),\boldsymbol{P}_{\boldsymbol{M}^{(2)}}^{(t)}(k_2)),\cdots,(\boldsymbol{P}_{\boldsymbol{M}^{(1)}}^{(t)}(k_{2t+1}),\boldsymbol{P}_{\boldsymbol{M}^{(2)}}^{(t)}(k_{2t+1}))$ 和 $2t+1$ 对矩阵 $(A_1,B_1),(A_2,B_2),\cdots,(A_{2t+1},B_{2t+1})$；$O$ 随机地置换这 $4t+2$ 对矩阵，并将置换结果发送给 U_1。

(3) U_1 计算收到的所有矩阵对的乘积并将计算结果返回给 O。

(4) O 从 U_1 收到的矩阵中选择"好"矩阵，即对应于 $\boldsymbol{M}^{(1)}$ 和 $\boldsymbol{M}^{(2)}$ 的矩阵，插值计算这些"好"矩阵，获得期望的结果。

可按类似于两个服务器的情况来讨论协议 4-16 的安全性。基本的思想是：$\text{VIEW}_{U_1}(\boldsymbol{M}^{(1)},\boldsymbol{M}^{(2)})$ 与依据分布 $R(1^t,1^{2N},1^t,p)+[M_{1,1}^{(1)},M_{2,2}^{(1)},\cdots,M_{n,n}^{(1)},M_{1,1}^{(2)},M_{2,2}^{(2)},\cdots,M_{n,n}^{(2)}]$ 生成的值的分布是相等的。像引理 4-7 一样，可证明 $R(1^t,1^{2N},1^t,p)+[M_{1,1}^{(1)},M_{2,2}^{(1)},\cdots,M_{n,n}^{(1)},M_{1,1}^{(2)},M_{2,2}^{(2)},\cdots,M_{n,n}^{(2)}]$ 和 $U(1^t,1^m,1^t,p)$ 是计算上不可区分的（假定 SSHA 成立），这样，假定 SSHA 成立，$\text{VIEW}_{U_1}(\boldsymbol{M}^{(1)},\boldsymbol{M}^{(2)})$ 可通过随机均匀选择的值来模拟。

最后，简单介绍外包计算的完整性验证问题，这是一个很重要的问题，主要用于检测一个欺骗服务器，看它是否完成了所有的计算或敌意地误导外包者等。上述协议可提供一种新的完整性检测方法，它主要包括以下两种观点：

(1) 为了确保服务器的确完成了计算，外包者在原协议中选择一个随机矩阵对并发送给服务器，记为 A、B，外包者对这两个矩阵运行同样的协议，即他对同样的服务器外包计算 AB；把原协议和新协议的消息合并在一起，即服务器现在相应于 $\boldsymbol{M}^{(1)}$、$\boldsymbol{M}^{(2)}$ 收到 $2t+1$ 个对，相应于 A、B 收到 $2t+1$ 个对，相应于随机噪声收到 $4t+2$ 个对，所有这些对被随机地置换；如果这些服务器关于积 AB 或相应于 A、B 的 $2t+1$ 个对中的任何对说谎，则外包者将以很高的概率揭穿服务器在说谎（除非服务器猜测到正确的值）。这样，对于服务器说谎所涉及的每个矩阵（即它没有完成所期望的计算），服务器被揭穿的概率大于 $1/4$，因此，服务器关于大部分矩阵对的积的说谎可被检测到。

(2) 因为 SSHA 允许外包者相应于 $\boldsymbol{M}^{(1)}$、$\boldsymbol{M}^{(2)}$ 发送不止 $2t+1$ 个对，修改这个协议让其发送 $6t+1$ 个这样的对；此时，只要这些对中的 $4t+1$ 个对被正确地计算，则外包者能使用错误纠正措施恢复结果，因为矩阵中的 $2/3$ 是正确的。这样，服务器要欺骗外包者，不得不对 $2t+1$ 个或更多个矩阵乘法说谎，但联合使用前面的技术，服务器欺骗成功的概率关于 t 是可忽略的。总之，服务器现在收到与 $\boldsymbol{M}^{(1)}$、$\boldsymbol{M}^{(2)}$ 相应的 $6t+1$ 个对，与 A、B 相应的 $2t+1$ 个对和与随机噪声相应的 $8t+2$ 个对，外包者和服务器仅完成了原来协议的 4 倍的工作，但这个新的协议对一个欺骗服务器是弹性的。

4.6 注记与文献

本章围绕大数据安全保护需求重点介绍了同态加密、可验证计算、安全多方计算、函数加密和外包计算五大类安全处理技术。这些技术可用于数据安全处理的不同环境中，并可组合使用。每一类技术涉及的范围都非常广泛,概念多,内容新,难度大,不仅涉及各种不同的应用,而且也跨越了理论计算机、代数和密码学等多个学科分支。用很少的篇幅把这些内容写清楚极为困难,不过事在人为,我们采用"综述＋精华＋文献"的策略试图来完成这件事,是否有效还得读者来评价。"综述"就是在介绍每一类技术时都有一段综述,试图把这类技术当前的研究进展和来龙去脉讲清楚,让读者对这类技术有一个总体的印象;"精华"就是把这类技术中最基础或最经典的工作选出来,详细地介绍并尽量保持"原汁原味",以便读者掌握这类技术的基本概念、基本思想和基本方法;"文献"就是把重要的或关键的文献列出来,以便感兴趣的读者进一步研读。

关于同态加密,支持单一运算的同态加密算法的设计是一件比较容易的事情,如众所周知的 RSA 算法关于乘法运算就是同态的,但同时支持加法和乘法运算的同态加密算法(即全同态加密算法)的设计就没那么简单了,这个问题从提出到解决经历了 30 多年的历程,最终是由 Gentry 博士于 2009 年解决的[19,20]。本章用目前为止最容易理解的一个方案介绍了 Gentry 的基本思想,主要取材于文献[22]。Cheon 等人[195]证明了 LWE 问题的困难性可归约到近似 GCD 问题的困难性,并基于此设计了一个整数上的全同态加密方案,其安全性仅依赖于近似 GCD 问题,而不依赖于稀疏子集和问题。另外,量子同态加密和基于身份的或多身份的全同态加密可分别参阅文献[196,197]。

关于可验证计算,是实现外包计算的完整性(即正确性)的最可靠的技术,构造大多数可验证计算的基础是概率检测证明。由于可验证计算涉及零知识证明和论证系统等众多基本概念,因此理解起来比较困难。目前最有代表性、最有效的可验证计算主要有 3 类,分别是基于承诺的、同态加密的和交互构造的。本章从这 3 类技术中分别选择了 3 个有代表性的工作进行了介绍,重点关注基本概念、基本构造和重要结论,主要取材于文献[45,46,49]。

关于安全多方计算,Yao 给出了第一个安全两方计算协议[57],Goldreich 等人给出了第一个安全多方计算协议[58],他们都是将计算函数表示为布尔电路,并在半诚实模型下提供计算安全性,但是 Goldreich 等人提出了一个通用的编辑器,可将任何在半诚实模型下安全的协议转换成恶意模型下安全的协议。本章主要介绍了安全多方计算的基本定义、基本思想和基本定理,主要取材于文献[114,115]。

关于函数加密,近年提出的很多加密概念,如基于身份的加密、基于属性的加密、隐藏向量加密以及它们的一些组合,都可归结为函数加密,函数加密是这些加密概念的一般化。功能是函数加密中的一个重要概念,函数加密的安全性定义及其构造是一个极具挑战性的问题。本章主要介绍了函数加密的基本概念、实例、安全性定义及其基本构造,主要取材于文献[117]。Ananth 等人[198]提出了一种黑盒转化方法,在不引入任何新的假设下,可把一个选择安全的函数加密方案转化为一个适应性安全的函数加密方案。Agrawal 等人[199]将基于身份的加密、全同态加密、函数加密和多种形式的混淆统一到一个框架下进行定义,并针对这些支持加密数据计算的方案提出了密码代理(cryptographic agents)的概念。

关于外包计算,重点关注用户数据的安全性和隐私性以及如何验证服务器返回结果的完整性(即正确性),同时还要实现高效性。本章介绍的同态加密、可验证计算、安全多方计算和函数加密等技术都是构造外包计算的主要技术和工具,但外包计算也有其自身的内涵,相关研究工作比较多,也比较零乱。本章主要介绍了一个基于 Shamir 秘密共享方案的安全外包计算矩阵乘积的协议来让读者感受这类工作的风格,其内容主要取材于文献[174]。

值得一提的是，本章在体系框架设计上主要参考了文献[42]。

参 考 文 献

[1] Rivest R L,Adleman L,Dertouzos M L. On Data Banks and Privacy Homomorphisms[J]. Foundations of secure computation,1978,4(11)：169-180.

[2] Rivest R L, Shamir A, Adleman L. A Method for Obtaining Digital Signatures and Public-Key Cryptosystems[J]. Communications of the ACM,1978,21(2)：120-126.

[3] ElGamal T. A Public Key Cryptosystem and a Signature Scheme based on Discrete Logarithms[J]. IEEE Transactions on Information Theory,1985,31(4)：469-472.

[4] Goldwasser S,Micali S. Probabilistic Encryption[J]. Journal of Computer and System Sciences,1984, 28(2)：270-299.

[5] Benaloh J. Dense Probabilistic Encryption[C]//Proceedings of the 1994 Workshop on Selected Areas of Cryptography. Berlin：Springer. 1994：120-128.

[6] Fousse L, Lafourcade P, Alnuaimi M. Benaloh's Dense Probabilistic Encryption Revisited[C]// Progress in Cryptology-Proceeding of the 4th International Conference on Cryptology in Africa (AFRICACRYPT). Berlin,Springer. 2011：348-362.

[7] Okamoto T,Uchiyama S. A New Public-Key Cryptosystem as Secure as Factoring[C]//Advances in Cryptology：Proceeding of the 1998 International Conference on the Theory and Applications of Cryptographic Techniques (EUROCRYPT). Berlin：Springer,1998：308-318.

[8] Naccache D,Stern J. A New Public Key Cryptosystem based on Higher Residues[C]//Proceedings of the 5th ACM Conference on Computer and Communications Security. New York：ACM,1998：59-66.

[9] Paillier P. Public-Key Cryptosystems based on Composite Degree Residuosity Classes[C]//Advances in Cryptology：Proceeding of the 1999 Annual International Conference on the Theory and Applications of Cryptographic Techniques (EUROCRYPT). Berlin：Springer,1999：223-238.

[10] Damgard I, Jurik M. A Generalisation, A Simplification and some Applications of Paillier'sProbabilistic Public-Key System[C]//Proceedings of the 2001 International Conference on Practice and Theory in Public Key Cryptography (PKC). Berlin：Springer,2001：119-136.

[11] Boneh D,Goh E J, Nissim K. Evaluating 2-DNF Formulas on Ciphertexts[C]//Proceedings of the 2005 Theory of Cryptography Conference(TCC). Berlin：Springer,2005：325-341.

[12] Fellows M,Koblitz N. Combinatorial Cryptosystems Galore! [J]. Contemporary Mathematics,1994, 168：51-51.

[13] Levy-dit-Vehel F,Perret L. A Polly Cracker System based on Satisfiability[J]. Coding,Cryptography and Combinatorics,2004：177-192.

[14] Le VL. Polly Two - A Public-Key Cryptosystem based on Polly Cracker[D/OL]. Germany,Bochum： Ruhr-University at Bochum. 2002[2017-01-11]. https：//core. ac. uk/display/14605598.

[15] Van Ly L. Polly Two：A New Algebraic Polynomial-based Public-Key Scheme[J]. Applicable Algebra in Engineering,Communication and Computing,2006,17(3)：267-283.

[16] Sander T,Young A, Yung M. Non-Interactive Crypto Computing for NC/sup 1[C]//Proceeding of the 40th Annual Symposium on Foundations of Computer Science (FOCS). Piscataway,NJ：IEEE, 1999：554-566.

[17] Beaver D. Minimal-Latency Secure Function Evaluation[C]//Advances in Cryptology：Proceeding of

the 2000 Annual International Conference on the Theory and Applications of Cryptographic Techniques (EUROCRYPT). Berlin: Springer,2000: 335-350.

[18] Ishai Y,Paskin A. Evaluating Branching Programs on Encrypted Data[C]//Proceeding of the 2007 Theory of Cryptography Conference (TCC). Berlin: Springer,2007: 575-594.

[19] Gentry C. Fully Homomorphic Encryption Using Ideal Lattices[C]//Proceeding of the 2009 ACM Symposium on Theory of Computing (STOC). New York: ACM,2009: 169-178.

[20] Gentry C. A Fully Homomorphic Encryption Scheme[D/OL]. Palo Alto: Stanford University,2009 [2017-2-22]. http://www.cs.au.dk/~stm/local-cache/gentry-thesis.pdf.

[21] Brakerski Z, Gentry C, Vaikuntanathan V. (Leveled) Fully Homomorphic Encryption without Bootstrapping[J]. ACM Transactions on Computation Theory (TOCT),2014,6(3): 13.

[22] Van Dijk M,Gentry C,Halevi S,et al. Fully Homomorphic Encryption over the Integers[C]// Advances in Cryptology: Proceeding of the 2010 Annual International Conference on the Theory and Applications of Cryptographic Techniques(EUROCRYPT). Berlin: Springer,2010: 24-43.

[23] Coron J S,Mandal A,Naccache D,et al. Fully Homomorphic Encryption over the Integers with Shorter Public Keys[C]//Advances in Cryptology: Proceeding of the 2011 International Cryptology Conference (CRYPTO). Berlin: Springer,2011: 487-504.

[24] Chen Y,Nguyen P Q. Faster Algorithms for Approximate Common Divisors: Breaking Fully-Homomorphic-Encryption Challenges over the Integers[C]//Advances in Cryptology: Proceeding of the 2012 Annual International Conference on the Theory and Applications of Cryptographic Techniques (EUROCRYPT). Berlin: Springer,2012,7237: 502-519.

[25] Coron J S, Naccache D, Tibouchi M. Public Key Compression and Modulus Switching for Fully Homomorphic Encryption over the Integers[C]//Advances in Cryptology: Proceeding of the 2010 Annual International Conference on the Theory and Applications of Cryptographic Techniques (EUROCRYPT). Berlin: Springer,2012: 446-464.

[26] Cheon J H,Coron J S,Kim J,et al. Batch Fully Homomorphic Encryption over the Integers[C]// Advances in Cryptology: Proceeding of the 2013 Annual International Conference on the Theory and Applications of Cryptographic Techniques(EUROCRYPT). Berlin: Springer,2013: 315-335.

[27] Bogdanov A,Lee C H. Homomorphic Encryption from Codes[J/OL]. arXiv preprint arXiv: 1111. 4301,2011[2017-2-18]. https://arxiv.org/abs/1111.4301.

[28] Brakerski Z,Vaikuntanathan V. Efficient Fully Homomorphic Encryption from (Standard) LWE[J]. SIAM Journal on Computing,2014,43(2): 831-871.

[29] Brakerski Z,Vaikuntanathan V. Fully Homomorphic Encryption from Ring-LWE and Security for Key Dependent Messages [C]//Advances in Cryptology: Proceeding of the 2011 International cryptology conference (CRYPTO). Berlin: Springer,2011: 505-524.

[30] Brakerski Z,Gentry C,Halevi S. Packed Ciphertexts in LWE-Based Homomorphic Encryption[C]// Proceeding of the 2013 International Conference on Practice and Theory in Public Key Cryptography (PKC). Berlin: Springer,2013: 1-13.

[31] Gentry C,Sahai A,Waters B. Homomorphic Encryption from Learning with Errors: Conceptually-Simpler,Asymptotically-Faster,Attribute-based[C]//Advances in Cryptology-Proceeding of the 2013 International Cryptology Conference (CRYPTO). Berlin: Springer,2013: 75-92.

[32] Brakerski Z. Fully Homomorphic Encryption without Modulus Switching from Classical GapSVP [C]//Advances in Cryptology-Proceeding of the 2012 International Cryptology Conference (CRYPTO). Berlin: Springer,2012: 868-886.

[33] Smart N P,Vercauteren F. Fully Homomorphic Encryption with Relatively Small Key and Ciphertext Sizes[C]//Proceeding of the 2010 International Conference on Practice and Theory in Public Key Cryptography (PKC). Berlin：Springer,2010：420-443.

[34] Gentry C,Halevi S. Fully Homomorphic Encryption without Squashing Using Depth-3 Arithmetic Circuits[C]//Proceeding of the 2011 IEEE 52nd Annual Symposium on Foundations of Computer Science (FOCS). Piscataway,NJ：IEEE,2011：107-109.

[35] Gentry C,Halevi S. Implementing Gentry's Fully-Homomorphic Encryption Scheme[C]//Advances in Cryptology： Proceeding of the 2011 Annual International Conference on the Theory and Applications of Cryptographic Techniques (EUROCRYPT). Berlin：Springer,2011：129-148.

[36] Stehlé D,Steinfeld R. Faster Fully Homomorphic Encryption[C]//Advances in Cryptology - Proceeding of the 2010 International Conference on the Theory and Application of Cryptology and Information Security (ASIACRYPT). Berlin：Springer,2010：377-394.

[37] Halevi S,Shoup V. An Implementation of Homomorphic Encryption[J/OL]. GitHub Repository. (2018-3-26). https：//github. com/shaih/HElib.

[38] J-S. Coron. Survey of Existing SHE Schemes and Cryptanalytic Techniques[EB/OL]. (2015-1-1). https：//heat-project. eu/documents/D2-1. pdf.

[39] 中国密码学会组编. 中国密码学发展报告 2010[M]. 北京：电子工业出版社,2011.

[40] 中国密码学会组编. 中国密码学发展报告 2012[M]. 北京：电子工业出版社,2014.

[41] 中国科学技术协会主编,中国密码学会编著. 密码学学科发展报告(2014-2015)[M]. 北京：中国科学技术出版社,2016.

[42] Hamlin A,Schear N,Shen E,et al. Cryptography for Big Data Security[M]//Big Data：Storage, Sharing,and Security (3S),Boca Raton：CRC Press,2016：241-288.

[43] Arora S,Safra S. Probabilistic Checking of Proofs：A New Characterization of NP[J]. Journal of the ACM (JACM),1998,45(1)：70-122.

[44] Arora S,Barak B. Computational Complexity：A Modern Approach[M]. Cambridge：Cambridge University Press,2009.

[45] Kilian J. A Note on Efficient Zero-Knowledge Proofs and Arguments[C]//Proceedings of the 24th Annual ACM Symposium on Theory of Computing (STOC). New York：ACM,1992：723-732.

[46] Ishai Y,Kushilevitz E,Ostrovsky R. Efficient Arguments without Short PCPs[C]//Proceeding of the 22nd Annual IEEE Conference on Computational Complexity(CCC). Piscataway, NJ：IEEE, 2007： 278-291.

[47] Ben-Sasson E,Chiesa A,Genkin D,et al. SNARKs for C：Verifying Program Executions Succinctly and in Zero Knowledge[C]//Advances in Cryptology：Proceeding of the 2013 International cryptology conference (CRYPTO). Berlin：Springer,2013：90-108.

[48] Bitansky N,Chiesa A,Ishai Y,et al. Succinct Non-Interactive Arguments via Linear Interactive Proofs[C]//Proceedings of the10th Theory of Cryptography Conference (TCC). Berlin：Springer, 2013：315-333.

[49] Goldwasser S,Kalai Y T,Rothblum G N. Delegating Computation：Interactive Proofs for Muggles [C]//Proceedings of the 40th Annual ACM Symposium on Theory of Computing (STOC). New York：ACM,2008：113-122.

[50] Cormode G,Mitzenmacher M,Thaler J. Practical Verified Computation with Streaming Interactive Proofs[C]//Proceedings of the 3rd Innovations in Theoretical Computer Science Conference. New York：ACM,2012：90-112.

[51]　Walfish M,Blumberg A J. Verifying Computations without Reexecuting Them[J]. Communications of the ACM,2015,58(2): 74-84.

[52]　Parno B, Howell J, Gentry C, et al. Pinocchio: Nearly Practical Verifiable Computation[C]// Proceedings of the 2013 IEEE Symposium on Security and Privacy (SP). Piscataway,NJ: IEEE, 2013: 238-252.

[53]　Babai L, Fortnow L, Levin L A, et al. Checking Computations in Polylogarithmic Time[C]// Proceedings of the 23rd Annual ACM Symposium on Theory of Computing(STOC). New York: ACM,1991: 21-32.

[54]　Boyar J F, Kurtz S A, Krentel M W. A Discrete Logarithm Implementation of Perfect Zero-Knowledge Blobs[J]. Journal of Cryptology,1990,2(2): 63-76.

[55]　Blum M,Luby M,Rubinfeld R. Self-Testing/Correcting with Applications to Numerical Problems [C]//Proceedings of the 22nd Annual ACM Symposium on Theory of Computing (STOC). New York: ACM,1990: 73-83.

[56]　Ta-Shma A. A note on PCP vs. MIP[J]. Information Processing Letters,1996,58(3): 135-140.

[57]　Yao A C C. How to Generate and Exchange Secrets[C]//Proceeding of the 27th Annual Symposium on Foundations of Computer Science (FOCS). Piscataway,NJ: IEEE,1986: 162-167.

[58]　Goldreich O. How to Play any Mental Game or a Completeness Theorem for Protocols with Honest Majority[C]//Proceedings of the 1987 Annual ACM Symposium on Theory of Computing (STOC). New York: ACM,1987: 218-229.

[59]　Ben-Or M, Goldwasser S, Wigderson A. Completeness Theorems for Non-Cryptographic Fault-Tolerant Distributed Computation[C]//Proceedings of the 20th Annual ACM Symposium on Theory of Computing (STOC). New York: ACM,1988: 1-10.

[60]　Chaum D,Crépeau C,Damgard I. Multiparty Unconditionally Secure Protocols[C]//Proceedings of the 20th Annual ACM Symposium on Theory of Computing (STOC). New York: ACM,1988: 11-19.

[61]　Lindell Y,Pinkas B. Secure Two-Party Computation via Cut-and-Choose Oblivious Transfer[J]. Journal of Cryptology,2012,25(4): 680-722.

[62]　Lindell Y. Fast Cut-and-Choose-based Protocols for Malicious and Covert Adversaries[J]. Journal of Cryptology,2016,29(2): 456-490.

[63]　Nielsen J B,Nordholt P S,Orlandi C,et al. A New Approach to Practical Active-Secure Two-Party Computation[C]//Advances in Cryptology: Proceeding of the 2012 International Cryptology Conference (CRYPTO). Berlin: Springer,2012: 681-700.

[64]　Frederiksen T K,Jakobsen T P,Nielsen J B,et al. Minilego: Efficient Secure Two-Party Computation from General Assumptions [C]//Advances in Cryptology: Proceeding of the 2013 Annual International Conference on the Theory and Applications of Cryptographic Techniques (EUROCRYPT). Berlin: Springer,2013: 537-556.

[65]　Naor M,Pinkas B,Sumner R. Privacy Preserving Auctions and Mechanism Design[C]//Proceedings of the 1st ACM conference on Electronic commerce. New York: ACM,1999: 129-139.

[66]　Pinkas B,Schneider T,Smart N P,et al. Secure Two-Party Computation Is Practical[C]//Advances in Cryptology: Proceeding of the 2009 Annual International Conference on the Theory andApplication of Cryptology and Information Security (ASIACRYPT). 2009,9: 250-267.

[67]　Kolesnikov V,Schneider T. Improved Garbled Circuit: Free XOR Gates and Applications[J]. Automata,Languages and Programming,2008: 486-498.

[68] Applebaum B. Garbling XOR Gates "for Free" in the Standard Model[J]. Journal of Cryptology, 2016,29(3): 552-576.

[69] Kolesnikov V,Mohassel P,Rosulek M. FleXOR: Flexible Garbling for XOR Gates that Beats Free-XOR[C]//Advances in Cryptology: Proceeding of the 2014 International Cryptology Conference (CRYPTO). Berlin: Springer,2014: 440-457.

[70] Zahur S,Rosulek M, Evans D. Two Halves Make a Whole: Reducing Data Transfer in Garbled Circuits using Half Gates[C]//Advances in Cryptology: Proceeding of the 2015 Annual International Conference on the Theory and Applications of Cryptographic Techniques(EUROCRYPT). Berlin: Springer,2015: 220-250.

[71] Lindell Y,Pinkas B,Smart N P. Implementing Two-Party Computation Efficiently with Security Against Malicious Adversaries[C]//Proceeding of the 2008 International Conference on Security and Cryptography for Networks. Berlin: Springer,2008: 2-20.

[72] Shen C. Fast Two-Party Secure Computation with Minimal Assumptions[C]//Proceedings of the 2013 ACM SIGSAC Conference on Computer & Communications Security. New York: ACM,2013: 523-534.

[73] Bellare M,Hoang V T,Keelveedhi S,et al. Efficient Garbling from a Fixed-Key Blockcipher[C]// Proceedings of the 2013 IEEE Symposium on Security and Privacy (SP). Piscataway,NJ: IEEE, 2013: 478-492.

[74] Huang Y,Evans D,Katz J,et al. Faster Secure Two-Party Computation Using Garbled Circuits[C]// Proceedings of the 2011 USENIX Security Symposium. Berkeley: USENIX Association,2011: 35-35.

[75] Rabin T,Ben-Or M. Veriable Secret Sharing and Multiparty Protocols with Honest Majority[C]// Proceedings of the 1989 ACM Symposium on Theory of Computing (STOC). New York: ACM, 1989: 73-85.

[76] Beaver D. Secure Multiparty Protocols and Zero-Knowledge Proof Systems Tolerating a Faulty Minority[J]. Journal of Cryptology,1991,4(2): 75-122.

[77] Bendlin R,Damgård I,Orlandi C,et al. Semi-Homomorphic Encryption and Multiparty Computation [C]//Proceedings of the 2011 European Cryptology Conference(EUROCRYPT). Berlin: Springer, 2011: 169-188.

[78] Damgård I, Pastro V, Smart N, et al. Multiparty Computation from somewhat homomorphic Encryption[C]//Proceedings of the International Cryptology Conference. Berlin: Springer,2012: 643-662.

[79] Malkhi D, Nisan N, Pinkas B, et al. Fairplay—A Secure Two-Party Computation System[C]// Proceedings of the USENIX Security Symposium. Berkeley: USENIX Association,2004: 287-302.

[80] Henecka W, Sadeghi A R, Schneider T, et al. TASTY: Tool for Automating Secure Two-Party Computations[C]//Proceedings of the 17th ACM Conference on Computer and Communications Security(CCS). New York: ACM,2010: 451-462.

[81] Y. Huang, D. Evans, J. Katz, et al. Faster Secure Two-Party Computation Using Garbled Circuits [C]//Proceedings of the USENIX Security Symposium. Berkeley: USENIX Association,2011: 35-35.

[82] Kreuter B,Shelat A,Shen C H. Billion-Gate Secure Computationwith Malicious Adversaries[C]// Proceedings of the USENIX Security Symposium. Berkeley: USENIX Association,2012: 85-300.

[83] Holzer A, Franz M, Katzenbeisser S, et al. Secure two-party computations in ANSI C [C]//

Proceedings of the 2012 ACM Conference on Computer and Communications Security (CCS). New York: ACM,2012: 772-783.

[84]　Kreuter B,Shelat A,Mood B,et al. PCF: A Portable Circuit Format for Scalable Two-Party Secure Computation [C]//Proceedings of the USENIX Security Symposium. Berkeley: USENIX Association,2013: 321-336.

[85]　Songhori E M,Hussain S U,Sadeghi A R,et al. TinyGarble: Highly Compressed and Scalable Sequential Garbled Circuits[C]//Proceedings of the 2015 IEEE Symposium on Security and Privacy. Piscataway,NJ: IEEE,2015: 411-428.

[86]　Liu C,Huang Y, Shi E, et al. Automating Efficient RAM-Model Secure Computation [C]// Proceedings of the 2014 IEEE Symposium on Security and Privacy. Piscataway,NJ: IEEE,2014: 623-638.

[87]　Liu C,Wang X S, Nayak K, et al. ObliVM: AProgramming Framework for Secure Computation [C]//Proceedings of the 2015 IEEE Symposium on Security and Privacy. Piscataway,NJ: IEEE, 2015: 359-376.

[88]　Rastogi A,Hammer M A,Hicks M. Wysteria: A Programming Language for Generic,Mixed-Mode Multiparty Computations[C]//Proceedings of the 2014 IEEE Symposium on Security and Privacy (SP). Piscataway,NJ: IEEE,2014: 655-670.

[89]　Ben-David A,Nisan N,Pinkas B. FairplayMP: A System for Secure Multi-Party Computation[C]// Proceedings of the ACM Conference on Computer and Communications Security(CCS). New York: ACM,2008: 257-266.

[90]　Cohen G,Damgård I B,Ishai Y,et al. Efficient Multiparty Protocols via Log-Depth Threshold Formulae[C]//Proceedings of the Cryptology. Berlin: Springer,2013: 185-202.

[91]　Asharov G,Lindell Y,Schneider T,et al. More Efficient Oblivious Transfer and Extensions for Faster Secure Computation [C]//Proceedings of the 2013 ACM SIGSAC conference on Computer &. communications security. New York: ACM,2013: 535-548.

[92]　Damgård I, Geisler M, Krøigaard M, et al. Asynchronous Multiparty Computation: Theory and Implementation[C]//Proceedings of the Public Key Cryptography(PKC). Berlin: Springer,2009: 160-179.

[93]　Burkhart M,Strasser M,Many D,et al. SEPIA: Privacy-Preserving Aggregation of Multi-Domain Network Events and Statistics[J]. Network,2010,1: 101101.

[94]　Choi S G,Hwang K W,Katz J,et al. Secure Multi-Party Computation of Boolean Circuits with Applications to Privacy in On-Line Marketplaces. [C]//Proceedings of the RSA Conference, Cryptographers' Track. Berlin: Springer,2012: 416-432.

[95]　Bogdanov D, Laur S, Willemson J. Sharemind: A Framework for Fast Privacy-Preserving Computations[J]. Computer Security-ESORICS 2008,2008: 192-206.

[96]　Zhang Y, Steele A, Blanton M. PICCO: A General-Purpose Compilerfor Private Distributed Computation[C]//Proceedings of the ACM Conference on Computer and Communications Security (CCS). New York: ACM,2013: 813-826.

[97]　Goyal V,Ishai Y,Sahai A,et al. Founding Cryptography on Tamper-Proof Hardware Tokens[C]// Proceedings of the Theory of Cryptography Conference. Berlin: Springer,2010: 308-326.

[98]　Brzuska C,Fischlin M,Schröder H, et al. Physically Uncloneable Functions in the Universal Composition Framework[C]//Proceedings of International Cryptology Conference. Berlin: Springer, 2011: 51-70.

[99]　Ostrovsky R, Scafuro A, Visconti I, et al. Universally Composable Secure Computation with (Malicious) Physically Uncloneable Functions[C]//Proceedings of the European Cryptology Conference. Berlin: Springer,2013: 702-718.

[100]　Damgård I, Scafuro A. Unconditionally Secure and Universally Composable Commitments from Physical Assumptions[C]//Proceedings of the Advances in Cryptology-ASIACRYPT 2013. Berlin: Springer,2013: 100-119.

[101]　Canetti R, Lin H, Pass R, et al. Adaptive Hardness and Composable Security in the Plain Model from Standard Assumptions[C]//Proceedings of the Foundations of Computer Science (FOCS). Piscataway, NJ: IEEE,2010: 541-550.

[102]　Garg S, Goyal V, Jain A, et al. Concurrently Secure Computation in Constant Rounds[C]// Proceedings of the Advances in Cryptology-EUROCRYPT 2012. Berlin: Springer,2012: 99-116.

[103]　Agrawal S, Goyal V, Jain A, et al. New Impossibility Results for Concurrent Composition and a Non-Interactive Completeness Theorem for Secure Computation[C]//Proceedings of the Advances in Cryptology-CRYPTO 2012. Berlin: Springer,2012: 443-460.

[104]　Garg S, Kumarasubramanian A, Ostrovsky R, et al. Impossibility Results for Static Input Secure Computation[C]//Proceedings of the Cryptology-CRYPTO 2012. Berlin: Springer,2012: 424-442.

[105]　Garg S, Goyal V, Jain A, et al. Concurrently Secure Computation in Constant Rounds[C]// Proceedings of the Cryptology-EUROCRYPT 2012. Berlin: Springer,2012: 99-116.

[106]　Goyal V, Jain A. On Concurrently Secure Computation in the Multiple Ideal Query Model[C]// Proceedings of the Cryptology-EUROCRYPT 2013. Berlin: Springer,2013: 684-701.

[107]　Damgard I, Faust S, Mukherjee P, et al. Bounded Tamper Resilience: How to Gobeyond the Algebraic Barrier[C]//Proceedings of the Cryptology-ASIACRYPT 2013. Berlin: Springer,2013: 140-160.

[108]　Bitansky N, Canetti R, Halevi S. Leakage-Tolerant Interactive Protocols[C]//Proceedings of the Theory of Cryptography. Berlin: Springer,2012: 266-284.

[109]　Bitansky N, Dachmansoled D, Lin H. Leakage-Tolerant Computation with Input-Independent Preprocessing[C]//Proceedings of the Advances in Cryptology-CRYPTO 2014. Berlin: Springer, 2014: 146-163.

[110]　Boyle E, Goldwasser S, Jain A, et al. Multiparty Computation Secure Against Continual Memory Leakage[C]//Proceedings of the ACM Symposium on Theory of Computing. New York: ACM, 2012: 1235-1254.

[111]　Bendlin R, Damgard I, Orlandi C, et al. Semi-Homomorphic Encryption and Multiparty Computation [C]//Proceedings of the Cryptology-EUROCRYPT 2011. Berlin: Springer,2011: 169-188.

[112]　Damgard I, Pastro V, Smart N P, et al. Multiparty Computation from somewhat Homomorphic Encryption[C]//Proceedings of the Cryptology-CRYPTO 2012. Berlin: Springer,2012: 643-662.

[113]　Damgard I, Zakarias S. Constant-Overhead Secure Computation of Boolean Circuits Using Preprocessing[C]//Proceedings of the Theory of Cryptography. Berlin: Springer,2013: 621-641.

[114]　Goldreich O. Foundations of Cryptography. Volume II, Basic Applications,2001.

[115]　冯登国. 安全协议——理论与实践[M]. 北京: 清华大学出版社,2011.

[116]　Sahai A, Waters B. Fuzzy Identity-based Encryption[C]//Proceedings of the Cryptology-EUROCRYPT 2005. Berlin: Springer,2005: 457-473.

[117]　Boneh D, Sahai A, Waters B. Functional Encryption: Definitions and Challenges[C]//Proceedings of the Theory of Cryptography. Berlin: Springer,2011: 253-273.

［118］　O'Neill A. Definitional Issues in Functional Encryption［J］. Cryptology Eprint Archive Report. (2011-3-18). https：//eprint. iacr. org/2010/556. pdf.

［119］　Agrawal S, Gorbunov S, Vaikuntanathan V, et al. Functional encryption：New Perspectives and lower Bounds［C］//Proceedings of the Cryptology-CRYPTO 2013. Berlin：Springer,2013：500-518.

［120］　Caro A D, Iovino V, Jain A, et al. On the Achievability of Simulation-based Security for Functional Encryption［C］//Proceedings of the Cryptology-CRYPTO 2013. Berlin：Springer,2013：519-535.

［121］　Sahai A, Seyalioglu H. Worry-free Encryption：Functional Encryption with Public Keys［C］// Proceedings of the ACM Conference on Computer and Communications Security, CCS 2010. New York：ACM,2010：463-472.

［122］　Goldwasser S, Kalai Y T, Popa R A, et al. Reusable Garbled Circuits and Succinct Functional Encryption［C］//Proceedings of the ACM Symposium on Theory of Computing Conference. New York：ACM,2013：555-564.

［123］　Gorbunov S, Vaikuntanathan V, Wee H. Functional Encryption with Bounded Collusions via Multi-Party Computation［C］//Proceedings of the Cryptology-CRYPTO 2012. Berlin：Springer, 2012：162-179.

［124］　Naveed M, Agrawal S, Prabhakaran M, et al. Controlled Functional Encryption［C］//Proceedings of the ACM SIGSAC Conference on Computer and Communications Security. New York：ACM,2014：1280-1291.

［125］　Garg S, Gentry C, Halevi S, et al. Waters. Candidate Indistinguishability Obfuscation and Functional Encryption for All Circuits［C］//Proceedings of IEEE Symposium on Foundations of Computer Science, FOCS'2013. Piscataway, NJ：IEEE,2013：40-49.

［126］　Garg S, Gentry C, Halevi S, et al. Fully Secure Functional Encryption without Obfuscation. IACR Cryptology ePrint Archive,2014：666.

［127］　Boneh D, Waters B. Conjunctive, Subset, and Range Queries on Encrypted Data［C］//Proceedings of the Theory of Cryptography Conference. Berlin：Springer,2007：535-554.

［128］　Katz J, Sahai A, Waters B. Predicate Encryption Supporting Disjunctions, Polynomial Equations, and Inner Products［C］//Proceedings of the Cryptology - EUROCRYPT 2008. Berlin：Springer,2008：146-162.

［129］　Shamir A. Identity-based Cryptosystems and Signature Schemes［C］//Proceedings of International Cryptology Conference. Berlin：Springer,1984：47-53.

［130］　Sahai A, Waters B. Fuzzy Identity-based Encryption［C］//Proceedings of the 24th Annual International Conference on Advances in Cryptology-Eurocrypt. Berlin：Springer,2005：457-473.

［131］　Boneh D, Franklin M K. Identity-based Encryption from the Weil Pairing［C］//Proceedings of International Cryptology Conference. Berlin：Springer,2001：213-229.

［132］　Cocks C. An Identity based Encryption Scheme based on Quadratic Residues［J］. Lecture Notes in Computer Science,2001：360-363.

［133］　Canetti R, Halevi S, Katz J. A Forward-Secure Public-Key Encryption Scheme［C］//Proceedings of the EUROCRYPT 2003. Berlin：Springer,2003：255-271.

［134］　Boneh D, Boyen X. Efficient Selective-Id Secure Identity-based Encryption without Random Oracles ［C］//Proceedings of the EUROCRYPT 2004. Berlin：Springer,2004：223-238.

［135］　Boneh D, Boyen X. Secure Identity based Encryption without Random Oracles［C］//Proceedings of the CRYPTO 2004. Berlin：Springer,2004：443-459.

［136］　Waters B. Efficient Identity-based Encryption without Random Oracles［C］//Proceedings of the

EUROCRYPT 2006. Berlin: Springer,2005: 114-127.

[137] Gentry C. Practical Identity-based Encryption without Random Oracles[C]//Proceedings of the 25th Annual International Conference on Advances in Cryptology-eurocrypt. Berlin: Springer,2006: 445-464.

[138] Gentry C, Peikert C, Vaikuntanathan V. Trapdoors for Hard Lattices and New Cryptographic Constructions[C]//Proceedings of the 40th Annual ACM Symposium on Theory of Computing. New York: ACM. 2008: 197-206.

[139] Cash D, Hofheinz D, Kiltz E, et al. Bonsai Trees, or How to Delegate a Lattice Basis[C]//Proceedings of the 29th Annual International Conference on Advances in Cryptology-eurocrypt. Berlin: Springer,2010: 523-552.

[140] Agrawal S,Dan B,Boyen X. Efficient Lattice (h)IBE in the Standard Model[C]//Proceedings of the 29th Annual International Conference on Advances in Cryptology-eurocrypt. Berlin: Springer,553-572,2010.

[141] Goyal V,Pandey O,Sahai A,et al. Attribute-based Encryption for Fine-Grained Access Control of Encrypted Data[C]//Proceedings of the 13th ACM Conference on Computer and Communications Security. New York: ACM,2006: 89-98.

[142] Bethencourt J,Sahai A,Waters B. Ciphertext-Policy Attribute-based Encryption[C]//Proceedings of the 2007 IEEE Symposium on Security and Privacy. Piscataway,NJ: IEEE ,2007: 321-334.

[143] Goyal V,Jain A,Pandey O,et al. Bounded Ciphertext Policy Attributebased Encryption[C]//Proceedings of the Automata,Languages and Programming,35th International Colloquium,Part II. Berlin: Springer,2008: 579-591.

[144] Waters B. Ciphertext-Policy Attribute-based Encryption: An Expressive,Efficient,and Provably Secure Realization[C]//Proceedings of the 14th International Conference on Practice and Theory in Public Key Cryptography. Berlin: Springer,2011: 53-70.

[145] Okamoto T,Okamoto T,Takashima K,et al. Fully Secure Functional Encryption: Attribute-based Encryption and (Hierarchical) Inner Product Encryption[C]//Proceedings of the 29th Annual International Conference on Advances in Cryptology-eurocrypt. Berlin: Springer. 2010: 62-91.

[146] Boneh D,Crescenzo G D,Ostrovsky R,et al. Public Key Encryption with Keyword Search[C]//Proceedings of the 23th Annual International Conference on Advances in Cryptology-eurocrypt. Berlin: Springer. 2004: 506-522.

[147] Abdalla M,Bellare M,Catalano D,et al. Searchable Encryption Revisited: Consistency Properties, Relation to Anonymous ibe,and Extensions[J]. Journal of Cryptology,2008,21(3): 350-391.

[148] Boyen X,Waters B. Anonymous Hierarchical Identity-based Encryption (without Random Oracles) [C]//Proceedings of the 26th Annual International Cryptology Conference. Berlin: Springer. 2006: 290-307.

[149] Delerablée C. Identity-based Broadcast Encryption with Constant Size Ciphertexts and Private Keys [C]//Proceedings of the 13th International Conference on Advances in Cryptology- ASIACRYPT. Berlin: Springer,2007: 200-215.

[150] Delerablée C,Paillier P,Pointcheval D. Fully Collusion Secure Dynamic Broadcast Encryption with Constant-Size Ciphertexts or Decryption Keys[C]//Proceedings of the Pairing-Based Cryptography - Pairing 2007. Berlin: Springer,2007: 39-59.

[151] Sakai R,Furukawa J. Identity-based Broadcast Encryption[J\OL]. IACR Cryptology ePrint Archive 2007[2017-2-18]. http://eprint. iacr. org/2007/217.

[152]　Gentry C,Waters B. Adaptive Security in Broadcast Encryption Systems (with Short Ciphertexts) [C]//Proceedings of the 28th Annual International Conference on Advances in Cryptology-EUROCRYPT. Berlin：Springer,2009：171-188.

[153]　Dan B, Hamburg M. Generalized Identity-based and Broadcast Encryption Schemes [C]// Proceedings of the 14th Annual International Conference on Advances in Cryptology-ASIACRYPT. Berlin：Springer,2008：455-470.

[154]　Okamoto T,Takashima K. Fully Secure Functional Encryption with General Relations from the Decisional Linear Assumption[C]//Proceedings of the 30th Annual International Cryptology Conference. Berlin：Springer. 2010：191-208.

[155]　Shi E,Bethencourt J,Chan T H,et al. Multi-Dimensional Range Query over Encrypted Data[C]// Proceedings of the 2007 IEEE Symposium on Security and Privacy. Piscataway,NJ：IEEE,2007：350-364.

[156]　Okamoto T,Takashima K. Hierarchical Predicate Encryption for Inner-Products[C]//Proceedings of the 15th International Conference on Advances in Cryptology- ASIACRYPT. Berlin：Springer. 2009：214-231.

[157]　中国密码学会组编.中国密码学发展报告 2014[M].北京：中国质检出版社,2016.

[158]　Benjamin D,Atallah M J. Private and Cheating-Free Outsourcing of Algebraic Computations[C]// Proceedings of the 6th Annual Conference on Privacy,Security and Trust. Piscataway,NJ：IEEE, 2008：240-245.

[159]　Wang C,Ren K,Wang J,et al. Harnessing the Cloud for Securely Solving Large-Scale Systems of Linear Equations [C]//Proceedings of the International Conference on Distributed Computing Systems. Piscataway,NJ：IEEE,2011：549-558.

[160]　Mohassel P. Efficient and Secure Delegation of Linear Algebra[J/OL]. IACR Cryptology ePrint Archive. (2011-11-8). https：//eprint. iacr. org/2011/605.

[161]　Kiltz E,Mohassel P,Weinreb E,et al. Secure Linear Algebra Using Linearly Recurrent Sequences [C]//Proceedings of the 4th Theory of Cryptography Conference. Berlin：Springer,2007：291-310.

[162]　Peter A,Tews E,Katzenbeisser S. Efficiently Outsoucing Multiparty Computation under Multiple Keys[J/OL]. IACR Cryptology ePrint Archive 2013[2017-2-18]. http://eprint. iacr. org/ 2013/ 013.

[163]　Kamara S,Raykova M. Secure Outsourced Computation in a Multi-Tenant Cloud[C]//Proceedings of the IBM Workshop on Cryptography and Security in Clouds,2011.

[164]　Smart N. Secure Outsourced Computation[C]//Proceedings of the 4th International Conference on Cryptology in Africa. Berlin：Springer,2011：1-20.

[165]　Kamara S, Mohassel P, Raykova M. Outsourcing Multi-Party Computation [J/OL]. IACR Cryptology ePrint Archive 2011[2017-2-18]. http://eprint. iacr. org/2011/272.

[166]　Green M, Hohenberger S, Waters B. Outsourcing the Decryption of ABE Ciphertexts [C]// Proceedings of the 20th USENIX Security Symposium. Berkeley：USENIX Association,2011：34-34.

[167]　Lai J,Deng R H,Guan C,et al. Attribute-based Encryption with Verifiable Outsourced Decryption. Information Forensics and Security[J]. IEEE Transactions on IFS,2013,8(8)：1343-1354.

[168]　Li J,Jia C,Li J,et al. Outsourcing Encryption of Attribute-based Encryption with MapReduce[C]// Proceedings of the 14th Information and Communications Security. Berlin：Springer,2012：191-201.

[169]　Li J,Chen X,Li J,et al. Fine-Grained Access Control System based on Outsourced Attribute-based

Encryption[C]//Proceedings of the 18th European Symposium on Research in Computer Security. Berlin: Springer,2013: 592-609.

[170] Atallah M J,Pantazopoulos K N,Rice J R,et al. Secure Outsourcing of Scientific Computations[J]. Advances in Computers,2002,54: 215-272.

[171] Seitkulov Y N. New Methods of Secure Outsourcing of Scientific Computations[J]. The Journal of Supercomputing,2013,65(1): 469-482.

[172] Atallah M J,Frikken K B. Securely Outsourcing Linear Algebra Computations[C]//Proceedings of the 5th ACM Symposium on Information, Computer and Communications Security. New York: ACM,2010: 48-59.

[173] Du W. A Study of Several Specific Secure Two-Party Computation Problems[D]. Indiana: Purdue University. (2001-2-26). http://citeseer. ist. psu. edu/viewdoc/summary? doi=10. 1. 1. 11. 3775.

[174] Vaidya J. Privacy-Preserving Linear Programming[C]//Proceedings of the 2009 ACM Symposium on Applied Computing(SAC). New York: ACM,2009: 2002-2007.

[175] Bednarz A,Bean N,Roughan M. Hiccups on the Road to Privacy-Preserving Linear Programming [C]//Proceedings of the 2009 ACM Workshop on Privacy in the Electronic Society(WPES). New York: ACM,2009: 117-120.

[176] Mangasarian O L. Privacy-Preserving Linear Programming[J]. Optimization Letters,2011,5(1): 165-172.

[177] Wang C,Ren K,Wang J. Secure and Practical Outsourcing of Linear Programming in Cloud Computing [C]//Proceedings of the 30th IEEE International Conference on Computer Communications. Piscataway,NJ: IEEE,2011: 820-828.

[178] Dreier J,Kerschbaum F. Practical Privacy-Preserving Multiparty Linear Programming based on Problem Transformation[C]//Proceedings of the Privacy,Security,Risk and Trust (PASSAT), 2011 IEEE Third International Conference on and 2011 IEEE Third International Conference on Social Computing (SocialCom). Berlin: Springer,2011: 820-828.

[179] Li W,Li H,Deng C. Privacy-Preserving Horizontally Partitioned Linear Programs with Inequality Constraints[J]. Optimization Letters,2013,7(1): 137-144.

[180] Hong Y,Vaidya J. An inference-Proof Approach to Privacy-Preserving Horizontally Partitioned Linear Programs[J]. Optimization Letters,2014,8(1): 267-277.

[181] Gennaro R,Gentry C,Parno B. Non-Interactive Verifiable Computing: Outsourcing Computation to Untrusted Workers[C]//Proceedings of the 30th Annual International Cryptology Conference. Berlin: Springer,2010: 465-482.

[182] Benabbas S,Gennaro R,Vahlis Y. Verifiable Delegation of Computation over Large Datasets[C]// Proceedings of the 30th Annual International Cryptology Conference. Berlin: Springer,2011: 111-131.

[183] Parno B,Raykova M,Vaikuntanathan V. How to Delegate and Verify in Public: Verifiable Computation from Attribute-based Encryption[C]//Proceedings of the 9th Theory of Cryptography Conference. Berlin: Springer,2012: 422-439.

[184] Hohenberger S,Lysyanskaya A. How to Securely Outsource Cryptographic Computations[C]// Proceedings of the 2nd Theory of Cryptography Conference. Berlin: Springer,2005: 264-282.

[185] Ma X,Li J,Zhang F. Efficient and Secure Batch Exponentiations Outsourcing in Cloud Computing [C]//Proceedings of the 4th International Conference on Intelligent Networking and Cllaborative Systems. Berlin: Springer,2012: 600-605.

[186] Canetti, Lindell, Yehuda, et al. Universally Composable Two-Party and Multiparty Secure Computation[C]//Proceedings of the ACM Symposium on Theory of Computing. New York: ACM,2002: 494-503.

[187] Järvinen K, Kolesnikov V, Sadeghi A R, et al. Embedded SFE: Offloading Server and Network Using Hardware Tokens[C]//Proceedings of the Financial Cryptography and Data Security. Berlin: Springer,2010: 207-221.

[188] Sadeghi A R,Schneider T,Winandy M. Token-based Cloud Computing Secure Outsourcing of Data and Arbitrary Computations with Lower Latency[C]//Proceedings of the Trust & Trustworthy Computing International Conference. Berlin: Springer,2010: 417-429.

[189] Belenkiy M,Chase M, Erway C C, et al. Incentivizing Outsourced Computation[J/OL]. IACR Cryptology ePrint Archive. (2013-3-15). https://eprint. iacr. org/2013/156.

[190] Goldwasser S,Kalai Y T,Rothblum G N. Delegating Computation: Interactive Proofs for Muggles [C]//Proceedings of the 40th Annual ACM Symposiumon Theory of Computing, New York: ACM,2008: 113-122.

[191] Chung K M, Kalai Y T, Vadhan S P. Improved Delegation of Computation Using Fully Homomorphic Encryption [C]//Proceedings of the 29th Annual International Cryptology Conference. Berlin: Springer,2010: 483-501.

[192] Goldwasser S,Lin H, Rubinstein A. Delegation of Computation without Rejection Problem from Designated Verifier CS-Proofs[J/OL]. IACR Cryptology ePrint Archive. (2011-2-25). https://eprint. iacr. org/2011/456. pdf.

[193] 中国密码学会. 中国密码学发展报告 2015[M]. 北京: 中国质检出版社,2016.

[194] Shamir A. How to Share a Secret[J]. Communications of the ACM,1979,22(11): 612-613.

[195] Van Dijk M,Gentry C, Halevi S, et al. Fully Homomorphic Encryption over the Integers[C]// Advances in Cryptology: Proceeding of the 2010 International Conference on the Theory and Applications of Cryptographic Techniques (EUROCRYPT). Berlin: Springer,2010: 24-43.

[196] Broadbent A,Jeffery S. Quantum Homomorphic Encryption for Circuits of Low T-Gate Complexity [C]//Advances in Cryptology: Proceeding of the 2015 International Cryptology Conference (CRYPTO). Berlin: Springer,2015: 609-629.

[197] Clear M,McGoldrick C. Multi-Identity and Multi-Key Leveled FHE from Learning with Errors [C]//Advances in Cryptology: Proceeding of the 2015 International Cryptology Conference (CRYPTO). Berlin: Springer,2015: 630-656.

[198] Ananth P,Brakerski Z,Segev G,et al. From Selective to Adaptive Security in Functional Encryption [C]//Advances in Cryptology: Proceeding of the 2015 International Cryptology Conference (CRYPTO). Berlin: Springer,2015: 2015: 657-677.

[199] Agrawal S, Agrawal S, Prabhakaran M. Cryptographic Agents: Towards a Unified Theory of Computing on Encrypted Data[C]//Advances in Cryptology: Proceeding of the 2015 International Conference on the Theory and Applications of Cryptographic Techniques (EUROCRYPT). Berlin: Springer,2015: 501-531.

[200] Attrapadung N,Imai H. Conjunctive Broadcast and Attribute-based Encryption[C]//Proceedings of the Pairing-Based Cryptography - Pairing 2009. Berlin: Springer,2009: 248-265.

第 5 章　隐私保护技术

内容提要：随着计算机、移动互联网等技术的发展和应用，用户的电子医疗档案、互联网搜索历史、社交网络记录、GPS 设备记录等信息的收集、发布等过程中涉及的用户隐私泄露问题越来越引起人们的重视。大数据场景下，多个不同来源的数据基于数据相似性和一致性进行链接，产生新的更丰富的数据内容，也给用户隐私保护带来更严峻的挑战。本章介绍围绕用户隐私的典型数据、隐私保护需求、相应的攻击和保护技术，包括传统人口统计数据中的用户身份攻击、社交网络中的用户社交关系和属性推测、位置社交网络中的用户隐私位置推测和活动规律挖掘，以及对应的隐私保护技术等。早期基于典型的数据库表结构数据的研究为新出现的社交网络数据和轨迹数据研究提供了经典模型，后续研究更针对后两者的独特数据特征和保护需求。差分隐私模型提出了目前最严格的隐私定义，并忽略了对数据内容、攻击者能力的假设，但对数据可用性具有一定影响。隐私保护技术需要立足于具体场景的数据构成，综合考虑用户的多种隐私信息间的相关性，结合多种技术，才能提供全面的隐私保护解决方案。

关键词：身份隐私；社交关系隐私；属性隐私；轨迹隐私；链接攻击；同质攻击；近似攻击；k-匿名；l-多样化；t-贴近；社交关系推测；马尔可夫模型；高斯混合模型；贝叶斯模型；活动建模；时空模型；差分隐私；本地差分隐私；Rappor 协议；SH 协议。

5.1　基本知识

大数据时代，人类活动前所未有地被数据化。移动通信、数字医疗、社交网络、在线视频、位置服务等应用积累并持续不断地产生大量数据。以共享单车为例，截至 2017 年 5 月底，国内共享单车累计服务已超过 10 亿人次，注册用户超过 1 亿个。面向这些大规模、高速产生、蕴含高价值的大数据的分析挖掘不但为本行业的持续增长做出了贡献，也为跨行业应用提供了强有力的支持。共享单车的骑行路线在交通预测、路线推荐、城市规划方面具有重要意义[1]。

而随着数据披露范围的不断扩大，隐藏在数据背后的主体也面临愈来愈严重的隐私挖掘威胁，例如根据骑行路线推理个人用户的家庭住址、单位地址、出行规律，或者匿名用户被重新识别出来，进而导致“定制化”攻击，等等，为用户带来了极大损失。2017 年 6 月 1 日起，最高人民法院、最高人民检察院联合发布的《关于办理侵犯公民个人信息刑事案件适用法律若干问题的解释》正式生效，其中对“非法获取、出售或者提供行踪轨迹信息、通信内容、征信信息、财产信息 50 条以上的”等 10 种情形明确入罪，体现了国家对个人信息保护的重视。

为满足用户保护个人隐私的需求及相关法律法规的要求，大数据隐私保护技术需确保公开发布的数据不泄露任何用户敏感信息。同时，隐私保护技术还应考虑到发布数据的可用性。因为片面强调数据匿名性，将导致数据过度失真，无法实现数据发布的初衷。因此，数据隐私保护技术的目标在于实现数据可用性和隐私性之间的良好平衡。

1. 数据隐私保护场景

一般来说,一个隐私保护数据发布方案的构建涉及以下4个参与方:

(1) 个人用户:收集数据的对象。

(2) 数据采集/发布者:数据采集者与用户签订数据收集、使用协议,获得用户的相关数据。数据采集者通常也负责数据发布(用户本地隐私保护情景除外)。根据数据发布的目的和限制条件,数据发布者对数据进行一定的处理并以在线交互或离线非交互方式提供给数据使用者,在进行数据处理时还须预防潜在的恶意攻击。

(3) 数据使用者:任意可获取该公开数据的机构和个人。数据使用者希望获得满足其使用目的的尽可能真实有效的数据。

(4) 攻击者:可获取该公开数据的恶意使用者。攻击者可能具有额外的信息或者知识等,试图利用该公开数据识别特定用户身份,获取关于某特定用户的敏感信息,进而从中牟取利益。

攻击者的能力可分为两类。一类是背景知识(background knowledge),通常是关于特定用户或数据集的相关信息。如攻击者可能知道 Amanda 是部门经理,Alice 是营业员,Bill 的出生日期是 1976 年 12 月 1 日。背景知识的获得完全基于攻击者对具体攻击目标的了解,攻击者可以利用其掌握的背景知识,在公开发布的数据中识别出某个特定用户。另一类是领域知识(domain knowledge),指关于某个领域内部的基本常识,通常具有一定的专业性。例如,医学专家可能了解不同区域人群中某种疾病的发病率。当攻击者将目标范围缩小到有限的记录集时,攻击目标可能患有的疾病也仅限于记录集中的几种。具有医学知识的攻击者可以根据攻击目标的地域推理出其可能患有的疾病。

在实际场景中,数据采集/发布者隐私保护方案可选择在线模式或离线模式。在线模式又称"查询-问答"模式,对用户所访问的数据提供实时隐私保护处理。在在线模式(图 5-1(a))下,通过数据发布者的调控,数据被收集的个人用户和期望获得真实数据的使用者之间

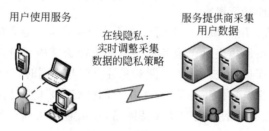

(a) 简单的在线数据隐私场景

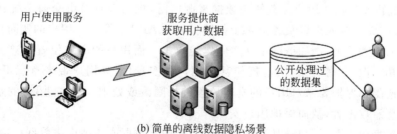

(b) 简单的离线数据隐私场景

图 5-1 数据隐私场景示意图

应能够就数据的使用目的、范围、限制情况达成一致。但在线模式对算法性能要求较高。离线模式(图 5-1(b))是指在对所有数据统一进行隐私保护处理后批量发布。数据一旦公开发布,数据发布者和数据被收集的个人用户就失去了对数据的监管能力。任意获得该公开数据的第三方,包括恶意攻击者在内,都可以对这些数据进行深入分析。因此,在离线模式下,数据发布者应力求提前预测攻击者的所有可能攻击行为,并采取有针对性的防范措施。即使无法对攻击者的所有行为进行预测,数据发布者也应重点关注个人用户最基本的隐私保护需求,并进行对应的保护方案设计和攻击预防,从而避免对个人用户的隐私造成严重侵害。本章主要讨论离线模式数据发布场景。

2. 隐私保护需求

用户隐私保护需求可分为身份隐私、属性隐私、社交关系隐私、位置与轨迹隐私等几大类。

(1) 身份隐私。它是指数据记录中的用户 ID 或社交网络中的虚拟节点对应的真实用户身份信息。通常情况下,政府公开部门或服务提供商对外提供匿名处理后的信息。但是一旦分析者将虚拟用户 ID 或节点和真实的用户身份相关联,即造成用户身份信息泄露(也称为"去匿名化")。用户身份隐私保护的目标是降低攻击者从数据集中识别出某特定用户的可能性。

(2) 属性隐私。属性数据用来描述个人用户的属性特征,例如结构化数据表中年龄、性别等描述用户的人口统计学特征的字段。宽泛地说,用户购物历史、社交网络上用户主动提供的喜欢的书、音乐等个性化信息都可以作为用户的属性信息。这些属性信息具有丰富的信息量和较高的个性化程度,能够帮助系统建立完整的用户轮廓,提高推荐系统的准确性等。然而,用户往往不希望所有属性信息都对外公开,尤其是敏感程度较高的属性信息。例如,某些视频观看记录被公开会对用户的形象造成不良影响。但是,简单地删除敏感属性是不够的,因为分析者有可能通过对用户其他信息(如社交关系、非敏感属性、活动规律等)进行分析、推测将其还原出来。属性隐私保护的目标是对用户相关属性信息进行有针对性的处理,防止用户敏感属性特征泄露。

(3) 社交关系隐私。用户和用户之间形成的社交关系也是隐私的一种。通常在社交网络图谱中,用户社交关系用边表示。服务提供商基于社交结构可分析出用户的交友倾向并对其进行朋友推荐,以保持社交群体的活跃和黏性。但与此同时,分析者也可以挖掘出用户不愿公开的社交关系、交友群体特征等,导致用户的社交关系隐私甚至属性隐私暴露。社交关系隐私保护要求节点对应的社交关系保持匿名,攻击者无法确认特定用户拥有哪些社交关系。

(4) 位置轨迹隐私。用户位置轨迹数据来源广泛,包括来自城市交通系统、GPS 导航、行程规划系统、无线接入点以及各类基于位置服务的 APP 数据等。用户的实时位置泄露可能会给其带来极大危害,例如被锁定并实施定位攻击。而用户的历史位置轨迹分析也可能暴露用户隐私属性、私密关系、出行规律甚至用户真实身份,为用户带来意想不到的损失。用户位置轨迹隐私保护要求对用户的真实位置进行隐藏或处理,不泄露用户的敏感位置和行动规律给恶意攻击者,从而保护用户安全。

从数据类型角度看,用户隐私数据可表示为结构化数据或非结构化数据。通常,用户的属性信息(如年龄、性别、购物记录等)属于典型的结构化数据,可表示为数据库表;用户位置、轨迹数据一般以点集的形式表示,也属于结构化数据。而用户社交关系数据则表现为相对复杂的网络关系,属于非结构化数据,一般用图结构表示。图 5-2 中展示了基本数据类型。为了表达两者之间的关联,后文中将用户隐私表示为"属性-图"结构。

姓名	年龄	性别	邮编	工资
Andy	42	M	100190	1000
Alice	22	F	100190	1100
Alen	53	M	100180	1200
Bill	42	M	100180	1300
Amanda	22	F	100170	1400
Christina	53	F	100170	1500

(a) 关系型表数据

Id	Time	Longitude	Latitude	Tid
Andy	2016.12.23	39.9777985	116.3353885	T000
Andy	2016.12.23	39.9777985	116.3351000	T000
Alice	2016.12.25	39.9674738	116.3392735	T000
Alice	2016.12.25	39.9675288	116.3392885	T000
Alice	2016.12.25	39.9675288	116.3392885	T000
Alice	2016.12.25	39.9708951	116.3214983	T000

(b) 轨迹数据

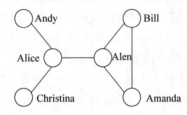

(c) 社交结构数据

图 5-2　基本数据类型

除了数据类型不同,用户的关系型表数据、位置轨迹数据、社交结构数据在各自的数据维度上也具有明显不同的特性。数据表中的一条记录通常只代表一个用户,用户间的相关性较弱。记录之间的相关性基本上只与其所处的统计分组有关,属性之间的相关性只与整个表呈现出的数据分布有关。个人的位置轨迹数据通常是一系列长度不定的点集序列,具有明显的时间顺序和周期重复特征,反映了个人运动规律,使得用户的运动轨迹易于被预测,而难以合理、高效地彻底隐藏。社交网络数据中除了属性数据,还具有复杂的边连接。在这种场景中,用户通过边连接进行影响力传播和相似性传递,最终导致"朋友的朋友也是我的朋友"的局部相似性日益凸显,使得用户的属性、社交关系甚至身份容易从局部社区中被推测出来。隐私保护技术必须针对不同数据的特征进行处理,才能实现期望的隐私保护效果。

3. 隐私保护技术分类

前面提到,数据隐私保护的目标在于实现数据可用性和隐私性之间的良好平衡。因此,一个隐私保护方案有明确的隐私保护目标与可用性目标。

当前的隐私保护模型有两大类:以 k-匿名为代表的基于等价类的方法和差分隐私方法。前者假设攻击者能力有限,仅能将攻击目标缩小到一定的等价类范围内,而无法唯一地准确识别攻击目标;后者则假设可能存在两个相邻数据集,分别包含或者不包含攻击目标,但攻击者无法通过已知内容推出两个数据集的差异,因此,也无法判断攻击目标是否在真实数据集中。前者的优势在于,在攻击者能力不超过假设的前提下,能够以较小的代价保证同一等价类内记录的不可区分性。而如果攻击者能力超过了假设,攻击者就能够进一步区分等价类内的不同记录,从而实现去匿名化。后者的优势在于,攻击者不可能具有超过假设的攻击能力,因而不可能突破差分隐私方法提供的匿名保护。但是,由于数据集的差异性,差分隐私方法可能会对原始数据造成较大扰动,过度破坏数据可用性。

典型的隐私保护技术手段包括抑制(suppression)、泛化(generalization)、置换(permutation)、扰动(perturbation)、裁剪(anatomy)等。此外,也有人通过密码学手段实现隐私保护。

(1)抑制是最常见的数据匿名措施,通过将数据置空的方式限制数据发布。

(2)泛化是指通过降低数据精度来提供匿名的方法。属性泛化即通过制定属性泛化路径,将一个或多个属性的不同取值按照既定泛化路径进行不同深度的泛化,使得多个元组的属性值相同。最深的属性泛化效果通常等同于抑制。社交关系数据的泛化则是将某些节点以及这些节点间的连接进行泛化。位置轨迹数据可进行时间、空间泛化。

(3)置换方法不对数据内容作更改,但是改变数据的属主。例如,将不同的个人用户的属性值互相交换,将用户 a 与 b 之间的边置换为 a 与 c 之间的边。

(4)扰动是在数据发布时添加一定的噪声,包括数据增删、变换等,使攻击者无法区分真实数据和噪声数据,从而对攻击者造成干扰。

(5)裁剪技术的基本思想是将数据分开发布。例如,对于表结构数据,首先将用户划分为不同的组,赋予同一组的记录相同的组标识符(group id),对应记录的敏感数据也赋予相同的组标识符,然后将准标识符(如地域、性别等)和敏感数据分别添加组标识符作为两张新表发布。恶意攻击者即使可以确定攻击目标的组标识符,但是无法有效地从具有相同组标识符的敏感数据中判定攻击目标对应的敏感数据。

(6)密码学手段利用数据加密技术阻止非法用户对数据的未授权访问和滥用。

隐私保护方案需要引入可用性标准。一种通用的机制是度量数据失真程度,并不考虑发布的数据被如何使用。通过定义一系列数据集属性特征,比较真实数据和数据发布版本的特征变化来衡量数据损失程度。例如,对于关系型数据表中的数值型数据,计算其平均值的偏移量。如果数据有明确的应用领域,例如对数据进行统计分析、计算均值、找出 Top-k 对象等,那么可用性指标可以更具体化,表示为计算结果的准确度。

5.2 关系型数据隐私保护

2002 年,Sweeney[2,3] 提出了 k-匿名模型,这是第一个真正意义上完整的隐私保护模型。这一方案能够杜绝攻击者唯一地识别出数据集中的某个特定用户,使其无法进一步获得该用户的准确信息,能够提供一定程度的用户身份隐私保护。在 Sweeney 提出的隐私方案中明确了对数据可用性和用户隐私性的保证。此外,人们还关注表结构数据中的用户敏感属性的隐私保护需求。根据敏感属性的分布情况,人们提出了 l-多样化、t-贴近模型。这些方法为后续社交网络隐私保护与位置轨迹隐私保护奠定了基础。

本节主要介绍早期的表结构数据研究中的身份匿名和属性匿名方法、一些常见的攻击方法以及数据连续发布场景中的问题与解决方案。

5.2.1　身份匿名

1. 链接攻击与身份匿名

简单地去标识符匿名化仅仅去除了表中的身份 ID 等标志性信息,攻击者仍可凭借背景知识,如地域、性别等准标识符信息,迅速确定攻击目标对应的记录。此类攻击称为记录链接(record linkage)攻击,简称链接攻击。如表 5-1 所示,原始用户医疗记录表中包含了 Name(用户姓名)这一标识符,简单删除标识符列之后可以得到如表 5-2 所示的匿名记录表。如果攻击者持有公开的选民记录表作为背景知识(表 5-3),与公开发布的匿名记录表对比,通过 Z(邮编)、Age(年龄)等若干项属性信息,攻击者仍可以唯一地识别出某些用户。例如,可推断出第 2 条记录对应的用户是 Bob。

表 5-1　原始的用户医疗记录表

	Identifier	Quasi-identifier			Sensitive Data
#	Name	ZIP	Age	Nationality	Condition
1	Kumar	13053	28	Indian	Heart Disease
2	Bob	13067	29	American	Heart Disease
3	Ivan	13053	35	Canadian	Viral Infection

表 5-2　匿名后的用户医疗记录表

	Quasi-identifier			Sensitive Data
#	ZIP	Age	Nationality	Condition
1	13053	28	Indian	Heart Disease
2	13067	29	American	Heart Disease
3	13053	35	Canadian	Viral Infection

表 5-3　选民记录表

Name	ZIP	Age	Sex	Vote
Natalia	13053	28	Female	Yes
Bob	13067	29	Male	Yes
Lisa	13053	35	Female	No
Umeko	13067	36	Female	Yes

2. k-匿名基本模型

为避免攻击者通过链接攻击从发布的数据中唯一地识别出特定匹配用户,导致用户身份泄露,Samarati 和 Sweeney 最早提出了适用于关系型数据表的 k-匿名(k-anonymity)模型[2,3]。这一方案按照准标识符将数据记录分成不同的分组,且每一分组中至少包含 k 条记录。这样,每个具有某个准标识符的记录都至少与 $k-1$ 个其他记录不可区分,从而实现用户身份匿名保护。

定义 5-1(k-匿名)　令 $T(A_1, A_2, \cdots, A_n)$ 为一张行数有限的表,属性集合为 $\{A_1, A_2, \cdots, A_n\}$。$QI_T$ 为表中的准标识符 $QI_T = \{A_i, A_{i+1}, \cdots, A_j\}$。表 T 满足 k-匿名,当且仅当每一组准标识符的取值序列在 $T[QI]$ 中出现至少 k 次。

为了让发布的数据满足 k-匿名需求,Samarati 和 Sweeney 给出了相应的数据处理方法,提出了一种通过元组泛化实现 k-匿名的解决方案。

属性 A 的泛化函数可表示为 $f:A \rightarrow B$。属性 A 的持续泛化过程可表示为域泛化层次

结构(domain generalization hierarchy)DGH_A,通过一组函数 $f_h(h=0,1,\cdots,n-1)$ 的作用,实现从属性 A 的所有取值泛化到"任意"或者" * "的完整泛化路径:$A_0 \xrightarrow{f_0} A_1 \xrightarrow{f_1} \cdots \xrightarrow{f_{n-1}} A_n$。其中 $A_0 = A$,$|A_n| = 1$。例如,ZIP 编码可由具体的 02138 逐步或直接泛化为不具体的 0213 * 、021 * * 、02 * * * 、0 * * * * 、 * * * * * 。出生年份可由精确的 1965 泛化为 1960—1970、1950—1970。泛化路径的属性值之间存在偏序关系。对于属性 A 的两个泛化值 v_i 和 v_j,若 $i \leqslant j$ 且 $f_{j-1}(\cdots f_i(v_i)\cdots) = v_j$,那么 v_i 和 v_j 存在偏序关系,表示为 $v_i \leqslant v_j$。

显然在泛化层次树中,离树根越近的节点泛化程度越高,对数据的破坏越大。为了在数据处理过程中尽可能保持数据可用性,同时,尽快满足 k 个相同记录的需求,Sweeney 等人提出了 k-匿名最小泛化的概念。

定义 5-2(k-匿名最小泛化)　令 $T_1(A_1,A_2,\cdots,A_n)$ 和 $T_m(A_1,A_2,\cdots,A_n)$ 分别为两张表,其准标识符均为 $QI_T = \{A_i, A_{i+1}, \cdots, A_j\}$,且 $T_1[QI_T] \leqslant T_m[QI_T]$。称 T_m 是表 T_1 的 k-匿名最小泛化,当且仅当满足以下两个条件:

(1) T_m 在定义的准标识符 QI_T 上符合 k-匿名模型。

(2) $\forall T_z$:$T_1 \leqslant T_z$,$T_z \leqslant T_m$,如果 T_z 也满足 k-匿名模型,那么必然有 $T_z[QI_T] = T_m[QI_T]$。

在存在多种符合 k-匿名模型的最小泛化的场景中,需要进一步比较泛化过程中的数据扰动来选取最优的泛化方案。为此,Sweeney 等人定义了数据准确度 Prec 来衡量泛化过程中的信息变化以及定义最小扰动的概念。

定义 5-3(数据准确度 Prec)　令 PT 为原始数据表。表 PT 的准标识符由 N_a 个属性 $\{A_1, A_2, \cdots, A_{N_a}\}$ 组成,共包含 N 条记录,tp_j 为表 PT 中的第 j 条记录。RT 为 PT 的一个泛化表,tr_j 为与表 PT 中 tp_j 对应的泛化后记录。h_{ji} 为 tr_j 中属性 A_i 的泛化结果 $tr_j[A_i]$ 处于该属性的泛化层次结构的路径深度。DGH_{A_i} 为属性 A_i 泛化层次结构的高度。RT 的数据准确度由下式确定:

$$\text{Prec}(RT) = 1 - \frac{\sum_{i=1}^{N_a} \sum_{j=1}^{N} \frac{h_{ji}}{|DGH_{A_i}|}}{N \cdot N_a}$$

定义 5-4(最小扰动)　令 $T_1(A_1,A_2,\cdots,A_n)$ 和 $T_m(A_1,A_2,\cdots,A_n)$ 分别为两张表,其准标识符均为 $QI_T = \{A_i, A_{i+1}, \cdots, A_j\}$,且 $T_1[QI_T] \leqslant T_m[QI_T]$。$\forall x = i, i+1, \cdots, j$,$DGH_{A_x}$ 是准标识符 QI_T 的域泛化层次结构。称 T_m 是表 T_1 符合 k-匿名模型的最小扰动,当且仅当满足以下两个条件:

(1) T_m 在定义的准标识符 QI_T 上符合 k-匿名模型。

(2) $\forall T_z$:$\text{Prec}(T_1) \geqslant \text{Prec}(T_z)$,$\text{Prec}(T_z) \geqslant \text{Prec}(T_m)$,如果 T_z 也满足 k-匿名模型,那么必然有 $T_z[QI_T] = T_m[QI_T]$。

根据定义,若 PT 中的记录未经过泛化,则任意记录的准标识符属性 $h=0$,$\text{Prec}(PT) = 1$。在另一种极端情况下,RT 中的准标识符属性均泛化到层次结构的根节点,那么 $h = |DGH|$,$\text{Prec}(RT) = 0$。在实际数据隐私处理的过程中,数据发布者希望获得较高的数据准确度,就必须尽可能少地进行数据泛化,也就是说,使得数据泛化的位置尽可能离泛化层次结构的根节点更近,以实现最小扰动。

Sweeney 等人设计了一种最小扰动的 k-匿名泛化算法。该算法包括如下两个步骤：

（1）判断 PT 是否符合 k-匿名模型，如果是，输出 PT，否则进入第（2）步。

（2）执行如下操作：

（2.1）生成 PT 的所有可能的泛化表集合，记为 allgens。

（2.2）检测 allgens 中符合 k-匿名模型的泛化表，将该集合记为 protected。

（2.3）保存 protected 中符合最小扰动的泛化表，记为 MGT。

（2.4）根据用户定义的偏好，从 MGT 中输出唯一的符合用户偏好的最小扰动输出。

在基本 k-匿名算法的基础上，Lefevre 等人[4]提出了一个基于贪心算法的改进方案，重点优化了寻找最小扰动的过程，算法的效率有了很大提高。Bayardo 等人[5]给出了基于数据拆分发布和元组抑制的解决方案。

3. k-匿名模型的局限性

用户购物历史、观影历史等数据虽然也可以用数据表的形式表示，但是，这类数据中不存在严格的准标识符信息。因为数据发布方无法准确界定哪一条购买记录和用户评价信息是用户的准标识符信息，任何非特定记录都可能被攻击者用来重新识别出用户身份。很显然，基础的 k-匿名模型的适用范围并不包括这类数据，而是仅限于能准确定义准标识符属性的关系型表结构数据。

2006 年 Netflix 的用户隐私泄露事件就是由于公开的用户观影记录匿名程度不足而导致部分用户的身份泄露。Narayanan 等人随后在 2008 年的 S&P 会议上公开了他们利用 IMDB 数据库对 Netflix 数据进行链接攻击的方法[6]。该文直观地展示了 k-匿名模型的不足。

首先，该文定义了一个简单的打分比较算法。假设当前攻击者获得了关于某个特定攻击目标的额外信息，需要根据这些信息判定攻击目标与当前待定用户 r' 的相似度。打分算法就是用来计算当前掌握的关于攻击目标的额外信息 aux 和待定用户 r' 的所有属性的相似程度：

$$\text{Score}(\text{aux}, r') = \min_{i \in \text{supp}(\text{aux})} \text{Sim}(\text{aux}_i, r'_i)$$

这个算法比较了攻击目标的额外信息 aux 和待定用户 r' 的所有属性，并将属性相似性分值最小的记为两者的相似性打分。这里采用的 Sim 函数求得的是余弦相似性。在这种思想下，如果两个"用户"aux 和 r' 在某个属性上差异特别巨大，那么这两者基本不可能是同一个用户。但如果额外信息 aux 或者待定用户 r' 中的某个属性出现错误，就很容易导致两者的相似性打分非常低，所以将相似性打分公式更新为

$$\text{Score}(\text{aux}, r') = \sum_{i \in \text{supp}(\text{aux})} \text{wt}(i) \text{Sim}(\text{aux}_i, r'_i)$$

其中，$\text{wt}(i) = \dfrac{1}{\log |\text{supp}(i)|}$，$\log |\text{supp}(i)|$ 为 r' 所处的数据集中具有属性 i 的用户数。在这种情况下，越稀有的属性权重越高，两个"用户"的加权相似性最高，那么他们就可能是同一个用户的两个 id。

基于这个打分算法，Narayanan 等人选取了 IMDB 数据集中的 50 个用户和 Netflix 公开数据集的用户进行了打分匹配。他们利用 IMDB 数据集中的用户观影打分作为额外信息。实验发现，如果用户在 Netflix 和 IMDB 发布的影片评分相同，并且日期相差不远，此类

评分越多,用户账户越容易匹配。实验同时还发现,如果用户评分的电影越小众,他也越容易被识别,也符合打分公式中较少的人具有的属性权重较大的设置。在该文中,Narayanan 等人指出,在实际的多维数据发布场景中,数据通常很稀疏,攻击者可能只需要掌握很少的属性(5~10 个非热门电影),就能识别出大量用户。实际上也就是说,与用户具有相同属性的人越少,用户的唯一性越强,该用户越容易被识别。

Narayanan 等人的研究实际上也表明,受限于攻击者掌握的额外信息,只要用户能够和 k 个其他用户具有相同的观影历史,实际上攻击者是没有办法区分他们的。虽然攻击者无法确定到底哪一个 id 是他的攻击目标,但是实际上他已经获得了该用户的所有观影历史,也达到了一定的攻击目标,即使其达到的攻击目标与用户身份无关。

除了需要解决 k-匿名模型本身的缺陷导致数据匿名不足的问题,当前的数据隐私保护方案还需要抗衡数据去匿名算法的攻击。随着大数据技术的不断发展,数据持有者自然地希望获得更多用户数据以综合分析并发掘其中的价值。在这种场景下,首先需要实现多源数据中的用户重识别,进而实现用户数据融合。多源数据融合场景中的用户重识别实际上就是根据异源数据的额外信息确定用户身份的去匿名化攻击过程。根据异源数据的来源和精确程度不同,去匿名化攻击可分为 3 种:基于特定模式精确匹配的去匿名、基于种子匹配的去匿名和基于相似度匹配的去匿名。

基于特定模式精确匹配的去匿名算法无法抵抗噪声影响。一旦数据经上述某种匿名化算法引入噪声,就不再有效了。

上文提到的针对 Netflix 数据的攻击实际上是一种基于种子匹配的去匿名攻击。在这类方案中,攻击者首先需要了解一定数量的用户在两个图之间的节点对应关系(种子匹配)。算法从种子匹配出发,计算不同网络中的连接节点间的相似度,并将相似节点进行匹配,从而实现多网络间用户身份的重识别。

基于相似度匹配是在不具有先验知识(种子数据)的情况下普遍采用的去匿名方法。Cao 等人[7]基于 MapReduce 框架进行异源轨迹数据的用户重识别。数据预处理把轨迹处理为停留点(stay point)集合,然后对比潜在用户的 SIG(signal based similarity)判断这些用户是否为同一个人。在这个模型中,将用户停留点分为核心地点和普通地点,核心地点发出刺激信号,普通地点不发出信号,而是收到随距离衰减的刺激信号。两个用户轨迹中的点的 SIG 相似性越高,越可能是同一个人在不同数据源留下的轨迹。

综上所述,可以看到,k-匿名模型的相关研究实际上陷入了很大的困境。正如上文所述,k-匿名模型仅适用于存在明确准标识符的数据,而不适用于当前大数据时代规模庞大的非表结构数据,其使用范围有限。其次,大量的去匿名算法试图通过模糊的种子匹配和相似度匹配算法识别出最相近的用户,从而避免了 k-匿名算法对精确匹配算法造成的干扰,仍旧泄露了用户的特征,大大削弱了 k-匿名算法的保护能力。但 k-匿名模型作为经典的身份隐私保护模型仍在实际隐私保护应用中发挥作用,可为用户提供一定的隐私保护。

5.2.2 属性匿名

1. 同质攻击

在 5.2.1 节中讨论的 k-匿名模型能够用来防止链接攻击,避免攻击者唯一地识别出攻击目标。那么,在发布的匿名数据满足 k-匿名模型的情况下,是不是攻击者就不能从中推测出用户的其他隐私信息？在经过 k-匿名处理后的数据集中,攻击目标至少对应于 k 个可能的记录。但这些记录只满足准标识符信息一致的要求,而非准标识符数据和敏感数据保持不变。正如在 5.2.1 节分析 Netflix 隐私泄露事件时所讨论的,如果这 k 个用户的观影记录相同或非常接近,攻击者也能够获得用户的所有观影历史,分析用户的隐私属性。例如,这 k 个用户都喜欢看海洋纪录片,分析的结果是攻击目标可能是环保主义者。在 k-匿名的数据记录中,如果记录的敏感数据接近一致或集中于某个属性,攻击者也可以唯一或以极大概率确定数据持有者的属性。这类攻击称为同质攻击。

2. k-匿名模型的变体

人们首先在 k-匿名模型的基础上进行了一系列改进,试图抵抗同质攻击。

Zhang 等人[8]提出了 (k,e)-匿名模型,主要处理数值型敏感属性数据。(k,e)-匿名的思想是:要求每个等价类中元组个数至少是 k 个,同时等价类中敏感属性取值范围不能小于给定的阈值 e,也就是要求等价类中敏感属性的最大值与最小值的差至少是 e。

Wang 等人[9]提出了 (X,Y)-匿名的概念。其中,X、Y 为不相交的属性集。在这种方案中,讨论了数据库表中多条记录代表同一个数据持有者的情况。在此类情况下,多条记录的准标识符值相同或者基本相同,很有可能被划分到同一等价类中。简单的 k 匿名要求难以实现对用户隐私的保护。为此,他们提出,在属性组 X 中的属性均相同的情况下,每一组 X 均需对应至少 k 个不同的敏感属性组 Y 中的值。这种方案在普通 k 匿名的基础上增加了对敏感数据的限制条件。因此,能够提供比 k 匿名更好的保护。

为避免用户敏感属性被推测,在社交网络中出现大量基于 k-匿名聚类的改进算法。Ford 等人[10]提出了 p-sensitive k-anonymity 方法,要求聚类中节点数大于或等于 k,并且不同敏感值属性个数大于或等于 p。Sun[11]在此基础上提出了 $p+$sensitive k-anonymity 方法,该方法采用敏感属性值的类别概念,要求敏感属性值的类别至少出现 p 类。

3. l-多样化模型

Machanavajjhala 等人[12]提出了 l-多样化(l-diversity)这一新的模型,要求在准标识符相同的等价类中,敏感数据要满足一定的多样化要求。他们通过熵来定义数据的多样化程度,提出了熵 l-多样化(entropy l-diversity)的概念。

定义 5-5(熵 l-多样化)　如果对每一个泛化的 $q*$ 条记录组,满足 $-\sum_{s \in S} p_{(q^*,s)} \log p_{(q^*,s)} \geqslant \log l$,那么该表满足熵 l-多样化。

其中 $p_{(q^*,s)} = \dfrac{n_{(q^*,s)}}{\sum_{s \in S} n_{(q^*,s')}}$ 为 $q*$ 记录组中敏感值等于 s 的记录所占的比例。但是,这一要求过于严格。如果表格中 90% 的用户敏感属性都是"健康",$q*$ 记录组的熵 l-多样化很可能只有极少数不是"健康",从而使得该 $q*$ 记录组无法满足熵 l-多样化的要求。

递归 (c,l)-多样化(recursive(c,l)-diversity)在此基础上降低了多样性的要求,并假设不会影响到用户隐私的属性可以公开,不将其作为敏感值进行保护,例如用户"健康"这一属性值。

定义 5-6(递归 (c,l)-多样化)　将每一个 $q*$ 元组中用户敏感值按照出现的频繁程度降序排列,其出现次数分别为 $r_1, r_2, \cdots, r_m$,如果对每一个 $q*$ 元组,存在 $r_1 < c(r_l + r_{l+1} + \cdots + r_m)$,即最频繁的属性频率 r_1 不超过最不频繁的 $m-(l-1)$ 个属性的频率之和的 c 倍,那么

该表满足递归(c, l)-多样化。

Machanavajjhala 等人也进一步分析了用户敏感属性值公开和多敏感属性公开的进一步影响。

Xiao 等人[13]提出了基于分割方法的实现方案。这种方案中赋予同一等价类成员相同的组标识符，即使攻击者识别出目标用户所属的组，也无法识别出等价类中的目标用户的属性值。

4. 近似攻击与t贴近性模型

l-多样化方案仅能保证敏感属性值的多样性，未考虑敏感属性值的分布情况。如果匿名后的敏感属性分布明显不符合整体分布特征，例如相较于人群平均值，该等价类的用户有更高的概率患某种疾病，这种情况也会对用户隐私造成侵害。这种攻击方式称为近似攻击。因此，人们进一步提出 t 贴近性(t-closeness)模型[14,15]。t 贴近模型要求等价类中敏感属性值的分布与整个表中的数据分布近似。一个等价类是 t 贴近的，是指该等价类中的敏感属性的分布与整个表的敏感属性分布的距离不超过阈值 t。一个表是 t 贴近的，是指其中所有的等价类都是 t 贴近的。

人们采用 EMD(Earth Mover's Distance，陆地移动者距离)来计算两个分布的差距。对于数值型属性，可生成天然的排序序列，那么两个值 v_i 和 v_j 之间的距离可定义为 $\text{ordered}_{\text{dist}(v_i, v_j)} = \dfrac{|i-j|}{m-1}$，其中，$i$ 和 j 分别为两个值在排序序列中的序列号，该序列中共有 m 个不同的值。对于分类型属性，各个值之间不存在大小关系，很可能各个分类值之间并无关系，或者存在偏序关系。因此，分别定义相应的距离为等距和层次距离。等距是指任意两个属性值间的距离为 1。层次距离是指存在偏序关系的属性值所形成的层次树上的各个节点间的距离。两个叶子节点 v_i 和 v_j 的距离为 $\dfrac{\text{level}(v_i, v_j)}{H}$，其中 $\text{level}(v_i, v_j)$ 为节点 v_i 和 v_j 最矮的共同祖先的高度，H 为层次树的高度。

5.2.3　最新进展

1. 多次发布模型

在数据连续、多次发布的场景中，还需要考虑到多次发布的统一性问题。有很多方案可能在单独的发布场景中都能够满足 k 匿名、l 多样化或者 t-贴近性的要求，但是，对多次发布的数据联合进行分析，就会暴露数据匿名的漏洞。Xiao 等人[16]提出，可为不同的敏感数据形成不同的签名，同一个数据持有者的数据总是和同一个敏感数据签名相联系，即可使攻击者无法确定数据持有者的真正敏感信息，也就是 m-不变(m-invariance)的概念。此类方法的分类依据不是准标识符，而是敏感数据。每次分组时都形成相同的敏感数据签名，同一分组内部的多个数据持有者的真正敏感值隐藏在相同的签名中，无法识别。这种方式与以前的基于准标识符的分组是不同的，也可以很好地实现匿名保护的要求。

但是，通过进一步调研发现，这种发布方式也不能完全解决用户匿名的要求。Bu 等人[17]提出利用多表联合分析，利用反证法可以推测出若干数据持有者的真实敏感数据值。为了解决这个问题，作者提出，将需要保护的敏感信息和非敏感信息均分成不同的世系，并为每个敏感数据值提供几个非敏感数据值进行掩护。将敏感数据和它的掩护值放在一个签名组中。在匿名过程中,保证同一世系的数据(包括敏感数据和非敏感数据)不同时出现在同一个签名组中,即可保证攻击者无法通过反证法推测出数据持有者的真正敏感信息。

2. 个性化匿名模型

前述的隐私保护方案属于均一化方案,在一定程度上实现了所有用户的同等程度模糊。而实际上用户具有高度个性化的隐私保护需求。例如,某些用户在豆瓣读书上将某书评为5星,认为该信息是安全可公开的;而某些用户认为他人可能根据自己的历史评分信息推测出个人宗教信仰、民族等隐私信息,需要进行严格处理。而用户的社交关系中也仅有部分特定的社交关系较为敏感,需要进行专门的隐私保护。将用户的社交关系隐私与用户的身份隐私剥离,区分大量非敏感社交关系和部分特殊敏感社交关系,不但符合人们通常对私密社交关系的理解,对接下来的隐私保护工作也是必要的。简而言之,个性化隐私保护的目标是:针对用户定义的敏感信息和与之密切相关的其他信息进行匿名处理,保证敏感信息不可被攻击者推测。为此,Xiao 等人[18] 提出了个性化隐私保护(personalized privacy preservation)的匿名原则,针对用户个人的特殊需求,规定不同的隐私保护级别,避免了数据的过分匿名或者保护不足的情况。

个性化匿名的思路为抵抗基于机器学习的用户属性推测攻击指明了努力的方向。毕竟对于数据使用者来说,希望尽可能保留数据可用性。如果只需要对特定属性进行匿名,从某种程度上可以较好地保持无关属性的可用性。同时,数据发布者又可以针对用户的具体隐私需求进行合理匿名。

5.3 社交图谱中的隐私保护

5.3.1 概述

在社会学中,将社交网络(social network)定义为许多节点构成的一种社会结构,节点通常是指个人或组织,网络代表各种社会关系,个人和组织通过网络发生联系[19]。用图结构将这一社会结构表现出来,就成为社交图谱(social graph)。最简单的社交图谱为无向图,图中的点代表个人用户,无向边代表两个用户间的关系是相互的。像微博、Twitter 这类包含关注和被关注两种关系的社交网络中,其社交图谱为更复杂的有向图。

属性-社交网络模型进一步结合了用户属性数据和社交关系数据,其中包含两类节点,分别是用户节点和属性节点。每个属性节点代表一个可能的属性,例如,年龄和性别为两个属性节点。每个用户可以有多个不同的属性。用户具有某种属性,则在对应的用户节点和属性节点间建立一条边,称为属性连接。用户和用户间的朋友关系以对应的用户节点间的边表示,称为社交连接。在图 5-3(a)中的用户社交关系的基础上添加一定的属性信息,可生成图 5-3(b)所示的属性-社交网络图,其中方框代表一种属性值,圆形代表一个虚拟用户,虚线代表用户具有某属性,实线代表用户间具有社交关系。

毫无疑问,社交图谱中包含用户身份、属性、社交关系等大量与用户隐私相关的信息。由于社交网络分析的强大能力,简单的去标识化、删除敏感属性、删除敏感社交关系等手段无法达到预期目标,要保护的内容往往仍能通过分析被推测还原。具体而言,在社交网络中身份匿名需求具体表现为图结构中的节点匿名,即在公开发布的社交结构图中,不能识别出

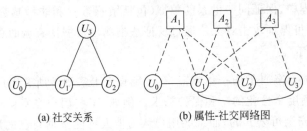

(a) 社交关系　　　　　　　　(b) 属性-社交网络图

图 5-3　社交网络模型

某个匿名节点所代表的特定用户身份。属性匿名需求重点表现为如何防止攻击者通过社交关系分析推测属性。而社交关系匿名重点在于如何防止攻击者通过用户的其他社交关系恢复出已保护的敏感社交关系。总之,社交网络隐私保护目标为依据当前社交网络分析技术能力,对社交图谱进行足够的处理变换,在可用性的前提下,合理降低被保护内容被推测的准确度。

　　k-匿名模型可为社交图谱隐私保护提供可量化的匿名标准。而前一节中提到的 l-多样化、t-贴近性、m-不变性等模型也依然适用。但由于社交图谱中的核心是图结构,其数据处理变换的手段是改变图结构及属性,例如节点的删除、分裂、合并,以及边的删除、添加等,因此,本节重点介绍针对社交图谱这种图结构特征的匿名方案。

5.3.2　节点匿名

1. 问题背景

　　在图连接信息丰富的社交网络中,攻击者可以通过对目标用户的邻居社交关系所形成的独特结构重识别出用户。如果攻击者充分熟悉攻击目标的邻居社区,也能够将攻击目标缩小到具有一些特定邻居结构的节点集合中。攻击者所掌握的攻击目标的邻居信息越充分,越有可能将目标唯一地识别出来。例如,攻击者确定目标用户在此社交网络中仅与 5 位用户有连接,则可以将攻击目标范围缩小到图中度数为 5 的节点。更进一步,攻击者还了解到 5 位朋友中仅有两位互为朋友,攻击目标的范围又可进一步缩小。

　　在社交图谱隐私保护中,可以通过 3 种问答来刻画攻击者的能力(或者称为攻击者的背景知识),分别描述攻击者对于目标节点的节点度数、节点附近的子图形状、子图范围内节点的连通程度等的了解程度[20]。在后续工作中,Lin 等人和 Yuan 等人分别证明,通过社交节点的度数[21]、子图相似性[22]均可识别用户身份。攻击者的攻击方式划分为主动、半主动和被动攻击 3 种[23]。其中,主动攻击指攻击者有能力修改与影响社交图谱。例如,攻击者可以在匿名图发布之前主动生成一系列账号,生成可识别的结构,通过识别该结构而进一步识别出与之相连的攻击目标。被动攻击指攻击者不采取任何主动行为,仅通过已发布的图谱信息识别出目标节点。这类攻击方式更为隐蔽,对背景知识的要求更高。半主动攻击方式介于上述两者之间,攻击者可生成一系列账号,视攻击目标的可识别程度决定是否主动添加与攻击目标的关联。

　　针对上述攻击,节点匿名的目标是通过添加一定程度的抑制、置换或扰动,降低精确匹配的成功率。比较典型的是 Liu 等人[24]提出的图的 k 度匿名模型和 Zou 等人[25]提出的 k 子图同构模型。

2. 基于节点度数的 k-匿名方案

简单来说,如果一个图满足 k-匿名,则表明图中任一个节点至少与其他 $k-1$ 个节点具有相同的度,利用节点度作为背景知识的攻击者能够识别目标个体的概率不超过 $1/k$。

定义 5-7（向量 k-匿名）　如果整数向量 v 是 k-匿名的,那么向量 v 中每个值都出现至少 k 次。例如,向量 $v=[5,5,3,3,2,2,2]$ 是 2-匿名的。

定义 5-8（图的 k-匿名）　如果图 $G(V,E)$ 是 k-匿名的,那么图 G 的度数序列 d_G 是 k-匿名的。如图 5-4 所示,(a)为 3-匿名图,(b)为 2-匿名图。

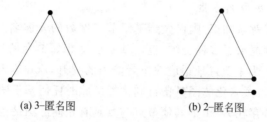

(a) 3-匿名图　　　　　　(b) 2-匿名图

图 5-4　匿名图

显然,可以通过增加、删除边来实现节点度数的调整。调整后的图为 $\hat{G}$,对应的边和度数分别为 $\hat{E}$ 和 $\hat{d}$。以单纯增加边,不增加节点也不删除边的策略为例,希望选择增加度数最少的方案来实现 k-匿名,即实现 $L_1(\hat{d}-d)=\sum_i |\hat{d}(i)-d(i)|$ 的最小化,以保持数据可用性。显然,只要找到最优的图度数 k-匿名向量,就可以根据该向量在原图基础上增补出新的 k-匿名图。

将图中节点按度数序列倒序排列并编号,那么有 $d(1) \geqslant d(2) \geqslant \cdots \geqslant d(n)$,并且对于 $i<j$ 且 $\hat{d}(i)=\hat{d}(j)$ 的情况,有 $\hat{d}(i)=\hat{d}(i+1)=\cdots=\hat{d}(j-1)=\hat{d}(j)$。对于节点 1 到 n 的度数序列 $d[1,n]$,其匿名代价为 $\mathrm{DA}(d[1,n])$。如果其中节点 i 到节点 j 形成同一个匿名组,那么将该组的匿名代价记为 $I(d[i,j])$。显然,$I(d[i,j])=\sum_{l=i}^{j}(d(i)-d(l))$。根据贪婪算法的思路,可得到如下线索:

(1) 若图中节点数 $n<2k$,必然有 $\mathrm{DA}(d[1,n])=I(d[1,n])$。

(2) 若 $n \geqslant 2k$,则 $\mathrm{DA}(d[1,n])=\min\{\min_{k \leqslant t \leqslant n-k}\{\mathrm{DA}(d[1,t])+I(d[t+1,n])\},I(d[1,n])\}$。

而且,任意最优匿名组的大小应不大于 $2k-1$,否则该匿名组可以进一步分割为两个匿名组。因此,可进一步优化递归匿名的范围为 $\max\{k,n-2k+1\} \leqslant t \leqslant n-k$,(2) 中的递归部分改写为 $\mathrm{DA}(d[1,n])=\min\{\min_{k \leqslant t \leqslant n-k}\{\mathrm{DA}(d[1,t])+I(d[t+1,n])\},I(d[1,n])\}$。为选择合适的 t,贪婪算法需要在分组的时候衡量当前节点并入上一分组还是作为下一分组的起始节点。以 $k+1$ 节点为例,前 k 个节点已形成上一分组,当前节点并入上一分组的代价为 $C_{\mathrm{merge}}=(d(1)-d(k+1))+I(d[k+2,2k+1])$,作为新分组起始点的代价为 $C_{\mathrm{new}}=I(d[k+1,2k])$。如果 $C_{\mathrm{merge}}>C_{\mathrm{new}}$,那么 $k+1$ 节点作为新分组的起点,并继续处理新分组的节点;否则,$k+1$ 节点并入上一分组,算法继续考虑 $k+2$ 节点是否需要并入上一分组。

基于以上贪婪算法,可以构建调整后的图:

(1) 根据贪婪算法,计算调整后的度数序列。

(2) 根据调整后的度数序列为 G 增加新的边。

（2.1）更新每个节点需增加的度数 $a(v)$。

（2.2）随机选择度数 $a(v')$ 非零的节点 v'，在不增加重复边的前提下，将其与具有最大 $a(v)$ 值的节点 v 连一条边，更新两个节点的 $a(v)$ 值。

（2.3）重复步骤（2.2），直到所有节点的 $a(v)$ 值为 0。

（3）如果第（1）步中调整后的度数序列无法形成图，则随机调整原图的节点度数 d，重新执行第（1）、（2）步。

此外，Liu 等人还给出了放松条件下的 k 匿名算法。

3. 基于自同构的 k 匿名方案

若攻击者具备更多背景知识，则仅做到基于节点度数的 k 匿名并不能达到节点匿名的目的。人们后来又陆续提出了多种变体，包括基于已知相邻节点的度数[26]、邻居结构[27]等条件下的 k 匿名方案。为了更好地适应攻击者能力的提升，Zou 等人[25]提出了一种更具一般性的匿名化算法，使得匿名化的图具备自同构性。此时任何基于图结构的攻击都将失效，因为对于任意节点总是存在 $k-1$ 个其他节点与其具有相同的图结构。

定义 5-9（图的同构） 有两个图 $G_1=(V_1,E_1)$ 和 $G_2=(V_2,E_2)$，图 G_1 与 G_2 同构，当且仅当存在一个双向映射 $f: V_1 \rightarrow V_2$，使得对于任意边 $(u_1,v_1) \in E_1$ 存在 $(f(u_1),f(v_1)) \in E_2$。

定义 5-10（自同构图） 如果图 G 上存在一个映射 f，使得对于任意边 $e=(u,v)$，存在 $f(e)=(f(u),f(v))$ 同样是 G 中的边，称图 G 是自同构的。即图在映射 f 作用下与其自身同构。如果图 G 上存在 k 个自同构，也就是存在 $k-1$ 个不同的自同构映射。例如图 5-5 为一个自同构图的若干同构图。

图 5-5   自同构图示例

显然，如果图 G 是 k 自同构的，那么其中的任意节点至少与其他 $k-1$ 个节点无法通过结构信息区分。对于图 G 的任意查询，如果存在 1 个匹配的用户节点，那么必将存在其他 $k-1$ 个节点也是匹配的。可通过以下步骤获得 k 自同构匿名图：

（1）去除图中节点的标识符信息。

（2）划分图为 k 个区域。

（3）分别处理 k 个区域，使其同构。

Zou 等人提出了一种优化的 k-Match 算法来构建 k 自同构图。算法步骤如下：

（1）去除 G 中的标识符信息，生成 G'。

（2）将 G' 分为 n 个 block，并将这些 block 聚类为 m 个分组，保证每个分组至少包含 k 个 block。

（3）对于任意分组：

① 对组内的 block 进行处理，使其同构。

② 将同构 block 替换原 block。

（4）将跨 block 的边连接复制到对应的顶点之间。

其中，为构建最优同构 block，需选择代价最小的节点映射。但最优映射的选择是 NP 困难问题，因此，可通过启发式算法寻找近似解。Zou 等人通过宽度优先搜索按度数为每个 block 中的节点排序，指定在各 block 中顺序相同的节点互为映射。然后再根据映射节点对应关系表，并依据原始 block 中的边，向其他同构 block 中增添对应的边，其过程如图 5-6 所示。

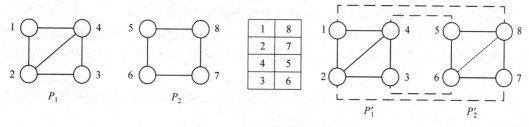

图 5-6　block 同构步骤示意图

k-Match 算法的优势在于，将同构处理的范围大大缩小，降低了数据失真的程度。但同时也可以看出，步骤(2)中对图 G' 的 block 分割以及聚类分组的结果对步骤(3)具有重要影响。Zou 等人在其论文中也讨论了 block 的选取等。

Cheng 等人[28]提出的 k 同构匿名化算法进一步确保了边的匿名性：攻击者甚至不能推测出两个节点之间是否有边。此类算法可以看作基于图结构的"终极"防护。从基本的度匿名到同构匿名，节点在更多社交结构特征上更加近似，攻击者识别出某特定节点的难度也随之增大，因此可以有效地保护用户的隐私。但需要指出的是，随着匿名方案的安全性增强，对图做出的改动也越来越大，严重影响数据的可用性。例如，在 Wu 等人[29]的实验中，来自数据库和计算理论领域的科学家合作关系图需要添加约 70% 的边才能满足自同构性。

5.3.3　边匿名

1. 问题背景

用户的社交关系隐私是指用户某些特定的秘密连接不希望披露给公众，也不希望与此连接无关的公众可以推测这些秘密连接的存在[30]。数据发布者需要有能力保证这些私密社交关系的匿名性。

为了杜绝秘密连接关系的泄露，最直接的方案就是在数据发布时将对应的边删除。但是，这种方案并不能降低此边连接被推测得出的概率。研究表明，基于用户的基本社区结构（community）可预测和恢复用户社交结构中缺失的连接。例如，Newman[31]通过研究论文合作者网络发现，如果两者各自的合作者重合数目越多，两者越倾向于相互合作，亦即建立连接。Adamic 等人[32]分析了节点间共同朋友的度数与节点间建立连接可能性之间的关系。Zhou 等人[33]建立了资源分配模型，认为当从节点 a 流到节点 b 的资源越多，两者间建立连接的可能性越高。Lichtenwalter 等人[34]提出了一种限制随机游走的 PropFlow 方法，通过计算在 1 步内从节点 v 走到节点 j 的概率，推测不同连接关系存在的概率。

这类方案的基本假设是：用户间的社交距离越近，则越可能建立社交关系。也就是说，用户更可能和熟人的熟人建立新的连接。例如，Newman 等人定义两个用户在时刻 t 建立

连接的概率为 $P_m(t)$，其中 m 为两者的共同朋友数。这一概率可计算为

$$P_m(t) = \frac{n_m(t)}{\frac{1}{2}N(t)[N(t)-1]}R_m$$

$n_m(t)$ 为 m 个共同朋友中互相之间的连接数目；$N(t)$ 是网络中所有的用户数目；$R_m = A - Be^{-m/m_0}$，A、B、m_0 是与网络相关的经验参数。显然，两者的共同朋友越多，共同朋友间的连接越多，两者越可能成为朋友。

目前较为流行的典型的用户社交关系推测方法包括以下几种[35]：

(1) 共同邻居方法(common neighbour)：该方法定义用户间关系程度的打分标准为其共同朋友集的大小，即 $S^{CN}(x,y) = |N(x) \bigcap N(y)|$，其中 $N(x)$ 和 $N(y)$ 分别表示用户 x 和 y 的朋友集。

(2) AA Index(Adamic-Adar Index)：该方法更进一步考虑了用户间的共同朋友的度数，定义打分标准为

$$S^{AA}(x,y) = \sum_{z \in N(x) \bigcap N(y)} \frac{1}{\log k(z)}$$

$k(z)$ 为用户 z 的度数。

(3) RA Index(Resource Allocation Index)：该方法将两者建立关系的可能性模拟为两者间资源流动的比例，因此，打分公式更新为

$$S^{RA}(x,y) = \sum_{z \in N(x) \bigcap N(y)} \frac{1}{k(z)}$$

(4) Katz Index：该方法认为，若两个用户之间的短路径连接越多，则他们越有可能成为朋友。因此，该方法提出了一种基于路径的打分公式

$$S^{KZ}(x,y) = \sum_{l=1}^{\infty} \beta^l |\text{paths}_{x,y}^l|$$

其中 β 为调整参数，$\text{paths}_{x,y}^l$ 为从 x 到 y 的路径中长度为 l 的所有路径。

(5) Rooted PageRank Index：该方法利用图上的随机游走过程定义两个节点间建立联系的可能性，其中从每个节点 x 出发，有 $1-\beta$ 的可能性返回 x，以 β 的可能性随机到达 x 的某一个邻居。A 为该图的邻接矩阵表示。定义矩阵 D，其中 $D_{ii} = 1/\sum A_{ij}$，$D_{ij(i \neq j)} = 0$，矩阵 $T = DA$，得到 $S^{PR} = (1-\beta)(I-\beta T)^{-1}$，$I$ 为单位矩阵。

从本质上来说，这些方法都是试图从各种方面衡量用户间的社交距离。显然，社交距离近的人更容易彼此成为朋友。Lv 等人[36]提出，对于某些社区，用户的弱连接对于预测新的朋友更有意义。因为强连接带来的朋友很可能已经成为用户的朋友。

此外，在社交网络中还可将用户的所有朋友根据其经历、属性等的不同分成若干子群(subgroup)，同一子群内部的用户更相似，社交关系也更紧密。Wu 等人[37]认为，攻击者可以借助于分析子群中其他用户的社交结构，对目标用户可能具有的连接进行推测。Feng 等人[35]研究发现：社交网络的集聚特性对于关系预测方法的准确性具有重要影响。随着社交网络局部连接密度增长，集聚系数增大，连接预测算法的准确性也会进一步增强。在 Feng 等人[35]的实验中，虚拟数据集的集聚系数 C 越来越大，任意预测算法的准确率 P 都有明显上升，如图 5-7 所示。这一研究从宏观上表明，用户所在的群组关系越稠密，用户的社交关系越容易被推测。这实际上是用户间社交距离近的另一种表述方式。将群组的概念引

入社交关系分析更加强化了近距离的社交关系的重要性。

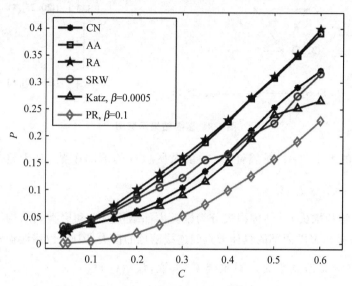

图 5-7 社交关系预测准确率与集聚系数的相关性

社交关系匿名有两个主要的技术思路：其一是通过节点匿名保护节点所代表的真实用户身份，从而达到保护用户间社交关系的目的；其二是在节点身份已知的前提下，通过对图中其他边数据的扰动，降低某个隐藏社交关系被推测出来的可能性。本节对这两种技术思路分别选取了一个典型代表予以介绍。

2. 基于超级节点的匿名方案

基于超级节点的匿名方案的基本思路是，通过节点聚类，形成超级节点和超级边，因而形成事实上的等价类，使得用户身份、用户社交关系不可区分，达到隐藏真实社交关系的目的。

典型的算法[38]通常将节点分为多个类，然后将同一类内的节点压缩为一个超级节点，两个超级节点之间的边只发布连接数目而不再发布具体连接关系。在发布的匿名图中，所有超级节点内部的节点和连接都被隐藏，超级节点间的连接也无法确定连接的具体真实顶点。

下面重点介绍基于属性-社交网络的聚类匿名方法[39]。在图 $G(V,E,R)$ 中，不但包含 V、E 构成的社交结构，每个节点还包括一些准标识符的集合，例如年龄或者性别。Tassa 等人给出了基于属性-社交网络的聚类匿名方法，其匿名结果如图 5-8 所示。聚类中的节点记为 $C_t = \{v_{n_1}, v_{n_2}, \cdots, v_{n_m}\}$，节点对应的属性记为 $\overline{R_t} = (\overline{R_t}(1), \overline{R_t}(2), \cdots, \overline{R_t}(I)) \in \overline{A_1} \times \overline{A_2} \times \cdots \times \overline{A_I}$ 为原始 m 条记录的最小泛化。

首先需要定义如何衡量在寻找最小泛化和聚类的过程中的信息损失。

定义 5-11（信息损失） 对于社交网络 SN 和对应的聚类 C 来说，将 SN 替换为 SN_C 的信息损失可表示为：$I(C) = \omega \cdot I_D(C) + (1-\omega)I_S(C)$。其中，$\omega$ 为权重参数，$I_D(C)$ 为用户属性泛化过程中的描述信息损失，$I_S(C)$ 为聚类过程中的结构损失。

定义 5-12（描述信息损失） 对于第 t 个聚类，$I_D(C_t) = \frac{1}{I} \sum_{i=1}^{I} \frac{|\overline{R_t}(i)| - 1}{|\overline{A_i}| - 1}$，$|\overline{R_t}(i)|$ 为

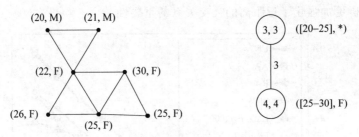

图 5-8　匿名结果示意图

泛化属性$\overline{R_t}(i)$的大小，$|\overline{A_i}|$是属性A_i的值域所包含的值的个数。对于整个聚类C来说，
$$I_D(C) = \frac{1}{N}\sum_{t=1}^{T}|C_t| \cdot I_D(C_t)。$$

定义 5-13（结构损失）　结构损失分为聚类内部结构损失和聚类间结构损失两部分。聚类内部结构损失是指聚类内部的具体节点间连接信息的损失，因此，以错误识别一对节点间存在连接的概率来定义信息损失。对聚类C_t来说，$I_{S,1}(C_t) := 2e_t\left(1 - \frac{2e_t}{|C_t| \cdot (|C_t|-1)}\right)$，$e_t$为聚类内部的连接数目。聚类间的结构损失是指不同聚类间的具体节点的连接信息的损失，同样以错误识别一对节点间存在连接的概率来定义。对聚类C_t和C_s来说，$I_{S,2}(C_t,C_s) := 2e_{t,s}\left(1 - \frac{2e_{t,s}}{|C_t| \cdot |C_s|}\right)$。对于整个聚类$C = \{C_1, C_2, \cdots, C_T\}$来说，有
$$I_{S,2}(C) = \frac{4}{N(N-1)}\left[\sum_{t=1}^{T}I_{S,1}(C_t) + \sum_{1 \leqslant t \neq s \leqslant T}I_{S,2}(C_t,C_s)\right]$$

根据信息损失的定义，可以给出聚类算法。以 Tassa 等人给出的顺序聚类（squential clustering）算法为例，该算法首先随机地将全图的节点分到T个聚类中，然后算法循环计算所有N个节点是否可移动到其他聚类中，以减少信息损失，直到聚类稳定。算法的具体描述如下：

（1）将节点集合V随机分割为T个聚类$C = \{C_1, C_2, \cdots, C_T\}$，每个聚类的节点数目为$k_0$或者$k_0+1$，其中$k_0 = \alpha k$，与$k$和参数$\alpha$相关（$\alpha = 0.5$时分组效果较好）。

（2）对于每一个节点：

（2.1）当前节点v_n属于聚类C_t，对于任意其他聚类C_s，计算节点v_n从C_t移动到C_s所造成的信息损失变化。

（2.2）选择信息损失变化最小的聚类C_{s_0}，并将节点v_n从C_t移动到C_{s_0}。

（2.3）如果存在节点数大于k_1的聚类，则将其分为两个等大的聚类，其中$k_1 = \beta k$，与k和参数β相关（$\beta = 1.5$时效率较好）。

（3）如果存在若干节点数小于k的聚类，将其与最接近的聚类融合。

基于超级节点匿名方法基于聚类节点信息的统计发布，避免了攻击者识别出超级节点内部的真实节点，能够实现用户隐私保护。但实际上，这种方法提供了远超用户需求的匿名保护，因为非私密的社交关系也一并被隐藏。这种方案大大改变了图数据的结构，使得数据的可用性大为降低。

3. 基于扰动的匿名方案

通过边扰动也可以实现社交关系隐藏。其基本思想是：根据节点的不同特征，将其划

分为不同的等价类,然后将部分社交连接的顶点用其相同等价类的其他顶点替换,达到隐藏真实社交关系的目的。举例来说,若攻击者掌握关于节点度数的背景知识,那么可以采用基于度数的边交换方法[40],从等价类中选择度数符合特定要求的节点交换它们原有的连接(如图 5-9 所示),包括随机删边、随机扰动、随机交换等方法。其中随机删边的方法等概率地从图中选取一定比例的边,然后删除这些边。随机扰动的方法先以相同方式删除一定比例的边,然后再随机添加相同数量的边,使得匿名化后的图与原图边数相等。随机交换的方

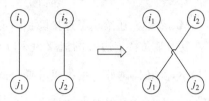

图 5-9　边交换示意图

法首先随机选取两条边(i_1,j_1)和(i_2,j_2),然后删除这两条边,并添加两条新的边(i_1,j_2)和(i_2,j_1),前提是这两条边原先并不存在。基于交换的方法不仅保证了总边数不变,也保证了每个节点的度数不变。

下面介绍一种基于随机游走进行边交换的算法[41]以及相应的信息损失和隐私衡量方法。该算法假定对于每条边(u,v),从 v 开始进行指定长度的随机游走,最终到达 z,然后将原来的边(u,v)替换成(u,z),由于算法在图上不断游走,从每个节点转移到下一个节点的概率与该点的度数密切相关。当节点 v 经过 l 步游走之后交换边,从而生成新的图,新图与原图相比产生了一些信息损失,可通过转移概率的变化来描述。相对于其他随机增删、交换的方案,基于随机游走的交换方案保持了用户的连接可用性以及图的一些宏观上的连接特征,避免了无序和无意义的扰动。

定义 5-14(节点转移概率)　节点间的转移概率形成矩阵 $\boldsymbol{P}$,其中节点 i 和 j 间的转移概率为

$$P_{i,j} = \begin{cases} \dfrac{1}{\deg(i)}, & \text{若}(i,j)\text{为 } G \text{ 中的边} \\ 0, & \text{其他} \end{cases}$$

当转移 t 次之后,用户所处的状态(位置)为 $\pi(t)$,而且 $\pi(t)=\pi(0)\cdot\boldsymbol{P}^t$。当转移概率稳定后,可以得到 $\pi=\pi\cdot\boldsymbol{P}$。

定义 5-15(可用性)　图 G 经过 l 步游走之后生成 G',定义两图节点转移概率矩阵的距离为图的可用性变化,即 $\mathrm{VU}(v,G,G',l)=\mathrm{distance}(P_v^l(G),P_v^l(G'))$,其中 P_v^l 为矩阵 $\boldsymbol{P}^l$ 的第 v 行。其平均值记为所有节点可用性变化的平均值,即

$$\mathrm{VU}_{\mathrm{mean}}(G,G',l) = \sum_{v\in V}\frac{\mathrm{distance}(P_v^l(G),P_v^l(G'))}{|V|}$$

算法的具体步骤如下:

(1) 对图 G 中的每一个节点 u,记其当前已游走边数 count=1。

(2) 对于当前节点 u 的每个邻居节点 v,记其循环次数为 1。

(3) 从节点 v 出发随机游走 $t-1$ 步,到达游走终点 z,节点 v 的循环次数加 1。

(4) 如果第(3)步中得到 $z=u$ 或者边(u,z)已经存在于图 G' 中,重新执行第(2)步直到循环次数大于 M。

(5) 若第(2)步中得到合理的 z 且当前循环次数小于 M,并且 count=1,将边(u,z)加入图 G',count+1。

（6）若第（2）步中得到合理的 z 且当前循环次数小于 M，但 count＞1，将边 (u,z) 以一定的概率加入图 G'，该概率为 $\dfrac{0.5\times\deg(u)-1}{\deg(u)-1}$，其中 $\deg(u)$ 为节点 u 在图 G 中的度数，count＋1。

Mittal 等人还给出了连接隐私的定义。图 G 变换为 G' 之后，攻击者基于额外信息 H 攻击 G' 恢复出某条特定边 L 的概率为 $P[L\in G|G',H]$，简化为 $P[L|G',H]$。显然，$P[L|G',H]$ 值越小，隐私性越好。根据贝叶斯公式，可得 $P[L|G',H]=\dfrac{P[G'|L,H]\cdot P[L|H]}{P[G'|H]}$。其中 $P[L|H]$ 为攻击者的先验概率，$P[G'|H]$ 可通过采样技术分析取得。$P[G'|L,H]=\sum\limits_{G_p}p[G'|G_p]\cdot P[G_p|L,H]$，其中 G_p 为包含连接 L 的所有可能的图。因此，$P[G'|G_p]$ 可由交换算法分析得出，这一概率为 $\left(\dfrac{1}{2}\right)^{2m}\cdot\dbinom{2m}{m'}\cdot\prod\limits_{(i,j)\in E(G')}\dfrac{P^t_{ij}(G_p)+P^t_{ji}(G_p)}{2}$。因此，可通过贝叶斯公式计算得到攻击者恢复出连接 L 的概率 $P[L|G',H]$。

虽然连接隐私的计算复杂度较高，但通过贝叶斯公式衡量连接关系的隐私程度是社交关系隐私保护的重要工具。

5.3.4　属性匿名

1. 问题背景

现有研究表明，用户的社交网络记录已经成为其隐私泄露的主要来源。Mislove 等人[42]在研究了 Facebook 的用户数据后发现，用户部分属性与其社交结构具有较高的相关性。具有相同属性的用户更容易成为朋友，形成关系紧密的社区。结合其社交结构以及朋友关系，可以推断出用户未标注的属性。通过对 4000 名莱斯大学的学生数据进行实验，隐藏部分用户的专业、年级、居住信息，结果发现，以 20％ 的用户信息为基础，能够以极高的准确度推测某些用户的特定属性，例如学生的年级、居住信息和高中信息等。5.2.2 节中讨论的敏感属性匿名保护方法，如 l-多样性等，并未考虑到社交图谱中朋友关系对属性的影响，因此，无法满足社交图谱中用户的隐私保护需求。

2. 基于属性-社交网络的属性匿名保护方案

Gundecha 等人[43]指出，用户个人信息的隐私风险与其朋友的隐私保护有关，并提出了一系列衡量隐私安全的度量指标。这些去匿名方案表明，攻击者能够从各种渠道实现对用户隐私信息的分析，社交网络中的用户隐私挖掘攻击更加无孔不入。人们还通过用户可见的属性、社交关系、所属群组等信息来推测用户的隐私信息[44,45]。在 Getoor 等人的论文中，分别总结了基于关系可进行的信息挖掘，包括基于关系的客体排序和分类、基于关系的聚类、基于关系的实体识别、关系预测、子图发现等。其中，基于社交关系进行用户分类、用户聚类、子图发现的挖掘很可能会发现用户所属的私密社区，通过社区中其他用户的属性暴露用户的隐私属性。Yuan 等人[46]考虑敏感属性信息和节点度信息，采用添加噪声节点、增删边的方法实现具有相同度数的节点满足 k-匿名，并且节点敏感属性值满足 l-多样性。Wang 等人[47]提出了一种基于聚类的匿名保护方法，该方法在保护用户身份信息的同时也保护了用户的社交关系信息和敏感属性信息，非常适用于属性-社交网络场景。

在属性-社交网络中，为实现属性匿名，需要从节点、边、属性 3 方面联合匿名。为此，下面给出属性-社交网络中相关概念的定义。

定义 5-16（伪装社交网络） 给定社交网络（Social Network，SN），为其生成一个满足 k-匿名的伪装社交网络（Masked Social Network，MSN）。MSN 表示为三元组 MG(MV，ME，MA)，其中，MV$=\{cl_1,cl_2,\cdots,cl_m\}$ 是 SN 节点形成的划分，其中包含 m 个聚类，每个聚类包含至少 k 个节点，且 $cl_i \bigcap cl_j = \varnothing (i \neq j)$，$\bigcup\limits_{i=1}^{m} cl_i = V$；ME 为聚类间边的集合，$(cl_i,cl_j) \in$ ME $(i \neq j)$ 当且仅当 $\exists v_p \in cl_i, v_q \in cl_j$，满足 $(v_p,v_q) \in E$；MA 为泛化后的节点属性信息表，包含泛化后的准标识符信息和敏感属性信息。

在 MSN 的基础上，定义更进一步的伪装社交网络（Further Masked Social Network，FMSN），对应的三元组 FMG(FMV，FME，FMA) 中 FMV 和 FME 保持不变，要求 FMA 满足同一聚类的敏感属性值不小于 1。显然，相对于 MSN，FMSN 能提供更好的属性匿名保护。

与 5.3.3 节类似，首先利用 SaNGreeA 算法[48]根据信息损失（包括泛化属性信息损失、聚类内部结构信息损失、聚类间结构信息损失）将所有节点划分到不同聚类中，每个聚类都包含至少 k 个节点，得到 MG(MV，ME，MA)。然后进一步优化这一结果。具体算法步骤如下：

(1) 更新 FMV 为 MV 中满足 l-多样化的聚类集合。

(2) 更新 NFMV 为 MV 和 FMV 的差集。

(3) 当 NFMV 不为空集时，执行以下步骤：

(3.1) 取 NFMV 中敏感属性最多的聚类 cl_{e1}，更新 NFMV 为 NFMV$-cl_{e1}$。

(3.2) 如果 cl_{e1} 敏感值种类小于 1，那么从 cl_{e1} 中选择一个节点 v_{e1} 与其他聚类中的一个节点 v_i 交换，使得交换产生的信息损失最少，且聚类 cl_{e1} 的敏感值种类变大。

(3.3) 如果无法找到满足条件的 v_i，则将聚类 cl_{e1} 中的每个节点分配到其他聚类中，使得信息损失最少，从而删除聚类 cl_{e1}。

(4) 根据 FMV 生成 FME 和 FMA。

可以通过聚类熵（Cluster Entropy）的概念来衡量算法提供的隐私保护能力。

定义 5-17（聚类熵） 给定聚类 cl，SA$=\{s_1,s_2,\cdots,s_n\}$ 是不同敏感属性值集合，$T=\{t_1,t_2,\cdots,t_n\}$，t_i 为对应属性值 s_i 在聚类 cl 中出现的次数。聚类熵定义为

$$\mathrm{CLE(cl)} = -\sum_{i=1}^{n} \frac{t_i}{|\,\mathrm{cl}\,|} \log \frac{t_i}{|\,\mathrm{cl}\,|}$$

在进行聚类交换前，聚类熵为

$$\mathrm{CLE}_1(\mathrm{cl}) = -\sum_{i=1}^{n} \frac{t_i}{|\mathrm{cl}|} \log \frac{t_i}{|\mathrm{cl}|}$$

交换后，聚类熵变为

$$\mathrm{CLE}_2(\mathrm{cl}) = -\sum_{p \neq i} \frac{t_i}{|\mathrm{cl}|} \log \frac{t_i}{|\mathrm{cl}|} - \frac{t_p-1}{|\mathrm{cl}|} \log \frac{t_p-1}{|\mathrm{cl}|} - \frac{1}{|\mathrm{cl}|} \log \frac{1}{|\mathrm{cl}|}$$

显然，聚类熵的变化为

$$\mathrm{CLE}_2(\mathrm{cl}) - \mathrm{CLE}_1(\mathrm{cl}) = -\frac{t_p-1}{|\mathrm{cl}|} \log \frac{t_p-1}{|\mathrm{cl}|} - \frac{1}{|\mathrm{cl}|} \log \frac{1}{|\mathrm{cl}|} + \frac{t_p}{|\mathrm{cl}|} \log \frac{t_p}{|\mathrm{cl}|}$$

$$= \frac{1}{|\mathrm{cl}|}\big[t_p\log t_p - (t_p-1)\log(t_p-1)\big]$$

根据函数增加性可判断 $\mathrm{CLE}_2(\mathrm{cl})-\mathrm{CLE}_1(\mathrm{cl})\geqslant 0$，因此，交换之后，聚类的熵增大，敏感属性值的混乱程度增加，敌手推测时需要更多信息。

5.4　位置轨迹隐私保护

在 2017 年颁布的中华人民共和国国家标准《信息安全技术　个人信息去标识化指南》中，明确将地理位置与姓名、身份证号等信息并列，作为常见的用户标识符。而在日常的生活中，该信息却被各种服务提供商大量收集。

从前面的分析可以看出，用户的位置轨迹中也可能隐含用户的身份信息、社交关系信息、敏感属性信息等。但用户的位置轨迹隐私还包含独特的范畴，包括用户的真实位置信息、敏感地理位置信息和用户的活动规律信息，对应于用户的 3 种地理位置轨迹隐私保护需求。用户的真实位置隐私保护通常指使用用户轨迹信息时不暴露用户的真实位置，例如在基于位置服务或者智能交通等应用或非实时的位置应用场景中，用户不希望自己被唯一准确地定位。用户的敏感地理位置隐私保护是指用户不希望公开访问历史中的某些特定地理位置，例如医院、家庭住址等，从而避免自己的疾病或住址泄露。用户的活动规律来源于用户的长期出行历史，反映了包括用户的出行时间、交通工具、停留地点和目的地等信息的用户周期性和随机性出行的模式。如果敌手掌握了用户的活动规律，就能够预测用户当前出行的下一位置、目的地、未来的出行，甚至发现用户在出行路线上可能访问过的敏感地理位置。因此，除了传统的身份隐私、社交关系隐私、敏感属性隐私，在探讨用户位置轨迹数据挖掘应用时，还必须兼顾用户的真实位置隐私、敏感地理位置隐私和活动规律隐私这 3 种隐私保护需求。

本节首先针对位置轨迹数据的两种场景：实时进行的位置轨迹收集的隐私保护和对已经收集的位置轨迹进行发布时的隐私保护，分别介绍相应的隐私保护方法。最后，介绍新型的基于用户活动规律挖掘的攻击手段。基于用户的活动规律，可进行用户重识别和位置预测等攻击。

5.4.1　面向 LBS 应用的隐私保护

基于位置的服务(Location Based Service，LBS)是指服务提供商根据用户的位置信息和其他信息为用户提供相应的服务。当用户需要使用某种位置服务时，通过手机等设备将位置信息提交到服务器，服务器经过一定的查询处理后将结果返回给用户，如查询"当前位置附近的共享单车""某景点附近的餐厅、酒店""从 A 位置到 B 位置的路线"等。但无论哪种位置服务，都离不开用户位置这个重要因素。

位置服务的质量与位置信息的准确性息息相关，用户往往会把精确的位置信息发送到服务器端，这无疑为敌手窃取用户的信息提供了方便。无论是在传输过程中敌手窃听用户的数据，还是服务提供商有意或无意泄露用户的信息，都会给用户隐私带来巨大的威胁。

在当前各类 LBS 隐私保护方案中，两类典型的方法是 Mix-zone 在路网中的应用和

PIR 在近邻查询中的应用。

1. Mix-zone 在路网中的应用

简单来说,Mix-zone 是多个用户集中改变假名的特定区域。Beresford 等人[49,50]最先提出 Mix-zone 方法,其基本思想是:指定一些区域作为 Mix-zone,多个用户进入该区域的信息不会被收集,离开时会更换用户的标识符,从而敌手无法将每个用户的轨迹片段一一对应。Freudiger 等人[51]首次将 Mix-zone 应用到路网中,将一部分指定的十字路口设定为 Mix-zone,并对这些区域进行加密以免敌手进行定点的窃听,其示意图如图 5-10 所示。Ying[52]、Liu[53]、Palanisamy[54,55]等人分别对路网中 Mix-zone 的位置选择、形状等方面进行了改进。Mix-zone 的具体定义如下。

定义 5-18(Mix-zone) 匿名集在 Mix-zone 服从 k-匿名,如果满足如下条件:

(1) 匿名集中至少包含 k 个用户。

(2) 匿名集中所有的用户都进入之后才能有用户离开。

(3) 匿名集中所有的用户在 Mix-zone 中的时间是随机的。

(4) 用户从进入点进入和从出口点离开的概率服从均匀分布。

为满足上述条件,Mix-zone 的应用需要满足用户流量大、用户的出入满足周期性、有多个出入口等条件。路网满足 Mix-zone 的上述条件:某些路口用户流量大;用户经过路口时需要依据周期性的红绿灯行动;用户到达路口的时间各不相同;十字路口有 4 个方向,人们并不清楚用户的前进方向。

如果选定一个路口作为 Miz-zone,有多个用户在某一时间段内(一个红绿灯周期)通过该路口,且在该时间段内他人无法获取区域内的任何车辆信息。如图 5-10 所示,中间斜线部分为 Mix-zone,用户 a、b 从 Enter1 进入,用户 c、d 从 Enter3 进入,但从 Exit3、Exit4 离开的用户分别是 e、f、g、h。如果不清楚 Mix-zone 内的信息,就无法获取(若不依靠其他额外信息,如在路口观察等)离开的 e、f、g、h 与 a、b、c、d 的对应关系。

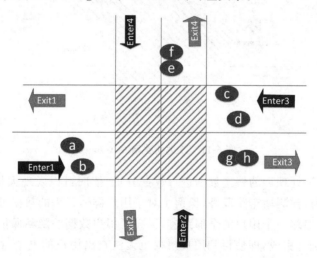

图 5-10　Mix-zone 方法示意图

然而,仔细分析后可以发现,直接在路口定义矩形的 Mix-zone 依旧存在一些问题:不同转向的用户在 Mix-zone 中停留的时间不是随机的;路口虽然有 4 个方向,但大多数用户都有很大概率去某个特定方向。不同用户在不同出入口的进入、离开的概率不是均匀分布的。为此,需要确保以下两个条件:在一个时间段内假名关联到各个用户的概率相似;不同出口的假名关联到各个用户的概率相似。

可以通过成对熵(pairwise Entropy)来度量两个用户概率的相似性:两个用户的概率越相近,熵值越大;反之则越小。假设任意两个用户 $\{i,j\}$ 进入一个 Mix-zone 中,离开时的假名分别为 $\{i',j'\}$。这两个用户在时间段 $(t,t+1)$ 的成对熵可以表示为 $H_{pair}(i,j,t)=-(P(i'\to i,t)\log P(i'\to i,t)+P(i'\to j,t)\log P(i'\to j,t))$,$P(i'\to i,t)$ 是指在时间段 $(t,t+1)$ 内假名 i' 关联到用户 i 的概率。这两个用户关于地点的成对熵表示为 $H_{pair}(i,j)=-(P(i'\to i)\log P(i'\to i)+P(i'\to j)\log P(i'\to j))$,其中 $P(i'\to j)$ 表示用户 j 从假名 i' 所在位置离开的概率。通过成对熵判断用户相似性后,可以得到如下改进的路网 Mix-zone 定义。

定义 5-19(路网 Mix-zone)　匿名集在路网 Mix-zone 服从 k-匿名,如果匿名集中的用户 i 满足如下条件:

(1) 匿名集中至少有 k 个用户。

(2) 对匿名集中的任何用户 j,其成对熵不小于阈值 α,$H_{pair}(i,j,t)\geqslant\alpha$。

(3) 对匿名集中的任何用户 j,其成对熵不小于阈值 β,$H_{pair}(i,j)\geqslant\beta$。

虽然 Mix-zone 越大,路口内时间的影响越小,但是直接扩大 Mix-zone 的范围会严重影响路网的可用性。通过对 Mix-zone 形状进行变换,使其成为不规则形状,确保任何转向在 Mix-zone 中的停留时间相近。其示意图如图 5-11 所示。

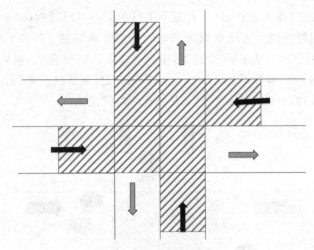

图 5-11　改进的路网 Mix-zone

对经过这种方法处理后的轨迹数据进行数据分析,依旧可以发现大量用户同时出现的地点、挖掘聚会行为、预测堵车路段等,保留了对于用户群体行为的数据可用性。此外,敌手无法通过用户假名追踪一个用户的全部踪迹,提高了用户数据的隐私保护程度。但是,如果对车辆的标识 ID 进行更改,即使得到用户授权也无法查出用户的整个行程,只能查找出最初的片段。即处理后的数据无法得到完整的用户轨迹,大大降低了数据的可用性。

2. PIR 在近邻查询中的应用

隐私信息检索(Private Information Retrieval,PIR)是数据安全领域中一个重要的密码学原语,如 3.1 节所述,它是指用户在不向远端服务器暴露查询意图的前提下对服务器的数据进行查询并取得指定数据。在一些特定的 LBS 场景,如近邻查询("当前位置附近的共享单车""某景点附近的餐厅、酒店"等)中,可以通过 PIR 技术来保护用户隐私。要进行精确的近邻查询,用户需要向服务提供商发送自己的精确位置信息,这会给用户位置隐私带来很大的风险。PIR 技术可以使用户在提供一个模糊的地理位置后,依旧可以得到精准定位对应的服务。

Ghinita G 等人[56]结合 3.1.1 节提到的基于二次剩余的隐私信息检索方法,根据希尔伯特曲线和泰森多边形分别提出了一种模糊近邻检索方法和一种精确最近邻检索方法。Papadopoulos 等人[57]采用了一个安全硬件辅助的 PIR 协议,提出了两个查询算法:基本的 BNC 算法和改进的 AHC 算法。这类方法的核心思路都是:服务器端对各个兴趣点(Point Of Interest,POI)构建空间索引。用户根据自己的模糊位置确定索引查询的范围,向服务器端发送请求,获取多个 POI,在用户端经过计算得到最终结果。

一般来说,构建兴趣点数据库和索引结构常用的方法主要有希尔伯特曲线(Hilbert curve)、泰森多边形(Voronoi diagram)等。希尔伯特曲线是一种空间填充曲线。将空间划分为 2^{2N}(如 2×2、4×4、8×8 等)个网格后,曲线将遍历所有的网格。图 5-12(a)展示了一到三阶的希尔伯特曲线的一种构成方式。曲线遍历顺序相近的网格的实际位置也相互接近。泰森多边形是一种基于距离的平面划分方法。将平面分为包含 n 个不重合种子点的区域,使得每个区域内的点到所属区域种子点的距离都最近。图 5-12(b)展示了 20 个种子点对应的泰森多边形。

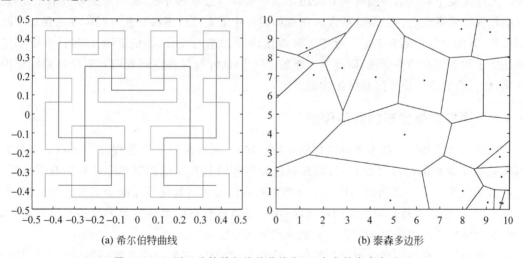

(a) 希尔伯特曲线　　　　　　　　　　(b) 泰森多边形

图 5-12　一到三阶的希尔伯特曲线和 20 个点的泰森多边形

PIR 相关方法使用希尔伯特曲线对空间进行加密,将二维的空间映射到一维的曲线中,其预处理和查询流程如下。

预处理流程如下。

(1) 使用希尔伯特曲线对空间进行加密,将二维的空间映射到一维。

(2) 根据曲线遍历顺序对网格编号(编号相近的网格即为邻近网格)。

(3) 服务器根据网格编号的相近程度对 POI 网格构建索引。

查询流程如下:

（1）用户发送查询请求（无自身位置信息，只表达查询）。

（2）服务器返回希尔伯特曲线的构造及 POI 索引。

（3）用户计算自己所处网格的编号，得到离自己位置最近的 POI 索引，发出请求。

（4）服务器返回该索引目录下的全部 POI。

（5）用户在返回值中找出自己需要的 POI。

由于希尔伯特曲线产生的加密顺序并不能完全准确地代表两个网格之间的距离相近程度，只是一个近似值，为了达到更准确的查询结果，可以通过泰森多边形进行精确近邻查询：预处理流程如下：

（1）服务器计算每个 POI 的泰森多边形。

（2）构建网格与泰森多边形叠加（网格粒度根据 POI 密度决定）。

（3）存储网格信息（每个网格的信息包括和它重叠的泰森多边形对应的 POI 信息）。

查询流程如下：

（1）用户发送查询请求（无自身位置信息，只表达查询）。

（2）服务器返回网格粒度。

（3）用户根据 computational PIR 协议发送包含自己位置信息的多个网格信息。

（4）服务器返回包含多个扰动网格的全部网格信息。

（5）用户找到自身所在网格对应的全部信息，计算自身精确位置与网格中存储的 POI 的距离。

无论是基于希尔伯特曲线的方法还是基于泰森多边形的方法，都不需要可信第三方，而且隐私保护强度较高。但是这种方法在查询过程中需要经过多次交互、计算，存在预处理时间较长、查询效率较低的不足。近年来随着密码学技术的发展，新的 PIR 方案具有更实用的性能表现和更高的安全性，需要基于新的 PIR 协议针对某种空间查询方式设计隐私保护方案，提供高效率的位置隐私保护功能。

5.4.2　面向数据发布的隐私保护

位置轨迹隐私保护技术源自由数据库隐私保护，同样是以 k-匿名理论为基础。而位置与轨迹隐私保护的特殊之处在于，位置轨迹数据同时具有准标识符和隐私数据双重性质。这种特殊性带来了一系列新的挑战：如果把所有位置轨迹数据当作准标识符进行处理，数据失真严重，会极大地影响数据的可用性；而一条轨迹数据中可能包含大量相互关联的点，仅对部分数据进行处理将难以满足 k-匿名隐私保护需求。

位置轨迹数据的隐私保护主要是保护轨迹上的敏感、频繁访问位置不泄露以及保护个体与轨迹之间的关联关系不泄露。对应的隐私保护思路主要有两种：对轨迹中敏感地点的保护和对轨迹与用户关系的保护。

1. 针对敏感位置的保护技术

在位置轨迹数据中，用户并不关心自己经过某些非敏感位置的信息是否被泄露，只关心对他来说属于敏感位置的那部分位置信息是否被泄露。因此，部分学者提出只对用户的敏感地点信息进行保护，以增加数据的可用性。Liu 等人[58]预先划分一定的地理区域，保证每个区域有 k 个敏感位置，如果用户的轨迹在某个敏感位置停留，就不发布用户在该敏感位置所属区域中的全部信息。Huo 等人[59]的方法是等用户在某个敏感位置进行停留后根据实际情况生成泛化区域,使其至少包含 k 个敏感位置,并用该泛化区域替代轨迹中所有属于该区域范围的点。Cicek 等人[60]提出了 p-机密性(p-confidential)方法来生成高匿名程度的泛化区域,使泛化后的轨迹数据集满足 p-机密性。

为了将初始轨迹数据与实际地图紧密结合,首先要对初始轨迹数据进行一定的预处理。以典型的 GPS 数据集 Geolife 数据为例:用户设备每隔 5s 就会提交一次用户具体的位置信息。多个用户长时间的 GPS 信息数据不但会占用大量存储空间,处理起来也会非常麻烦。提取停留点是一种常见的轨迹数据处理方法,可以找出用户在哪些地点停留过,在不损害数据可用性的情况下使数据大为简化。

定义 5-20(停留点)　停留点(stops/stay point)表示用户在某个地点停留超过了一定的时间。停留点的判断通常需要两个阈值(时间阈值与空间阈值),时间阈值用来限制用户的停留时间,空间阈值用来限制用户的地理范围。根据原始数据与场景的不同(如用户轨迹是步行轨迹还是车辆轨迹),这两个阈值的取值也是变化的。但由于 GPS 轨迹信息定位信息精度太高,不同轨迹在同一个地点停留后提取的停留点经纬度也各不相同。

定义 5-21(地点)　地点(place)指具有一个实际意义的地理位置范围,如家、工作地点、某超市等。由于初始 GPS 数据提取的停留点经纬度精度不同,一个地点的地理范围可能包含多个停留点,在该地点的范围内出现停留点就表示用户在该地点停留过。

定义 5-22　(敏感位置)　用户不希望自己在某个地点停留的信息被他人知道,则该地点属于敏感位置(sensitive location)。

定义 5-23　(非敏感位置)　用户不关心自己在某个地点停留的信息是否被他人知道,则该地点属于非敏感位置(insensitive location)。

定义 5-24(区域)　区域(zone)指包含多个地点的地理范围,用来泛化地点,使敌手无法区分用户在哪个地点停留。

如图 5-13 所示,针对敏感位置的隐私保护数据发布主要流程如下:

(1) 提取停留点。

(2) 将停留点与实际地图的敏感地点、非敏感地点对应。

(3) 构建泛化区域(或泛化群组)使其满足匿名条件。

(4) 根据泛化区域对轨迹数据进行匿名。

(5) 发布匿名后的轨迹数据。

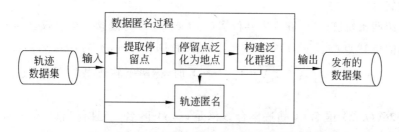

图 5-13　敏感位置隐私保护数据发布流程图

总而言之,针对敏感位置的隐私保护方法的思路都是将要匿名的轨迹数据集与实际的地图相互结合,根据实际情况将位置划分为敏感位置和非敏感位置;通过一定的方法将敏感位置所处的区域进行泛化,确保该区域满足隐私条件。其中流程(3)"构建泛化区域(或泛化群组)使其满足匿名条件"是本类方法的核心步骤,是同类型方法的主要区别之处。不同方法之中对于泛化区域(群组)的构建方案和匿名条件都各不相同,但可以根据实际情况选择合适的构建方案。例如,简单地选择邻近的 k 个敏感地点作为一个敏感区域,在敏感地点分布比较稀疏时会产生较大的泛化区域,严重影响用户的轨迹可用性,但适合敏感地点分布相对密集的区域;p-机密性方法要求有多条轨迹经过一个泛化区域,但对敏感地点个数要求较低,只需要一个敏感地点和邻近的地点就可以构建泛化区域,对轨迹的可用性影响小,而对轨迹密度有一定的要求。

然而这种方法对于轨迹隐私的保护并不能达到预期效果。我们知道,一条轨迹中的各个点是相互联系的。如果泛化区域较小,敌手可以通过轨迹中的其他点推算用户的移动速度,根据两点之间的发布时间找出用户没有发布的点在轨迹中所处的位置,然后根据前后的点和移动速度推测出用户可能的敏感地点范围。反之,如果泛化区域较大,一个用户的大部分轨迹都不能真实发布,就会严重影响数据的可用性。此外,这种方法有着不合理的统一隐私保护需求,即认为所有用户的敏感地点都是相同的。而在实际生活中,不同用户不愿意发布的敏感地点各不相同,也就是说不存在一个统一的隐私保护需求。因此预先设定的敏感位置可能并不是用户需要保护的敏感位置,没有照顾到用户的个性化需求。

2. (k,δ)-匿名及相关模型

(k,δ)-匿名模型是 k-匿名模型的扩展。该模型把 k 条轨迹聚类到一个匿名集中,以平均值代替原来的 k 条轨迹,同时限制轨迹间的距离 δ 以保证 k 条轨迹有一定的相似度,从而降低信息失真程度。Abul 等人[61]对相关的定义进行了界定。

在日常生活中,位置轨迹可以分为狭义和广义两种。狭义的轨迹是指 GPS 定位等不断收集的用户位置信息,它通常几秒提交一次。广义的轨迹除了 GPS 信息外,还包括用户在一段时间内使用基于位置的服务、社交网络等应用时主动提交的位置信息。

定义 5-25(轨迹)　轨迹是指用户经过的一系列三维时空点的集合:$\{(x_1,y_1,t_1),(x_2,y_2,t_2),\cdots,(x_n,y_n,t_n)\}$,其中 $t_1<t_2<\cdots<t_n$。

在时间段 $[t_i,t_{i+1}]$,通常假设用户以稳定速度通过点 (x_i,y_i) 到点 (x_{i+1},y_{i+1}) 间的直线段。给定时间段 $[t_1,t_n]$ 内的轨迹 τ,$\langle\tau,\delta\rangle$ 定义了不确定轨迹的范围。对于 τ 中的任意点 (x,y,t),其不确定范围为以该点为中心,以 δ 为半径的水平圆盘。$\mathrm{Vol}(\tau,\delta)$ 为时间段 $[t_1,t_n]$ 内所有圆盘的集合。

这里介绍两条轨迹 τ_1、τ_2 在 δ 内共位置(co-localized)的概念。当且仅当对 τ_1、τ_2 内的任意相同时刻的位置点 (x_1,y_1,t),(x_2,y_2,t),存在 $\mathrm{Dist}((x_1,y_1),(x_2,y_2))\leqslant\delta$,并且 $\mathrm{Dist}((x_1,y_1),(x_2,y_2))=\sqrt{(x_1-x_2)^2+(y_1-y_2)^2}$ 时,称两条轨迹共位置,并记为 $\mathrm{Coloc}_\delta(\tau_1,\tau_2)$。

定义 5-26((k,δ)-匿名)　轨迹集合 S 满足 (k,δ)-匿名,当且仅当 $|S|\geqslant k$ 且 $\forall\tau_i,\tau_j\in S$ 满足 $\mathrm{Coloc}_\delta(\tau_i,\tau_j)$,如图 5-14 所示。

首先将轨迹数据进行了一定的时间泛化处理,使得在相同时间段内的轨迹具有足够的规模,从而可以初步形成规模适宜的等价类。然后对同一等价类的轨迹依据距离进行贪婪聚类,直至形成包含 k 条轨迹的集合。如果剩余轨迹无法形成聚类,则将其分配到其他符合

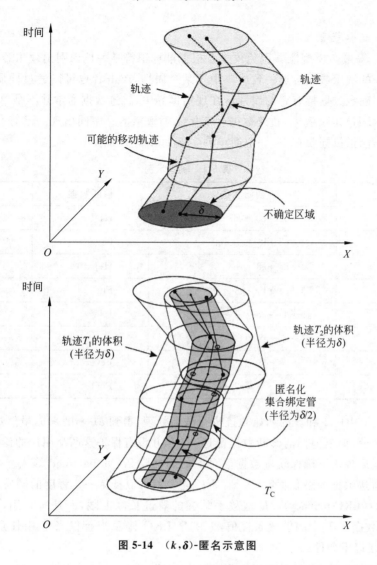

图 5-14 (k, δ)-匿名示意图

距离限制的已有聚类中,或者放松距离限制。直到所有轨迹都进入聚类,或者剩余的无法聚类的轨迹数目在可接受范围内。该算法的流程如下:

(1) 时间泛化。轨迹起始时间和结束时间泛化为以小时或分(或其他时间间隔)为单位。

(2) 将同一时间段内的轨迹归入同一等价类。

(3) 在同一等价类内部,计算所有轨迹的平均位置,作为等价类的中心轨迹。

(4) 选择离上一个中心轨迹最远的轨迹为新的中心轨迹。

(5) 选择中心轨迹距离最近的 k 条轨迹为新的聚类。

(6) 重复第(4)步和第(5)步,直到无法形成聚类。

(7) 如果不在聚类内的轨迹条数小于阈值,返回所有聚类。

(8) 如果不在聚类内的轨迹条数大于或等于阈值,则依次向现有聚类添加其距离范围内的轨迹,直到无法添加或者剩余轨迹条数小于阈值,则返回所有聚类。

(9) 如果不在聚类内的轨迹条数大于或等于阈值,增大距离限制阈值,重复第(8)步。

3. LKC-隐私模型

如前所述，k-匿名模型能够避免攻击者根据准标识符唯一地识别出攻击目标，但如果一个匿名集记录的敏感数据接近一致或集中于某个属性，攻击者也可以通过同质攻击唯一地或以极大概率确定数据持有者的属性。在现实世界中，轨迹数据通常并不是单独出现的，如医院会使用 RFID 定位病人，轨迹数据会与疾病等敏感信息一同出现。已有基于 k-匿名模型的方法并不能抵抗同质攻击，一个简单的实例如表 5-4 所示。

表 5-4　轨迹示例

用户编号	初始轨迹	诊断数据	其他数据
1	a1→d2→b3→e4→f6→e8	HIV	…
2	d2→c5→f6→c7→e9	Fever	…
3	b3→c7→e8	Hepatitis	…
4	b3→e4→f6→e8	Flu	…
5	a1→d2→c5→f6→c7	HIV	…
6	c5→f6→e8	Hepatitis	…
7	f6→c7→e8	Fever	…
8	a1→d2→f6→c7→e9	Flu	…

对表 5-4 中用户 1 和 5 的初始轨迹进行匿名处理，得到 a1→d2→f6，虽然这两者的轨迹不可进一步区分，但是他们的诊断数据都是 HIV，并没有保护这两个用户的诊断隐私。

为了在同质攻击下确保轨迹数据集对应的属性隐私，Mohammed 等人[62]提出了 LKC-隐私来度量轨迹数据的隐私程度，满足 LKC-隐私就可以抵御一定程度的同质攻击。

定义 5-27(LKC-privacy)　L 是敌手掌握的轨迹长度上限，T 是所有用户的轨迹数据集，S 是轨迹数据集 T 中的敏感属性值，T 满足 LKC-隐私当且仅当 T 中任意子序列 p 在 $|p| \leqslant L$ 时满足以下条件：

(1) $|T(p)| \geqslant K$，$T(p)$ 是轨迹中包含 p 的用户。

(2) $\mathrm{Conf}(s | T(p)) \leqslant C, 0 \leqslant C \leqslant 1, s \in S, \mathrm{Conf}(s | T(p)) = |T(p \bigcup s)| / |T(p)|$，$C$ 是匿名集的置信度阈值，可以根据需求灵活地调整匿名的程度。

当 $L=2, K=2, C=50\%$ 时，敌手掌握的每个用户的轨迹长度最多为 2，实现 2-匿名，且每个匿名集中任何一个敏感属性所占比例不超过 50%。表 5-4 中的轨迹数据经过处理后如表 5-5 所示。

表 5-5　k-匿名轨迹无效示例

用户编号	$L=2, K=2, C=50\%$ 轨迹	诊断数据	其他数据
1	b3→e4→f6→e8	HIV	…
2	d2→c5→f6→c7→e9	Fever	…
3	c7→e8	Hepatitis	…
4	b3→e4→f6→e8	Flu	…

用户编号	L=2,K=2,C=50%轨迹	诊断数据	其他数据
5	d2→c5→f6→c7	HIV	…
6	c5→f6→e8	Hepatitis	…
7	f6→c7→e8	Fever	…
8	d2→f6→c7→e9	Flu	…

为了对轨迹数据集进行处理,使其满足 LKC-隐私,Mohammed 和 Chen 等人[63]通过抑制(suppression)等方法删除违反序列来保护发布的位置轨迹隐私。他们首先定义了违反序列(Violating Sequence,VS)的概念。对于轨迹数据集 T 的任意一个子序列 t,如果$|t|<L$,且 p 不满足 LKC-隐私的条件,则称序列 t 为一个违反序列。其中,如果 t 是违反序列且 t 的任意子序列都不是违反序列,则 t 是一个最小违反序列(Minimum Violating Sequence,MVS)。例如,$L=2,K=2,C=50\%$,a1→d2 是违反序列但不是最小违反序列,a1 是最小违反序列。由此产生如下两个定理。

定理 5-1　一个轨迹数据集 T 满足 LKC-隐私,当且仅当 T 不包含最小违反序列。

定理 5-2　全局抑制不会产生新的最小违反序列。

由 LKC-隐私定义及定理 5-1 和定理 5-2 可知,为了得到满足 LKC-隐私的轨迹数据集,最简单的方法就是删除轨迹数据集中的全部违反序列,因为全局抑制(全部删除)不会产生新的违反序列。但这样会删除大量的轨迹数据,导致数据可用性大为降低。为了解决这个问题,可以采用局部抑制的方法。但局部抑制有可能导致新的最小违反序列产生,例如删除用户 3 轨迹中的 c7,会导致用户 7 轨迹中的 c7→e8 成为新的违反序列,但删除用户 3 轨迹中的 b3 不会有新的最小违反序列产生。不会产生新的最小违反序列的局部抑制称为有效局部抑制。由上可知,相对于全局抑制,有效局部抑制可以在保证满足 LKC-隐私的情况下尽可能地保留数据的可用性。有效局部抑制的判断流程如下:

(1) m 是一个 MVS,p 是 m 中要抑制的点,P 是抑制点 p 后可能影响的点。

(2) V 是单点违反序列和包含 P 中点的违反序列集合。

(3) 删除 P 中属于 V 的点(除点 p 外)。

(4) P 中剩余的点生成序列,重新进行判断。

为了高效地寻找满足有效局部抑制的子序列,可以优先从频繁序列(Frequent Sequence,FS)中寻找。对于给定频繁阈值 K_1 和轨迹数据集 T 的任意子序列 t,如果$|T(t)|>K_1$,则 t 是一个频繁序列。其中,如果 t 是频繁序列,且 T 中没有包含 t 的频繁序列,则 t 是最大频繁序列(Maximal Frequent Sequence,MFS)。使用 MFS 构建 MFS 树后可以通过点 p 的抑制优先级得分 Source(p) 来决定抑制的顺序,其中 Source(p) = PrivGain(p)/(Utilityloss(p)+1),PrivGain(p) 是抑制点 p 可以消除的 MVS 数目,Utilityloss(p) 是抑制点 p 带来的有用性损失。

整体数据满足 LKC-隐私的算法的流程如下:

(1) 找出违反 LKC-隐私的 MVS 集合。

(2) 找出 MFS 集,构建 MFS 树。

(3) 对 MVS 的点进行有效局部抑制判断。

（4）构建得分表（每个点都有局部得分和全局得分）。

（5）每次选得分最高的点 p。

（6）如果是局部抑制，抑制获得本次 p 的实例，更新 MFS。

（7）如果是全局抑制，抑制全部实例，删除包含 p 的 MFS。

（8）更新得分表。

（9）更新 MVS 集。

此外，Ghasemzadeh 等人[64]对 LKC-隐私模型中 $C=1$ 的情况进行了研究，使用全局抑制的方法来进行轨迹隐私保护。Al-Hussaeni 等人[65]在 LKC-隐私模型中通过滑动态窗口实现对轨迹的平滑的局部抑制来保护轨迹的隐私。

虽然对轨迹位置隐私的 k-匿名研究相当广泛，但正如 5.2.1 节所讨论的，k-匿名模型存在天然的缺陷。位置轨迹隐私保护的研究也证明了这一点。研究发现，如果攻击者掌握足够多的用户位置数据，也能够通过足够多的隐形区域识别出匿名用户。Zang 等人[66]把 GSM 网络中用户访问频率较高的基站位置作为准标识符，通过用户电话呼叫记录数据进行了实验，结果表明，即使使用同一基站的用户数目远远超过一般的 k 个用户，35% 的用户可以通过基站准标识符唯一地识别出来。

4. 基于伪随机加密的可逆位置泛化

为了保护用户隐私，在数据发布时会进行一定的匿名处理，其中对位置进行泛化使其与其他用户不可区分是一种常用的手段。已有的研究绝大多数只考虑了单层单向的隐私保护数据发布方法。单层是指所有的数据具有相同的匿名程度，不同权限的用户可以访问的匿名数据是相同的。单向是指特权用户无法对匿名数据进行去匿名以获取原始数据。

而在实际中，数据拥有者在对数据进行一定的隐私保护处理后将数据公开发布，网络上的各种用户（无论他是否怀有恶意，将如何使用数据）都可以获取该数据。数据隐私程度不够，攻击者将通过这些数据侵犯用户的隐私；数据隐私保护性太强，会破坏数据的可用性，影响善意的数据使用者的使用效果。如果数据拥有者面对不同的用户对数据进行不同级别的处理，将给数据拥有者带来大量的工作量，可能导致其不愿意公开数据。

如果使用一种加密的方法对数据进行多层加密发布，不同权限的使用者可以访问不同隐私保护强度的数据，低权限用户访问高匿名程度的数据，高权限用户访问低匿名程度的数据。只需要向白名单用户提供对应的密钥，该用户就可以自行获得高可用性的数据，而一般用户和敌手就只能获得高匿名程度的数据，从而无法获取用户隐私。Li 和 Palanisamy 等人[67-69]提出的 ReverseCloak 方法就是上述思想的体现。他们考虑了路网中位置的多层可逆发布。通过密钥对位置进行有规律的泛化，密钥持有者通过密钥可以得到对应层次的信息。

为了使真实位置的泛化区域（cloak）能够可逆泛化的同时具有随机的泛化扩张规律，使用密钥作为种子生成伪随机序列，并根据伪随机序列对泛化区域范围进行扩大。每次扩大泛化区域都是将泛化区域的邻近路段（segment）作为候选集（candidate），从中选择一个路段，第 i 次扩张就将伪随机序列的第 i 个数作为挑选标准（pick 值）。当前有两种选择候选集扩张泛化区域的方法：可逆全局扩张和基于预分配的可逆局部扩张。

可逆全局扩张每次都根据最新的泛化区域构建全局最优的候选集，具体算法流程如下：

（1）泛化区域每次扩张时从候选集中选择一个路段。

（2）candidate 是根据当前泛化区域的邻近路段确定的。

（3）以泛化区域包含的路段作为行，以 candidate 包含的路段作为列，构建转移表。

（3.1）表中的值为 $(i+j)\bmod |candidate|$。

（3.2）i,j 是指表格的横纵坐标，$|candidate|$ 是指候选集的列数。

（4）根据上一个加入的路段与对应的转移表数据选择与当前 pick 值对应的路段。

（4.1）以 key 为种子生成一个伪随机序列。

（4.2）伪随机序列第 n 个值对应第 n 轮扩展的 pick 值。

（5）多次重复上述步骤直到满足隐私条件。

不同于全局扩张，局部扩张的候选集是在最开始就根据每个路段的可能扩张候选集生成加密表和对应的解密表（用于可逆解密），基于预分配的可逆局部扩张分为两步：

（1）预分配（pre-assignment）。

（2）区域泛化。

（2.1）根据 pick 值与上一个加入的路段从加密表中挑选下一个路段。

（2.2）多次重复加入新的路段，直到满足隐私条件。

无论是哪一种扩张方法，只要掌握了对应的加密密钥，就可以将最高级别的隐私泛化区域缩小到与权限对应的泛化程度。

如图 5-15 所示，用户的真实位置为五角星外，对应的最底层的数据为 L0：s8；第二个加密层对应的数据为 L1：L0＋s4，s12；第三个加密层对应的数据为 L2：L1＋s6，s11，s13；第四个加密层对应的数据为 L3：L2＋s2，s7，s9。如果用户的权限属于 L2，他的密钥就可以把最终的泛化加密结果解密成为 L2＋s2，s7，s9，从而把泛化的区域从 L3 缩小到 L2。

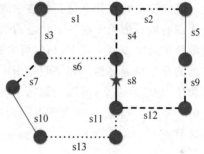

图 5-15　扩张算法示例

当前的可逆位置隐私研究刚刚展开，仅限于针对某个位置的泛化。下一步的研究可以将这种方法与敏感位置保护结合，或者扩展到对轨迹整体的隐私保护。

5.4.3　基于用户活动规律的攻击

在 5.4.1 节和 5.4.2 节中介绍了一些基于位置轨迹基本特征的攻击和保护方法。随着数据量的积累和数据挖掘分析的深入，基于用户活动规律分析的新型攻击也日益活跃。在这些攻击中，攻击者首先将目标用户的活动规律以具体模型量化描述，进而以此为基础衡量不同用户的相似程度以重新识别同一用户的不同 id，根据模型恢复重建用户的轨迹以推理用户隐藏的敏感位置，预测用户访问某地理位置的可能性，甚至精确预测其行程的起讫和路径。

用户去匿名攻击依赖于模型对于特定攻击目标的特征刻画。更具体地说，去匿名攻击以建立的用户位置轨迹模型作为用户轮廓，只有当攻击目标的用户轮廓与其他用户具有足够大的差异，才能够实现用户重新识别、去匿名的目的。因此，去匿名攻击建模仅依赖于用户自身轨迹数据，关注的重点在于建立合理的用户模型和精确度量用户间相似程度。去匿名攻击最终导致用户身份泄露，由此也将带来一系列的属性泄露和位置信息泄露。

用户敏感位置推理攻击试图发现用户公开的轨迹片段中是否存在被隐藏的敏感位置。考虑到这一敏感位置是否曾经被攻击目标用户公开过,需要从用户的访问历史或者与其相似的人群的访问历史挖掘用户在一个轨迹片段中访问此敏感位置的可能性。但在大多数情况下,研究者单纯假设敏感位置已经被公开过或者从未被公开过,这种假设将敏感位置推理问题一分为二,简化了问题的场景。相关研究的重点分别在于精确的用户地点转移模型和相似人群的影响力传递模型,并最终实现对用户具体位置隐私的攻击。

位置预测攻击则是更加复杂的问题,需要额外判断被预测的位置是否服从用户自身活动规律或群体活动规律。简单来说,用户自身的活动规律和相似人群的活动规律以不同的概率影响用户的下一访问位置。攻击者通过训练后的集成模型预测用户的行为,实现对用户具体位置隐私的攻击。

本节分别介绍常用的用户活动规律描述模型和它们在用户去匿名攻击及敏感位置推理和位置预测中的应用。相关定义主要参考了文献[70]。模型参数通常采用成熟的机器学习算法进行训练,例如 EM 算法等,本节对此不做具体讨论。

1. 马尔可夫模型及攻击

马尔可夫模型(Markov Model)描述了一类随机过程,该过程的输出状态随时间而变化。这些输出状态并不是互相独立的,每个状态的值依赖于在它之前输出的状态。如果当前状态的值只依赖于前一个状态的值,该过程符合一阶马尔可夫模型。对应地,存在二阶和高阶马尔可夫模型。其中,马尔可夫链是状态和时间参数均为离散的马尔可夫过程,也是最基础的马尔可夫过程。如果假设用户下一位置只与前 m 步的位置有关,并且用户移动的时间和位置有限,那么,可以根据马尔可夫链对用户历史轨迹进行建模。基于用户数据训练完成的马尔可夫模型,攻击者能够利用用户的当前位置预测其下一个可能的位置、以后若干步的转移路径、轨迹的终点等,从而威胁用户的具体位置隐私。

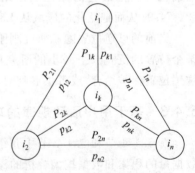

图 5-16　马尔可夫模型示意图

定义 5-28(马尔可夫链) 设 $\{X_n, n=0,1,2,\cdots\}$ 是一个随机序列,对任意 $N \geqslant 1, 0 \leqslant n_1 < n_2 < \cdots < n_k < \cdots < n$ 及 $i_1, i_2, \cdots, i_{N-1}, i, j \in \Phi$,当 $P(X_n = i, X_{n_k} = i_k, 1 \leqslant k \leqslant N) > 0$ 时,有 $P(X_{n+m} = j \mid X_n = i, X_{n_k} = i_k, 1 \leqslant k \leqslant N) = P(X_{n+m} = j \mid X_n = i), m \geqslant 1$,则称 $\{X_n, n=0,1,2,\cdots\}$ 为马尔可夫链。如图 5-16 所示。

在定义 5-28 中,Φ 是 X_n 的状态空间,它表示马尔可夫链 X_n 所有可能的取值。$\{X_n = i\}$ 表示过程在时刻 n 位于状态 i 这一事件。如果对任意 $i_1, i_2, \cdots, i_{N-1}, i, j \in \Phi, n \geqslant 0$ 均有 $P(X_{n+m} = j \mid X_n = i, X_{n_k} = i_k, 1 \leqslant k \leqslant N) = P(X_{n+m} = j \mid X_n = i) = P_{ij}^{(m)}(n)$,则称 $P_{ij}^{(m)}(n)$ 为 X_n 的 m 步状态转移概率。当 $m=1$ 时,对任意 $n \geqslant 0$,记 $P(X_{n+1} = j \mid X_n = i) = P_{ij}$ 为 X_n 的 1 步状态转移概率。这一定义表明,在已知现在时刻事件 $\{X_n = i\}$ 的情况下,将来时刻事件 $\{X_{n+m} = j\}$ 与过去时刻事件 $\{X_{n_k} = i_k, 1 \leqslant k \leqslant N\}$ 是相互独立的。这种性质称为马尔可夫性。一个马尔可夫链若从 n 时刻的状态 $X_n = i$ 转换到 $n+m$ 时刻的状态 $X_{n+m} = j$ 的转移概率与起始时间 n 无关,则称之为齐次的。

在实际的建模过程中,通常将地图上可达的位置集合定义为状态空间 Φ,由用户的出行历史计算得出状态转移概率 P。如果用户从不在两个地点之间发生转移,那么这两个地点间的转移概率为 0。否则,统计用户从当前地点 A 转移到地点 B 的次数,将该次数占从 A 转移到所有另一地点的总次数的比例记为 $A \to B$ 的转移概率。例如,在图 5-17 中,用户从 Home 出发的轨迹共 20 次,其中 14 次去往 CRB,4 次去往 VA,其余 2 次去往其他地点。

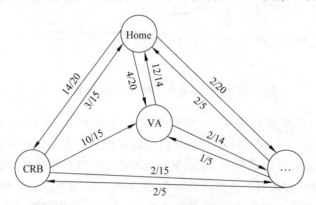

图 5-17   用户地点转移概率示意图

Ashbrook 等人[71]首次将马尔可夫模型应用到地理位置信息分析中,并依据用户移动马尔可夫模型预测用户的下一位置。在用户智能助理的应用场景中,需要结合地理信息来理解用户行为,预测用户当前任务,从而为用户提供高质量的服务。在这一场景中,智能助理更关注的是用户在什么地点消耗了时间,以及用户下一时刻会去哪个地点。因此,智能助理首先需要发现用户停留的地点。所以,在数据处理中更关注时间空缺(gap)。出现时间空缺通常意味着用户停止运动或者进入了 GPS 信号不好的建筑物内,也就意味着用户进入某场所。因此,当时间空缺长度大于 t 时,意味着用户在重要位置(place)停留。发现用户停留的重要位置,对理解用户的行为规律和区分不同用户的兴趣转移特征具有重要意义。考虑到效率问题,这也是轨迹数据的重要预处理步骤。

由于 GPS 采样误差,即使用户在同一地点静止 10min,GPS 记录的地点信息也并不完全相同。为避免这一误差,可采用 k-means 聚类方法标记用户重要位置,将形成的聚类记为地点(location)。同时,为了在不同尺度上对用户行为进行预测,可在细粒度层次引入子地点(sublocation)的概念。子地点是比地点尺度更小的位置聚类。在每一个地点聚类上,以不同的半径作为 k-means 的参数多次重复聚类,会不断有位置点从聚类中离散出来,导致聚类中包含的位置数目发生相应的变化。由多次试验可以发现,聚类中的位置数目会在某一特定参数时发生转折,此时对应的子聚类即为子地点,如图 5-18 所示。地点和子地点可以在较大和较小尺度上分别描述用户的行动特征,而且避免了 GPS 采样误差的影响。

随后,可基于用户在地点之间的时序转移特征为其用户建立马尔可夫模型。对于适用的马尔可夫模型的阶数,Ashbrook 等人利用现有数据进行了实验分析,证明二阶马尔可夫模型相对普适,能够以较高概率预测用户下一地点。

在以马尔可夫模型建模过程中,通常假设用户历史轨迹为齐次马尔可夫链。分析者可根据数据特点对数据处理方法或者模型进行更新。例如,Alvarez-Garcia 等人[72]将用户的轨迹信息与当地的路网信息结合,能更精确地预测用户当前行程的目的地。Gambs 等人[73]

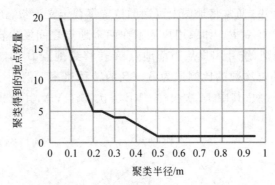

图 5-18　地点与子地点关系示意图

对用户进行基于地点密度的聚类后,得到用户轨迹的 POI,以 MMC(Mobility Markov Chain,移动性马尔可夫链)模型计算 POI 之间的转移概率。也有研究者将离散时间的马尔可夫链模型更新为连续时间模型[74],从而更好地模拟用户停留与转移的状态变化过程。

　　但是,基于模型的方法有一个共同的缺点,即当用户行为规律发生变化时,需要较长时间才能完成模型的更新。例如,用户是一个学生,在某个学期按照课表在不同教学楼、不同校区之间转移,以完成课程学习。当下一个学期到来时,她的行动规律发生明显变化,但模型不会即时更新。为此,可采取时间加权等方式对模型进行更新,并需要削减用户一次性活动的影响。

　　2. 隐马尔可夫模型及攻击

　　隐马尔可夫模型是马尔可夫模型的扩展。与简单马尔可夫模型不同,在隐马尔可夫模型中,可被观测到的观测序列并不等同于状态序列。也就是说,在隐马尔可夫模型中,系统不但按照一定的概率进行不可观测的状态转移,在处于某状态时,还以不同的概率被观测到不同的观测状态。隐藏状态和观测状态的数目不一定相同。例如,不同学生用户可能有相同的上课、就餐状态和不同的健身、就医状态,这些状态不可直接观测。而学生用户处于上课状态时也可能被观测到出现在不同的教室。隐马尔可夫模型中新增的隐藏状态这一概念增强了模型的解释能力,为用户的行为提供了符合常识的解释。此外,隐藏状态和观测状态的对应关系也为位置轨迹数据预处理过程中的地点和子地点间的关系提供了对应的映射和度量标准。

　　和马尔可夫模型相同,基于隐马尔可夫模型,攻击者仍可以推测到用户的具体位置隐私。下面介绍基于用户相似性进行去匿名攻击的方法。同样,只要定义了合理的相似性度量方法,攻击者也可以利用训练好的其他模型来识别匿名用户。

　　定义 5-29(隐马尔可夫链)　设 $X_n, n \geqslant 1$ 是取值于有限状态空间 $\Phi = \{1, 2, \cdots, l\}$ 的齐次马尔可夫链,假设 X_n 的取值范围及其状态转移链路是不能观测的,$Y_n, n \geqslant 1$ 是一个与 X_n 有某种联系,并取值于有限集 $V = \{v_1, v_2, \cdots, v_m\}$ 的可观测、相互独立的随机变量序列,则称 (X_n, Y_n) 为隐马尔可夫链。如图 5-19 所示。

　　记 $\pi = \{\pi_1, \pi_2, \cdots, \pi_l\}$,$\pi_i = P(X_n = i), i \in \Phi$ 为 X_n 的初始分布。$a_{ij} = P(X_{n+1} = j \mid X_n = i), i, j \in \Phi$ 是 X_n 的一步转移概率,$\boldsymbol{A} = (a_{ij})$ 是一步转移概率矩阵。$b_{ij} = P(Y_n = v_j \mid X_n = i), i \in \Phi, v_j \in V$ 表示当状态过程在时刻 n 取到状态 i 的条件下,观察序列在

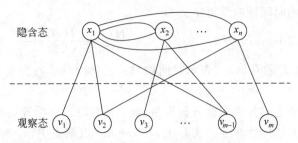

图 5-19　隐马尔可夫模型示意图

时刻 n 取到值 v_j 的概率，且记 $\boldsymbol{B}=(b_{ij})$。由于 X_n 是不可观测链，故 π、$\boldsymbol{A}$、$\boldsymbol{B}$ 均不可直接测量获得。参数组 $\lambda=\{\pi,\boldsymbol{A},\boldsymbol{B}\}$ 是隐马尔可夫链 (X_n,Y_n) 的数学模型。

在实际建模过程中，Gambs 等人[73]基于用户 POI 的分析建模类似于对用户隐含状态的挖掘。但是，这一类方法发现的 POI 仅依据地理位置特征，而没有充分利用用户移动轨迹的时间特征。

用户的移动行为往往是和时间密切相关的[75]。例如，多数人会在上午 9:00 左右去上班而不是去酒吧，下班后去娱乐消遣而不是去图书馆。因此，用户的移动轨迹所包含的时间属性对用户移动行为分析具有重大意义。以时间为隐含态，以轨迹点为观察态，使用隐马尔可夫模型对用户的行为规律进行建模，并以此为基础进行用户去匿名攻击，也是一种可行的途径。

在建模过程中，首先考虑用户移动轨迹中包含的空间属性。可以利用位置熵（Location Entropy，LE）来度量这种空间属性。给定用户，他访问过的位置集合为 L，访问其中单个位置 l 的概率为 $p(l)$，该用户的位置熵定义为

$$H(L)=-\sum_{l\in L}p(l)\log_2 p(l)$$

根据最大离散熵定理，如果用户访问不同位置的概率相同，即 $\forall l\in L,p(l)=\dfrac{1}{|L|}$，此时位置熵达到最大值，并称这个最大位置熵为等概位置熵，定义为 $H_0(L)=\log_2|L|$。对一个用户来说，位置熵越大，表明用户访问不同位置的概率越平静，其移动行为的空间倾向性越不明显。因此，用户移动行为的空间倾向性定义为

$$\deg_{ST}(L)=\frac{H_0(L)-H(L)}{H_0(L)}$$

可见，如果用户的位置熵与等概位置熵的差值越大，其移动行为的空间倾向性越明显。

还需要考虑用户移动轨迹的时间属性。首先定义一种时间感知的位置熵（Time-Aware Location Entropy，TALE）：

$$H(L\mid T)=-\sum_{t\in T}p(t)\sum_{l\in L}p(l\mid t)\log_2 p(l\mid t)$$

其中，$T=\{0,1,\cdots,23\}$ 是时间段的集合，例如，13 表示 13:00～13:59 这个时间段。$P(t)$ 表示用户在时间段 t 访问一个位置的概率。$p(l|t)$ 表示用户在时间段 t 访问位置 l 的概率。

类似地，还可以定义用户移动行为的时间倾向性。很容易发现，当用户在不同时间段均匀访问一个位置时，用户的 TALE 较大。在这种情况下，$\forall l\in L,\forall t\in T,p(l|t)=p(l)$，因此有

$$H(L\mid T)=-\sum_{t\in T}p(t)\sum_{l\in L}p(l)\log_2 p(l)=\sum_{t\in T}p(t)H(L)=H(L)$$

所以,用户移动行为的时间倾向性可定义为

$$\deg_{\mathrm{TT}}(L,T) = \frac{I(L;T)}{H(L)} = \frac{H(L)-H(L\mid T)}{H(L)}$$

其中,$I(L;T)$ 是 L 和 T 的互信息,表示时间段对位置访问频率的影响。显然,TALE 的最大值是位置熵。

在 Geolife 数据集上进行的实验分析表明,绝大多数用户的位置熵与 TALE 并不相等,也就是说,用户的时间倾向性非零。实际上,在 Geolife 数据集中,有 95% 的用户的时间倾向性大于 0.1。这表明,这些用户的移动行为具有明显的时间倾向性。

基于这一发现,考虑将时间因素、空间因素综合考虑到模型中,并建立一种时空感知的用户隐马尔可夫模型(Spatio-Temporal User Hidden Markov Model,ST-UHMM),作为分析用户移动模式和进行去匿名攻击的基础。下面详细介绍 ST-UHMM 的构成。

定义 5-30(时空感知的用户隐马尔可夫模型) 对一个用户,将其 ST-UHMM 定义为一个五元组 $\mu = \{S, \Pi, A, O, E\}$。

$S = \{s_0, s_1, \cdots, s_{24}\}$ 是状态空间,每个元素作为一个隐含状态,s_{24} 为终止状态。除 s_{24} 之外,每个隐藏状态对应一个时间段,例如,s_0 对应凌晨 $0{:}00 \sim 0{:}59$ 的时段。如果状态转移到 s_{24},用户在这一天不再访问任何位置。

Π 是状态的初始概率集合。一个状态 $s_t (t \in T)$ 的初始概率是每天这个用户首先在时间段 t 访问一个位置的概率,定义为

$$\pi_t = p(s_t) = \frac{\alpha_t}{\sum_{t'=0}^{23} \alpha_{t'}}$$

α_t 表示有多少天这个用户首先在时间段 t 访问一个位置。

A 是状态转移概率集合。状态 $s_{t_1} (t_1 \in T)$ 到状态 $s_{t_2} (t_2 \in T \cup \{24\})$ 的转移概率定义为

$$\alpha_{t_1, t_2} = \frac{\beta_{t_1, t_2}}{\beta_{t_1}}$$

其中,β_{t_1} 表示有多少天用户在时间段 t_1 访问一个位置;β_{t_1, t_2} 表示有多少天用户在 t_1 访问一个位置且在 t_2 访问下一个位置。例如,$\beta_{t_1, 24}$ 表示有多少天用户在时间段 t_1 访问一个位置,然后在当天不再访问任何位置。一个状态到它自身的转移是存在的,因为用户可能在同一个时间段内访问多个不同位置。

$O = \{o_1, o_2, \cdots, o_n\}$ 是观察态集合,集合中的每个元素是用户访问的一个位置,n 是用户访问的位置数。

E 是状态输出概率集合。当状态为 $s_t (t \in T)$ 时输出观察态为 $o_k (1 \leqslant k \leqslant n)$ 的概率是

$$e(s_t, o_k) = p(o_k \mid t) = \frac{f(s_t, o_k)}{\sum_{k'=1}^{n} f(s_t, o_{k'})}$$

其中,$f(s_t, o_k)$ 表示有多少次用户在时间段 t 访问位置 o_k。

基于 ST-UHMM,可以获得每个用户的移动行为模型。为基于模型进行用户重识别,可进一步定义 ST-UHMM 之间的相似度:时空感知的余弦相似度(Spatio-Temporal Cosine Similarity,STCS)、时空感知的增强相似度(Spatio-Temporal Enhanced Similarity,STES)。直观上,两个用户(ST-UHMM)在同一时间段的共同访问位置越多,可认为他们

越相似,越可能是同一个人。基于这个认识,定义 STCS 为

$$\mathrm{Sim}_{\mathrm{STC}}(\mu_1,\mu_2)=\sum_{t\in T}\frac{\sum_{o\in O_1\bigcup O_2}\varphi_1(o,t)\cdot\varphi_2(o,t)}{\sqrt{\sum_{o\in O_1\bigcup O_2}\varphi_1(o,t)^2}\sqrt{\sum_{o\in O_1\bigcup O_2}\varphi_2(o,t)^2}}$$

其中,$\mu_i=(S_i,\Pi_i,A_i,O_i,E_i)$是描述用户 u_i 的移动行为的 ST-UHMM,$\varphi_i(o,t)=1$ 表示用户 u_i 在时间段 t 访问过位置 o,$\varphi_i(o,t)=0$ 则表示用户 u_i 在时间段 t 没有访问过位置 o。

　　STCS 的定义考虑了 ST-UHMM 在每个时间段的共同位置,但是,不同用户在同一时间段访问这些共同位置的倾向性未必相同。直观上,两个用户在同一时间段内访问共同位置的倾向性越接近,他们越相似,也越可能是同一个人。因此,将 STES 定义为

$$\mathrm{Sim}_{\mathrm{STE}}(\mu_1,\mu_2)=\sum_{t\in T}\omega_i\frac{\sum_{o\in O_{1,t}\bigcup O_{2,t}}(1-|e_1(s_t,o)-e_2(s_t,o)|)}{|O_{1,t}\bigcup O_{2,t}|}$$

其中,ω_i 为不同时间段 i 的权重,$O_{i,t}$ 是用户 u_i 在时间段 t 访问位置的集合。STES 在考虑用户每个时间段的共同访问位置的同时,也考虑了访问共同位置的倾向性。用户在每个时间段访问共同位置的倾向性越接近,即 $e_1(s_t,o)$ 和 $e_2(s_t,o)$ 越接近,则 $\mathrm{Sim}_{\mathrm{STE}}(\mu_1,\mu_2)$ 越大,反之则两者的 STES 值越小。

　　显然,基于用户 ST-UHMM 和任意两个用户的 STCS、STES,可从测试集中匹配、识别出训练集中与其最相似的用户,并根据阈值判断两者是否是同一用户,从而完成去匿名攻击。实验结果也表明,综合考虑时空因素比单独考虑空间因素能够更有效地识别出匹配的用户。而且,对于 Geolife 数据集来说,STES 相似度比 STCS 相似度能更好地判断用户的相似程度。

　　此外,利用 Viterbi 算法和现有 ST-UHMM,也可以实施去匿名攻击。Viterbi 算法能够计算用户的 ST-UHMM 与匿名轨迹的匹配程度。根据一定的匹配阈值或者投票算法,攻击者可以确定与匿名轨迹最匹配的模型,进而确定匿名轨迹的属主身份,实现去匿名。Viterbi 算法的具体内容在此不作讨论。

　　3. 混合高斯模型及攻击

　　高斯过程是指服从有限维高斯分布(又称正态分布)的随机过程。例如群体的身高、实验中的随机误差都表现为正态或近似正态分布。混合高斯模型是指将建模对象分解为若干基于高斯分布函数所形成的模型。与本节前两个模型相同,训练好的混合高斯模型也能够预测用户的下一位置,暴露用户的位置隐私。通过一系列相似度比较,匿名用户也能够被重新识别出来。

　　定义 5-31(高斯过程)　设 $\{X(t),t\in T\}$ 是一个随机过程,如果对于任意 $t_1,t_2,\cdots,t_n\in T$,$\{X(\omega,t_1),X(\omega,t_2),\cdots,X(\omega,t_n)\}$ 服从 n 维正态分布,则称 $\{X(t),t\in T\}$ 是高斯过程,且其有限维联合分布密度函数为

$$f(t_1,t_2,\cdots,t_n;x_1,x_2,\cdots,x_n)=\frac{1}{(2\pi)^{\frac{n}{2}}|\boldsymbol{B}|^{\frac{1}{2}}}\exp\left\{-\frac{1}{2}(x-\mu)\boldsymbol{B}^{-1}(x-\mu)^T\right\}$$

其中,$x=\{x_1,x_2,\cdots,x_n\}$,$\mu=\{\mu_1,\mu_2,\cdots,\mu_n\}$,$\mu_i=E\{X(t_i)\}$,$i=1,2,\cdots,n$,$\boldsymbol{B}=(b_{ij})_{n\times n}$ 为 $X(t)$ 的协方差函数矩阵,$b_{ij}=E\{(X(t_i)-\mu_i)(X(t_j)-\mu_j)\}$。

　　简单的一维高斯分布的概率密度函数如图 5-20(a)所示。混合高斯分布对单一高斯分

布的概率密度函数进行扩展,能够平滑地近似不同形状的概率密度分布,如图 5-20(b)所示的数据更符合混合高斯分布。混合高斯分布的概率密度函数可通过单个高斯分布的加权表示。

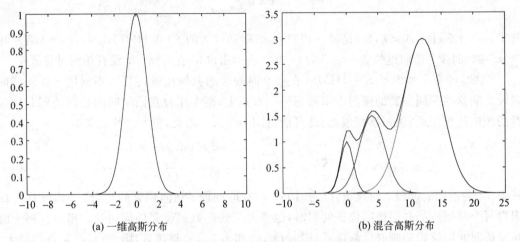

(a) 一维高斯分布　　　　　　　　(b) 混合高斯分布

图 5-20　高斯分布的概率密度函数示意图

在实际应用中,分析者发现用户的移动行为具有中心性,即用户围绕若干地理位置中心活动。Gonzalez 等人[76]通过手机数据研究人类移动,发现人们会定期回到少量的之前访问过的位置,移动规律可以建模为以一个固定点为中心的随机过程。Song 等人[77]的实验证明,93%的人类移动具有高度的规律性,在 70%的情况下用户都在他最经常访问的位置。

基于上述研究成果可以发现,用户移动行为模式在一定程度上符合高斯分布的特征[78],如图 5-21 所示。进一步地,可以将这种特征理解为用户在固定的时间段围绕几个中

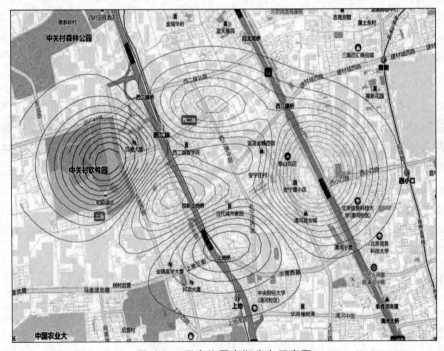

图 5-21　用户位置高斯分布示意图

心点的运动,因此,可以尝试用混合高斯模型为用户移动建模。其中,位置分布概率采用混合高斯模型建模提取,并结合周期性和社交性的模型来预测用户下一位置。

为确定高斯模型的参数,首先需分析用户签到行为的特征。在多个数据集中实验发现,包括 BrightKite(全球签到信息)、Gowalla(全球签到信息)、手机基站(国内签到信息)数据集,用户的签到最远距离通常分布在离家 100km 之内。超过 100km 时,用户签到概率会出现明显降低。这一发现表明,用户日常的活动半径有限,在驱车 1~2h 可达的范围内。

其次,需要确定用户行为的时间周期性特征,即用户访问地点的重复性。数据集分析表明,Brightkite 中 53% 的签到曾经被该用户访问过,Gowalla 中 31% 的签到曾经被该用户访问过。这意味着,在 Brightkite 数据集中,如果用户首次访问某地点,那么有 53% 的概率用户会再次访问这一地点。

另外,还需要考虑用户地理位置和周期性的相关性,例如,不同地点在不同时间的访问频率特征等。分析用户在每周内的任一小时访问地点的熵,发现用户访问一个新地点(熵增强)的行为具有极强的时间规律。对每天来说,早上时段的位置熵值最低,因为大多数用户早上都是在家。当用户通勤和下班后娱乐的时段,地点熵值增高。同时,工作日的熵值比周末的熵值低,因为大多数人都在上班。用户行为的周期性特征如图 5-22 所示。

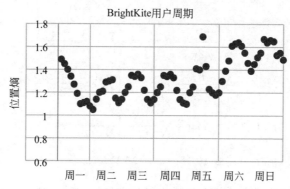

图 5-22 用户行为的周期性特征

基于用户行为的这些特征,可建立用户移动模型,即 PMM(Periodic Mobility Model,周期性移动模型)。这一模型假设用户是在一系列隐含状态(地点)间的周期性移动。简单来讲,用户有两个基本状态,家和公司。在每天的不同时段,用户的活动范围分别围绕家和公司,或者在两者之间通勤。因此,这一模型主要包含两个关键部分:①为每个用户推测出其两个隐含状态的地理中心,并为其建立高斯分布模型;②为每个用户建立时间和隐含状态的相关概率分布函数。也就是说,这一模型将用户签到的过程模拟为两步的分析过程,用户首先根据当前时间判断自己是在家或者在公司的状态,然后根据当前状态和对应状态下的地理位置分布,选择一个位置签到。如图 5-23 所示。

PPM 包含若干要素。t 为当前时间,$x_u(t)$ 为用户 u 在时刻 t 的位置,$C_u(t)$ 是用户 u 在时刻 t 的状态。如果 $C_u(t)=H$,表明时刻 t 用户 u 处于以家为核心的状态,$C_u(t)=W$ 表明时刻 t 用户 u 处于以公司为核心的状态。用户签到位置分布是由用户处于在家或在公司状态下的位置分布决定的,即 $P[x(t)=x|C_u(t)]$。也就是说,用户在时刻 t 的签到位置分布概率是在家和在公司两种状态下的位置分布的混合,即 $P[x(t)=x]=$

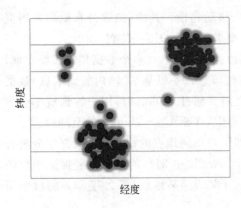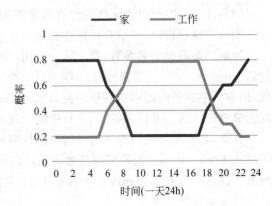

图 5-23　PMM 示意图

$P[x(t)=x\,|\,C_u(t)=H]\cdot P[C_u(t)=H]+P[x(t)=x\,|\,C_u(t)=W]\cdot P[C_u(t)=W]$。显然,用户只能处于在家或者在公司两个状态中的一个,而这两个状态下的地理位置分布是相互独立的。基于这种思想,PPM 对用户状态和地理位置分布分别独立建模。

首先,PPM 需要确定用户所处的状态。通常假设用户 u 的状态分布 $P[C_u(t)]$ 符合高斯模型。

$$N_H(t)=\frac{P_{cH}}{\sqrt{2\pi\,\delta_H^2}}\exp\left[-\left(\frac{\pi}{12}\right)^2\frac{(t-\tau_H)^2}{2\delta_H^2}\right]$$

$$N_W(t)=\frac{P_{cW}}{\sqrt{2\pi\delta_W^2}}\exp\left[-\left(\frac{\pi}{12}\right)^2\frac{(t-\tau_W)^2}{2\delta_W^2}\right]$$

$$P[C_u(t)=H]=\frac{N_H(t)}{N_H(t)+N_W(t)}$$

$$P[C_u(t)=W]=\frac{N_W(t)}{N_H(t)+N_W(t)}$$

其中,τ_H 为一天中用户处于家的状态的平均时长(时段),δ_H 为对应的方差,P_{cH} 为任意签到位置所属状态为家的时间独立概率。为计算方便,t 和 τ_H 都以时钟上的角度表示。

其次,PPM 将用户处于家或公司状态的位置分布用二维时间独立的高斯分布来建模。这一模型表示为

$$P[x_u(t)=x_i\mid C_u(t)]=\begin{cases}\sim N(\mu_H,\sum H),&\text{当 }C_u(t)=H\text{ 时}\\[4pt]\sim N(\mu_W,\sum W),&\text{当 }C_u(t)=W\text{ 时}\end{cases}$$

其中,$\sum H$、$\sum W$ 分别是在家和在公司两种状态的签到位置的协方差矩阵。μ_H、μ_W 分别是用户在家和在公司两种状态的签到位置的平均中心位置。

由此可见,PMM 结合了基于时间的用户状态建模和时间独立的用户地理位置分布建模两个过程,建立了用户位置的初步模型。但是,PMM 忽略了用户行为受朋友影响的特征。显然,用户有一定概率访问朋友访问过的地点。因此,还可以进一步地将 PMM 扩展为PSMM(Periodic & Social Mobility Model,周期性和社交性移动模型),将社交因素的影响也包括进来。利用 EM 算法,可分别训练获得相关的参数和最终模型。

实验发现,比起只设定家和公司两个隐含状态,设定 3 或 4 个隐含状态能够获得更好的

准确度,但是准确度的提升程度随着隐含状态增多而快速衰减。因此,综合考虑效率和准确度等因素,两个状态已经能够较好地描述用户的移动。

4. 贝叶斯模型及攻击

此外,也有研究者利用贝叶斯模型尝试解决位置推测问题。利用贝叶斯定理,可以依靠与某不确定事件相关的事件发生的概率来推测该事件的概率。基于这一特点,贝叶斯模型通常用来进行用户轨迹重建,进而发现用户轨迹中隐藏的敏感位置。

定义 5-32(贝叶斯定理)　$P(A|B) = \dfrac{P(A \bigcap B)}{P(B)} = \dfrac{P(A)P(B|A)}{P(B)}$,即在事件 B 出现的前提下事件 A 出现的概率(后验概率)等于 A 出现的概率(先验概率)乘以调整因子(事件 A 发生的前提下事件 B 发生的概率除以事件 B 发生的概率)。

Sadilek 等人[79]采用动态贝叶斯网络,利用朋友的历史和情景信息做位置的预测。Xue 等人[80]在此基础上进一步考虑了数据稀疏问题,采用将轨迹分解成若干子轨迹,利用子轨迹生成 r 阶可达转移矩阵,扩大预测空间,通过贝叶斯对所有位置进行预测,将提取的 top N 位置返回,实现较为准确的用户位置预测。相对于前面介绍的几个模型,贝叶斯模型能够以后验概率提升用户位置预测的准确度。

贝叶斯预测架构可分为两部分。首先是训练阶段,通过对历史轨迹离线学习形成模型;其次是预测阶段,在线对给定的轨迹进行分析,并预测该轨迹中的某特殊位置,例如该轨迹的终点。具体来说,节点 n_j 成为当前路线终点的概率可以等价计算为在给定当前路线 T^p 的前提下,节点 n_j 包含终点位置 l_d 的概率。其中,节点是由地图分割而成的,地图中共有 $g \times g$ 个节点,每个节点都包含很多具体的位置。路线是具体位置所在的节点组成的序列。根据贝叶斯定理,这一概率可以计算为

$$P(d \in n_j \mid T^p) = \frac{P(T^p \mid d \in n_j)P(d \in n_j)}{\displaystyle\sum_{k=1}^{g^2} P(T^p \mid d \in n_k)P(d \in n_k)}$$

其中,$P(d \in n_j)$ 的概率可计算为终点位于 n_j 的路线数目占所有路线数目的比例。即 $P(d \in n_j) = \dfrac{|T_{d \in n_j}|}{|D|}$,$|D|$ 为训练集的大小,$|T_{d \in n_j}|$ 为终止于 n_j 的路线的数目。$P(T^p | d \in n_j)$ 的计算则要确定满足以下两个前提的路线数目:首先,路线需符合当前 T^p;其次,终点位于 n_j。该概率可表示为 $P(T^p | d \in n_j) = \dfrac{|\{T_{d \in n_j} \mid T^p \sqsubset T_{d \in n_j}\}|}{|T_{d \in n_j}|}$。和其他模型一样,利用历史轨迹训练好相应的贝叶斯模型,即可对用户当前轨迹的终点进行预测。该方法示意如图 5-24 所示。

Huo 等人[81]将贝叶斯模型作为隐藏位置推理攻击的基准模型。攻击者假设,用户的签到行为符合某一种或几种模式,并会在不同 POI 之间周期性地移动。这些行为模式和 POI 偏好能够从用户的历史数据中通过学习获得。因此,攻击者能够利用大多数用户的行为模式去猜测用户访问某个 POI 的可能性。例如,给定隐藏敏感地点 l_m 和签到间隔时间 Δt,用户访问该地点的概率可表示为后验概率 $P(V_k^{i,m,i+1} | \Delta t)$。其中,$V_k^{i,m,i+1}$ 表示用户 k 的访问序列中依次经过 l_i、l_m 和 l_{i+1} 的序列。既然用户 k 已经访问过 l_i 和 l_{i+1},后验概率 $P(V_k^{i,m,i+1} | \Delta t)$ 的关键在于,在访问 l_i 和 l_{i+1} 的过程中,用户 k 有多大概率也访问了 l_m。

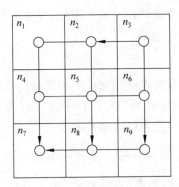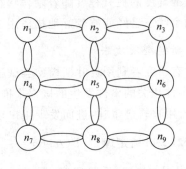

图 5-24　路线与贝叶斯模型转化示意图

根据贝叶斯定理，$P(V_k^{i,m,i+1}|\Delta t)=\dfrac{P(\Delta t|V_k^{i,m,i+1})P(V_k^{i,m,i+1})}{P(\Delta t)}$。对于用户 k 来说，确定的 Δt 意味着 $P(\Delta t)$ 是常数。因此，以上概率可近似为 $P(V_k^{i,m,i+1}|\Delta t)\approx P(\Delta t|V_k^{i,m,i+1})P(V_k^{i,m,i+1})$。在这里，基准推理模型基于所有用户的签到历史计算用户访问隐藏地点 l_m 的概率，该公式中的部分内容发生了变化，$P(V_k^{i,m,i+1})=\dfrac{\sum\limits_s C_s^{i,m,i+1}}{\sum\limits_s C_s^{i,i+1}}$。其中 s 为所有用户的轨迹，$C_s^{i,m,i+1}$ 表示轨迹 s 是否依次通过地点 l_i、l_m 和 l_{i+1}，其值只可能为 0 或 1。$C_s^{i,i+1}$ 表示轨迹 s 是否依次通过地点 l_i、l_{i+1}，其值也只可能为 0 或 1。$P(\Delta t|V_k^{i,m,i+1})$ 可利用用户 k 的轨迹单独计算。

通过以上改进，即使用户从未主动公开其访问过某敏感位置，攻击者仍可以利用人群的行动规律推测该用户访问此敏感位置的概率。

更进一步，攻击者还可以将用户朋友的影响力考虑进来，从而增强社交关系的影响。因为，用户和他的朋友可能有相似的兴趣或者一起出行，从而产生类似的出行行为。攻击者考虑用户的朋友密切性作为新的参数引入基准推理模型，越相似的朋友的行为越有可能在用户身上出现。朋友的密切性通常以两者间的相似性定义，包括两者间的社交相似性和出行活动相似性。例如，较为常见的定义形式为 $w_c(k,j)=\alpha\dfrac{|F_k\bigcap F_j|}{|F_k\bigcup F_j|}+(1-\alpha)\dfrac{|L_k\bigcap L_j|}{|F_k\bigcup F_j|}$，其中，$\alpha$ 是介于 0 和 1 之间的调节参数，F_k、F_j 代表用户 k、j 的朋友集合，L_k、L_j 是用户 k、j 访问过的地点集合。在所有用户的轨迹中，对用户 k 的朋友 j 的轨迹再进行额外的加权处理，$P(V_k^{i,m,i+1})$ 进一步变化为 $P(V_k^{i,m,i+1})=\dfrac{\sum\limits_s(1+w_c(k,j))C_s^{i,m,i+1}}{\sum\limits_s(1+w_c(k,j))C_s^{i,i+1}}$，$P(\Delta t|V_k^{i,m,i+1})$ 仍旧利用用户 k 自身的轨迹计算。

5. 推荐系统模型及攻击

推荐系统被广泛地用来发现用户潜在的兴趣点，也可应用于用户未发布的隐私位置推理和位置预测中。推荐系统可粗略地分为基于内容的推荐、基于协同过滤的推荐两类。

由于用户位置轨迹信息大部分不包含类似于物品内容的抽象信息，因此大多不适用于基于内容的推荐。但也有研究者针对带文本属性的位置信息和利用地理位置编码转换等方法进行以内容推荐为模型的位置推测研究。单纯的用户轨迹数据中并不包含相应的文本信息,本节对此不作讨论。

　　基于协同过滤的方法可分为基于用户的过滤和基于物品的过滤两种。基于用户的过滤方法首先通过不同用户对物品的 I 向量发现相似的用户集合,然后向集合中的相似用户推荐其他人喜欢的物品。基于物品的过滤方法通过用户对同一物品的 U 向量发现相似的物品集合,然后向喜欢集合中某物品的用户推荐相似的物品。如表 5-6 所示。

表 5-6　协同过滤模型基本数据

物品 ＼ 用户	U_1	U_2	…	U_n
I_1	a_{11}	a_{12}	…	a_{1n}
I_2	a_{21}	a_{22}	…	a_{2n}
⋮	⋮	⋮	⋮	⋮
I_m	a_{m1}	a_{m2}	…	a_{mn}

　　基于推荐系统模型的攻击方法将敏感位置作为特殊物品。如果用户访问历史中的某位置与敏感位置相似度到达一定的阈值,则预测用户很可能访问这一敏感位置。同理,如果与用户相似的其他用户频繁访问这一敏感位置,用户也可能访问相同的敏感位置。

　　与电商推荐系统只向用户推荐新物品不同,在进行用户敏感位置推理和用户位置预测时,需要兼顾用户轨迹历史中的旧位置和群体中其他用户访问过的新位置。在实际应用中,攻击者从用户的社交关系和用户群体移动特征相似性入手,采用协同过滤的方法进行敏感位置推理预测。研究人员通过收集大量签到记录,从中分析发现与目标用户行为模式相似的用户和他们的签到习惯,进而准确地掌握目标用户的签到习惯,最终推理出目标用户可能经过的敏感位置。基于 POI 推荐系统,设计类似的用户地点推荐模型,尽可能准确地推荐用户喜好的地点,也能够成功地发现用户的下一 POI,进而威胁用户的具体位置隐私[82]。

　　例如,假设当用户 u 在选择餐馆 i 吃晚饭的时候会考虑自己的偏好及朋友 f 的意见。因此,模型应综合考虑多种因素,包括用户对隐含主题的个人兴趣分布、地点与主题的对应关系、用户朋友间的影响力模型。为了确定用户对各个主体的偏好参数和不同朋友的影响力参数,可基于 EM 算法设计模型学习算法。

　　初始模型包括以下参数:

　　用户集合: $U=\{u_1,u_2,\cdots,u_N\}$ 。

　　地点集合: $I=\{I_1,I_2,\cdots,I_M\}$ 。

　　隐含主题集合: $Z=\{Z_1,Z_2,\cdots,Z_K\}$ 。

　　在这种模型下,当主题 z 确定时,用户 u 与地点 i 是独立的。也就是说,主题 z 生成地点 i 的概率以及主题 z 对应于用户 i 的概率互相独立。因此,用户 u 和地点 i 的联合分布概率为

$$\Pr(u,i)=\sum_{z\in Z}\Pr(u,z,i)=\sum_{z\in Z}\Pr(z)\Pr(u\mid z)\Pr(i\mid z)$$

　　根据用户的访问地点历史数据 $H=\{<u,i>\}$,可以利用机器学习算法通过学习获得 $\Pr(z)$ 、 $\Pr(u|z)$ 、 $\Pr(i|z)$ 以及 $\Pr(u,i)$ 。因此,根据算法可以排序得到用户 u 选择不同地

点 i 的概率为 $\Pr(i|u) = \dfrac{\Pr(u,i)}{\Pr(u)} \propto \Pr(u,i)$。初始模型如图 5-25 所示。

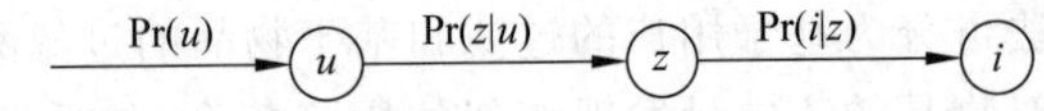

$$\xrightarrow{\Pr(u)} \ (u) \ \xrightarrow{\Pr(z|u)} \ (z) \ \xrightarrow{\Pr(i|z)} \ (i)$$

图 5-25　初始模型

但此模型忽略了用户朋友的影响力。为此,将模型改进为如图 5-26 所示。新增的参数如下:

u 的朋友集合:$F(u) \subseteq U$。

用户 u 的朋友:$f \in F(u)$。

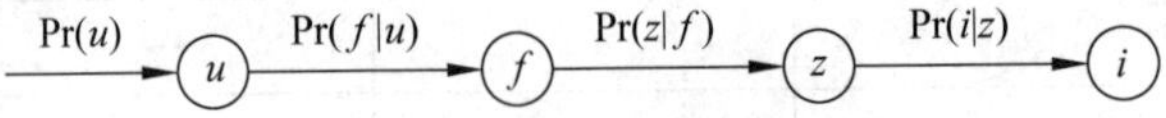

$$\xrightarrow{\Pr(u)} \ (u) \ \xrightarrow{\Pr(f|u)} \ (f) \ \xrightarrow{\Pr(z|f)} \ (z) \ \xrightarrow{\Pr(i|z)} \ (i)$$

图 5-26　改进模型

为简单起见,u 也被认为是自己的朋友,即 $u \in F(u)$。因此,用户、朋友、主题、地点的联合分布进化为

$$\Pr(u,f,z,i) = \Pr(u)\Pr(f\mid u)\Pr(z\mid f)\Pr(i\mid z)$$

其中,u、z、i 在 f 上条件独立,u、f、i 在 z 上条件独立。即:给定 f 的条件下,出现 u、z、i 的概率互相独立;给定 z 的条件下,出现 u、f、i 的概率互相独立。因此,联合分布可进一步表示为

$$\Pr(u,f,z,i) = \Pr(u\mid f,z,i)\Pr(f,z,i) = \Pr(u\mid f)\Pr(f,z,i)$$
$$= \Pr(z)\Pr(u\mid f)\Pr(f\mid z)\Pr(i\mid z)$$

因此,用户 u 和地点 i 的联合分布概率表示为

$$\Pr(u,i) = \sum_{z \in Z}\sum_{f \in F(u)} \Pr(z)\Pr(u\mid f)\Pr(f\mid z)\Pr(i\mid z)$$

同样可以基于 EM 算法求解以上参数,并得到用户 u 选择不同地点 i 的排序结果以做推荐。但是,以上模型集合了协同过滤、用户朋友的社交影响力,并且忽略了地点的内容。为此,将模型再次改进为如图 5-27 所示。在此模型中,主题 z 不但生成了地点 i 的分布,还生成了地点描述(w)的分布。假设地点 i 和描述 w 关于主题 z 互相独立。即

$$\Pr(u,f,z,i,w) = \Pr(z)\Pr(u\mid f)\Pr(f\mid z)\Pr(i\mid z)\Pr(i\mid z)\Pr(w\mid z)$$

进一步,用户 u 和地点 i 的联合分布进化为

$$\Pr(u,i) = \sum_{z \in Z}\sum_{f \in F(u)}\sum_{w \in W_i} \Pr(z)\Pr(i\mid z)\Pr(f\mid z)\Pr(u\mid f)\Pr(w\mid z)$$

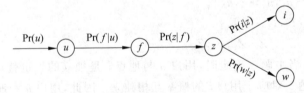

图 5-27　联合模型

到这里,已经完成了完整的用户 POI 推荐模型。实验证明这一方法较好地协同了多种参数,并取得了超过其他方法的推荐准确度。而且,实验还证明,不同数据集中朋友的影响力具有明显区别。在实际推荐预测中,应结合应用场景实际情况,学习和训练适合的影响力参数。

　　Huo 等人[81]在隐私位置推理的工作中同样引入了推荐模型。在基于协同过滤模型预测用户访问地点的应用中,为了分析用户相似性,他们引入了访问可能序列(visit possibility sequence)的概念。给定用户访问序列 $s=\{l_1,l_2,\cdots,l_n\}$,用户 k 访问 s 的访问可能序列是用户访问单个地点的可能性的集合 $\mathrm{PV}_k=\{\mathrm{PV}_k^1,\mathrm{PV}_k^2,\cdots,\mathrm{PV}_k^n\}$,其中的 PV_k^i 代表用户 k 访问地点 l_i 的概率。基于这一定义,用户 k 和用户 j 的相似性即可通过两者访问可能序列的余弦距离计算:

$$\mathrm{sim}(k,j)=\frac{\sum_i PV_k^i\,PV_j^i}{\sqrt{\sum_i {PV_k^i}^2}\sqrt{\sum_i {PV_j^i}^2}}$$

　　初始情况下,可以得到两个矩阵,分别为用户与用户的相似矩阵 $\boldsymbol{S}$、用户访问地点可能的概率矩阵 $\boldsymbol{U}$。其中,对于任意用户访问过的地点,$\boldsymbol{U}$ 中对应的该用户访问该地点的概率为1,否则为 0。基于初始矩阵 $\boldsymbol{U}$ 和相似度计算公式,可以计算得到矩阵 $\boldsymbol{S}$。在 $\boldsymbol{S}$ 的基础上,可以更新用户 k 访问地点 l_n 的概率

$$r_{k,n}=m\times\sum_{j\in S_k}\mathrm{sim}(k,j)\times r_{j,n}$$

其中 $m=\dfrac{1}{\sum\limits_{j\in S_k}\mathrm{sim}(k,j)}$,$S_k$ 为与用户 k 相似的用户集合($\mathrm{sim}(k,j)>0$)。矩阵 $\boldsymbol{U}$ 和 $\boldsymbol{S}$ 经过多次迭代计算达到收敛,就可以得到用户 k 访问地点 l_m 的概率 $r_{k,m}$。因此,用户访问隐藏地点 l_m 的后验概率可计算为

$$P(V_k^{i,m,i+1}\mid\Delta t)=r_{k,m}\times\frac{\sum\limits_{j\in S_k}C_j^{i,m,i+1}P(\Delta t_j\leqslant\Delta t)}{\sum\limits_{j\in S_k}C_j^{i,i+1}}$$

6. 其他模型

　　此外,还有一些研究是针对一组或一类用户进行建模重识别,而不是针对单一的用户。Ghosh 等人[83]同时考虑了原始轨迹包含的时空信息和语义信息,对轨迹聚类建模,能够识别不同类型的用户(主要是四大类:学生、教授、职员、游客)。Zhang 等人[84]对用户进行分组,通过分组和文本增强功能解决数据稀疏性问题,并对同一组用户建立组级隐马尔可夫的移动规律模型。

　　在掌握了大量目标用户轨迹数据的基础上,研究者证明可以通过用户轨迹规律唯一地识别出特定用户。Xiao 等人[85]提出了 SLH(Semantic Location Histories,语义位置历史)的概念,从用户的移动轨迹中提取出 POI,并将这些 POI 打上语义标签(如全聚德餐厅)。用这些带有语义标签的 POI 构成用户的 SLH 序列,通过计算 SLH 序列的相似度来重识别匿名用户。

5.5　差分隐私

　　以上讨论的隐私保护机制从各个角度分别对用户的隐私保护需求和攻击者的能力进行了分析,并在一定程度上解决了用户隐私保护问题。但是,正如 5.1 节所讨论的那样,这些

匿名方案对用户的隐私保护需求和攻击者的能力进行了假设,其使用范围大大受限。作为一种不限定攻击者能力,且能严格证明其安全性的隐私保护框架,差分隐私保护技术受到了人们的广泛关注。

Dwork[86]在其论文中分析了用户 me 认为安全的数据调查场景。首先,单个用户提交的答案不会对公开的结果造成显著的影响,即 $Q(D-\text{me})=Q(D)$,这样攻击者就不能通过查询结果的变化推测 me 对结果的贡献程度。其次,要求任意数据库访问者不能获得关于 me 的额外信息,即 $P(\text{secret}(m)|Q(D))=P(\text{secret}(\text{me}))$。这两条严格的隐私保护要求实际上是无法达到的。直观上来说,如果 $Q(D-\text{me})=Q(D)$,那么通过归纳推理可得知 $Q(D-D)=Q(D)$,也就是说,在数据集 D 上的查询结果和在空集上的查询结果一致。在这种情况下,查询的结果 $Q(D)$ 就是无意义的。而第二条要求也难以达到。如果查询结果表明与用户 me 相似的人群在某种特征上具有很强的倾向性,任何可以获得查询结果的人都有理由推测,用户 me 也很可能具有这种倾向性,很显然 $P(\text{secret}(m)|Q(D))\neq P(\text{secret}(\text{me}))$。

在此基础上,Dwork 提出了一种替代的安全目标,即确保在数据集中插入或删除一条记录不会对输出结果造成显著影响,形式化地定义为

$$\frac{\Pr(f(D)=C)}{\Pr(f(D_{\pm\text{me}})=C)}<e^{\epsilon},\quad \text{对于}\ |D_{\pm\text{me}}-D|\leqslant 1\ \text{且}\ C\in\text{Range}(f)$$

对函数 f 的值域范围内的任意输出结果 C,相邻数据集输出这一相同结果 C 的概率比值小于 e^{ϵ}。如果方案能够实现这一安全目标,就能够达成两种效果。首先,因为无论攻击目标是否在查询数据集中,查询结果都基本保持不变,所以攻击者无法根据查询结果确认攻击目标是否在查询数据集中,也就无法实现链接攻击。其次,这一安全目标有效地保持了数据可用性。无论单个数据记录加入或离开数据集 D,对这一数据集的查询结果都基本保持稳定,也可以说保持了数据中有用的知识。

由此可见,在差分隐私模型中,攻击者拥有何种背景知识对攻击结果无法造成影响。即使攻击者已经掌握除了攻击目标之外的其他所有记录信息,仍旧无法获得该攻击目标的确切信息。对应于差分隐私模型的安全目标,首先,攻击者无法确认攻击目标在数据集中。其次,即使攻击者确认攻击目标在数据集中,攻击目标的单条数据记录对输出结果的影响并不显著,攻击者无法通过观察输出结果获得关于攻击目标的确切信息。

目前阶段,差分隐私模型是最为严格和完善的隐私保护模型。在关系型数据发布和位置轨迹数据发布中均有许多基于差分隐私模型的保护方案。下面首先介绍差分隐私的定义和原理,然后对基于差分隐私模型的数据隐私保护方案进行分析。

5.5.1 基本差分隐私

1. 差分隐私的定义

定义 5-33(差分隐私) 给定数据集 D 和其相邻数据集 D',如果一个隐私算法 f' 满足 ϵ-差分隐私,那么对于 f' 的任意输出 C,均满足 $\Pr(f'(D)=C)<e^{\epsilon}\Pr(f'(D')=C)$。

其中,任意和 D 最多相差一条记录的数据集 D' 均为 D 的相邻数据集。ϵ 表示隐私保护程度,对于给定的数据集和查询函数 f,其对应的隐私算法 f' 的 ϵ 越小,隐私保护程度越高。

2. 基本原理

噪声机制是实现差分隐私的主要手段。在 Dwork 提出差分隐私模型时,采用拉普拉斯机制向查询结果中添加噪声,使真实输出值产生概率扰动,从而实现差分隐私保护。噪声分布如图 5-28 所示。

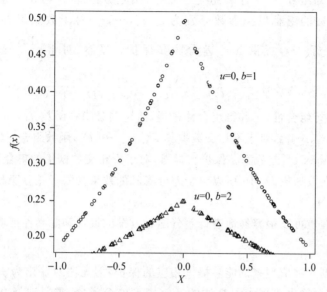

图 5-28　拉普拉斯差分隐私机制

由图 5-28 可以看出,由于拉普拉斯噪声服从概率分布,在相邻数据集上分别进行相同的查询,也可能得到相同的结果。而且,它们之间的概率差异可由公式严格计算得出:

$$\frac{\Pr(f'(D)+\mathrm{Lap}(b)=y)}{\Pr(f'(D')+\mathrm{Lap}(b)=y)}=\frac{\Pr(\mathrm{Lap}(b)=y-f'(D))}{\Pr(\mathrm{Lap}(b)=y-f'(D))}$$

$$=\frac{\exp\left(\dfrac{-\mid y-f'(D)\mid}{b}\right)}{\exp\left(\dfrac{-\mid y-f'(D')\mid}{b}\right)}$$

$$=\exp\left(\frac{1}{b}(\mid y-f'(D')\mid-\mid y-f'(D)\mid)\right)$$

$$\leqslant\exp\left(\frac{1}{b}(\mid f'(D)-f'(D')\mid)\right)$$

$$\leqslant\exp\left(\frac{1}{b}\max(\mid f'(D)-f'(D')\mid)\right)$$

其中,查询函数敏感度 Δf 的定义如下:

对于任意一个函数 $f:D\rightarrow R^d$,函数 f 的全局敏感性为 $\Delta f=\max_{D,D'}\mid f(D)-f(D')\mid$,$D$ 和 D' 为相邻数据集,d 是函数输出的维度。

因此,上述式子可变为

$$\frac{\Pr(f'(D)+\mathrm{Lap}(b)=y)}{\Pr(f'(D')+\mathrm{Lap}(b)=y)}\leqslant\exp\left(\frac{\Delta f'}{b}\right)$$

若要满足差分隐私模型,只需定义拉普拉斯函数的标准差 $b=\Delta f'/\varepsilon$ 即可得到下式:

$$\frac{\Pr(f'(D) + \mathrm{Lap}(b) = y)}{\Pr(f'(D') + \mathrm{Lap}(b) = y)} \leqslant \exp(\varepsilon)$$

由拉普拉斯机制和差分隐私原理可推导出差分隐私的两个基本性质：序列组合性和并行组合性。

定义 5-34（序列组合性） 序列组合性是指，给定数据库 D 与 n 个差分隐私函数 f_1，$f_2,\cdots,f_n$，每个函数的隐私保护参数分别为 $\varepsilon_1,\varepsilon_2,\cdots,\varepsilon_n$，对于数据集 D，函数组合 $F(f_1(D),f_2(D),\cdots,f_n(D))$ 提供 $\Sigma\,\varepsilon_i$ 差分隐私保护。显然，对于 $\dfrac{\Pr(f_1(D)=C)}{\Pr(f_1(D_{\pm me})=C)}<e^{\varepsilon_1}$，$\dfrac{\Pr(f_2(D)=C)}{\Pr(f_2(D_{\pm me})=C)}<e^{\varepsilon_2}$，必有 $\dfrac{\Pr(f_1(D)=C)}{\Pr(f_1(D_{\pm me})=C)} * \dfrac{\Pr(f_2(D)=C)}{\Pr(f_2(D_{\pm me})=C)}<e^{\varepsilon_1+\varepsilon_2}$。

定义 5-35（并行组合性） 并行组合性是指，给定差分隐私函数 $f_1,f_2,\cdots,f_n$，其隐私保护参数分别为 $\varepsilon_1,\varepsilon_2,\cdots,\varepsilon_n$，对于不相交数据集 $D_1,D_2,\cdots,D_n$，函数组合 $F(f_1(D_1),f_2(D_2),\cdots,f_n(D_n))$ 提供 $\max(\varepsilon_i)$ 差分隐私保护。显然，对于不相交数据集的集合 D，其与相邻数据集的差异仅发生在数据集 D_i 中，所以组合差分隐私的效果受限于差分隐私参数最大的数据集，也就是 $\max(\varepsilon_i)$。

基于这两种性质可以很容易地进行差分隐私方案的设计和隐私性证明。

3. 其他机制

拉普拉斯机制对数值型查询能够提供相应的保护，但无法对输出为实体结果的查询进行扰动。例如，需要输出机器学习算法的适宜模型或分类器，需要选择合适的网络路由机制。指数机制设计通过打分算法向用户输出满足一定概率分布的查询结果，既保证了数据的扰动，同时在一定程度上保持了数据的可用性[87]。

指数机制中的打分函数 $q(D,r)\to R$ 又被称为可用性函数，用来评价查询 q 的输出结果 r 的可用性。Δq 为打分函数的敏感性。如果该查询函数以正比于 $\exp\left(\dfrac{\varepsilon q(D,r)}{2\Delta q}\right)$ 的概率从值域范围内选择输出，那么该查询函数能够提供 ε-差分隐私保护。

例如，选择机器学习分类器，SVM(Support Vector Machine,支持向量机)分类器的可用性为 30,决策树分类器的可用性为 15,朴素贝叶斯分类器的可用性为 25。在 $\Delta q=1,\varepsilon=0.1$ 的条件下,SVM 分类器被选择的概率为 $\exp(3/2)/(\exp(3/2)+\exp(2.5/2)+\exp(1.5/2))$,决策树分类器被选择的概率为 $\exp(1.5/2)/(\exp(3/2)+\exp(2.5/2)+\exp(1.5/2))$,朴素贝叶斯分类器被选择的概率为 $\exp(2.5/2)/(\exp(3/2)+\exp(2.5/2)+\exp(1.5/2))$。

4. 基于基本差分隐私模型的研究

拉普拉斯机制通过将符合要求的拉普拉斯噪声添加到每个查询结果中，实现满足交互式查询的 ε-差分隐私保护。但是，随着查询次数的增加，必然会导致拉普拉斯噪声分布机制暴露，从而泄露查询的真实值。而且，单纯依靠独立的拉普拉斯噪声提供隐私保护，可能会给整体数据造成较大的噪声。例如，如果单独为图 5-29(a)中的每个频数加入噪声 X,则总噪声为 $7X$。在图 5-29(b)中,数据合并为 3 个分区(partition),每个分区的频数为该分区中各频数的平均值，然后为新的分区频数加入噪声,总噪声减小为 $3X$。后续的差分隐私模型主要从两方面入手来解决这一问题。第一,试图提高参数 ε 的可用性,希望以较小的 ε 支持更多次查询,延迟用户获得真实数据。第二,通过直接发布满足差分隐私模型的扰动数据的方式,使得用户无法获得真实数据。

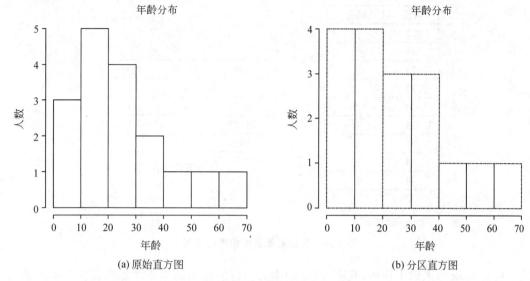

图 5-29　直方图方法

在交互式查询方面,Roth 等人[88]提出了中位数机制,可以在 ε 相同的情况下支持更多轮数的安全查询。Hardt 等人[89]提出了基于数据直方图的交互式查询方案。该方案把数据集的分布视为一个直方图,为每次查询结果添加拉普拉斯噪声,并与该查询的上一个输出结果比较。如果两者的差异小于预先设定的阈值,那么用上一次查询结果替代这一次的计算结果;只有当差异程度大于一定的阈值时,才发布新的计算结果。显然,每次发布旧的计算结果不影响隐私保护效果,也不会泄露关于拉普拉斯机制的更多信息。因此,这一机制能够支持更多的安全查询。在此基础上,Xiao 等人[90,91]和 Xu 等人[92]分别尝试寻找最优的直方图划分方法,并给出了不同的方案。

Xiao 等人[90]提出了一种基于 k-d 树的直方图发布算法。算法对数据集进行了两阶段的划分。第一阶段,为数据集产生原始直方图,并以 $\varepsilon/2$ 为隐私保护参数向直方图加入拉普拉斯噪声,从而得到新的数据分布和频数。第二阶段,以添加了噪声的直方图做为输入,采用 k-d 树划分算法对其进行划分。在这一步骤中,直方图中的每一项都被作为 k 维空间的数据点,其值即为该项的频数。在每一次划分中,计算当前分区中的数据点频数和,如果超过预先设定的阈值,那么就根据 k-d 树算法将其划分为新的子区,否则不划分。以新生成的直方图划分方案为数据输入,再向新的划分项中分别加入以 $\varepsilon/2$ 为隐私保护参数的拉普拉斯噪声。这种直方图划分方法考虑了数据分布的紧密程度,能够以较少的噪声提供同等的隐私保护能力。随后,Xiao 等人[91]将这一工作作为 DPCube 模块融入多维健康数据发布框架中,将用户的多维健康数据以直方图的形式发布,并能够同时对结构化数据和非结构化数据提供隐私保护。DPCube 中提供了差分隐私保护的数据访问机制,还提供了两阶段多维分割技术进行隐私保护的数据发布。

在非交互式查询方面,也出现了查询变换方法、分组发布等典型方法。例如,Xiao 等人[93]针对范围计数查询提出了小波变换方法,Hay 等人提出了层次查询法[94]。

Xiao 等人在数据添加噪声之前先进行小波变换,能够以较小的噪声代价实现同等的隐私保护性能。例如，原始数据表和频度统计表分别如图 5-30 所示。

年龄	超重
22	否
18	是
25	否
32	否
26	否
33	否
38	是
44	是
44	否
52	是

(a) 原始数据表

年龄	未超重	超重
<25	1	1
25~35	4	0
35~45	1	2
>45	0	1

(b) 频度统计表

图 5-30　原始数据表与频度统计表

在 Dwork 等人的工作中，在图 5-30(b)中每一行的输出结果中添加拉普拉斯噪声即可实现差分隐私保护。但如果是对于需要聚集图 5-30(b)中连续多行的查询，用户得到的数据可用性可能会受到影响。如果每一行的输出需要增加 $\theta(1)$ 的噪声，对于聚集查询，可能会增加 $\theta(m)$ 的噪声，其中 m 为聚集查询涉及的行数。为此，Xiao 等人提出小波变换机制，在满足 ε-差分隐私的基础上，提高聚集查询的数据可用性。小波变换机制保证了任意聚集查询的噪声量是 $\theta(\log(m))$，比 Dwork 等人的工作有较大进步。

小波变换机制将关系数据表 T 作为输入，隐私保护参数为 λ，输出表 T 的频率矩阵 $\boldsymbol{M}$ 的变形 $\boldsymbol{M} *$。其工作流程分为 3 步：

(1) 对数据频率统计矩阵 $\boldsymbol{M}$ 进行小波变换。小波变换是一种可逆的线性函数，将矩阵 $\boldsymbol{M}$ 变换为矩阵 $\boldsymbol{C}$，使得 $\boldsymbol{C}$ 中的每一个元素都可以由 $\boldsymbol{M}$ 中的元素计算得出，并且 $\boldsymbol{M}$ 能够从 $\boldsymbol{C}$ 中恢复。$\boldsymbol{C}$ 中的元素称为小波系数(wavelet coefficient)。通常小波变换只适用于定序数据(ordinal data)，为此需要对定量数据(nominal data)进行扩展。

(2) 对小波系数添加独立的拉普拉斯噪声，从而保护差分隐私。这一步骤会得到新的矩阵 $\boldsymbol{C} *$。

(3) 依据 $\boldsymbol{C} *$ 生成 $\boldsymbol{M} *$，从而得到添加了噪声的 $\boldsymbol{M}$ 矩阵。小波变换机制提供的隐私保护能力依赖于第(2)步中的噪声添加。$\boldsymbol{C}$ 中的元素为 $\boldsymbol{M}$ 中元素的线性组合，只要对 $\boldsymbol{C}$ 中元素增加经过组合的适量噪声，也能够在 $\boldsymbol{M} *$ 中获得合适的噪声。一般地，$\boldsymbol{C}$ 中每个元素需要添加的噪声都不相同。小波变换通过加权函数 W 确定 $\boldsymbol{C}$ 中每个元素 c 的噪声，通常为 $\lambda/W(c)$。

Xiao 等人定义了泛化敏感度的概念。令 F 为一组函数的集合，其中每个函数以矩阵为输入，输出一个实数。W 为 F 中的每个函数 f 分配一个权重。F 的泛化敏感度定义为满足以下条件的最小实数 ρ：$\sum_{f \in F}(W(f) \mid f(\boldsymbol{M}) - f(\boldsymbol{M}') \mid) \leqslant \rho \mid\mid \boldsymbol{M} - \boldsymbol{M}' \mid\mid_1$。其中，$\boldsymbol{M}$ 和 $\boldsymbol{M}'$ 为相差仅一个元素的两个矩阵。$\mid\mid \boldsymbol{M} - \boldsymbol{M}' \mid\mid_1 = \sum_{v \in \boldsymbol{M} - \boldsymbol{M}'} \mid v \mid$，是两个矩阵的 L1 距离。在此基础上，令 G 为一个随机算法，以数据表 T 为输入，输出一组实数集合 $\{f(\boldsymbol{M}) + \eta(f) \mid f \in F\}$，$\boldsymbol{M}$ 为 T 的频数矩阵。$\eta(f)$ 是拉普拉斯分布 $\sim(0, \lambda/W(f))$ 产生的随机噪声。可以证明 G

满足$(2\rho/\lambda)$-差分隐私。

令 T_1 和 T_2 为相邻数据表,两者仅差一条记录。M_1 和 M_2 分别为 T_1 和 T_2 的频数矩阵。令 $T_3 = T_1 \cap T_2$,M_3 是 T_3 的频数矩阵。显然,M_1 和 M_3 仅差一个元素,M_2 和 M_3 也仅差一个元素。F 函数的泛化敏感度为 ρ,且对应的加权函数为 W,那么有

$$\sum_{f \in F} (W(f) \mid f(M_1) - f(M_3) \mid) \leqslant \rho \mid\mid M_1 - M_3 \mid\mid_1 = \rho$$

类似地,有

$$\sum_{f \in F} (W(f) \mid f(M_2) - f(M_3) \mid) \leqslant \rho \mid\mid M_2 - M_3 \mid\mid_1 = \rho$$

令 $f_i (i \in [1, \mid F \mid])$ 为 F 中的第 i 个函数,x_i 为任意实数,存在

$$\frac{\Pr\{G(T_2) = <x_1, x_2, \cdots, x_{\mid F \mid}>\}}{\Pr\{G(T_1) = <x_1, x_2, \cdots, x_{\mid F \mid}>\}}$$

$$= \frac{\prod_{i=1}^{\mid F \mid} \left[\frac{w(f_i)}{2\lambda} \exp\left(\frac{-w(f_i) \mid x_i - f_i(M_2) \mid}{\lambda} \right) \right]}{\prod_{i=1}^{\mid F \mid} \left[\frac{w(f_i)}{2\lambda} \exp\left(\frac{-w(f_i) \mid x_i - f_i(M_1) \mid}{\lambda} \right) \right]}$$

$$\leqslant \prod_{i=1}^{\mid F \mid} \exp\left[\frac{w(f_i) \mid f_i(M_1) - f_i(M_2) \mid}{\lambda} \right]$$

$$\leqslant \prod_{i=1}^{\mid F \mid} \exp\left[\frac{w(f_i) \mid f_i(M_1) - f_i(M_3) \mid + w(f_i) \mid f_i(M_2) - f_i(M_3) \mid}{\lambda} \right]$$

$$\leqslant e^{2\rho/\lambda}$$

由此可见,小波变换的方法也能提供基于拉普拉斯机制的差分隐私保护。

早期的数据分组方法对成熟的匿名模型进行了差分隐私保护的增强研究,例如 k-匿名模型、l-多样化模型等。Li 等人[95]提出了"安全 k-匿名"模型,该方法通过数据抽样选取初始数据集,并从该数据集中删除频数小于 k 的记录,使得每组数据都至少出现 k 次。同时,要求抽样方法满足差分隐私保护要求,因此该方法得到的数据集也同时满足差分隐私保护要求。但是,Li 等人并未给出此模型的实现方法,其中的数据损失也需进一步讨论。

5. 差分隐私的数据挖掘技术

随着大数据技术的广泛应用,数据金矿的价值越来越受到追捧。相对地,数据隐私保护不可避免地给发布的匿名数据造成可用性损失,这是数据挖掘者不愿意看到的。为此,研究者提出了差分隐私的数据挖掘技术的思想,通过差分隐私技术保护个人用户的隐私,同时保持数据挖掘结果的可用性。以下简要介绍几个满足差分隐私的数据挖掘算法。

频繁模式挖掘能够帮助我们了解数据集中存在的有趣的关联,但频繁模式本身的内容和频率都有可能泄露用户隐私信息。Bhaskar 等人[96]提出了一种满足差分隐私的 top-k 频繁模式挖掘算法。该方法与传统挖掘算法的主要不同之处是在挑选频繁项集的过程中引入了指数机制。通过指数机制和截断频率(truncated frequency)技术,模式 p 被选中成为 top-k 个频繁模式的概率 $\Pr(p)$ 满足 $\Pr(p) \propto \exp(\varepsilon n f'(p)/4k)$,其中 $f'(p)$ 为模式 p 的截断频率。该方法还将挖掘得到的 k 个模式的频率添加拉普拉斯噪声,从而保护了模式的频率信息。此外,文献[97]发现了事务记录较长导致查询敏感性较高的缺陷,提出了一种事务截断技术。该方法通过阈值和动态权重频率截断长记录,降低了查询敏感性,提高了模式的

可用性。

决策树是一种典型的数据分类方法。Mohammed 等人[98] 提出了一种满足差分隐私保护要求的决策树分析算法。该算法先将数据集泛化形成若干等价类,然后基于差分隐私保护的指数机制在选取分割点时打分,迭代分割生成决策树。决策树分割打分时考虑了信息增益以及等价类的频率,从而兼顾了决策树划分的正确性和差分隐私保护的需求。

聚类同样是数据分析的主要技术。文献[99]中提出了一种满足差分隐私的 k 均值聚簇中心发布方法,优化了聚类敏感性的度量方法,使得差分隐私保护输出的节点位置对数据变化不敏感。文献[100]提出了两种噪优化的噪声添加方法:①在迭代次数 n 确定的情况下,每一轮添加的噪声应符合分布 $Lap((d+1)n/\varepsilon)$;②在迭代次数不确定的情况下,每次所分配的隐私预算为上次剩余预算的一半。

支持向量机方法也可以被改进以适应差分隐私保护的需求。Smith[101] 提出了一种添加拉普拉斯噪声扰动法向量的支持向量机分类方法——PrivateSVM。Jing[102] 提出了一种对目标函数加噪声的分类方法——ObjectiveSVM。这两种方法在分类精度和适用范围上存在一定不足,仍存在改进空间。

5.5.2　本地差分隐私

早期差分隐私的应用场景属于集中式模型,所有用户数据聚集之后应用保护算法,处理后再安全发布。该模式下存在一个可信任的数据管理员,具有访问原始隐私数据的权利。然而,在现实情况中,用户其实更希望能够自己保护自己的隐私,不相信除了自己以外的任何人。这种情形促使了本地差分隐私(Local Differential Privacy,LDP)的产生。在 LDP 模式下,无论单个用户的数据如何变化,数据收集者采集所有用户数据都能学习到几乎同样的知识。换句话说,拥有任意背景知识的攻击者看到被 LDP 扰动后的单个用户数据后,不能准确推测用户的原始数据。

本地差分隐私的思想最早是由 Kasiviswanathan 等人[103] 在 2008 年提出的。其主要目的是使数据保护的过程直接在用户本地进行,服务器无法获得真实隐私数据。在此之前,统计机构和医疗研究机构尝试了多种隐私保护方案,希望在学习和发布整体分析结果的同时使每个数据提供者泄露的数据在可接受范围内。但是这些方案普遍缺乏对泄露数据的可用性和隐私的定量分析。直到 2008 年的 IEEE FOCS 会议,Kasiviswanathan 等人提出了本地差分隐私模型,通过差分隐私这种严格的约束条件,衡量隐私保护程度和数据可用性的联系。他们也指出,实现本地差分隐私的本地算法(包括 randomized response,input perturbation,Post Randomization Method(PRAM))和已有的统计查询(statistical query)算法[104] 等价,证明了数据采集者在干扰数据上的统计结果所能保持的可用性。

然而,本地差分隐私需要大量的数据才能保持其准确性,因此在随后的一段时间发展比较缓慢。直到 2014 年 Google 的 Erlingsson 等人[105] 开发了 Google 的 LDP 应用 Rappor,将其应用在 Chrome 浏览器中收集用户隐私数据,使 LDP 又重新活跃在学术圈中。2015年,Bassily 等人[106] 又在 STOC 上公开了一个利用 LDP 挖掘热门选项(heavy hitter)的协议 SH。自此,Rappor 和 SH 成为 LDP 应用领域的两个重要基石,是后续深入研究的基础。在 2016 年 CCS 会议上,Qin 等人[107] 提出可以结合 SH 和 Rappor 各自的优点,同时使用这两个协议在集合数据(set-valued data)中更准确地挖掘热门选项。在 2016 年 ICDE 会议上,Chen 等人[108]提出基于 SH 协议搜集用户当前位置数据的方法。

1. 基本定义与概念

本地差分隐私的含义是,用户所有可能的输入经随机化算法处理后,其输出值之间的概率差异都小于某个预设的隐私阈值。下面给出形式化的定义。

定义 5-36(本地差分隐私) 一个随机化算法 A 满足 ε-LDP 的条件是,在一个空间域中,对于任意的一对数据 $l, l' \in \mathbb{Z}$ 和任意输出 $O \in \text{Range}(A)$,都存在下列关系:

$$\Pr[A(l) \in O] \leqslant \exp(\varepsilon) \cdot \Pr[A(l') \in O]$$

与差分隐私类似的是,$l, l' \in \mathbb{Z}$ 中 l 就是一个用户的一条数据,l 和 l' 也可以理解为相邻数据库。

本地差分隐私算法的核心是随机化算法。而通过随机化处理实现用户隐私保护的理念可以回溯到早期经典的随机回答(Random Response,RR)协议。这是最早用于社会调查中的隐私保护方案,通常在调查问题涉及用户隐私的敏感问题,如个人信仰、严重疾病等时使用。该协议内容如下:

(1) 调查问卷中询问用户是否具有某属性,候选答案为二选一:"是"或者"否"。

(2) 此时用户随机扔一个硬币。如果朝上,那么选择如实回答问题;如果朝下,那么选择随机回答问题。随机回答可以理解为用户可以再扔一次硬币,正面朝上时回答"是",朝下时回答"否"。

上述协议实质上等价于用户以 75% 的概率回答正确值,以 25% 的概率回答错误值。该协议可以更抽象地表达为,协议参与方预先约定一个自定义概率 $f(0 < f < 1)$,用户对拟提交的一个比特信息 b 进行随机化,以 $f/2$ 的概率变为 1,$f/2$ 的概率变为 0,以 $1-f$ 的概率保持不变,得到 b 的随机化后的结果 b'。如果每个用户按照上述协议执行,那么采集者通过对统计结果的修正,可以得到调查用户种具有某种隐私属性的比例。同时 RR 协议提供强隐私保护机制,用户的结果并不能作为对他们意见或属性的推断。

与之类似,在本地差分隐私中经常考虑的是热门选项问题。厂商希望了解大多数用户普遍关心的选项,同时保护每个用户的个人隐私。每个用户从大量候选集(category set)中选出自己的喜好并提交,厂商从中找出热门选项。此时答案不是二选一,而是 N 选一。此时,一种通俗的做法是,用户可以对每一个选项分别应用 RR 协议进行随机化,将最终的答案作为二进制数组发送给采集者。这种做法存在的最大问题是,当候选集很大时,每个用户所需要返回的数据量巨大,且存在较大的统计误差。因此,研究者提出了一系列协议试图解决该问题,并提高分析结果的准确度。比较经典的包括 Rappor 协议与 SH 协议。

2. Rappor 协议

Rappor 协议是一种基于 RR 协议的用户选项采集统计方法,提供强隐私保护机制。基本协议包括两部分:一部分是发生在用户终端的本地数据随机化操作,另一部分是数据采集者对采集到的噪声数据的分析处理。

用户终端的本地随机化操作应用了两轮 RR 协议,第二次随机化可以防止反复查询导致的用户隐私泄露。其基本内容如下(图 5-31):

(1) 假设要求用户上传一个网站的具体网址的字符串 s,用户将 s 存放到一个公共的布隆过滤器(Bloom filter)中(布隆过滤器的长度为 k,hash 函数的个数为 h),得到定长序列 B。

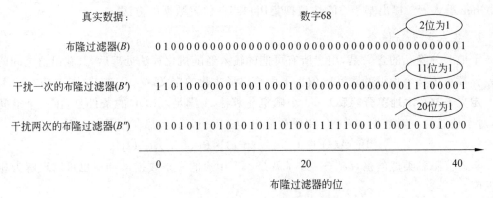

图 5-31　Rappor 协议两次随机化过程示例

（2）先通过差分隐私参数 ε 反向计算概率 f（$0 < f < 1$，计算见后文），使用 RR 协议对 B 中的每一位进行随机化，每一位以 $f/2$ 的概率变为 1，以 $f/2$ 的概率变为 0，以 $1-f$ 的概率保持不变，得到 B 的随机化结果 B'。此时，如果不考虑反复查询攻击，用户可以直接上传 B'，忽略第（3）步。

（3）为了防止恶意攻击者反复查询的行为，可以对 B' 再使用一次 RR 协议进行随机化，设置概率 p、q。当 $B_i' = 1$ 时，以 q 的概率随机化产生 $B_i'' = 1$，当 $B_i' = 0$ 时，以 p 的概率随机化产生 $B_i'' = 1$。最终得到一串二进制字符 $S = B''$，将 S 上传给服务器。

该协议在第一步中通过引入布隆过滤器数据结构，将海量的候选项转化为长度固定的二进制数组。而且由于 hash 函数的个数已知（设为 h），所以数组中"1"的个数已知（小于或等于 h），任意两个输出数组之间的距离最大为 $2h$。

假设不考虑固化存储（memorization），ε 的取值和 h（hash 函数个数）、f（随机回答的概率）有关。

可以知道，第一层的随机化操作满足 ε-DP，$\varepsilon = 2h \ln \dfrac{1-f/2}{f/2}$。

对于用户刚存入布隆过滤器的真实数据，$B_i = 1$，最终两次随机化操作后的 $S_i = 1$ 的概率为

$$q^* = P(S_i = 1 \mid B_i = 1) = \frac{1}{2} f(p+q) + (1-f)q$$

同理

$$p^* = P(S_i = 1 \mid B_i = 0) = \frac{1}{2} f(p+q) + (1-f)p$$

两层随机化操作之后满足 ε_1-DP，$\varepsilon_1 = h \ln \dfrac{q^*(1-p^*)}{p^*(1-q^*)}$，下标 1 表示第一次上传数据。

数据采集者收集所有用户上交的 S 数组后，对其进行统计分析。假设服务器收集到 N 个用户提交的数据，将数据累计后，第 i 位的计数为 c_i，通过概率统计将 c_i 修正为 t_i。

$$t_i = \frac{c_i - (p + fq/2 - fp/2)N}{(1-f)(q-p)}$$

修正后的各位 t_i 依次排列组成最终 M 维向量 $\boldsymbol{Y}$，设计 $k \times M$ 的单位矩阵 $\boldsymbol{X}$，M 是类别候选项的数目，单位矩阵的每一行都是一个候选项的布隆过滤器的表示。可以看出 $\boldsymbol{X}$ 是一

个稀疏矩阵,每一行都只有 h 个位的结果为 1。利用 Lasso 回归可以拟合 $Y \sim X$ 这个模型得到相应的系数,此系数就是候选项的估计频数。由于候选项集合规模很大,采用 LASSO 回归,仅重点计算热门选项所占比例。对于其他大多数非热门选项,因其所占比例小,对结果向量的贡献与影响较小,所以将其比例系数设置为 0,不影响结果准确性,同时让结果尽快收敛。

Rappor 协议中的一个重要技巧是考虑了采集者多次重复采集引发的纵向攻击。因为用户通常依赖概率算法掩盖真实意图,而当多次重复实验时,经过结果统计分析,用户的真实答案基本上暴露无遗。所以,为了保护隐私内容,用户应该选择拒绝回答。或者,采用本协议中提供的方法,将第一次随机化后的结果固化存储,而在该结果的基础上二次随机化。这样,即使攻击者对多次输出进行统计分析,得到的也是第一次随机化后的结果,并不是用户的真实意图。

Rappor 协议本质是对所有候选项使用了两次随机应答,然后服务器根据随机应答的预设概率对统计结果进行修正,从而得到较为准确的热门选项结果。它的贡献在于成功地在大数据应用层次上实现了 LDP,能够利用 hash 函数的方法将任意字符串映射到有限空间,然后服务器通过解析分析出热门选项。两次随机应答可以预防用户因多次上传数据而产生的隐私泄露问题。它的缺点也很明显,要求服务器提前知道所有热门选项的候选项,用户端提交的数据量过多。

3. SH 协议

SH 协议是另一个典型的热门选项挖掘和频率估计的协议。与 Rappor 协议中的随机化处理算法有所不同,SH 协议中的随机化处理采用了一种非对称的方式。当用户赞成某候选项时,采用类似 RR 协议的方法对输出结果处理;而当用户不支持该候选项时,以 50% 的概率随机返回结果给服务器。SH 协议其实分为好几个版本,主要包括 SH 基础协议以及延伸的 1 比特协议。其中 SH 基础协议反映了其随机化算法的核心思想,下面予以重点介绍。

SH 基础协议中的随机化算法解决的主要问题是,用户对 n 个候选项 $\{v_1, v_2, \cdots, v_i, \cdots, v_n\}$ 中的某个候选项 v_i 投票。不像 Rappor 那样对所有的位进行随机应答,用户只对自己所选的候选项进行随机应答,对其他候选项以 50% 的概率随机支持。服务商接收到用户返回的 n 位数据时,并不知道用户选择的是哪个候选项。服务商需要根据投票结果确定该候选项,同时正确估计出选择该候选项的用户比例。

SH 基础协议的随机化算法(不考虑压缩编码)主要过程如下:

输入:依据定理 5-3(见后文)生成 n(候选项数目)个 m 位编码 $x\left(x \in \left\{-\frac{1}{\sqrt{m}}, \frac{1}{\sqrt{m}}\right\}^m \bigcup \{0\}\right)$,以及隐私参数 ε。

(1) 每个用户首先根据自己支持的候选项从 n 个 m 位编码中选择对应该候选项的编码,在 m 位中以均匀概率选取一位 x_j(索引为 j)。

(2) 用户以 $e^\varepsilon/(1+e^\varepsilon)$ 的概率返回 x_j,以 $1/(1+e^\varepsilon)$ 的概率返回 $-x_j$,返回结果可表示为

$$z_j = \begin{cases} c_e m x_j & w.p. \ \dfrac{e^\varepsilon}{e^\varepsilon+1} \\ -c_e m x_j & w.p. \ \dfrac{1}{e^\varepsilon+1} \end{cases}$$

其中 c_e 是放大系数，取值为 $c_e = \dfrac{e^\varepsilon + 1}{e^\varepsilon - 1}$。

（3）对于用户不支持的那些候选项，即 $x = 0$，以 $1/2$ 的概率随机返回结果。可表示为

$$z_j \leftarrow \{c_e \sqrt{m}, -c_e \sqrt{m}\}$$

（4）返回向量 z 给服务器。$z_j = \{z_1, z_2, \cdots, z_i, \cdots, z_n\} \in \{c_e \sqrt{m}, -c_e \sqrt{m}\}^n$，其中 z_j 的 j 是步骤（1）中 m 位编码的第 j 位编码。

服务器收到所有用户返回的结果后，可以通过计算恢复出该候选项。具体步骤如下：

（1）针对每个候选项，如第 i 项，从所有用户的 z_j 中挑出 z_i，计算它们的累加结果，得到一个平均 m 位向量 $\bar{z}$，表示为

$$\bar{z} = \frac{1}{n} \sum_{i=1}^{n} z_i$$

（2）通过猜测恢复原始的输入向量。设猜测值为向量 y，则 y 的每一位定义如下：

$$y_j = \begin{cases} \dfrac{1}{\sqrt{m}} & \overline{z_j} \geqslant 0 \\ -\dfrac{1}{\sqrt{m}} & \overline{z_j} < 0 \end{cases}$$

在上述协议算法中，每一个候选项对应一个特定字符串编码。每个用户随机选取其中一位（第 j 位）进行随机化处理，其他位直接设置为 0。如果用户支持该选项，则以相对优势概率保留原值；而如果用户不支持该选项，则以等概率随机选择两者之一。这样，当大多数用户支持该选项时，最终结果可以恢复出原编码，并估计出支持用户所占比例。

在前面步骤中提到的编码机制的目的是减少随机化产生的误差，该协议基于如下原理引入了具有压缩与纠错功能的编码机制。

定理 5-3（Johnson-Lindenstrauss 引理） 假定 $0 < c < 1, d \in \mathbb{N}$，$U$ 是一个包含 t 个点在 R^d 上的集合，$m \geqslant \dfrac{8 \log t}{c^2}$。那么存在一个线性映射 $\Phi: R^d \to R^m$，对于任意 $x, y \in U$，都满足以下公式：

$$(1-c)\|x-y\|_2^2 \leqslant \|\Phi(x-y)\|_2^2 \leqslant (1+c)\|x-y\|_2^2$$

基于定理 5-3 可定义如下编码机制。

定义 5-37（二进制 $(2^t, m, \zeta)$ 编码） 它是一个映射对（Enc, Dec）。其中，Enc: $\{1, 2, 4, \cdots, 2^t\} \to \left\{-\dfrac{1}{\sqrt{m}}, \dfrac{1}{\sqrt{m}}\right\}^m$，结果集 C 中的任何元素 x、x' 满足如下距离约束：

$$\min_{x, x' \in C} \|x - x'\|_2 \geqslant 2\sqrt{\zeta}$$

等价于

$$\max_{x, x' \in C} \langle x, x' \rangle \leqslant 1 - 2\zeta$$

而 Dec: $\left\{-\dfrac{1}{\sqrt{m}}, \dfrac{1}{\sqrt{m}}\right\}^m \to \{1, 2, 4, \cdots, 2^t\}$ 将 $\left\{-\dfrac{1}{\sqrt{m}}, \dfrac{1}{\sqrt{m}}\right\}^m$ 中的元素映射为原始码字。

在上述定义中，ζ 是与码字距离相关的参数，$(2^t, m, \zeta)$ 编码可以恢复汉明距离在 $m\zeta/2$ 之内的码字错误。编码后频率统计误差上界为 $O\left(\dfrac{1}{\varepsilon}\sqrt{\dfrac{\log(d/\beta)}{n}}\right)$。其中 ε 是隐私参数，β

是概率参数。

SH 基础协议中为了判定 n 个候选项中哪些是频繁项,直观的解决办法是为每个候选项都设一个单独的投票通道。每个用户同时对 n 个候选项投票,将 SH 基础协议重复执行 n 次,这样对于用户的计算要求比较高,并且还会造成较大的传输开销。为了更有效地执行多选项投票问题,SH 协议采用 Hash 函数,巧妙地利用同概率分布随机变量,提出了一个 1 比特协议,将用户终端向服务器传输的信息量可以优化为 1b,大大减少了数据传输量。该协议的核心步骤如下:

(1) 服务器生成 n 个独立随机的 0-1 字符串 $y_1 \leftarrow A_1(\bot), y_2 \leftarrow A_2(\bot), \cdots, y_n \leftarrow A_n(\bot)$,其中 $A_1, A_2, \cdots, A_n$ 是用户可使用的随机化算法。公开发布这些字符串。

(2) 用户 i 根据自己的选项 v_i 以及公开字符串 y_i 计算出相关概率 p_i,并以概率 p_i 进行一次贝努里实验,将结果 b_i(0 或 1) 发给服务器。

$$p_i = \frac{1}{2} \frac{\Pr[A_i(v_i) = y_i]}{\Pr[A_i(\bot) = y_i]}$$

(3) 如果服务器收到的结果为 1,则将 y_i 加到统计结果中。后续过程与前面的协议相同。

在这里,用户虽然只输入了一位 b_i,但在 $b_i = 1$ 时的 y_i 概率分布与 $A_i(v_i)$ 的概率分布相同:

$$\Pr[A_i(\bot) = y_i \mid b_i = 1] = \Pr[A_i(v_i) = y_i]$$

用户以 p_i 概率输出 1 可以视为用户以 p_i 概率输出 y_i,其效果等同于 SH 基础协议。

5.5.3　基于差分隐私的轨迹隐私保护

随着智能手机与可穿戴设备的普及,越来越多的厂商有能力采集大量用户的实时位置数据,通过学习人群移动轨迹特征、兴趣以及目的预测,实现城市交通规划、个性化广告推荐等功能。但用户真实轨迹数据包含大量隐私属性,在发布与使用之前应经过足够的隐私保护技术处理。差分隐私模型是当前最严格和完善的隐私保护模型,经过差分隐私保护技术处理后的用户轨迹数据可在有效保护用户隐私的前提下帮助厂商发布和使用用户轨迹数据。

1. 集中式差分隐私轨迹保护方法

文献[109]提出了一种差分隐私轨迹(Differential Private Trajectory,DPT)保护方法。其核心思想是:将所有用户轨迹汇集成轨迹数据集,在保持数据集总体统计特征稳定的基础上,产生新的轨迹来替代原始轨迹,且新数据集满足差分隐私安全定义。系统采用前缀树(prefix tree)结构来描述所有轨迹集合,对该树上的节点进行加噪处理与剪枝处理后,抽样合成新轨迹。整个系统的处理流程如图 5-32 所示。

假设拥有一个轨迹数据集 D,其中包含着若干条轨迹 t,那么,其主要处理步骤如下:

(1) 层次参考系统映射(hierarchical reference systems mapping)。系统中包含 M 个不同层次的参考坐标系统,每个层次代表一个不同粒度的地理网格结构,表示为 HRS=$\{\Sigma_{v_1}, \Sigma_{v_2}, \cdots, \Sigma_{v_M}\}$。任何一条轨迹都根据其移动速度的差异被分为多个片段,分别被映射到不同层次的参考系中,这样可以兼顾不同类型的轨迹对粒度的要求。

(2) 前缀树构造(prefix tree construction)。将每一个参考系统中的轨迹构造成一棵前

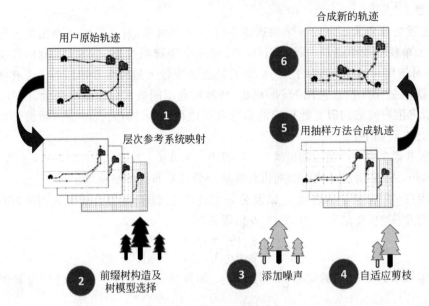

图 5-32　DPT 系统处理流程

缀树，HRS→$\{T_1,T_2,\cdots,T_M\}$。该前缀树的特殊性在于每个节点有两种类型的孩子节点：一类是在同一层次系统下的 9 个孩子节点，表示下一步将移动至某个相邻节点；另一类是 M 个孩子节点，表示下一步将移动到其他参考系统。

（3）模型选择（model selection）。每一棵树都代表一个模型，在 M 棵树中挑选出合适的树，并且确定每棵树的高度。

（4）添加噪声（noise infusion）。对每棵树的每个节点都添加不同分布的拉普拉斯噪声，实现差分隐私保护。

（5）剪枝（pruning）。添加噪声处理过程可能导致树中某些节点的计数为负值或者非常小，不利于后续操作。本步骤根据树的信息设置阈值对其进行剪枝，优化树的结构，提高处理速度。

（6）合成轨迹的抽样方法（sampling）。从树结构中提取合成新的轨迹，在合成过程中，已经合成的轨迹的方向对下一个点的抽样选择有权重的影响。

采用不同参考系统意味着采用不同粒度的网格结构来替代原始轨迹中的每个具体位置点，使轨迹变得规则化。其形式化定义如下。

定义 5-38（参考系统，reference system）　空间中所有连续点的集合为 Σ，参考系统包括一个离散点集 $\tilde{\Sigma}\subset\Sigma$，和一个映射函数 $f:\Sigma\to\tilde{\Sigma}$。

定义 5-39（层次参考系统，hierarchical reference systems）　令 Σ_v 表示长度为 v 的网格结构的参考系统，那么层次参考系统就是 HRS=$\{\Sigma_{v_1},\Sigma_{v_2},\cdots,\Sigma_{v_M}\}$，其中 $v_1<v_2<\cdots<v_M$。并且对于任意点 $a\in\Sigma_{v_m}$，都有

（1）其位于 $\Sigma_{v_{m'}}(m'>m)$ 的父节点是 $\Sigma_{v_{m'}}$ 中距离 a 最近的点：

$$par(a,\Sigma_{v_{m'}})=\mathop{\arg\min}\limits_{a'\in\Sigma_{v_{m'}}}d(a',a)$$

（2）其位于 $\Sigma_{v_{m'}}(m'<m)$ 的子节点是

$$\mathrm{children}(a, \Sigma_{v_{m'}}) = \{a' \in \Sigma_{v_{m'}} \mid \mathrm{par}(a', \Sigma_{v_{m'}}) = a\}$$

在将原始轨迹都映射到 HRS 的网格结构的过程中,我们希望能够为每个原始轨迹点选择合适的层次,所以连续的轨迹点可能处于同一层次,也可能处于不同层次(父子关系的层次),具体的选择取决于用户在此轨迹点的平均速度。

每一层参考系统中的所有轨迹片段能构建出一棵前缀树:HRS→$\{T_1, T_2, \cdots, T_M\}$。其特点如下:

(1) 根节点不包含字符;除根节点外,每一个节点都只包含一个地理位置。

(2) 将从根节点到某一节点的路径上经过的地理位置连接起来,为该节点对应的一段轨迹。

(3) 每个父节点的所有子节点代表的地理位置都不相同。

每一棵前缀树都有一个相同的高度 k,表示最多支持 k 阶马尔可夫过程。树的第二层后的节点都包含 $9+M$ 个子节点,由于假设用户的轨迹具有连续性,不会出现剧烈的跳跃情况,所以 9 代表在同一参考系统下的 3×3 的邻居网格;M 表示轨迹的速度发生变化,从本参考系统跳跃到其他参考系统的父节点或子节点。

先描述一条轨迹,它分为 3 段,分别在 RS2、RS3 和 RS2 这 3 个参考系统中,轨迹为 ①$(3,0)_2 (4,0)_2 (4,1)_2 (5,1)_2 (2,0)_3$;②$(2,0)_3 (3,0)_3 (4,0)_3 (5,0)_3 (6,1)_3 (6,1)_3 (6,1)_3$ $(13,3)_2$;③$(13,3)_2 (13,4)_2 (13,5)_2 (14,6)_2$。将这条轨迹添加到 RS2 构造的前缀树中,可以得到图 5-33。

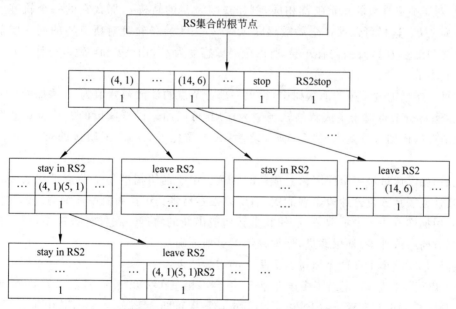

图 5-33 轨迹添加到前缀树对节点计数的影响

对于 $(4,1)_2$ 这个地理位置,会在第一层(将根节点看作第 0 层)节点中对 $(4,1)$ 的计数加 1;对于 $(4,1)_2 (5,1)_2$ 这个 2 元模型,会在第二层节点中对 $(4,1)(5,1)$ 的计数加 1;对于 $(4,1)_2 (5,1)_2 (2,0)_3$ 这个 3 元模型,由于 $(2,0)_3$ 属于 RS3,故转换成 Σ_{v_3},最终在第三层节点 $(4,1)(5,1)\Sigma_{v_3}$ 的计数加 1。这样就可以将这条轨迹添加到 RS2 对应的前缀树中。

在真正对每棵前缀树的每个节点的计数添加差分隐私噪声之前,可以先分析添加噪声会造成的总误差,通过对误差进行分析,筛选出合适的树并且进一步确定树的高度。我们当然希望能够选择出所有树,这样可以捕捉到所有的轨迹特征,但是也会导致在同一隐私度量环境下添加的噪声过多,导致总误差变大,数据可用性降低。

令一棵前缀树 T_m 的节点为 x,其计数为 $c(D,x)$,总隐私预算为 ε,树的高度为 k,那么对这棵树添加的所有噪声可以被记录为

$$N_m(\varepsilon,k) = E\Big[\sum_{x\in T_m}(c(D,x)-\widetilde{c}(D,x))^2\Big] = \sum_{x\in T_m}\mathrm{Var}(\varepsilon,k,x)$$

令 $c_m(D)$ 表示在参考系统 Σ_{v_m} 的第一层节点的全部计数。那么 $c_m(D)^2$ 就是添加噪声的上界限,所以去掉一棵树产生的误差的上确界是

$$k\times c_m(D)^2$$

这时将隐私预算分配为两部分,$\varepsilon = \varepsilon_s + \varepsilon_r$,其中 ε_s 是选择树造成的噪声,ε_r 是差分隐私拉普拉斯算法添加的噪声,则总噪声为

$$\mathrm{Error}(F^+,\varepsilon_r,k,D) = \sum_{T_m\in F^+}N_m(\varepsilon_r,k) + \sum_{T_m\in(F^{\mathrm{full}}-F^+)}k\times c_m(D)^2$$

此时的目标就是通过搜索算法找出能使 Error 最小的参数 F^+ 和 k。虽然无法确保得到最优解,但是可以得到一些比较实用的解。

确定好模型的结构,包括前缀树的数目和其高度之后,就可以对每棵树的节点的计数添加拉普拉斯噪声。添加噪声需要知道全局敏感度 Δf。本文使用权重的方法,使每条轨迹不论长短,对于节点计数的总贡献都相同,例如长度为 h 的轨迹 t,那么它的每个轨迹点对树的贡献为 $1/h$。这样可以保证全局敏感度 $\Delta f = k$,因为一条轨迹对所有树的同一层节点的总贡献之和最多为 1,而一共有 k 层,所以全局敏感度为 k。由 Δf 和 ε 就可以计算具体添加的噪声大小了。

在每一棵添加过噪声的前缀树中,很大一部分节点的计数初始值为 0,添加噪声后也接近 0。这一部分节点对于生成新的轨迹毫无作用,可以通过设置阈值的方法将这些节点减去。阈值可以依据自身要求确定。剪枝之后,大大简化了后面合成轨迹的难度,提高了准确度。

此后,可以通过每一个前缀树合成新的轨迹。由于前缀树的每个节点都代表一种轨迹片段,其计数表示该轨迹片段出现的次数,所以很容易将其转换为概率前缀树。通过概率前缀树,使用抽样方法从中抽取节点,使其重新构造出新的轨迹。在抽样方法中,可以根据一些需求(方向一致性等)加以改进,使抽样结果更加准确。

文献[109]给出了在两个轨迹数据集上的实验结果:

(1) 出租车数据集,记录了中国北京 8602 台出租车在 2009 年 3 月的道路轨迹,经纬度为 $(39.788°\mathrm{N},116.148°\mathrm{W})\sim(40.093°\mathrm{N},116.612°\mathrm{W})$,即 34km×40km,其中包含了约 430 万条独立轨迹,轨迹中的相邻地点的时间间隔 30s。

(2) 网格数据集,记录了大约 50 000 个用户在德国奥尔登堡的出行轨迹,范围为 9km×10km。

该实验从 3 个角度进行评估:

(1) 轨迹的直径的分布规律。每条轨迹都可以用一个圆包括,圆的直径就是轨迹的直径,一个数据集中所有轨迹直径的分布是有意义的。

（2）轨迹的起点和终点的匹配度。原始轨迹有若干条从 as 出发、终点到 a 的轨迹，合成轨迹中有若干条从 as 出发、终点到 a 的轨迹，从概率上计算这两者的匹配度。

（3）频繁模式。计算原始轨迹和合成轨迹的频繁序列，计算准确率和召回率，最后比较 F1-score。与此前的其他前缀树的方法[110]相比，效果有显著提升：在轨迹直径分布的误差方面提升近 80%，在起点、终点匹配度方面提升 60%，F1-score 提升 40%。在相同的隐私预算的前提下，大大提高了轨迹数据的可用性。

2. 本地差分隐私轨迹保护方法

上面介绍的集中式差分隐私轨迹保护方法要求轨迹的发布者（服务提供商）可信。而当用户选择只有自己才能掌握自己的真实轨迹，而不完全信任服务提供商时，可以采用本地差分隐私技术对个人轨迹数据进行处理。此时，服务器收到的是一些加噪变换后的轨迹，但仍可以对其进行有意义的学习。

文献[111]首先分析了以下问题：仅对位置进行模糊化处理时，如果攻击者知道用户的状态转移概率，则用户真实位置会被暴露。攻击者可以根据已知的用户在 t 时刻的位置 p_t、用户的转移模式（如转移矩阵）以及用户所提交的 $t+1$ 时刻的"假"（保护过的）地理位置 p'_{t+1}，更准确地推测用户在 $t+1$ 时刻的真实地理位置 p_{t+1}。

如图 5-34 所示，用户连续 3 个时刻发布了 3 个地理位置（p_1, p_2, p_3），然后分别对它们进行空间隐藏保护，发布 3 个粗粒度的模糊化区域（图中标有 1、2、3 的圆圈）。如果攻击者掌握额外信息，有一条公路连接着这 3 个模糊化区域，或者知道用户的移动模式——出学校只可能去购物或者喝咖啡。那么发布这 3 个模糊化区域依旧会导致用户的 p_3 就在咖啡店的事实被泄露。

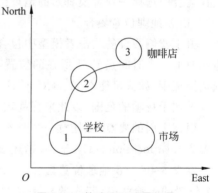

图 5-34　轨迹隐私泄露场景

本地差分隐私轨迹保护方法基本思想是，用户在提交轨迹信息之前，依次按照时间顺序对每一个地理位置进行处理，以满足差分隐私的 k-norm 方法添加干扰，将处理后的地理位置重新连接成一条轨迹，将这条新生成的轨迹上传给服务器，同时尽可能保证轨迹数据的可用性。本模型主要实现 3 个目标：首先，确定攻击者所具有的推测能力；其次，针对其能力确定应该添加噪声的大小；最后，确保添加噪声能够保护数据，同时也能够具有极强的可用性。下面分别予以介绍。

1）问题描述及攻击者推测模型

每一个用户的马尔可夫模型是推测模型的重要组成部分，它能够很好地描述个体移动轨迹特征。假定攻击者不知道用户将发布的真实轨迹，只能看到添加噪声后的伪造轨迹。但攻击者预知目标用户的移动轨迹构造的马尔可夫模型（为了简化问题，不考虑包括路况信息在内的其他额外信息）以及位置的发布概率。

为了描述用户移动轨迹模式，用 p_t 来表示用户 t 时刻位于 N 个地理位置的概率。例如，若用户在 t 时刻只可能在 $\{s_2, s_3, s_7, s_8\}$ 这 4 个位置，且在这 4 个位置的概率相同，那么 p_t 可以表示为

$$p_t = \left[0, \frac{1}{4}, \frac{1}{4}, 0, 0, 0, \frac{1}{4}, \frac{1}{4}, 0, \cdots, 0\right]$$

转移概率用矩阵 M 来表示,其中 m_{ij} 表示用户上一个地理位置为 s_i、下一个地理位置为 s_j 的概率。则有 $p_t = p_{t-1}M$。

攻击者所掌握的发布概率含义是:假设 t 时刻有一个真实的地理位置 u_t^*,添加噪声之后变为 z_t,则 $\Pr(z_t \mid u_t^* = s_i)$ 就是发布概率。

在 t 时刻,用 p_t^- 和 p_t^+ 来表示攻击者观测到 z_t 前后对用户位置进行推测的先验概率和后验概率。由转移概率矩阵可推断 $p_t^- = p_{t-1}^+ M$。那么对于攻击者来说,在给出 z_t 时,推测用户在 t 时刻所在地理位置 s_i 的概率就可以使用贝叶斯公式表示为

$$p_t^+[i] = \Pr(u_t^* = s_i \mid z_t) = \frac{\Pr(z_t \mid u_t^* = s_i) p_t^-[i]}{\sum_j \Pr(z_t \mid u_t^* = s_j) p_t^-[j]}$$

上述公式就是攻击者模型,其中 $\Pr(z_t \mid u_t^* = s_i) p_t^-[i]$ 是由于噪声算法而公开透明的。

2) 本地差分隐私保护模型

一种直观的差分隐私保护噪声添加方法是,直接对地理位置的坐标数值添加拉普拉斯噪声。但地理位置随机偏移后产生的新位置和原始位置在语义和位置连续性等特征方面可能存在较大差异,导致数据可用性下降。这里采用概率选择的方法,以一定概率在一个地理位置集合中选择一项替换真实的地理位置。

(1) δ-地理位置集合。

由于我们假设的攻击者模型中包含用户的概率转移矩阵 M,那么可以认为若攻击者知道用户上一个时间点 $t-1$ 所在的位置,他大概率会依据 M 推测用户下一个地理位置的大致选择范围(如只可能在 A、B、C、D 这 4 个位置),所以我们在保护轨迹时要依据这个 M 来选择添加干扰项的范围,以此来扰乱攻击者。

根据上面的要点,在任意一个时刻 t,都会根据该时刻的真实地理位置产生一个 δ-地理位置集合(δ-location set)ΔX_t,来描述攻击者推测的地理位置选择范围。

定义 5-40　(δ-地理位置集合)　令 p_t^- 表示 t 时刻用户所处位置的先验概率,对于其中 n 个位置的先验概率,若先验概率超过 $1-\delta$,就将其添加到 δ-地理位置集合中。用公式表示为

$$\Delta X_t = \min\left\{s_i \mid \sum_{s_i} p_t^-[i] \geqslant 1-\delta\right\}$$

虽然 δ-地理位置集合包括用户最可能处于的位置,但其缺点可能是真实地理位置反而不在集合中,所以将这种情况定义为漂移(drift)。当漂移出现时,会用距真实地理位置最近的 δ-地理位置集合的点替换真实地理位置。

(2) 敏感度壳。

差分隐私的全局敏感度部分决定了算法添加噪声的方式,在先前的工作中,都是使用 L1-norm 来确定,但是可能会造成全局敏感度选取得偏大。对于一个二维地理坐标,若真实位置坐标 $f(x_1) = [a, b]$,噪声为 $\{0, 1, -1\}$,则全局敏感度的集合为

$$\Delta f = f(x_1) - f(x_2) = [\{1,1\}, \{0,1\}, \{0,0\}, \{1,0\}, \{-1,0\}, \{-1,-1\}, \{0,-1\}]$$

如果使用 L1-norm 来确定全局敏感度,则

$$\Delta f = 2$$

但是明显看到$\{1,-1\}$,$\{-1,1\}$,$\{0,2\}$等不可能出现,所以确定的 Δf 偏大,导致添加的噪声不准确。所以可以用一个新的概念——敏感度壳(sensitivity hull)来描述这种全局敏感度,如图 5-35 所示。

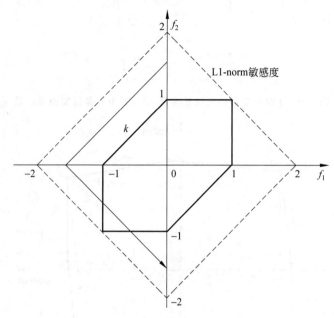

图 5-35　敏感度壳

定义 5-41(敏感度壳)　对于一个查询 f,敏感度壳是一个对于 Δf 的凸壳,Δf 是 δ-地理位置集合中任意点对 x_1 和 x_2 的 $f(x_1)-f(x_2)$ 的集合。

$$K = \mathrm{Conv}(\Delta f)$$

$$\Delta f = \bigcup_{x_1,x_2 \in \Delta X} f(x_1)-f(x_2)$$

使用敏感度壳来替代前面的二维坐标敏感度计算方法。

3) 平面各向同性方法

当有了 δ-地理位置集合并且依据其计算出敏感度壳后,现在需要在敏感度壳所包含的所有地理位置中,依据不同的概率算出一个伪造的地理位置替换真实地理位置并发布出去。依据经典的 K-norm 方法[112](根据候选集分布概率添加噪声),可以先将敏感度壳(维度为2)转换到各向同性位置空间中,得到下述定理。

定理 5-4(各向同性误差)　如果敏感度壳 K 是 C-近似各向同性,那么 K-norm 方法的误差是 $O(C)\mathrm{LB}(K)$,其中 $\mathrm{LB}(K)$ 是差分隐私所造成的误差。

在各向同性位置空间中,均匀选择需要添加的噪声的大小。

4) 整体流程

根据以上的理论,平面各向同性方法分为 4 个步骤:

(1) 依据 t 时刻用户的当前真实轨迹点(图 5-36),得到 δ-地理位置集合 ΔX_t。

(2) 由原始的 δ-地理位置集合 ΔX_t 计算其对应的敏感度壳 K(图 5-37)。

(3) 将敏感度壳 K 转换成各向同性位置空间 K_1。使用 K-Norm 方法得到一个随机的待添加的噪声 z'(图 5-38)。

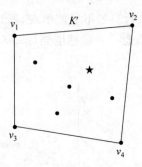

图 5-36 t 时刻的 δ-地理位置集合 ΔX_t,五角星是真实地理位置

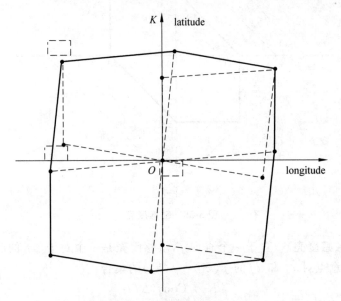

图 5-37 计算得到敏感度壳 K

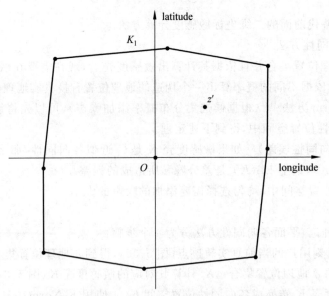

图 5-38 各向同性空间 K_1,z' 为抽样得到的噪声大小

（4）将随机点 z' 转换到原始空间，在真实的地理位置上添加这个噪声，假设真实地理位置为 p^*，发布的地理位置是 p'，则

$$p^* = p' + z'$$

发布 p' 替代真实地理位置 p^*。

由于要发布个人轨迹数据，所以使用的数据集是很少一部分人的长期轨迹数据。

（1）Geolife 数据。微软公司在北京用穿戴设备收集的 182 名用户长达 3 年的轨迹，轨迹的网格大小设置为 $0.34\text{km}\times 0.34\text{km}$。

（2）Gowalla 签到数据。包括 196 586 名用户在 1 年多时间所产生的 6 442 890 个位于洛杉矶的签到地点，由于是签到数据，轨迹中相邻地点的时间间隔可能会比较大（1～50min）。

评价标准主要有以下两个：

（1）通过 K-近邻查询，比较真实轨迹和实施隐私保护后的轨迹的 K-近邻查询结果，计算准确率和召回率。

（2）比较发布的轨迹和原始轨迹的距离的平方和。在相同的隐私预算的前提下，与直接对地理位置添加拉普拉斯噪声的方法做对比，本方法在 K-近邻查询的准确率和召回率上均提高了 10 个百分点左右，在距离的平方和上误差显著减少。

5.6　注记与文献

本章重点介绍了数据隐私保护的几类典型的攻击和保护方法，包括针对身份隐私、属性隐私、社交关系隐私和轨迹隐私的不同处理方法。但是，用户隐私从来不是一个孤立的问题。可以单独讨论用户的身份隐私、属性隐私，但是在复杂的数据环境中，尤其是随着大数据技术的发展，我们在数据隐私保护的过程中必须认识到，关于用户的这些知识是相互联系、相互作用的，任何单一维度的数据处理均难以实现用户隐私保护的目的。

本章针对传统的表结构数据，首先讨论了用户身份匿名和属性匿名的需求，并提出了经典的 k-匿名、l-多样化、t-贴近、m-不变等模型。但是，这些模型提供的保护大多受限于用户所在的同一等价类的大小和属性分布特征。典型地，k-匿名模型保证用户被识别的概率为 $1/k$。这一阶段的相关研究开始得很早，也为后续的社交网络数据和轨迹数据分析保护提供了很好的借鉴，但是理论性相对不足。

社交网络数据包含更丰富的用户社交结构信息和属性信息，其隐私保护处理过程也更复杂。首先，社交网络的图结构社交关系数据是新型隐私保护数据类型，吸引了大量研究者的关注。在早期的社交网络隐私保护研究中，大部分论文仅研究了针对图结构的用户重识别和隐私保护方案，而完全忽略了用户属性数据的研究。其次，由于用户之间具有社交关系，其属性数据也表现出相应的相关性，而不是像传统表结构数据那样仅能表现全表的属性分布特征，这也是社交网络隐私保护的难点。在后续研究中，人们也越来越关注社交网络中的社交结构数据和属性数据相结合的问题，具体表现在社交网络中的用户属性推测和保护研究。

轨迹数据作为近年来迅速增长的大数据类型，表现出了强烈的个性化和规律化特征。研究发现，仅用极少的点即可实现类似指纹识别的用户识别效果。而且用户行为表现出明

显的周期性和重复性。为此,相关研究集中于用户活动规律的挖掘,分析用户行为的时空特征,对用户活动进行相应的预测和轨迹的重识别。相对来说,对于轨迹匿名的研究尚缺少突破性的进展。随着用户数据的丰富,单纯地通过地理位置泛化实现用户轨迹匿名已经越来越不可能。人们试图在时空关系、社交关系等多个维度分析用户轨迹的特征,最终实现用户间不可区分与轨迹数据可用性间的平衡。

差分隐私技术是目前最严格的隐私保护模型。与前面提到的所有方案不同,它在最充分的攻击者能力模型的基础上研究用户隐私泄露的程度和保护方案。本章介绍了差分隐私的基本定义和相关研究以及本地差分隐私的两个协议,代表了目前差分隐私的主要研究方向。其中部分内容参考了文献[113,114]。感兴趣的读者还可进一步参阅文献[115,116]。

参 考 文 献

[1] Bao J,He T,Ruan S,et al. Planning Bike Lanes based on Sharing-Bikes' Trajectories[C]//Proceedings of the 23rd ACM SIGKDD International Conference on Knowledge Discovery and Data Mining. New York:ACM,2017:1377-1386.

[2] Sweeney L. k-Anonymity:A Model for Protecting Privacy[J]. International Journal of Uncertainty, Fuzziness and Knowledge-Based Systems,2002,10(5):557-570.

[3] Sweeney L. Achieving k-Anonymity Privacy Protection Using Generalization and Suppression[J]. International Journal of Uncertainty,Fuzziness and Knowledge-Based Systems,2002,10(5):571-588.

[4] Lefevre K,Dewitt D J,Ramakrishnan R. Mondrian Multidimensional k-Anonymity[C]//Proceedings of the 22nd International Conference on Data Engineering (ICDE). Piscataway, NJ:IEEE,2006: 25-25.

[5] Bayardo R,Agrawal R. Data Privacy through Optimal k-anonymization[C]//Proceedings of the 21st International Conference on Data Engineering(ICDE). Piscataway,NJ:IEEE,2005:217-228.

[6] Narayanan A, Shmatikov V. Robust De-Anonymizationof Large Sparse Datasets [C]//IEEE Symposium on Security and Privacy(S&P). Piscataway,NJ:IEEE,2008:111-125.

[7] Cao W,Wu Z,Wang D,et al. Automatic User Identification Method across Heterogeneous Mobility Data Sources[C]//Proceedings of the 32nd International Conference on Data Engineering(ICDE). Piscataway,NJ:IEEE,2016:978-989.

[8] Zhang Q,Koudas N,Srivastava D,et al. Aggregate Query Answering on Anonymized Tables[C]// Proceedings of the 23rd International Conference On Data Engineering(ICDE). Piscataway,NJ:IEEE, 2007:116-125.

[9] Wang K, Fung B C. Anonymizing Sequential Releases [C]//Proceedings of the 12th ACM SIGKDDInternational Conference on Knowledge Discovery and Data Mining. New York:ACM,2006: 414-423.

[10] Ford R,Truta T M,Campan A. P-Sensitive k-Anonymity [J]. DMIN,2009,9: 403-409.

[11] Sun X,Sun L,Wang H. Extended k-Anonymity Models Against Sensitive Attribute Disclosure[J]. Computer Communications,2011,34(4):526-535.

[12] Machanavajjhala A, Gehrke J, Kifer D, et al. l-Diversity: Privacy beyond k-Anonymity [C]// Proceedings of the 22nd International Conference on Data Engineering (ICDE). Piscataway,NJ: IEEE,2006:24-24.

[13] Xiao X,Tao Y. Anatomy: Simple and Effective Privacy Preservation[C]//Proceedings of the 32nd International Conference on Very Large Data Bases(VLDB). New York: ACM,2006: 139-150.

[14] Li N,Li T,Venkatasubramanian S. t-Closeness: Privacy beyond k-Anonymity and l-Diversity[C]// Proceedings of the 23rd International Conference on Data Engineering (ICDE). Piscataway, NJ: IEEE,2007: 106-115.

[15] Li N,Li T,Venkatasubramanian S. Closeness: A New Privacy Measure for Data Publishing[J]. IEEE Transactions on Knowledge & Data Engineering,2009,22(7): 943-956.

[16] Xiao X,Tao Y. M-invariance: Towards Privacy Preserving Re-Publication of Dynamic Datasets[C]// Proceedings of the 2007 ACM SIGMOD International Conference on Management of Data. New York: ACM,2007: 689-700.

[17] Bu Y,Fu A,Wong R,et al. Privacy Preserving Serial Data Publishing by Role Composition[J]. Proceedings of the VLDB Endowment,2008,1(1): 845-856.

[18] Xiao X,Tao Y. Personalized Privacy Preservation[C]//Proceedings of the 2006 ACM SIGMOD International Conference on Management of Data. New York: ACM,2006: 229-240.

[19] Wasserman S,Faust K. Social Network Analysis in the Social and Behavioral Sciences[M]//Social Network Analysis: Methods and Applications. Cambridge: Cambridge University Press,1994: 1-27.

[20] Hay M,Miklau G,Jensen D, et al. Resisting Structural Re-Identification in Anonymized Social Networks[J]. Proceedings of the VLDB Endowment,2008,1(1): 102-114.

[21] Lin S H,Liao M H. Towards Publishing Social Network Data with Graph Anonymization[J]. Journal of Intelligent & Fuzzy Systems,2016,30(1): 333-345.

[22] Yuan Y,Wang G,Xu J Y,et al. Efficient Distributed Subgraph Similarity Matching[J]. The VLDB Journal,2015,24(3): 369-394.

[23] Backstrom L,Dwork C,Kleinberg J. Wherefore Art thou r3579x?: Anonymized Social Networks, Hidden Patterns, and Structural Steganography [C]//Proceedings of the 16th International Conference on World Wide Web. New York: ACM,2007: 181-190.

[24] Liu K, Terzi E. Towards Identity Anonymization on Graphs[C]//Proceedings of the 2008 ACM SIGMOD International Conference on Management of Data. New York: ACM,2008: 93-106.

[25] Zou L,Chen L,Zsu M T. k-Automorphism: A General Framework for Privacy Preserving Network Publication[J]. Proceedings of the Vldb Endowment,2009,2(1): 946-957.

[26] Tai C H,Yu P S,Yang D N,et al. Privacy-Preserving Social Network Publication Against Friendship Attacks[C]//Proceedings of the 17th ACM SIGKDD International Conference on Knowledge Discovery and Data Mining. New York: ACM,2011: 1262-1270.

[27] Zhou B, Pei J. Preserving Privacy in Social Networks Against Neighborhood Attacks [C]// Proceedings of the 24th International Conference on Data Engineering (ICDE). Piscataway, NJ: IEEE,2008: 506-515.

[28] Cheng J,Fu W C,Liu J. K-Isomorphism: Privacy Preserving Network Publication Against Structural Attacks[C]//Proceedings of the 2010 ACM SIGMOD International Conference on Management of Data. New York: ACM,2010: 459-470.

[29] Ying X,Wu X. Randomizing Social Networks: a Spectrum Preserving Approach[C]//Proceedings of the 2008 SIAM International Conference on Data Mining. Philadelphia: SIAM,2008: 739-750.

[30] Korolova A ,Motwani R,Nabar S,et al. Link Privacy in Social Networks[C]//Proceedings of the 17th ACM Conference on Information and Knowledge Management. New York: ACM, 2008: 289-298.

[31]　Newman M. Clustering and Preferential Attachment in Growing Networks[J]. Physical Review E. 2001,64(2): 025102.

[32]　Adamic L,Adar E. Friends and Neighbors on the Web[J]. Social Networks. 2003,25(3): 211-230.

[33]　Zhou T,Lv L,Zhang Y. Predicting Missing Links via Local Information[J]. The European Physical Journal B. 2009,71(4): 623-630.

[34]　Lichtenwalter R,Lussier J,Chawla N. New Perspectives and Methods in Link Prediction[C]// Proceedings of the 16th ACM SIGKDD International Conference on Knowledge Discovery and Data Mining. New York: ACM,2010: 243-252.

[35]　Feng X,Zhao J,Xu K. Link Prediction in Complex Networks: A Clustering Perspective[J]. The European Physical Journal B. 2012,85(1): 1-9.

[36]　Lv L,Zhou T. Link Prediction in Weighted Networks: the Role of Weak Ties[J]. EPL(Europhysics Letters),2010,89(1): 1-6.

[37]　Wu Y,Zhang Y. Pattern Analysis in Social Networks with Dynamic Connections [J]. Social Computing,Behavioral-Cultural Modeling and Prediction,2011: 163-171.

[38]　Zheleva E,Getoor L. Preserving the Privacy of Sensitive Relationships in Graph Data[J]. Lecture Notes in Computer Science,2008,4890: 153-172.

[39]　Tassa T,Cohen D J. Anonymization of Centralized and Distributed Social Networks by Sequential Clustering[J]. IEEE Transactions on Knowledge and Data Engineering,2013,25(2): 311-324.

[40]　Zhang L,Zhang W. Edge Anonymity in Social Network Graphs [C]//Proceedings of the 2009 International Conference on Computational Science and Engineering,Piscataway,NJ: IEEE,2009(4): 1-8.

[41]　Mittal P,Papamanthou C,Song D. Preserving Link Privacy in Social Network Based Systems[J]. arXiv preprint arXiv: 1208. 6189,2012. https: //arxiv. org/abs/1208. 6189.

[42]　Mislove A,Viswanath B,Gummadi K P,et al. You Are Who You Know: Inferring User Profiles in Online Social Networks[C]//Proceedings of the 3rd ACM International Conference on Web Search and Data Mining (WSDM). New York: ACM,2010: 251-260.

[43]　Gundecha P, Barbier G, Liu H. Exploiting Vulnerability to Secure User Privacy on a Social Networking Site [C]//Proceedings of the 17th ACM SIGKDD International Conference on Knowledge Discovery and Data Mining. New York: ACM,2011: 511-519.

[44]　Kotyuk G,Buttyan L. A machine Learning based Approach for Predicting Undisclosed Attributes in Social Networks [C]//Proceedings of the 2012 IEEE International Conference on Pervasive Computing and Communications Workshops. Piscataway,NJ: IEEE,2012: 361-366.

[45]　Getoor L,Diehl C. Link Mining: A Survey[J]. ACM SIGKDD Explorations Newsletter,2005,7(2): 3-12.

[46]　Yuan,M. ,Chen, L. ,Yu, P. S. , et al. Protecting Sensitive Labels in Social Network Data Anonymization[J]. IEEE Transactions on Knowledge and Data Engineering. 2013,25(3): 633-647.

[47]　Wang R,Zhang M,Feng D,et al. A Clustering Approach for Privacy-Preserving in Social Networks [C]//Proceedings of the International Conference on Information Security and Cryptology(ICISC 2014). Berlin: Springer,2014: 193-204.

[48]　Campan A,Truta T M. Data and Structural k-Anonymity in Social Networks[M]//Privacy,Security, and Trust in KDD. Berlin: Springer. 2009: 33-54.

[49]　Beresford A R,Stajano F. Location Privacy in Pervasive Computing[J]. IEEE Pervasive Computing, 2003,2 (1): 46-55.

[50] Beresford A R,Stajano F. Mix Zones: User Privacy in Location-aware Services[C]//Proceedings of the 2nd IEEE Annual Conference on Pervasive Computing and Communications Workshops. Piscataway,NJ: IEEE,2004: 127-131.

[51] Freudiger J,Raya M,Felegyhazi M,et al. Mix-Zones for Location Privacy in Vehicular Networks [C]//Proceedings of the 1st International Workshop on Wireless Networking for Intelligent Transportation Systems (Win-ITS),2007.

[52] Ying B,Makrakis D,Mouftah H T. Dynamic Mix-Zone for Location Privacy in Vehicular Networks [J]. Communications Letters,IEEE,2013,17(8): 1524-1527.

[53] Liu X,Zhao H,Pan M,et al. Traffic-aware Multiple Mix Zone Placement for Protecting Location Privacy[C]//Proceedings of the International Conference on Computer Communications,Piscataway, NJ: IEEE,2012: 972-980.

[54] Palanisamy B,Liu L. MobiMix: Protecting Location Privacy with Mix-Zones over Road Networks [C]//Proceedings of the International Conference on Data Engineering,Piscataway,NJ: IEEE,2011: 494-505.

[55] Palanisamy B,Liu L. Attack-Resilient Mix-Zones over Road Networks: Architecture and Algorithms [J]. IEEE Transactions on Mobile Computing,2015,14(3): 495-508.

[56] Ghinita G,Kalnis P,Khoshgozaran A,et al. Private Queries in Location based Services: Anonymizers are not Necessary[C]//Proceedings of the ACM SIGMOD international conference on Management of data. New York: ACM,2008: 121-132.

[57] Papadopoulos S,Bakiras S,Papadias D. Nearest Neighbor Search with Strong Location Privacy[J]. VLDB Endowment,2010,3(1-2): 619-629.

[58] Liu X. Protecting Privacy in Continuous Location-Tracking Applications[J]. Minnesota Web-Based Traffic Generator,2004.

[59] Huo Z, Meng X, Hu H, et al. You Can Walk Alone: Trajectory Privacy-Preserving through Significant Stays Protection[C]//Proceedings of the International Conference on Database Systems for Advanced Applications. Berlin Heidelberg: Springer,2012: 351-366.

[60] Cicek A E, Nergiz M E, Saygin Y. Ensuring Location Diversity in Privacy-Preserving Spatio-Temporal Data Publishing[J]. VLDB Endowment,2014,23(4): 609-625.

[61] Abul O,Bonchi F,Nanni M. Never Walk Alone: Uncertainty for Anonymity in Moving Objects Databases[C]//Proceedings of the International Conference on Data Engineering. Piscataway,NJ: IEEE ,2008: 376-385.

[62] Mohammed N,Fung B,Debbabi M. Walking in the Crowd: Anonymizing Trajectory Data for Pattern Analysis[C]//Proceedings of the ACM conference on Information and knowledge management. New York: ACM,2009: 1441-1444.

[63] Chen R,Fung B C M,Mohammed N,et al. Privacy-Preserving Trajectory Data Publishing by Local Suppression[J]. Information Sciences,2013,231: 83-97.

[64] Ghasemzadeh M, Fung B C M, Chen R, et al. AnonymizingTrajectory Data for Passenger Flow Analysis[J]. Transportation research part C: emerging technologies,2014,39: 63-79.

[65] Al-Hussaeni K,Fung B C M,Cheung W K. Privacy-Preserving Trajectory Stream Publishing[J]. Data & Knowledge Engineering,2014,94: 89-109.

[66] Zang H,Bolot J. Anonymization of Location Data does not Work: A Large-Scale Measurement Study [C]//Proceedings of the International Conference on Mobile Computing and Networking,Las Vegas, Nevada,USA,2011: 145-156.

［67］ Li C,Palanisamy B. De-Anonymizable Location Cloaking for Privacy-Controlled Mobile Systems ［C］//Proceedings of the International Conference on Network and System Security. Berlin Heidelberg：Springer,2015：449-458.

［68］ Li C,Palanisamy B,Kalaivanan A,et al. ReverseCloak：A Reversible Multi-Level Location Privacy Protection System［C］//Proceedings of the International Conference on Distributed Computing Systems,Piscataway,NJ：IEEE,2017：2521-2524.

［69］ Li C,Palanisamy B. ReverseCloak：Protecting Multi-Level Location Privacy over Road Networks ［C］//Proceedings of the ACM International on Conference on Information and Knowledge Management. New York：ACM,2015：673-682.

［70］ 奚宏生. 随机过程引论［M］.合肥：中国科学技术大学出版社,2009.

［71］ Ashbrook D,Starner T. Learning Significant Locations and Predicting User Movement with GPS ［C］//Proceedings of the International Symposium on Wearable Computers. Piscataway,NJ：IEEE, 2002：101-108.

［72］ Alvarez-Garcia J A,Ortega J A,Gonzalez-Abril L,et al. Trip Destination Prediction based on Past GPS Log Using A Hidden Markov Model［J］. Expert Systems with Applications,2010,37(12)： 8166-8171.

［73］ Gambs S,Killijian M O,del Prado Cortez M N. De-Anonymization Attack on GeolocatedData［J］. Journal of Computer and System Sciences,2014,80(8)：1597-1614.

［74］ Pan J,Rao V,Agarwal P,et al. Markov-Modulated Marked Poisson Processes for Check-In Data ［C］//Proceedings of the International Conference on Machine Learning. 2016：2244-2253.

［75］ Wang R,Zhang M,Feng D,et al. A De-AnonymizationAttack on Geo-Located Data Considering Spatio-Temporal Influences［C］//Proceedings of the International Conference on Information and Communications Security. Berlin Heidelberg：Springer,2015：478-484.

［76］ Gonzalez M C,Hidalgo C A,Albert-LSszl_B. Understanding Individual Human Mobility Patterns［J］. Nature,2008,453(7196)：779-782.

［77］ Song C,Qu Z,Blumm N,et al. Limits of Predictability in Human Mobility［J］. Science,2010,327 (5968)：1018-1021.

［78］ Cho E,Myers S A,Leskovec J. Friendship and Mobility：User Movement in Location-based Social Networks［C］//Proceedings of the ACM SIGKDD international conference on Knowledge discovery and data mining. New York：ACM,2011：1082-1090.

［79］ Sadilek A,Kautz H,Bigham J P. Finding Your Friends and Following Them to Where You Are［C］// Proceedings of the ACM international conference on Web search and data mining. New York：ACM, 2012：723-732.

［80］ Xue A Y,Zhang R,Zheng Y,et al. Destination Prediction by Sub-Trajectory Synthesis and Privacy Protection Against such Prediction［C］//Proceedings of the International Conference on Data Engineering,Piscataway,NJ：IEEE,2013：254-265.

［81］ Huo Z,Meng X,Zhang R. Feel Free to Check-In：Privacy Alert Against Hidden Location Inference Attacks in GeoSNs［M］. Database Systems for Advanced Applications. Berlin Heidelberg：Springer, 2013：377-391.

［82］ Ye M,Liu X,Lee W C. Exploring Social Inuence for Recommendation：A Generative Model Approach［C］//Proceedings of the International ACM SIGIR Conference on Research and development in information retrieval. New York：ACM,2012：671-680.

［83］ Ghosh S,Ghosh S K. THUMP：Semantic Analysis on Trajectory Traces to Explore Human

Movement Pattern[C]//Proceedings of the International Conference Companion on World Wide Web,Steering Committee,2016: 35-36.

[84] Zhang C,Zhang K,Yuan Q,et al. GMove: Group-Level Mobility Modeling Using Geo-Tagged Social Media[C]//Proceedings of the Acm SIGKDD International Conference on Knowledge Discovery and Data Mining,New York: ACM,2016: 1305.

[85] Xiao X,Zheng Y,Luo Q,et al. Finding Similar Users Using Category-based Location History[C]// Proceedings of the SIGSPATIAL International Conference on Advances in Geographic Information Systems. New York: ACM,2010: 442-445.

[86] Dwork C. Differential privacy[J]. Lecture Notes in Computer Science,2006,26(2): 1-12.

[87] Mcsherry F,Talwar K. Mechanism Design via Differential Privacy[C]//Foundations of Computer Science,Piscataway,NJ: IEEE,2007: 94-103.

[88] Roth A,Roughgarden T. Interactive Privacy via the Median Mechanism[C]//Proceedings of the ACM Symposium on Theory of Computing. New York: ACM,2010: 765-774.

[89] Hardt M,Rothblum G N. A Multiplicative Weights Mechanism for Privacy-Preserving Data Analysis [C]//Foundations of Computer Science. Piscataway,NJ: IEEE,2010: 61-70.

[90] Xiao Y,Xiong L,Yuan C. Differentially Private Data Release through Multidimensional Partitioning [C]//Proceedings of the VLDB Conference on Secure Data Management. Berlin Heidelberg: Springer,2010: 150-168.

[91] Xiao Y,Gardner J,Xiong L. DPCube: Releasing Differentially Private Data Cubes for Health Information[C]//Proceedings of the International Conference on Data Engineering,Piscataway, NJ: IEEE,2012: 1305-1308.

[92] Xu J,Zhang Z,Xiao X,et al. Differentially Private Histogram Publication[J]. VLDB Endowment, 2013,22(6): 797-822.

[93] Xiao X,Wang G,Gehrke J. Differential Privacy via Wavelet Transforms[J]. IEEE Transactions on Knowledge and Data Engineering,2011,23(8): 1200-1214.

[94] Hay M,Rastogi V,Miklau G,Suciu D. Boosting the Accuracy of Differentially Private Histograms through Consistency[J]. VLDB Endowment,2010,3(1-2): 1021-103.

[95] Li N,Qardaji W,Su D. On Sampling,Anonymization,and Differential Privacy: Or,k-Anonymization Meets Differential Privacy[C]//Proceedings of the Computer and Communications Security,2012: 32-33.

[96] Bhaskar R,Laxman S,Thakurta A. Discovering Frequent Patterns in Sensitive Data[C]//Proceedings of the ACM SIGKDD International Conference on Knowledge Discovery and Data Mining. New York: ACM, 2010: 503-512.

[97] Zeng C,Naughton J F,Cai J Y. On Differentially Private Frequent Itemset Mining[J]. Vldb Endowment,2012,6(1): 25-36.

[98] Mohammed N,Chen R,Fung B C M,et al. Differentially Private Data Release for Data Mining. [C]// Proceedings of the ACM SIGKDD International Conference on Knowledge Discovery and Data Mining. New York: ACM,2011: 493-501.

[99] Nissim K,Raskhodnikova S,Smith A. Smooth Sensitivity and Sampling in Private Data Analysis [C]//Proceedings of the ACM Symposium on Theory of Computing. New York: ACM,2007: 75-84.

[100] Dwork C. A Firm Foundation for Private Data Analysis[J]. Communications of the ACM,2011,54 (1): 86-95.

[101] Smith A. Privacy-Preserving Statistical Estimation with Optimal Convergence Rates [C]//

Proceedings of the ACM Symposium on Theory of Computing. New York: ACM, 2011: 813-822.

[102] Lei J. Differentially Private M-Estimators [J]. Advances in Neural Information Processing Systems, 2012.

[103] Kasiviswanathan S P, Lee H K, Nissim K, et al. What Can We Learn Privately? [C]//IEEE Symposium on Foundations of Computer Science. 2008: 531-540.

[104] Kearns M. Efficient Noise-Tolerant Learning from Statistical Queries[C]//ACM Symposium on Theory of Computing. ACM, 1993: 392-401.

[105] Pihur V, Korolova A. RAPPOR: Randomized Aggregatable Privacy-Preserving Ordinal Response [C]//ACM SIGSAC Conference on Computer and Communications Security. ACM, 2014: 1054-1067.

[106] Bassily R, Smith A. Local, Private, Efficient Protocols for Succinct Histograms [C]//ACM Symposium on the Theory of Computing, ACM, 2015: 127-135.

[107] Qin Z, Yang Y, Yu T, et al. Heavy Hitter Estimation over Set-Valued Data with Local Differential Privacy[C]//ACM Conference on Computer and Communications Security, ACM, 2016: 192-203.

[108] Chen R, Li H, Qin A K, et al. Private Spatial Data Aggregation in the Local Setting[C]// International Conference on Data Engineering, IEEE, 2016: 289-300.

[109] He X, Cormode G, Machanavajjhala A, et al. DPT: Differentially Private Trajectory Synthesis Using Hierarchical Reference Systems[J]. Proceedings of the Vldb Endowment, 2015, 8(11): 1154-1165.

[110] Chen R, Acs G, Castelluccia C. Differentially Private Sequential Data Publication via Variable-Length n-Grams[C]//ACM Conference on Computer and Communications Security. ACM, 2012: 638-649.

[111] Xiao Y, Xiong L. Protecting Locations with Differential Privacy under Temporal Correlations[C]// ACM Sigsac Conference on Computer and Communications Security. ACM, 2015: 1298-1309.

[112] Hardt M, Talwar K. On the Geometry of Differential Privacy[C]//ACM Symposium on Theory of Computing. ACM, 2010: 705-714.

[113] 熊平,朱天清,王晓峰. 差分隐私保护及其应用[J]. 计算机学报, 2014, 37(1): 101-122.

[114] 张啸剑,孟小峰. 面向数据发布和分析的差分隐私保护[J]. 计算机学报, 2014(4): 927-949.

[115] 吴英杰. 隐私保护数据发布: 模型与算法[M]. 北京: 清华大学出版社, 2015.

[116] 潘晓,霍峥,孟小峰. 位置大数据隐私管理[M]. 北京: 机械工业出版社, 2017.